全国高职高专教育护理专业"十二五"规划教材

（供临床、影像、护理、口腔、康复等相关专业使用）

人体结构学

主　编　别永信　王　滨

副主编　郑晓波　张艳丽　蒋建平

编　委　（按姓氏笔画排序）

王　滨　（大连医科大学）

王　燕　（沈阳军区后勤综合训练基地）

何珊珊　（商洛职业技术学院）

别永信　（河南护理职业学院）

张艳丽　（大连医科大学）

李　勇　（河南护理职业学院）

郑晓波　（江西护理职业技术学院）

赵甲甲　（安阳地区医院）

唐　伟　（大连医科大学）

铁静丽　（河南护理职业学院）

董立珉　（漯河医学高等专科学校）

蒋建平　（商丘医学高等专科学校）

南京大学出版社

内 容 提 要

本书注重科学性、延续性、学术性、综合性和时代性，主要介绍了系统解剖学与组织学的基本组织、骨学、关节学、肌学、内脏学、人体各大系统和胚胎学中的人胚早期发育及人体结构学在临床护理中的应用。本书图文并茂，除理论讲解外，还配有近500幅彩色插图，有助于学生理解和记忆；章前设有学习目标，章后附有思考题，充分体现了理论与实践相结合的教学原则。

本书除可作为高等职业教育临床、影像、护理、口腔、康复等相关专业的教材外，还可作为执业资格考试和在职医护人员晋级考试的参考用书。

图书在版编目（CIP）数据

人体结构学/别永信，王滨主编.—南京：南京
大学出版社，2014.7
全国高职高专教育护理专业"十二五"规划教材
ISBN 978-7-305-13527-9

Ⅰ.①人… Ⅱ.①别… ②王… Ⅲ.①人体结构-高
等职业教育-教材 Ⅳ.①Q983

中国版本图书馆CIP数据核字(2014)第143967号

出版发行 南京大学出版社
社　　址 南京市汉口路22号　　　　　邮　编　210093
出 版 人 金鑫荣

丛 书 名 全国高职高专教育护理专业"十二五"规划教材
书　　名 **人体结构学**
主　　编 别永信　王　滨
责任编辑 徐　晶　　　　　　　　编辑热线　010-82893902
审读编辑 陈汐敏

照　　排 广通图文设计中心
印　　刷 北京紫瑞利印刷有限公司
开　　本 787×1092　1/16　 印张 22.5　字数 562千
版　　次 2014年7月第1版　 2014年7月第1次印刷
ISBN 978-7-305-13527-9
定　　价 75.00元

网址：http://www.njupco.com
官方微博：http://weibo.com/njupco
官方微信号：njupress
销售咨询热线：（025）83594756

全国高职高专教育护理专业"十二五"规划教材
专家指导委员会

　　随着社会经济的发展及全面建设小康社会目标的逐步实现，广大人民群众对健康和卫生服务的需求越来越高。同时，随着科学技术的进步和医疗卫生服务改革的不断深入，对护理人才的数量、质量和结构也提出了更高的要求。世界卫生组织对各成员国卫生人才资源统计结果显示，许多国家护理人才紧缺。我国教育部、国家卫生和计划生育委员会等六部委也将护理专业列入了国家紧缺人才专业，予以重点扶持。

　　高等职业教育具有高等教育和职业教育的双重属性，担负着培养各专业人才和推动社会经济发展的重要使命。为全面提高高等职业教育质量，实现创新型和实践型人才的培养目标，大力推进高等院校教材建设势在必行。为适应当前形势需要，同时为了更好地贯彻落实《国家中长期教育改革和发展规划纲要（2010—2020年）》及《医药卫生中长期人才发展规划（2011—2020年）》，我们充分挖掘各相关院校优质资源，联合全国多所院校共同研发、策划并出版了全国高职高专教育护理专业"十二五"规划教材。与市场同类教材相比，本套教材具有如下特色及优势：

　　一、本套教材坚持以就业为导向、以能力为本位的原则，紧密围绕护理岗位人才培养目标，严格遵循"三基五性"要求，结合护士执业资格考试和护理实践编写而成，力求突出护理专业的教学特点，具有较强的针对性、适用性和实用性。

　　二、本套教材注重知识与技术的前后衔接，将理论与技能有机结合，充分反映了护理领域的新知识、新技术和新方法，体现了教材内容的先进性和前瞻性，力争在适应我国国情的基础上，实现与国际护理教育的接轨。

　　三、本套教材在内容结构安排方面注重循序渐进、深入浅出、图文并茂，提供了大量临床案例，设置了学习目标、知识链接、课堂讨论、课后习题等特色栏目，以强化"三基"知识，增强学科人文精神，培养学生的临床思维能力和综合职业能力。

教育关系国计民生，关系民族未来，坚定不移地实施科教兴国战略和人才强国战略，克服当前教育中存在的突出问题和困难，推动教育优先发展、科学发展，使教育更加符合建设中国特色社会主义对人才培养的要求，更加符合广大人民群众对教育的殷切期望，更加符合时代发展的潮流，这是我们所衷心期望的。但愿本套教材的出版能够加快护理专业教学改革步伐，为护理专业人才的培养做出一定贡献。

南京大学出版社
《全国高职高专教育护理专业"十二五"规划教材》
编委会

•● Foreword 前言

本书旨在为高等卫生职业院校提供符合学生需求、有利于学生职业发展、可为后续课程打下良好基础并与临床和职业考试接轨的实用教材。本书以"必需、够用"为度，体现"做中学"及"校企合作、工学结合"的现代卫生高等职业教育理念；以"三基五性"为原则，融教学目标、学习内容、复习思考、图片展示为一体。在内容安排上，章前安排学习目标，课后设思考题，重点体现本学科核心知识、技能特点，不强调知识链接、重点提示，必要时在内容中体现，便于学生掌握。本书分为三篇：系统解剖学与组织学、胚胎学概要、人体结构学在临床护理中的应用。将解剖学与组织学整合到一起有利于学生整体理解、重点掌握，为了不影响大体解剖和微细组织的系统性，内容安排上每个系统均先介绍解剖后介绍组织。

本书不仅可作为全国高职高专临床、影像、护理、口腔、康复等相关专业的教材，还可作为执业资格考试和在职医护人员晋级考试的参考用书。

本书绪论由别永信编写；第一篇由何珊珊编写第一章，董立珉编写第二、三、四章，张艳丽编写第五、十四章，别永信、赵甲甲编写第六章，郑晓波编写第七章，别永信编写第八、十一、十五至十九章，王燕、王滨编写第九、十章，蒋建平编写第十二、十三章，铁静丽编写第二十章；第二篇由王滨、唐伟编写；第三篇由李勇编写。

在编写的过程中，复旦大学医学院张红旗教授给予了专业指导并担任主审，大连医科大学王滨、张艳丽以及河南护理职业学院李勇参与了插图的选择工作，同时，本书还得到了各参编院校的大力支持，参考了一些专家、学者的相关著作，在此一并表示衷心的感谢！

本书虽经仔细推敲，但因编者水平有限，疏漏之处在所难免，敬请广大读者批评指正。

别永信

●●● Contents 目录

第二篇　胚胎学概要

第三篇　人体结构学在临床护理中的应用

绪　　论

🎗 学习目标

掌握　人体的解剖学姿势、方位术语、轴和面。
熟悉
1. 人体的组成和系统的划分。
2. 熟悉人体结构学的分科。

一、人体结构学的定义及其地位

人体结构学（body structure）是研究正常人体形态、结构和发生、发育规律的科学，属于生物医学中形态学的范畴，其主要特点是直观性比较强，其根本的学习方法是理论联系实际。

人体结构学与医学各学科之间有着密切联系，是一门重要的基础医学主干课程。人类医学研究的对象是人，只有在充分认识了人体形态结构的基础上，才能正确理解人的生理功能和病理现象，否则就无法判断人体的正常与异常、区别生理与病理状态以及准确地诊断和治疗疾病。因而，学习人体结构学这门课程的目的，就在于系统、全面地理解和掌握正常人体形态、结构和发生、发育规律，为学习其他医学课程奠定坚实的基础。

二、人体结构学的分科

人体结构学包括人体解剖学、组织学和胚胎学。

1. **人体解剖学**（human anatomy）　是一门研究正常人体形态结构的古老学科。最初的解剖学是用刀切割尸体，以肉眼观察的方法来研究人体的形态结构，随着科学技术的进步、研究方法的革新、相关学科的发展以及医学实践的促进，解剖学的研究对象及研究范围不断扩大，其发展经历了大体解剖学、显微解剖学、超微结构解剖学三个阶段，并分化形成了许多新的分支学科。按照研究和叙述方法的不同，人体解剖学通常分为系统解剖学、局部解剖学等学科。**系统解剖学**（systematic anatomy）是按照人体的器官系统（如呼吸系统、消化系统、生殖系统等）来阐述各器官形态结构的科学；**局部解剖学**（regional anatomy）是按照人体的部位，由浅入深、逐层描述各部结构的形态及其相互关系的科学。

由于研究的角度、手段和目的不同，人体解剖学又分出若干门类。如从临床外科应用的角度加以叙述的**外科解剖学**（surgical anatomy）；用X线技术研究人体器官形态结构的**X线解剖学**（X-ray anatomy）；随着X线计算机断层成像、超声波或磁共振成像（magnetic resonance imaging，MRI）等诊断技术的发展应用而出现的研究人体层面形态结构的**断层解剖学**（sectional anatomy）；以分析研究运动器官形态，提高体育运动效率为目的的**运动解剖学**（locomotive anatomy）；还有研究人体外形轮廓和结构比例，为绘画造型打基础的**艺术解剖学**（artistic anatomy）等。

2. **组织学**（histology）　包括细胞学、基本组织和器官组织，是借助显微镜或电子显微镜研究人体的微细结构、超微结构甚或分子水平结构及相关功能关系的一门科学，故也称**显微解剖学**（microanatomy）。组织学的发展是以解剖学进展为前提，以细胞学的发展为基础，与胚胎学的发展密不可分；同时，组织学与生物化学、免疫学、病理学、生殖医学及优生学等相关学科又交叉、渗透。现代医学中的一些重大研究课题，像细胞凋亡与细胞突变，细胞识别与细胞通信，细胞增殖、分化与衰老的调控，细胞与免疫，以及神经调节与体液调节等，都与组织学密切相关。

3. **胚胎学**（embryology）　是主要研究人体胚胎发育的形态、结构形成及变化规律的科学。其包括生殖细胞发生、受精、胚胎发育、胚胎与母体的关系以及先天畸形等。现代胚胎学的研究内容不仅丰富多彩，还充满魅力，如其中的生殖工程学（reproductive engineering）通过体外受精、早期胚胎培养、胚胎移植、卵质内单精子注射、配子与胚胎冷冻等技术，有望获得人们期望的新生个体。试管婴儿和克隆动物是现代胚胎学最著名的成就。

人体结构学与临床护理工作有密切的联系，十余年来，伴随着护理学科的发展，护理应用解剖学的研究逐渐兴起，针对护理技术操作、病情观察、护理诊断和护理措施实施等内容开展了应用研究，使解剖学更贴近护理专业，同时也促进了护理学科的发展。

三、人体的组成和系统的划分

构成人体结构和功能的基本单位是**细胞**（cell）。许多形态相似和功能相近的细胞借细胞间质结合在一起构成**组织**（tissue）。人体有四大基本组织，即上皮组织、结缔组织、肌组织和神经组织。几种不同的组织构成具有一定形态、担负一定功能的结构称**器官**（organ），如心、肝、肾、肺、胃等。由若干个功能相关的器官组合起来，完成某一方面的生理功能，构成**系统**（system）。人体有**运动系统、消化系统、呼吸系统、泌尿系统、生殖系统、内分泌系统、脉管系统、感觉器和神经系统**，共九大系统。其中，消化系统、呼吸系统、泌尿系统和生殖系统的器官大部分位于胸、腹和盆腔内，并借一定的管道与外界相通，故总称为**内脏**（viscera），其主要功能是参与物质代谢和繁衍后代。内脏器官按基本构造可分为中空性器官和实质性器官两大类。中空性器官呈管状或囊状，器官内均有空腔，如胃、肠、气管、子宫和膀胱等；实质性器官表面包有结缔组织被膜，如肝、肾等。各器官在神经和体液的调节下，彼此联系，相互协调，共同将人体构建成一个完整的有机体。

按照部位不同，人体可分为头、颈、躯干和四肢等四大部分。头的前面称为面，颈的后方称项；躯干可分为胸、腹、盆、会阴和背，背的下部称腰。四肢分为上肢和下肢，上肢分为肩、臂、前臂和手四部分，下肢又分为臀、股、小腿和足四部分。

四、人体解剖学的方位术语

人体结构十分复杂，为了准确地描述人体内各部、各器官的位置关系，必须使用国际通用的标准姿势、方位术语和轴来描述，以便统一认识，避免混淆与误解。

（一）标准姿势

标准姿势是为了说明人体局部或器官及结构的位置关系而规定的一种姿势，也称为**解剖学姿势**（anatomical position），指身体直立，面向前，双眼向前平视，上肢自然下垂于躯干两侧，下肢并拢，手掌和足尖向前（图0-1）。无论被观察对象处于何种状态，描述其结构位置时均应以此标准姿势为准。

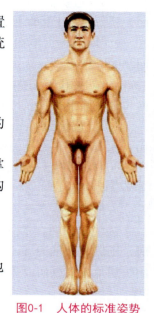
图0-1　人体的标准姿势

（二）方位术语

解剖学中的方位以标准姿势为准，使用规定的术语，可以正确地描述各器官、各结构的相互位置关系。具体如下：

1. **上**（superior）和**下**（inferior）　近头者为上，近足者为下。上和下在胚胎学中则分别采用头侧和尾侧。如眼睑分为上、下睑，牙分为上、下颌牙。

2. **前**（anterior）和**后**（posterior）　近腹者为前，近背者为后。前和后在胚胎学中则分别采用腹侧和背侧。如胃有前、后两壁，肺有前、后两缘。

3. **内侧**（madial）和**外侧**（lateral）　以人体正中面为准，距正中面近者为内侧，距正中面远者为外侧。如在股三角内，股动脉位于股静脉的外侧，位于股神经的内侧。在四肢，前臂的内侧称**尺侧**（ulnar），外侧又称**桡侧**（radial）；小腿的内侧称**胫侧**（tibial），外侧称**腓侧**（fibular），内侧和外侧，其标志是前臂和小腿的相应骨——尺骨、桡骨与胫骨、腓骨。

4. **内**（internal）和**外**（external）　是描述器官或结构与空腔相对位置关系的方位术语。在腔内或距腔近者为内，距腔远者为外。如膀胱黏膜层位于肌层内面，外膜位于肌层的外面。

5. **浅**（superficlial）和**深**（profundal）　以体表为准，近体表者为浅，离体表远者为深。如皮肤的深面为浅筋膜，浅筋膜的深面为深筋膜。

6. **近侧**（distal）和**远侧**（proximal）　多用于四肢。距肢体根部较近者为近侧，反之为远侧。如指骨分为近节指骨、中节指骨、远节指骨。

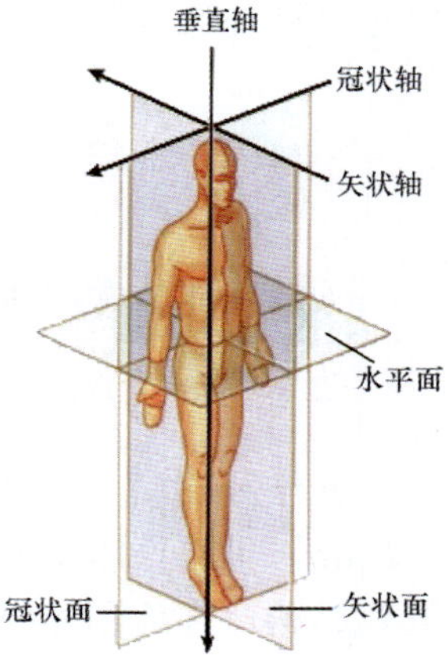

（三）轴和面

1. **轴**　在标准姿势条件下，为了分析关节的运动，人体可设计有三条互相垂直的轴，即上下、前后、左右三条轴（图0-2）。

图0-2　人体的方位

（1）**垂直轴**（vertical axis）：即自上向下与水平面（地平面）垂直，与身体长轴平行的轴。

（2）**矢状轴**（sagittal）：即自前向后与水平面（地平面）平行，与身体长轴垂直的轴。

（3）**冠状轴**（coronal axis）：又称**额状轴**（frontal axis），即左右方向与水平面（地平面）平行、与上述两轴垂直的轴。

2. **面**　根据上述三条轴，在标准姿势条件下，人体或其任何局部可有相互垂直的三个面（图0-2）。

（1）**矢状面**（sagittal plane）：即根据矢状轴方向，将人体分为左右两部的纵切面，此面与水平面垂直。经过人体正中线将人体分为左右对称两半的矢状面称正中矢状切面。

（2）**冠状面**（coronal plane）：即根据冠（额）状轴方向，将人体分为前后两部的纵切面，此面与水平面及矢状面相垂直。

（3）**水平面**（horizontal plane）：即与地面平行、与上述两面相垂直，将人体分为上、下两部分的面。

人体断层标本有矢状面、冠状面、水平面的切面标本。

这些轴和面在描述某些结构的形态及关节的运动时非常重要。在描述个别器官的切面时，则以其长轴为准，与其长轴平行的切面为**纵切面**，与长轴垂直的切面为**横切面**。如肌的组织切片中有纵切面和横切面。

（四）HE染色

在组织学研究中，为便于在镜下观察细胞结构，常用化学染料使组织切片着色，即染色。含氨基、二甲氨基等碱性助色团的染料，称碱性染料（basic dye）。细胞和组织的酸性物质或结构与碱性染料亲合力强，可使细胞内颗粒和胞质内的酸性物质染为蓝紫色，称嗜碱性（basophilia）。常用的碱性染料是苏木精。含羧基、羟基等酸性助色团的染料，称酸性染料（acid dye）。细胞和组织内的碱性物质或结构与酸性染料亲合力强，可使细胞质、基质及间质内的胶原纤维等染为红色，称嗜酸性（acidophilia）。常用的酸性染料是伊红。组织学中最常用的是苏木精（hematoxlin）和伊红（eosin）染色法，简称HE染色。对碱性或酸性染料亲合力均不强者，称中性（neutrophilia）。

此外，有些组织结构经硝酸银（又称银染）处理后呈现黑色，此现象称嗜银性（argyrophilia）。有些组织成分用甲苯胺蓝（toluidine）等碱性染料染色后不显蓝色而呈紫红色，这种现象称异染性。

五、人体结构学的常用研究技术和方法

人体结构学常用研究技术和方法很多，下面将几种主要研究技术与方法作简要介绍。

（一）光学显微镜技术

光学显微镜（简称光镜）是一种既古老又常用的观测工具。最好的光镜的分辨率约为0.2 μm，可将物体放大几十倍至约1 500倍。借助光镜能观察到的细胞、组织的微细结构，称光镜结构。在应用光镜技术时，需把组织制成薄片，以便光线透过，从而观察组织结构。最常用的薄片是石蜡切片（paraffin section），其制备程序大致为：①取材、固定：将新鲜材料

切成小块，放入固定液中，使蛋白质等成分迅速凝固，以保持活体状态的结构；②脱水、透明、包埋：组织块经酒精脱水，二甲苯透明后，包埋在石蜡中，使柔软组织变成具有一定硬度的组织蜡块；③切片、染色：用切片机将埋有组织的蜡块切成5～7 μm的薄片，贴于载玻片上，脱蜡后进行染色（HE染色），最后用树胶加盖片封固，即可在光镜下观察。

除石蜡切片外，还有：①冰冻切片（frozen section）：把组织块置于低温下迅速冻结后，直接切片。这种方法，程序简单、快速，常用于酶的研究和快速病理诊断。②涂片（smear）：把液体标本（如血液、骨髓、腹水）直接涂于玻片上。③铺片：把柔软组织（如疏松结缔组织）撕成薄膜铺在玻片上。④磨片：把硬组织（如骨、牙）磨成薄片贴于玻片上。以上各种制片，经染色后可在光镜下观察。

（二）电子显微镜技术

电子显微镜（简称电镜）虽与光镜不同，但基本原理相似。电镜是以电子发射器代替光源，以电子束代替光线，以电磁透镜代替光学透镜，将放大的物像投射到荧光屏上进行观察。其分辨率是光镜的1 000倍。在电镜下所见到的结构，称超微结构（ultrastructure）。

常用的电镜有透射电镜和扫描电镜（图0-3）。

1. 透射电镜（transmission electron microscope，TEM）　用于观察细胞内部超微结构。由于电子易散射或被物体吸收，因此进行透射电镜观察时，必须制备比光镜切片更薄的超薄切片（常为50～100 nm）。超薄切片的制备过程与光镜切片相似，也要经过固定、包埋（环氧树脂）、切片（超薄切片机）和染色（重金属盐）等几个步骤。细胞被重金属盐所染色部分，在荧光屏上图像显示较暗，电子密度高；反之，则电子密度低。

（a）　　　　　　　（b）　　　　　　　（c）

图0-3　光学显微镜与电子显微镜

（a）光学显微镜；（b）透射电镜；（c）扫描电镜

2. 扫描电镜（scanning electron microscope，SEM）　主要用于观察组织、细胞和器官表面的立体结构。扫描电镜标本无须制成薄切片。标本经固定、脱水、干燥和喷镀金属后即可观察，其分辨率比投射电镜低，一般为5～7 nm。

（三）组织化学和细胞化学技术

组织化学（histochemistry）和细胞化学（cytochemistry）技术应用物理、化学反应原理，研究细胞组织内某种化学物质的分布和数量，从而探讨与其有关的机能活动。组织化学技术可概括分为以下三类：

1. 一般组织化学和细胞化学技术　其基本原理是在组织切片上滴加一定试剂，使它与组织内或细胞内某种化学物质起反应，并在原位形成有色沉淀产物，通过观察该产物，可对某种化学物质进行定位、定性及定量研究。

2. 荧光组织化学技术　其基本原理是用荧光色素染色标本后，以荧光显微镜观察。荧光显微镜光源的紫外线可激发标本内的荧光物质，使其呈现荧光图像，借以了解细胞组织中的不同化学成分的分布。如用荧光色素吖啶橙染色后，细胞核中的DNA呈黄至黄绿色荧光，细胞质及核仁中的RNA呈橘黄至橘红色荧光，对比明显，极易鉴别。

3．免疫细胞化学技术（immuno-cytochemistry） 是近年发展起来的新技术。其基本原理是利用抗原与抗体特异性结合的特点，检测细胞中某种抗原或抗体成分（图0-4）。该方法特异性强、敏感度高，已成为生物学及医学等学科的重要研究手段，不仅用于基础理论研究，也用于某些疾病的早期诊断。

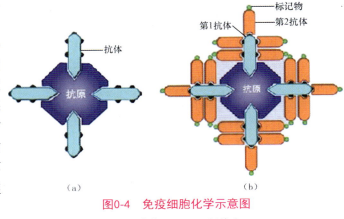

图0-4　免疫细胞化学示意图
（a）直接法；（b）间接法

六、学习人体结构学的基本观点和方法

人体结构学是一门形态学科，学习人体结构学必须运用辩证唯物主义的观点、理论联系实际的方法，才能正确地理解和掌握人体各器官的位置、形态和结构及其演变规律。

（一）进化发展的观点

人类是由低等动物经过亿万年进化发展而来的，虽然人与动物有着本质上的差异，但是人体的形态结构至今保留着许多与动物尤其是哺乳类动物类似的基本特征，如两侧对称的肢体，体腔分为胸腔和腹腔等。即使是现代人，出生以后也是在不断发展变化，如血细胞的不断更新、器官和组织随年龄的变化等。此外，不同的自然因素、社会环境和劳动条件等也深刻地影响着人体形态的发展和变化。不同人体器官的位置、形态结构基本相同，但也会出现变异和畸形。变异出现率极低，它是指出现率较低，对外观或功能影响不大的个体差异；畸形则是指对外观或功能影响严重的形态结构异常。因此，人体结构在种族之间、地区之间和个体之间都有一定的差异，了解这些发展变化规律及特点可以更好地认识人体。

（二）形态与功能的相互关系

人体每个器官都有其特定的功能，器官的形态结构是功能的物质基础，如细长的骨骼肌细胞，具有能使细胞发生收缩的结构。因此，由骨骼肌细胞构成的肌，与人体运动功能密切相关。眼呈球形，便于灵活运动、扩大视野。而功能的改变又可促进形态的变化，如人类上、下肢的形态结构基本相同，但由于直立和劳动，使上、下肢有了明显分工，上肢尤其是手的形态结构成为握持工具、能从事技巧性劳动的器官，下肢及其足的形态则与直立行走功能相适应。因此，生物体的形态结构与其功能是相互依赖、相互影响的。

（三）局部与整体统一的观点

人体是由许多系统或局部组成的整体。任何一个器官或局部都是整体不可分割的一部分，它们在结构和功能上，既相互联系又相互影响。肌肉的附着可使骨面形成突起，肌肉的经常活动可促进心、肺等器官的发育。如观察标本或组织切片是某一瞬间静止的图像，而机体内组织细胞则一直处于动态变化中。学习时，要将静止的图像与动态变化相结合，只有这样，才能真正理解和掌握其结构和功能。在组织学切片或照片中，同一细胞或某一种结构、组织，由于切面的不同而有着形态的差异。因此，应注意从平面的局部图像中，正确地理解立体与整体的结构关系。

（四）理论联系实际的观点

学习人体结构学必须坚持理论联系实际，提倡"做中学"，做到三个结合：①图、文相结合。学习时要做到文字和图形并重，两者相结合，建立感性认识，帮助理解和记忆。②理论学习与观察标本、模型和组织切片相结合。通过对解剖标本、模型的观察、辨认，建立理性认识，形成模像记忆，这是学习人体结构学最重要的方法。人体结构学是一门以形态结构为主的学科，许多结构不要死记硬背，而要在实习课中先观察、分析、比较，然后再记忆。建立这种联系便不会感到枯燥且能认识深刻，因此学习时要重视实习课。③理论知识与临床应用相结合。基础是为临床服务的，在学习过程中适度联系临床应用，不仅可以提高学习人体结构学的兴趣，也可以达到医教结合的目的。

思考题

1. 既然心脏位于胸腔，为什么心血管系统不属于内脏？
2. 什么是标准姿势？其在医学上有什么意义？
3. 学习和研究正常人体结构学的观点和方法有哪些？

第一篇

系统解剖学与组织学

第 一 章　基 本 组 织

学习目标

掌握

1. 上皮组织的特点；被覆上皮的组织类型与分布；上皮组织的特殊结构。

2. 疏松结缔组织的细胞和纤维成分及各类细胞的功能；软骨的分类、结构特点及分布；长骨的结构；血细胞的分类、正常值、特点及功能。

3. 骨骼肌、心肌、平滑肌的光镜结构。

4. 神经元的形态结构；突触的概念及分类。

熟悉

1. 各类上皮的功能；腺和腺上皮的概念；腺的分类。

2. 结缔组织的一般特点及分类；软骨细胞、成骨细胞、破骨细胞的形态结构及功能；肌组织的分类；骨骼肌的超微结构；心肌纤维的超微结构特点。

3. 神经元的分类；化学性突触的超微结构；神经胶质细胞的分类及主要功能；有髓神经纤维的特点。

了解

1. 浆液性腺细胞与黏液性腺细胞的特点。

2. 结缔组织的来源；致密结缔组织、脂肪组织及网状组织的结构；骨和软骨的生长；血细胞的发生。

3. 平滑肌纤维的超微结构；无髓神经纤维的形态结构。

4. 神经末梢的分类及功能。

形态结构和生理功能相同或相近的细胞和细胞间质共同构成的细胞群体称组织。人体有四大基本组织，即上皮组织、结缔组织、肌组织和神经组织。本章将分别讲解这四种基本组织的形态结构及其相应的生理功能。

第一节　上 皮 组 织

上皮组织（epithelial tissue）简称上皮，具有的一般特点为：①细胞多、间质少，上皮组织通常由大量形态较规则、排列紧密的细胞和少量的细胞间质构成，分布于人体外表面及体内管、腔、囊的腔面；②有**极性**，即细胞的不同表面在形态结构及功能上具有明显的差别，上皮细胞朝向体表或腔面的一面，称**游离面**；与游离面相对的朝向深部结缔组织的一面，称**基底面**；③无血管、淋巴管，但有丰富的神经末梢，所需营养由深部结缔组织内的血管透过基膜供给；④具有保护、吸收、分泌和排泄等多种功能。

上皮组织依其形态和功能的不同，分为**被覆上皮**和**腺上皮**两大类，通常所说的上皮是指被覆上皮。

一、被覆上皮

被覆上皮（covering epithelium）覆盖于身体表面或衬贴在体腔和有腔器官的内表面，根据细胞在垂直切面上的形态及细胞层数的不同，被覆上皮的分类和主要分布见表1-1。

表1-1　被覆上皮的分类和主要分布

上皮类型		主要分布
单层上皮	单层扁平上皮	内皮：心、血管和淋巴管
		间皮：胸膜、心包膜和腹膜
		其他：肺泡和肾小囊壁层
	单层立方上皮	肾小管、甲状腺滤泡等
	单层柱状上皮	胃、肠、子宫和输卵管等
	假复层纤毛柱状上皮	呼吸管道等
复层上皮	复层扁平上皮	未角化型：口腔、食管和阴道
		角化型：皮肤表皮
	复层柱状上皮	睑结膜、男性尿道等
	变移上皮	肾盏、肾盂、输尿管和膀胱

（一）单层上皮

单层上皮从游离面到基底面只有一层细胞，每个细胞均呈极性分布。按上皮细胞在垂直切面上的形态，单层上皮又分为下列类型。

1. **单层扁平上皮**（simple squamous epithelium）　又名单层鳞状上皮，由一层扁平细胞紧密相嵌排列而成（图1-1）。从表面观，细胞呈不规则形或多边形，边缘呈锯齿状或波浪状并互相嵌合，核椭圆形，居中。从垂直切面观，细胞扁薄，胞质较少核扁，其长轴与细胞长轴一致，含核部分略厚。

衬贴在心血管和淋巴管腔面的单层扁平上皮，称**内皮**（endothelium）。内皮细胞薄而光滑，有利于血液和淋巴的流动及其内、外的物质交换。分布在胸膜、心包膜和腹膜表面的单层扁平上皮，称**间皮**

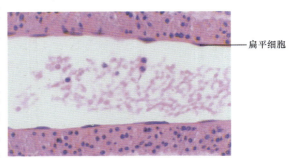

扁平细胞

图1-1　单层扁平上皮（内皮）

（mesothelium）。间皮表面光滑湿润，可减少器官间的摩擦。

2．单层立方上皮（simple cuboidal epithelium）由一层近似立方形的细胞组成。从表面观，细胞呈多边形。从垂直切面观，细胞大致呈正方形，核圆，居中（图1-2）。单层立方上皮分布于甲状腺滤泡、肾小管等处，有分泌和吸收功能。

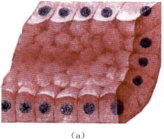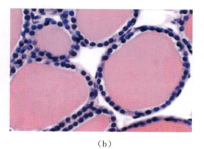

图1-2　单层立方上皮

（a）模式图；（b）甲状腺

3．单层柱状上皮（simple columnar epithelium）由一层棱柱状细胞组成。从表面观，细胞呈多边形。从垂直切面观，细胞长柱状，核长椭圆形，多近细胞的基底部，其长轴与细胞长轴一致（图1-3）。这种上皮分布在胃肠、胆囊和子宫等处，大多有吸收或分泌功能。在小肠和大肠的单层柱状上皮中，除柱状细胞外，还散在有少量杯状细胞。杯状细胞呈高脚酒杯状，顶部膨大，充满分泌颗粒，底部缩窄，内含深染的细胞核。杯状细胞是一种腺细胞，分泌黏液，有润滑和保护上皮的作用。

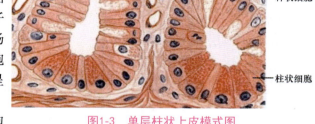

杯状细胞

柱状细胞

图1-3　单层柱状上皮模式图

4．假复层纤毛柱状上皮（pseudostratified ciliated columnar epithelium）由梭形细胞、锥形细胞、柱状细胞和杯状细胞组成，其中柱状细胞数量最多，表面有大量纤毛。虽然上皮细胞形态不同、高低不一，核的位置不在同一水平面上，但是所有细胞的基底部均附着于基膜，因此从垂直切面上观，貌似复层，实为单层（图1-4）。这种上皮主要分布在呼吸道黏膜，有保护和分泌功能。

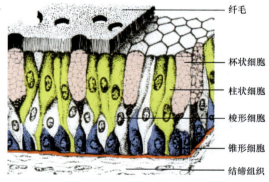

纤毛

杯状细胞

柱状细胞

梭形细胞

锥形细胞

结缔组织

图1-4　假复层纤毛柱状上皮模式图

（二）复层上皮

复层上皮从游离面到基底面有多层细胞，其特点是：表层细胞抵达游离面，基底层细胞与基膜相贴，中间层细胞既不达游离面也不与基膜接触。这种上皮根据表层细胞的形态特点又可分为数种，其中重要的有复层扁平上皮和变移上皮两种。

1．复层扁平上皮（stratified squamous epithelium）因表层细胞呈扁平鳞片状，又称复层鳞状上皮。从垂直切面观，紧贴基膜的一层基底细胞呈低柱状，具有很强的分裂增殖能力；数层中间层细胞由深至浅为多边形细胞和梭形细胞；表层为数层扁平细胞。这种上皮与深部结缔组织的连接面凹凸不平，可增加两者的接触面积，既有利于上皮的营养供应，又可使两者连接更加牢固。

衬贴在口腔、食管、肛管和阴道等处的复层扁平上皮，其浅层细胞有细胞核，含少量角蛋白，这种上皮称**未角化的复层扁平上皮**（nonkeratinized stratified squamous epithelium）

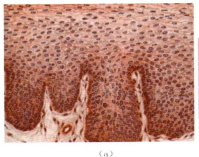

[图1-5（a）]；皮肤表面的复层扁平上皮，若其浅层细胞的核消失，胞质中充满角蛋白，形成角质层，则称**角化的复层扁平上皮**（keratinized squamous epithelium）[图1-5（b）]。复层扁平上皮具有耐摩擦性和很强的机械保护作用，受损伤后有很强的再生修复能力。

（a）　　　　　　　　　　　　　　　（b）

图1-5　复层扁平上皮

（a）未角化的复层扁平上皮；（b）角化的复层扁平上皮

2. **变移上皮**（transitional epithelium）　又名移行上皮，细胞形状和层数可随所在器官功能状态的不同而发生改变，主要分布在肾盂、输尿管、膀胱等处。如膀胱空虚时，上皮变厚，细胞层数变多，细胞体积变大呈大的立方形；膀胱扩张时，上皮变薄，细胞层数减少，细胞体积变小呈扁梭形（图1-6）。其表层细胞大而厚，称盖细胞；一个盖细胞可覆盖几个中间层细胞。

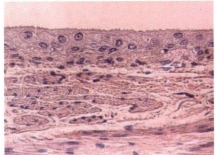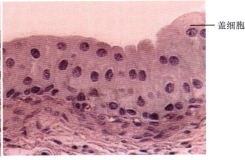

——盖细胞

（a）　　　　　　　　　　　　　　　（b）

图1-6　变移上皮

（a）膀胱扩张态；（b）膀胱空虚态

（三）上皮组织的特殊结构

由于上皮细胞呈极性分布，为了适应其功能，在细胞的游离面、侧面和基底面上常特化形成一些结构（图1-7），见表1-2。

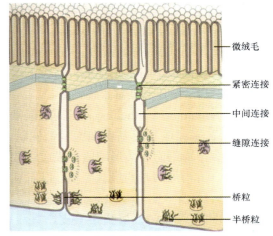

——微绒毛

——紧密连接

——中间连接

——缝隙连接

——桥粒

——半桥粒

图1-7　细胞连接立体结构模式图

表1-2 上皮细胞的特殊结构

名称		结构特点	功能
游离面	微绒毛	上皮细胞的细胞膜及细胞质向细胞表面伸展形成的微细指状突起，其内含有微丝	增加细胞的表面积
	纤毛	上皮细胞的细胞膜和细胞质向表面伸展形成较长且粗的突起，内含纵行的9+2微管	可定向摆动
	细胞衣	构成细胞膜的糖蛋白和糖脂向外伸出的糖链部分，实际上是细胞膜结构的一部分	黏着、支持、保护、识别和物质交换等
侧面	紧密连接	位于顶端，相邻细胞侧面细胞膜外层间段融合，融合处细胞间隙消失，非融合处有极窄的细胞间隙，呈箍状	封闭、屏障、连接
	中间连接	位于紧密连接的下方，相邻细胞间有极窄的间隙，其内充满横行的细丝状物质，薄层的致密物质沿细胞膜内侧分布	传递细胞收缩力
	桥粒	位于中间连接的深部，较宽的细胞间隙内有低密度的丝状物存在，间隙中央有一条与细胞膜平行的中间线，间隙两侧的细胞膜内有致密物质构成的附着板	相邻细胞牢固连接
	缝隙连接	极窄的细胞间隙内有许多间隔大致相等的连接点	传递信息，进行物质交换及离子交换
基底面	基膜	基底面与结缔组织共同形成的薄膜，分基板和网板两部分，是一种半透膜	连接、支持、固定
	质膜内褶	基底面的细胞膜折向胞质形成许多膜褶，褶与细胞基底面垂直，褶间可见与其平行的长杆状线粒体	扩大基底面表面积，有利于水、电解质转运
	半桥粒	桥粒结构的一半	加强与基膜的连接

二、腺上皮和腺

以分泌功能为主的上皮称**腺上皮**，以腺上皮为主要成分构成的器官称**腺**。依据腺在演变过程中是否形成导管，通常将腺分为有管腺和无管腺两类。有管腺也叫**外分泌腺**，有导管，腺的分泌物经导管排至体表或器官的腔面，如汗腺、唾液腺、乳腺等；无管腺也称**内分泌腺**，无导管，腺的分泌物直接进入腺细胞周围的毛细血管和淋巴管，如甲状腺、肾上腺、性腺等（详见内分泌系统）。

外分泌腺由**分泌部**和**导管**两部分组成。根据导管有无分支，外分泌腺可分为单腺和复腺。分泌部的形状有管状、泡状或管泡状，因此，外分泌腺还可细分为单管状腺、单泡状腺、复管状腺、复泡状腺和复管泡状腺等（图1-8）。

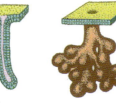

(a) (b) (c)

图1-8 外分泌腺的形态分类

(a) 单管状腺；(b) 复泡状腺；(c) 复管泡状腺

（一）分泌部

分泌部又称腺泡，一般由单层腺细胞围成，中央为腺泡腔。有些腺体的分泌部与基膜之间有肌上皮细胞，其收缩有助于腺泡分泌物排入导管。

1. **浆液性细胞**（serous cell） 核圆形，偏细胞的基底部，顶部胞质含较多嗜酸性分泌颗粒，基底部胞质强嗜碱性（图1-9）。电镜下，胞质内有丰富的粗面内质网，核上区可见较发达的高尔基复合体和数量不等的分泌颗粒。

2. **黏液性细胞**（mucous cell） 核扁圆形，居于细胞基底部。胞质色浅，呈空泡状或泡沫状（图1-9）。电镜下，基底部胞质内有一定量的粗面内质网，核上区有发达的高尔基复合体和极丰富的粗大的黏原颗粒。其分泌物较黏稠，主要为黏液。

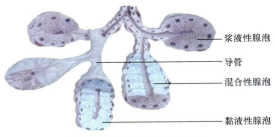

图1-9　腺泡与导管模式图

浆液性腺泡
导管
混合性腺泡
黏液性腺泡

（二）导管

起始部为与腺泡相连由单层扁平或单层立方上皮围成的**闰管**；与闰管相连的为单层高柱状上皮围成的纹状管，又称**分泌管**；分泌管汇合形成**小叶间导管**，行走在小叶间的结缔组织中；随管径的增大，小叶间导管再逐渐汇集形成**总导管**，最终将分泌物排至体表或器官的腔面。

第二节　结缔组织

结缔组织（connective tissue）是四大基本组织中结构最复杂、功能最多样的一种组织。它与上皮组织相比较，具有如下特点：①细胞数量少、种类多，细胞外基质成分多；②细胞无极性，分散存于细胞外基质中；③分布广泛，有支持、连接、充填、营养、保护、修复和防御等多种功能；④不直接与外界环境接触，也称内环境组织。

广义的结缔组织包括柔软的固有结缔组织、液态的血液和淋巴及固态的软骨组织和骨组织。一般所说的结缔组织仅指固有结缔组织。

结缔组织均来源于**间充质**（mesenchyme）。间充质是胚胎时期分散存在的中胚层组织，由间充质细胞和无定形基质组成。间充质细胞是一种星形多突起的分化程度较低的干细胞，核大，卵圆形，核仁明显，胞质呈弱嗜碱性（图1-10），在胚胎时期能分化成多种结缔组织细胞、血管内皮细胞和平滑肌细胞等。出生后，结缔组织内仍保留少量未分化的间充质细胞。

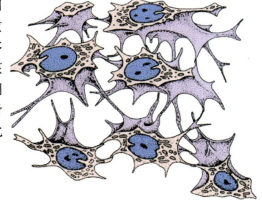

图1-10　间充质立体结构模式图

一、固有结缔组织

固有结缔组织按其结构和功能的不同分为疏松结缔组织、致密结缔组织、脂肪组织和网状组织。

（一）疏松结缔组织

疏松结缔组织（loose connective tissue）又称蜂窝组织（图1-11），细胞种类较多，纤维数量少，排列松散；广泛分布于器官、组织、细胞之间及器官内部；有支持、连接、充填、营养、保护、修复和防御等多种功能。

1. 细胞

（1）**成纤维细胞**（fibroblast）：是疏松结缔组织中最常见、最主要的细胞，因能合成纤维和基质而得名。光镜下，细胞扁平，多突起；核较大，扁卵圆形，着色浅，核仁明显；胞质较丰富，呈弱嗜碱性。电镜下，细胞表面有一些微绒毛和较粗短的突起，胞质内有丰富的粗面内质网、游离核糖体和发达的高尔基复合体（图1-12），表明该细胞合成蛋白质的功能旺盛。

功能处于静止状态的成纤维细胞，称**纤维细胞**（fibrocyte）（图1-12）。纤维细胞体积变小，长梭形；核小，长扁卵圆形，染色深；胞质较少，常呈嗜酸性。电镜下，胞质内粗面内质网少，高尔基复合体不发达。在创伤修复等情况下，纤维细胞可再转化为成纤维细胞，合成和分泌细胞外的基质和纤维成分。

（2）**巨噬细胞**（macrophage）：是来源于血液、在体内广泛存在的一种免疫细胞。光镜下，细胞形态多样，圆形或卵圆形，功能活跃者，常伸出伪足而形态不规则；核小，卵圆形或肾形，染色深；胞质丰富，多嗜酸性（图1-13）。电镜下，细胞表面有许多不规则的皱褶和微绒毛，胞质内含大量的溶酶体、吞噬体、微丝和微管等，参与细胞运动（图1-14）。

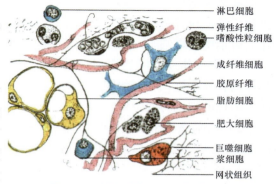

图1-11 疏松结缔组织结构模式图

（右侧标注，自上而下）
淋巴细胞
弹性纤维
嗜酸性粒细胞
成纤维细胞
胶原纤维
脂肪细胞
肥大细胞
巨噬细胞
浆细胞
网状组织

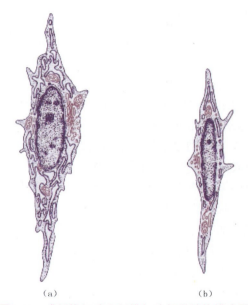

（a）　　　　　　　　（b）

图1-12 成纤维细胞和纤维细胞超微结构模式图
（a）成纤维细胞；（b）纤维细胞

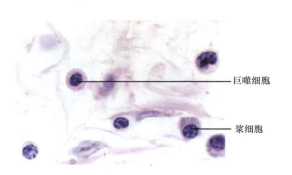

图1-13 巨噬细胞和浆细胞

（图中标注）
巨噬细胞
浆细胞

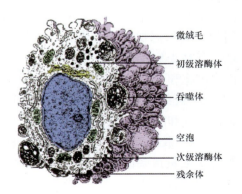

图1-14 巨噬细胞超微结构立体模式图

（右侧标注，自上而下）
微绒毛
初级溶酶体
吞噬体
空泡
次级溶酶体
残余体

疏松结缔组织内固定的巨噬细胞又称**组织细胞**（histiocyte），常沿胶原纤维散在分布。当它们受细菌的产物、炎症变性蛋白等物质刺激时，会伸出伪足，沿这些化学物质的浓度梯度向高浓度部位定向移动，聚集到产生和释放这些化学物质的部位，这种特性称**趋化性**，这类化学物质统称**趋化因子**（chemotactic factor）。在趋化因子的作用下，固定的巨噬细胞活化为游走的巨噬细胞，并发挥以下功能：

1）**吞噬作用**：巨噬细胞有强大的吞噬能力，能吞噬细菌、异物和衰老的细胞，形成吞噬体或吞饮小泡；与初级溶酶体融合，形成次级溶酶体；异物颗粒被溶酶体酶消化分解，不能被消化的则成为残余体。

2）**抗原提呈作用**：巨噬细胞吞噬抗原物质后，对抗原物质进行分解处理，并将抗原信息呈递给淋巴细胞，启动淋巴细胞的免疫应答。

3）**分泌功能**：巨噬细胞能合成和分泌上百种生物活性物质，包括溶菌酶、干扰素、补体、白细胞介素1（IL-1）等。溶菌酶能分解细菌的细胞壁，杀灭细菌；干扰素是一种抗病毒的细胞因子；补体参与炎症反应、对病原微生物的溶解等过程；IL-1能刺激骨髓中白细胞的增殖和释放入血。

（3）**浆细胞**（plasma cell）：由B淋巴细胞在抗原刺激后转化而来。光镜下，细胞圆形或卵圆形；核圆，多偏居细胞一侧，异染色质常呈粗块状附于核膜边缘，呈车轮状排列；胞质丰富，嗜碱性，核旁可见一浅染区（图1-13）。电镜下，浆细胞胞质内含有大量平行排列的粗面内质网、丰富的游离核糖体及发达的高尔基复合体。浆细胞合成和分泌**免疫球蛋白**（immunoglobulin，Ig），即**抗体**（antibody），参与体液免疫。

（4）**肥大细胞**（mast cell）：常成群分布于小血管周围。光镜下，细胞体积较大，呈圆形或卵圆形；核小而圆，居中，染色深；胞质内充满粗大的嗜碱性分泌颗粒，可被醛复红等染料染成紫色，颗粒易溶于水，故切片上难以辨认。电镜下，肥大细胞表面有微绒毛及颗粒状隆起，胞质内含有大量的膜包颗粒。颗粒内含有肝素、组胺、嗜酸性粒细胞趋化因子等。肥大细胞的主要功能是参与过敏反应。

（5）**脂肪细胞**（fat cell）：常沿血管单个或成群分布。光镜下，细胞体积大，呈圆球形或多边形；胞质内充满脂滴；核连同部分胞质位于细胞一侧，呈新月形。在HE染色标本中，脂滴被溶解，使细胞呈空泡状（图1-21）。脂肪细胞能合成、贮存脂肪，并参与脂类代谢。

（6）**未分化的间充质细胞**（undifferentiated mesenchymal cell）：是保留在成人结缔组织内的一些原始细胞，仍保持着多向分化的潜能，分布在小血管周围，其形态似纤维细胞，在HE染色标本上不易辨认。其在炎症及创伤修复时增殖分化为成纤维细胞、内皮细胞和平滑肌纤维等。

2．**纤维** 疏松结缔组织内的纤维有胶原纤维、弹性纤维和网状纤维三种。

（1）**胶原纤维**（collagenous fiber）：是疏松结缔组织中数量最多的纤维成分，新鲜时呈亮白色，有光泽，故又名白纤维。在HE染色切片中呈嗜酸性，波浪状粗细不等，有分支并交织成网（图1-15）。胶原纤维

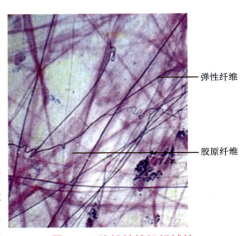

弹性纤维

胶原纤维

图1-15 疏松结缔组织铺片

韧性大，抗拉力强。

（2）**弹性纤维**（elastic fiber）：含量较胶原纤维少，在人体内分布也很广泛。新鲜时呈黄色，又名黄纤维。在HE染色切片中，着色淡红，纤维较细，直行，粗细不等，断端常卷曲（图1-15），可有分支，交织成网。弹性纤维富于弹性而韧性差。

（3）**网状纤维**（reticular fiber）：较细，分支多，交织成网。HE染色不着色，具嗜银性，可被银盐染为黑褐色，故又称**嗜银纤维**（图1-16）。网状纤维主要存在于网状组织，也分布在结缔组织与其他组织的交界处。

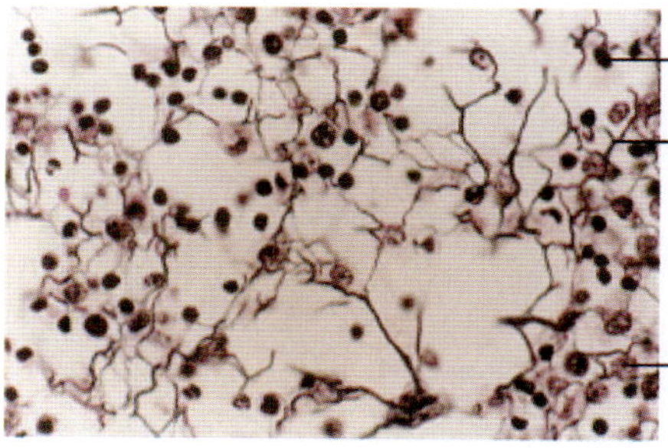

3．基质　疏松结缔组织基质较多，为无定形的胶样物，无色透明，有一定黏性，填充在细胞和纤维之间。其化学成分主要为水、蛋白多糖和纤维粘连蛋白。

蛋白多糖又称黏多糖，由蛋白质和糖胺多糖构成，以多糖为主，为基质的主要成分。蛋白质包括连接蛋白和核心蛋白；糖胺多糖包括透明质酸、硫酸角质素、硫酸肝素及硫酸软骨素A、C等。

图1-16　网状组织（淋巴结）镀银染色

蛋白多糖以透明质酸为中心，其他糖胺多糖则与核心蛋白结合，构成蛋白多糖亚单位；通过连接蛋白与透明质酸结合在一起。此构型为多微孔的立体**分子筛**（图1-17），具有屏障作用。小于孔隙的水和营养物质、代谢产物、激素、气体分子等可自由通过，大于孔隙的大分子物质、细菌、异物等不能通过。溶血型链球菌和癌细胞等能产生透明质酸酶，分解蛋白多糖，破坏基质结构，使屏障解体，致使感染和肿瘤扩散。

图1-17　分子筛示意图

4．组织液　在毛细血管动脉端，血浆中的水、电解质、单糖、气体分子等物质通过毛细血管壁渗入基质，成为组织液。细胞通过组织液获得营养和氧气，并向其中排出代谢产物和CO_2。组织液经毛细血管静脉端或毛细淋巴管返回到血液中（图1-18）。组织液的不断更新，有利于血液与组织细胞进行物质交换，成为细胞赖以生存的内环境。当组织液的产生和回收失衡时，基质中组织液的含量可增多或减少，导致组织水肿或脱水。

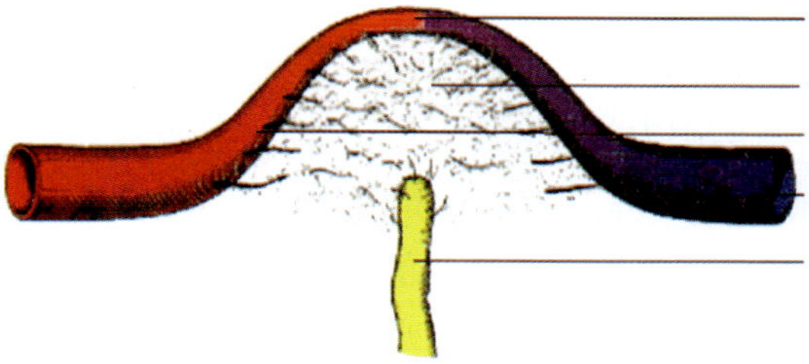

图1-18　组织液形成示意图

（二）致密结缔组织

致密结缔组织（dense connective tissue）的细胞和基质成分少而纤维成分多，纤维粗大，排列致密，以支持和连接功能为主。根据纤维的性质和排列方式，可将致密结缔组织分为以下两种类型。

1. **规则致密结缔组织**（dense regular connective tissue） 主要见于肌腱和腱膜等处，大量密集的胶原纤维顺着应力方向平行排列成束。细胞成分很少，主要是腱细胞，位于纤维束之间，其为一种特殊形态的成纤维细胞（图1-19）。

2. **不规则致密结缔组织**（dense irregular connective tissue） 主要见于真皮、硬脑膜、巩膜及许多器官的被膜等处，其特点是粗大的胶原纤维交织成致密的三维网状结构，纤维之间含少量基质和成纤维细胞（图1-20）。

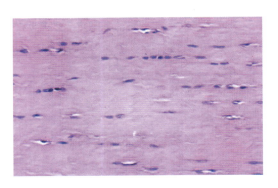 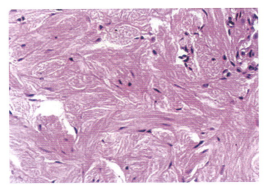

图1-19　规则致密结缔组织　　　　　　　　图1-20　不规则致密结缔组织

（三）脂肪组织

脂肪组织（adipose tissue）是含有大量脂肪细胞的疏松结缔组织，密集的脂肪细胞被疏松结缔组织分隔成多个脂肪小叶，主要为机体的活动贮存和提供能量（图1-21）。

（四）网状组织

网状组织（reticular tissue）是造血器官和淋巴器官的基本组成成分，由网状细胞和网状纤维构成（图1-16）。

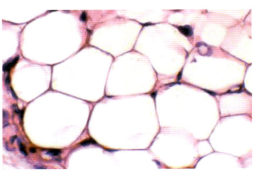

图1-21　脂肪组织

二、软骨组织和软骨

（一）软骨组织

软骨组织为固态的结缔组织，由软骨细胞及软骨基质构成。

1. **软骨细胞**（chondrocyte） 是软骨组织中唯一的细胞类型，包埋在软骨基质中，所在的腔隙称为**软骨陷窝**。软骨细胞的大小、形状和分布具有一定的规律，靠近软骨表面的为幼稚软骨细胞，体积小，呈扁圆形，单个存在；而越靠近软骨中央，细胞越成熟，体积逐渐增大，呈圆形或椭圆形，胞质丰富，弱嗜碱性，且成群分布。通常由一个幼稚软骨细胞分裂增殖而来且聚集在一起的2～8个软骨细胞称为**同源细胞群**。软骨细胞有合成和分泌纤维及基质的功能。

2. **软骨基质**（cartilage matrix） 即软骨细胞分泌的细胞外基质，由纤维和基质组成。基质呈半固体凝胶状，主要成分为蛋白多糖和水。软骨细胞周围的基质染色深，形似囊状，此区域称**软骨囊**（cartilage capsule）。纤维成分埋于基质中，使软骨具有一定的韧性和弹性。

（二）软骨的类型

根据软骨基质中纤维的不同，可将软骨分为三型，即透明软骨、弹性软骨和纤维软骨。

1. **透明软骨**（hyaline cartilage） 新鲜时呈半透明状，是一种分布较广的软骨类型，成人体内的呼吸道软骨、关节软骨和肋软骨等均为透明软骨。透明软骨具有较强的抗压性，并有一定的弹性和韧性（图1-22）。

2. **弹性软骨**（elastic cartilage） 分布于耳郭、咽喉及会厌等处，因有较强的弹性而得名，新鲜时呈不透明的黄色，基质中含有大量交织成网的弹性纤维（图1-23）。

3. **纤维软骨**（fibrous cartilage） 分布于椎间盘、关节盘及耻骨联合等处，新鲜时呈乳白色。基质内含大量平行或交错排列的胶原纤维束，软骨细胞较小且少，成行分布于胶原纤维束之间，基质较少，呈弱嗜碱性（图1-24）。

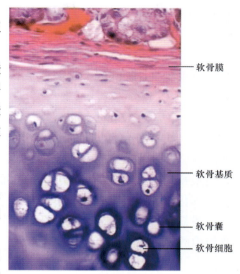

图1-22 透明软骨

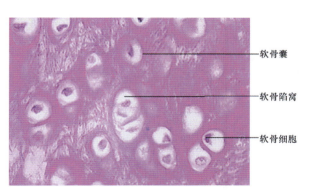

图1-23 弹性软骨

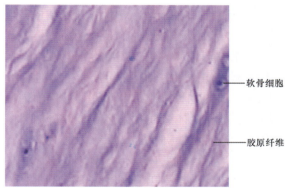

图1-24 纤维软骨

（三）软骨膜

除关节软骨外，软骨组织表面被覆薄层致密结缔组织，即**软骨膜**。软骨膜分为内外两层：外层含较致密的胶原纤维，主要起保护作用；内层纤维较疏松而细胞较多，其中梭形的骨祖细胞可增殖分化为软骨细胞，与软骨的生长有关。

（四）软骨的生长

软骨的生长有以下同时并存的两种方式：

1. **软骨膜下生长** 由软骨膜内的骨祖细胞不断增殖分化为成软骨细胞，后者进一步分化为软骨细胞，附着在原有软骨的表面，并产生纤维和基质，使软骨增厚。

2．软骨内生长　软骨细胞不断分裂增殖，产生新的软骨基质，使软骨从内部向周围扩大。

三、骨组织与骨

（一）骨组织

骨组织（osseous tissue）是人体最坚硬的组织之一，由多种细胞和大量钙化的细胞外基质构成。

1．**骨基质**（bone matrix）　即钙化的细胞外基质，又称骨质，由有机成分和无机成分构成。有机成分包括大量胶原纤维和少量无定形基质，赋予骨质韧性。无机成分又称骨盐，使骨质坚硬，主要以羟基磷灰石结晶的形式存在，沿胶原纤维长轴规则排列。

最初形成的细胞外基质无骨盐沉积，称**类骨质**（osteoid），类骨质经钙化后转变为骨质。钙化是无机盐有序地沉积于类骨质的过程。

骨盐在板层状排列的胶原纤维上沉积形成的坚硬的板状结构称**骨板**（bone lamella）。同层骨板内的纤维相互平行，相邻骨板的纤维相互垂直，这种结构形式有效地增强了骨的支持力。

2．骨组织的细胞

（1）**骨祖细胞**（osteoprogenitor cell）：又称骨原细胞，是骨组织的干细胞，位于骨组织表面（图1-25）。细胞小，呈梭形；核椭圆形或细长形；胞质少，弱嗜酸性。骨祖细胞具有多向分化的潜能，在不同环境及不同性质和程度的刺激下，可分化为成软骨细胞和成骨细胞。

（2）**成骨细胞**（osteoblast）：位于骨组织表面，立方形或矮柱状，常单层排列；核大而圆，位于远离骨组织的一端，染色浅淡；胞质嗜碱性（图1-25）。电镜下，胞质内可见大量粗面内质网和发达的高尔基复合体。成骨细胞合成和分泌骨基质的有机成分，形成类骨质（osteoid）。

（3）**骨细胞**（osteocyte）：是一种多突起的细胞，单个分散排列于骨板内或骨板间（图1-25）。胞体所在的腔隙称**骨陷窝**（bone lacum），突起所在的腔隙称**骨小管**（bone canaliculus）。骨细胞的结构和功能与其成熟度有关。年幼的骨细胞与成骨细胞相似，也能产生少量类骨质。随着类骨质的钙化，细胞

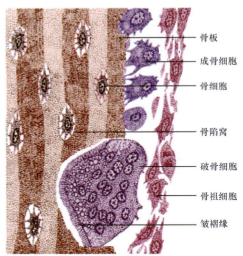

图1-25　骨组织的骨板和各种细胞

细胞标注：骨板、成骨细胞、骨细胞、骨陷窝、破骨细胞、骨祖细胞、皱褶缘

逐渐变成熟。成熟的骨细胞较小，呈扁椭圆形，细胞器减少，突起延长，相邻突起以缝隙连接相连。骨细胞具有一定的溶骨和成骨作用，参与调节钙、磷平衡。

（4）**破骨细胞**（osteoclast）：数量较少，散在分布于骨组织边缘，是一种多核巨细胞。胞体大，含2～50个细胞核，胞质嗜酸性。电镜下，细胞贴近骨基质的一侧有许多不规则的微绒毛，称**皱褶缘**。破骨细胞有溶解和吸收骨基质的作用（图1-25）。

（二）长骨的结构

1．**骨干**　主要由骨密质构成，内侧尚有少量骨松质形成的骨小梁。骨密质在骨干内、外

表层形成环骨板，在中层形成哈弗斯系统和间骨板（图1-26）。

（1）**环骨板**（circumferential lamellae）：环绕骨干的内、外表面，分别称为内环骨板和外环骨板。外环骨板较厚而整齐，由几层到十几层骨板环绕骨干平行排列而成；内环骨板较薄且不整齐，由几层骨板不规则排列而成。内、外环骨板均有横向穿行的管道，称穿通管（perforating canal），内含血管、神经等。

（2）**哈弗斯系统**（haversian system）：又称**骨单位**，呈长筒状，位于内、外环骨板之间，是骨密质的主要结构单位。中轴为纵行的中央管，其周围是10~20层同心圆排列的哈弗斯骨板。中央管与穿通管相通，是血管和神经的通路。

（3）**间骨板**（interstitial lamella）：既是充填在骨单位间或骨单位与环骨板之间的一些不规则形或呈扇形的骨板，也是骨生长和改建过程中骨单位或环骨板未被吸收的残留部分。

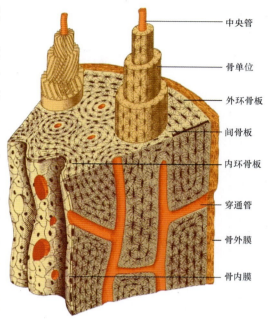

图1-26　长骨骨干立体结构模式图

2．**骨骺**　主要由骨松质构成，其表面有薄层骨密质，与骨干的骨密质相连，内面的不规则小腔隙与骨干内的骨髓腔相通，容纳骨髓。

3．**骨膜**　除关节面以外，骨的外表面及内表面均被覆一层结缔组织膜，即骨膜。在外表面的称骨外膜；在骨髓腔面、骨小梁的表面、中央管及穿通管内表面的称骨内膜。

（三）骨的发生

骨的发生有两种方式，即膜内成骨和软骨内成骨。虽然发生方式不同，但骨组织发生的过程相似，它们都包括了骨组织形成和骨组织吸收两个方面。

四、血液

血液（blood）是循环流动于心血管系统内的一种液态的结缔组织。健康成人循环血容量约5 L，约占体重的7%。

从血管抽取少量血液加入适量抗凝剂离心沉淀后，血液可分三层：上层为淡黄色的血浆，下层深红色的为红细胞，中间薄层灰白色的为白细胞和血小板。因此，血液是由血浆、红细胞、白细胞和血小板所组成。**血浆**（plasma）相当于一般结缔组织的细胞间质，约占血液容积的55%。此外，血液静置后，溶解状态的纤维蛋白原转变为不溶状态的纤维蛋白，形成血凝块，并析出淡黄色透明的液体，称**血清**（serum）。

血细胞约占血液容积的45%。光镜下观察血细胞的形态结构，通常使用Wright或Giemsa染色的血涂片标本。在正常生理情况下，血细胞有一定的形态结构，并有相对稳定的数量。血细胞形态、数量、比例和血红蛋白含量的测定，称**血象**（表1-3）。患病时，血象常有显著变化，故检查血象对了解机体状况和诊断疾病十分重要。

表1-3 血细胞分类和计数的正常值

血细胞的种类		正常值（成人）	
红细胞		男：$(4.0\sim5.5)\times10^{12}/L$	
		女：$(3.5\sim5.0)\times10^{12}/L$	
白细胞	中性粒细胞	$50\%\sim70\%$	$(4.0\sim10.0)\times10^{9}/L$
	嗜酸性粒细胞	$0.5\%\sim3.0\%$	
	嗜碱性粒细胞	$0\%\sim1\%$	
	单核细胞	$3\%\sim8\%$	
	淋巴细胞	$25\%\sim30\%$	
血小板		$(100\sim300)\times10^{9}/L$	

（一）血细胞

1. **红细胞**（red blood cell，RBC） 是血液中数量最多的一种细胞（图1-27），直径
$7.0\sim8.5\ \mu m$，呈双凹圆盘状，中央较薄，周缘较厚，故在血涂片标本上中央染色较浅、周缘染色较深（图1-28）。成熟红细胞无细胞核，也无细胞器，胞质内充满**血红蛋白**。正常成人血液中血红蛋白的含量男性为$120\sim150\ g/L$，女性为$110\sim140\ g/L$。血红蛋白是一种碱性蛋白，有结合与运输O_2和CO_2的功能。

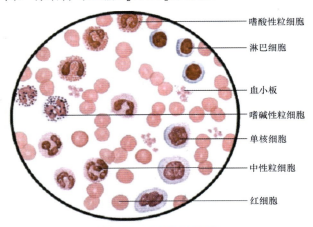

嗜酸性粒细胞
淋巴细胞
血小板
嗜碱性粒细胞
单核细胞
中性粒细胞
红细胞

图1-27 血细胞仿真图

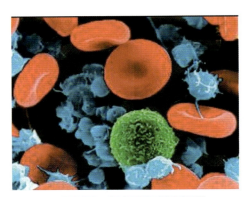

图1-28 红细胞扫描电镜图

红细胞的平均寿命约$120\ d$。从骨髓进入血流尚未完全成熟的红细胞称**网织红细胞**（reticulocyte），细胞内尚残留部分核糖体，用煌焦油蓝染色后呈细网状。在血流中经过$1\sim3\ d$后完全成熟，核糖体消失。成人血液内的网织红细胞占红细胞总数的$0.5\%\sim1.5\%$，新生儿可高达$3\%\sim6\%$。骨髓造血功能发生障碍的患者，网织红细胞计数降低。

2. **白细胞**（white blood cell，WBC） 为无色有核的球形细胞，能做变形运动，具有防御和免疫功能。成人白细胞的正常值为$(4.0\sim10.0)\times10^{9}/L$，无显著性别差异，婴幼儿稍高于成人。光镜下，根据白细胞胞质内有无特殊颗粒，可将其分为**有粒白细胞和无粒白细胞**两类（图1-27）。有粒白细胞又根据颗粒的染色性，分为中性粒细胞、嗜酸性粒细胞和嗜碱性

粒细胞；无粒白细胞分为单核细胞和淋巴细胞（图1-27）。

（1）**中性粒细胞**（neutrophilic granulocyte，neutrophil）：数量最多，占白细胞总数的50%～70%。核呈深染的弯曲杆状或分叶状，叶间有细丝相连，分叶核一般为2～5叶，正常人以2～3叶居多。核分叶数与细胞在血流中停留的时间长短有关，核分叶越多表明细胞越老化。当机体受细菌严重感染时，大量中性粒细胞从骨髓进入血液，杆状核与2叶核的细胞增多，称**核左移**；4～5叶核的细胞增多，称**核右移**，表明骨髓造血功能有障碍。

中性粒细胞的胞质呈极浅的粉红色，内充满大量细小的、分布均匀的、被染成淡紫色和淡红色的颗粒。其中，体积较大、淡紫色的颗粒为嗜天青颗粒；较细小、淡红色的为特殊颗粒。颗粒中性粒细胞和巨噬细胞一样具有强大的吞噬功能和趋化作用，其吞噬的对象以细菌为主，同时也吞噬异物。中性粒细胞可在组织中存活2～3 d。

（2）**嗜酸性粒细胞**（eosinophilic granulocyte，eosinophil）：占白细胞总数的0.5%～3.0%，呈球形，较中性粒细胞稍大，核杆状或分叶，以2叶核居多。胞质内充满粗大、分布均匀且染成鲜红色的嗜酸性颗粒。

嗜酸性粒细胞能吞噬抗原抗体复合物，释放组胺酶灭活组胺，从而减轻过敏反应。其释放的阳离子蛋白，对寄生虫有很强的杀灭作用。因此，在患过敏性疾病或寄生虫感染时，血液中嗜酸性粒细胞增多。嗜酸性粒细胞在组织中可生存8～12 d。

（3）**嗜碱性粒细胞**（basophilic granulocyte，basophil）：数量最少，占白细胞总数的0%～1%。细胞呈球形，核分叶或呈S形，着色浅淡，胞质内含有大小不等、分布不均的嗜碱性颗粒（图1-27）。

嗜碱性颗粒属于分泌颗粒，内含有肝素、组胺和嗜酸性粒细胞趋化因子，胞质内含白三烯。嗜碱性粒细胞与肥大细胞的分泌成分相同，也参与过敏反应。嗜碱性粒细胞在组织中可生存12～15 d。

（4）**单核细胞**（monocyte）：是体积最大的白细胞，占细胞总数的3%～8%，直径为14～20 μm，呈圆形或椭圆形。核呈卵圆形、肾形或不规则形，染色质颗粒细而松散，故着色较浅。胞质丰富，弱嗜碱性，内含许多细小的淡紫色的嗜天青颗粒，即溶酶体。

单核细胞有活跃的变形运动、明显的趋化性和一定的吞噬功能，在血流中停留12～48 h后，经毛细血管后微静脉穿出进入组织和体腔，进一步分化为巨噬细胞。

（5）**淋巴细胞**（lymphocyte）：占白细胞总数的25%～30%，呈圆形或椭圆形，大小不等，分为小淋巴细胞、中淋巴细胞和大淋巴细胞。小淋巴细胞呈核圆形，一侧常有浅凹，染色质浓密着色深，胞质很少，含少量嗜天青颗粒。大、中淋巴细胞核呈椭圆形，染色质稀疏，着色较浅，胞质较多，也可见少量嗜天青颗粒（图1-27）。

3．**血小板**（blood platelet）　是骨髓巨核细胞脱落下来的胞质碎片，呈双凸圆盘状。在血涂片中，常呈多角形，聚集成群，中央部有蓝紫色的颗粒，称颗粒区；周边部呈均质浅蓝色，称透明区。血小板参与止血和凝血过程，寿命为7～14 d。

（二）血细胞的发生

人的血细胞在胚胎第3周于卵黄囊的血岛生成；胚胎第6周，从卵黄囊迁入肝的造血干细胞开始造血；第12周脾内造血干细胞增殖分化产生各种血细胞；从胚胎后期至生后，骨髓成为主要的造血器官。

1. **造血组织**　主要由网状组织和造血细胞组成。网状细胞和网状纤维构成造血组织的网架，网孔中填充着不同发育阶段的各种血细胞及少量造血干细胞、巨噬细胞、脂肪细胞和间充质细胞等。

2. **造血干细胞**（hemopietic stem cell）　是生成各种血细胞的原始细胞，又称多能干细胞（multipotential stem cell），起源于卵黄囊血岛，有很强的增殖潜能，具有多向分化和自我复制能力。

3. **造血祖细胞**　是由造血干细胞分化来的分化方向确定的干细胞，主要有红细胞系造血祖细胞、粒细胞-单核细胞系造血祖细胞、巨核细胞系造血祖细胞等。

4. **血细胞发生过程的形态演变**　各种血细胞的发育大致经历原始阶段、幼稚阶段（又分早、中、晚三期）和成熟阶段。其形态变化的基本规律如下：①胞体由大变小，但巨核细胞则由小变大；②核由大变小，红细胞的核最后消失；粒细胞的核由圆形逐渐变成杆状乃至分叶；巨核细胞的核由小变大；③胞质由少变多，胞质嗜碱性逐渐变弱，但单核细胞和淋巴细胞仍保持嗜碱性，胞质内的特殊结构由无到有并逐渐增多；④细胞分裂能力从有到无，淋巴细胞除外。

第三节　肌　组　织

肌组织（muscle tissue）由肌细胞和细胞间少量的结缔组织构成。肌细胞呈细长纤维状，又称肌纤维，其细胞膜称肌膜，细胞质称肌质，特化的滑面内质网称肌质网。肌组织按其结构和功能分为骨骼肌、心肌和平滑肌三类，前两种的肌纤维上有明暗相间的横纹，又称横纹肌。骨骼肌受躯体神经支配，为随意肌；心肌和平滑肌受自主神经支配，为非随意肌。

一、骨骼肌

大多数骨骼肌借肌腱附着于骨骼。包裹在整块肌外面的致密结缔组织，称肌外膜；肌外膜的结缔组织深入肌内分隔包裹肌束，称肌束膜；包裹在每一条肌纤维外面的结缔组织，称肌内膜（图1-29）。结缔组织对骨骼肌具有支持、连接、营养和调整作用。

（一）骨骼肌纤维的光镜结构

骨骼肌纤维呈长圆柱形，直径10～100 μm，长度不等。核的数量随肌纤维的长短而异，短者核少，长者核的数量可达100～200个，呈扁椭圆

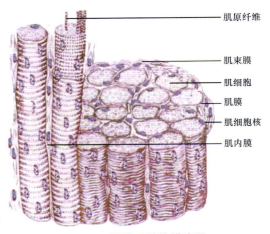

图1-29　骨骼肌结构模式图

肌原纤维
肌束膜
肌细胞
肌膜
肌细胞核
肌内膜

形，位于肌膜下方，核染色质少，着色较浅；肌质丰富，呈嗜酸性，肌浆内有大量沿细胞长轴平行排列的**肌原纤维**（myofibril）。肌原纤维呈细丝状，直径1～2 μm。每条肌原纤维上

都有明暗相间的带，各条肌原纤维的明带和暗带都准确地排列在同一平面上，因而构成了骨骼肌纤维明暗相间的周期性横纹（图1-30）。**暗带**又称A带，中央有一条浅色窄带，称**H带**，H带中央有一条深色的**M线**；**明带**又称I带，中央有一深色的**Z线**。相邻两条Z线之间的一段肌原纤维称**肌节**（sarcomere），由1/2 I带＋A带＋1/2 I带所组成。肌节递次排列构成肌原纤维，是骨骼肌纤维结构和功能的基本单位（图1-31）。

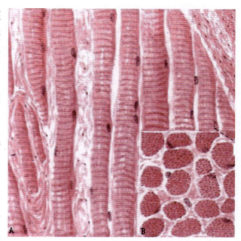

图1-30　骨骼肌纤维光镜结构
A—纵切面；B—横切面

（二）骨骼肌纤维的超微结构

1. 肌原纤维　由粗、细两种肌丝构成。粗肌丝位于肌节中部，两端游离，中央固定在M线上。细肌丝位于肌节两侧，一端固定于Z线，另一端插入粗肌丝之间，止于H带外侧。明带仅有细肌丝，H带仅有粗肌丝，H带以外的暗带粗细肌丝皆有。

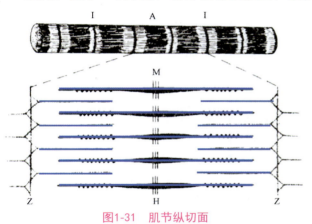

图1-31　肌节纵切面

2. 横小管（transverse tubule）　是肌膜向肌浆内凹陷形成的管状结构，又称T小管。人与哺乳类动物的横小管位于A带和I带交界处，分支环绕每条肌原纤维（图1-32）。横小管可将肌膜的兴奋迅速传到肌纤维内部，引起同一条肌纤维上每个肌节的同步收缩。

3. 肌浆网（sarcoplasmic reticulum）　即肌纤维内特化的滑面内质网，位于相邻的两个横小管之间。肌浆网的小管互相连通，纵向包绕在每条肌原纤维的周围，又称纵小管。

许多纵小管的末端在靠近横小管处膨大，并相互通连形成终池。横小管及其两侧的终池，合称三联体（triad）。肌浆网膜上有钙泵，可调节肌质内的Ca^{2+}浓度（图1-32）。此外，骨骼肌肌原纤维间还有丰富的线粒体、糖原和少量脂滴，肌浆内还有可与氧气结合的肌红蛋白。

（三）骨骼肌纤维的收缩原理

目前认为，骨骼肌的收缩机制是肌丝滑动原理。肌纤维收缩时，粗、细肌丝的长度不变，细肌丝向M线方向滑动，结果使I带变短，H带变窄或消失，A带长度不变，整个肌节变短，肌纤维收缩。在肌丝滑动过程中，Ca^{2+}和三磷酸腺苷（adenosine triphosphate，ATP）起着重要的作用。

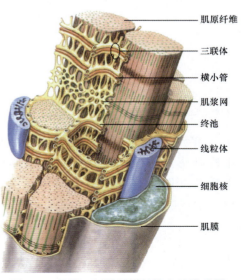

肌原纤维
三联体
横小管
肌浆网
终池
线粒体
细胞核
肌膜

图1-32　骨骼肌纤维超微结构立体模式图

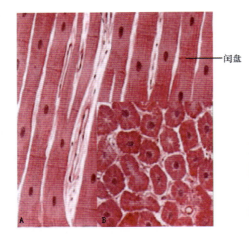

图1-33 心肌纤维光镜结构图

A—纵切面；B—横切面

二、心肌

（一）心肌纤维的光镜结构

心肌纤维呈不规则的短圆柱状，有分支并相互连接成网。细胞连接处染色较深，称闰盘。核卵圆形，位于细胞中央，多为单核，有的细胞含有双核。心肌纤维也有明暗相间的周期性横纹和肌原纤维，但不如骨骼肌纤维明显（图1-33）。

（二）心肌纤维的超微结构

心肌纤维也有规则排列的粗、细两种肌丝，它们在肌节内的排列与骨骼肌纤维相似，亦有肌质网和横小管等结构。但心肌纤维还有一些与骨骼肌纤维不同的超微结构特点（图1-34）：

（1）肌原纤维不如骨骼肌规则、明显，肌丝被少量肌质和许多纵行排列的线粒体分隔成粗细不等、不完整的肌丝束。

（2）横小管较粗，位于Z线水平。

（3）肌质网较稀疏，纵小管不发达，其末端仅在横小管的一侧略微膨大形成终池，并与横小管紧贴形成二联体。

（4）闰盘常阶梯状，横位部分位于Z线水平，有中间连接和桥粒，起牢固的连接作用；纵位部分有缝隙连接，便于心肌纤维间化学信息的交流和电冲动的传导。

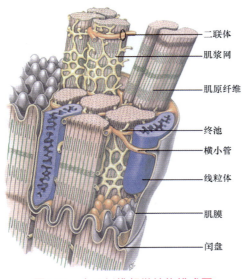

图1-34 心肌纤维超微结构模式图

三、平滑肌

（一）平滑肌纤维的光镜结构

平滑肌纤维呈长梭形，细胞中央有一个椭圆形或杆状的细胞核，胞质嗜酸性，无横纹（图1-35）。收缩时可扭曲呈螺旋形，常成层或成束排列。

（二）平滑肌纤维的超微结构

平滑肌纤维内无肌原纤维，可见大量密体、密斑、细肌丝和粗肌丝等。若干粗肌丝

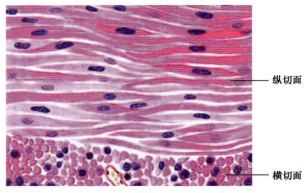

图1-35 平滑肌纤维光镜结构

和细肌丝聚集成一个肌丝单位，无横纹结构。肌膜向内凹陷形成小凹，不形成横小管。肌质网不发达，呈小管状，位于基膜下和小凹附近。平滑肌纤维之间有缝隙连接，可传递化学信息和电冲动，使众多平滑肌纤维同步收缩。

第四节　神经组织

神经组织（nervous tissue）是构成神经系统的组织学基础，由**神经细胞**（nerve cell）和**神经胶质细胞**（neuroglial cell）组成。神经细胞又称**神经元**（neuron），是神经系统结构和功能的基本单位，有接受刺激、整合信息和传导冲动的能力。神经胶质细胞对神经元起支持、营养、保护和绝缘等作用。

一、神经元

（一）神经元的结构

神经元虽形态不一、大小不等，但都可分为胞体、树突和轴突三部分（图1-36）。

1. **胞体**　是神经元的营养代谢中心。其形态多样，大小不等，有圆形、锥体形、梨形和梭形等。神经元的胞体主要集中在中枢神经系统的灰质以及神经节内。由细胞膜、细胞质和细胞核三部分组成（图1-36）。

（1）细胞膜：是可兴奋膜，有接受刺激、产生兴奋和传导神经冲动的功能。

（2）细胞核：大而圆，位于胞体中央，核膜清晰，着色浅，核仁大而明显。

（3）细胞质：光镜下，其特征性结构为尼氏体和神经原纤维。

1）**尼氏体**（nissl body）：具强嗜碱性，均匀分布，于大神经元呈粗大的斑块状，于小神经元呈细小的颗粒状（图1-37）。电镜下，尼氏体由许多平行排列的粗面内质网和游离核糖体构成，表明神经元具有活跃的蛋白质合成功能。

2）**神经原纤维**（neurofibril）：在HE染色切片上无法辨认。在镀银标本上，神经原纤维呈棕黑色、细丝状、交错排列成网（图1-38）。电镜下，神经原纤维由微管、微丝和神经丝组成，它们构成神经元的细胞骨架，并参与神经元内的物质运输。

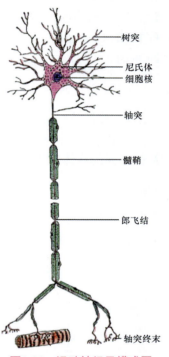

树突
尼氏体
细胞核
轴突
髓鞘
郎飞结
轴突终末

图1-36　运动神经元模式图

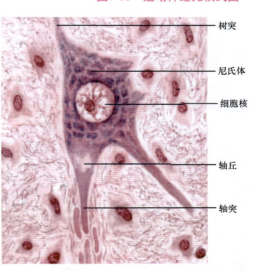

树突
尼氏体
细胞核
轴丘
轴突

图1-37　多极神经元（示尼氏体）

2. **树突**（dendrite） 每个神经元均有一到多个树突，形如树枝状。树突表面常可见许多棘状小突起，称**树突棘**（dendritic spine）。树突接受刺激，并将刺激传向胞体。

3. **轴突**（axon） 较树突细，粗细均匀，分支较少。通常每个神经元只有一个轴突，由胞体发出。光镜下，可见胞体发出轴突的部位常呈圆锥形，称**轴丘**，该区及轴突内均无尼氏体，染色淡（图1-37）。轴突表面的胞膜称**轴膜**（axolemma），其内的胞质称**轴质**（axoplasm）。轴突的主要功能是传导神经冲动。

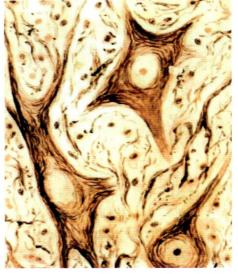

图1-38 脊髓运动神经元（示神经原纤维）

（二）神经元的分类

1. 按神经元突起的数量分类（图1-39）

（1）假单极神经元（pseudounipolar neuron）：从神经元的胞体发出一个突起，在胞体不远处该突起再呈T形分出2个分支，一支分布到周围其他组织或器官中，称周围突；另一支进入中枢神经系统，称中枢突。

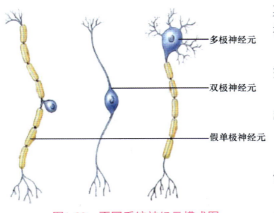

多极神经元

双极神经元

假单极神经元

图1-39 不同系统神经元模式图

（2）双极神经元（bipolar neuron）：有2个突起，含1个树突和1个轴突。

（3）多极神经元（multipolar neuron）：有多个突起，含1个轴突和多个树突。

2. 按神经元功能分类

（1）感觉神经元（sensory neuron）：又称传入神经元，多为假单极神经元。

（2）运动神经元（motor neuron）：又称传出神经元，属多极神经元。

（3）中间神经元（interneuron）：又称联合神经元，分布在感觉神经元和运动神经元之间，起联络作用。

3. 按神经元释放的神经递质和神经调质的化学性质分类 分为胆碱能神经元、去甲肾上腺素能神经元、胺能神经元、氨基酸能神经元和肽能神经元等。

4. 按神经元轴突的长短分类

（1）高尔基Ⅰ型神经元：为轴突较长（可达1 m以上）的大神经元。

（2）高尔基Ⅱ型神经元：为轴突较短（仅数微米）的小神经元。

（三）突触

1. 突触的概念及分类

（1）概念：神经元与神经元之间，或神经元与非神经元（效应器及感受器细胞）之间的一种特化的细胞连接，称**突触**（synapse），是神经元传导信息的重要结构。

（2）分类

1）按神经冲动的传导方向分为：轴–树突触、轴–棘突触或轴–体突触等，以轴-树突触最常见。

2）根据传递信息的方式可分为**化学性突触**（chemical synapse）与**电突触**（electric synapse）两类。前者是以化学物质作为传递信息媒介，后者即缝隙连接。通常所说的突触指化学性突触。

2. 化学性突触的结构 电镜下，化学性突触由突触前成分、突触间隙和突触后成分三部分构成（图1-40）。

（1）**突触前成分**（presynaptic element）：为轴突终末的膨大部分，内有突触小泡、线粒体、微丝和微管等。突触小泡大小和形状不一，内含不同的神经递质。轴突终末与另一个神经元相接触处轴膜特化增厚的部分，称**突触前膜**。

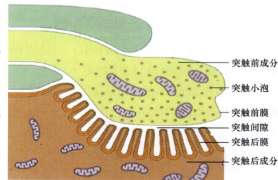

图1-40 化学性突触超微结构模式图

（2）**突触后成分**（postsynaptic element）：是后一神经元或效应细胞与突触前成分相对应的局部区域。该处神经元胞体或树突的质膜特化增厚，称**突触后膜**，膜上有特异性神经递质和调质的受体及离子通道。

（3）**突触间隙**（synaptic cleft）：为突触前膜与突触后膜之间的间隙。当突触前神经元发出的神经冲动沿轴膜传导至轴突终末时，会引发突触前膜发生一系列变化，突触小泡移至突触前膜并与之融合，释放神经递质到突触间隙，神经递质与突触后膜上特异性受体结合，使突触后神经元（或效应细胞）产生兴奋性或抑制性突触后电位，将信息传送给后一神经元或效应细胞。使突触后膜产生兴奋的突触，称**兴奋性突触**（excitatory synapse）；使突触后膜产生抑制的突触，称**抑制性突触**（inhibitory synapse）。

二、神经胶质细胞

（一）中枢神经系统的胶质细胞

1. **星形胶质细胞**（astrocyte） 是胶质细胞中体积最大、数量最多的一种，胞体呈星形，核圆形或卵圆形，较大，染色浅（图1-41）。星形胶质细胞的突起伸展、充填在神经元胞体及其突起之间，起支持和绝缘作用。

2. **少突胶质细胞**（oligodendrocyte） 分布于神经元胞体附近及轴突周围。胞体较星形胶质细胞小，核圆，染色较深。在镀银染色标本中，少突胶质细胞突起较少。电镜下，其突起末端呈叶片状包绕轴突形成中枢神经系统有髓神经纤维的髓鞘，因此它是中枢神经系统的髓鞘形成细胞（图1-41）。

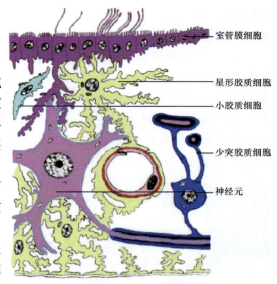

图1-41 中枢神经系统神经胶质细胞与神经元关系模式图

3. **小胶质细胞**（microglia） 体积最小，核小呈扁平或三角形，染色深，细胞的突起细长而有分支，表面有小棘（图1-41）。小胶质细胞属单核-吞噬细胞系统的成员，激活后具有吞噬能力。

4. **室管膜细胞**（ependymal cell） 衬在脑室和脊髓中央管腔面，常呈立方或柱状，游离面有许多微绒毛，有些细胞表面有纤毛（图1-41）。在脉络丛的室管膜细胞可产生脑脊液。

（二）周围神经系统的胶质细胞

1. **施万细胞**（schwann cell） 是周围神经系统有髓神经纤维的髓鞘形成细胞，与有髓神经纤维和无髓神经纤维中的施万细胞的形态和功能有所差异。

2. **卫星细胞**（satellite cell） 是神经节内包裹神经元胞体的一层扁平细胞，对神经节细胞有营养和保护作用。

三、神经纤维与神经

（一）神经纤维

神经纤维（nerve fiber）由神经元的长轴突外包神经胶质细胞构成。根据神经胶质细胞是否形成髓鞘，可将其分为有髓神经纤维和无髓神经纤维两类。

1. **有髓神经纤维**（myelinated nerve fiber）

（1）**周围神经系统有髓神经纤维**：施万细胞呈长卷筒状一个接一个地套在轴突外面。相邻的两个施万细胞不完全连接，于神经纤维上这一部位较狭窄，称**郎飞结**，相邻两个郎飞结之间的一段神经纤维称结间体。因此，一个结间体的外围部分即为一个施万细胞。光镜下，有髓神经纤维的中央为神经元的轴突，其外围呈节段性的髓鞘和神经膜。电镜下，髓鞘呈明暗相间的同心圆板层状。

（2）**中枢神经系统有髓神经纤维**：其结构与周围神经系统的有髓神经纤维基本相同，不同的是它的髓鞘是由少突胶质细胞突起末端的扁平薄膜包卷轴突而形成，也有郎飞结，但无神经膜（图1-42）。

图1-42 少突胶质细胞与中枢神经系统有髓神经纤维的关系模式图

（标注：髓鞘、少突胶质细胞、郎飞结、轴突）

2. **无髓神经纤维**（unmyelinated nerve fiber） 周围神经系统的无髓神经纤维只有神经膜而无髓鞘，由轴突陷入施万细胞形成（图1-43）。中枢神经系统的无髓神经纤维轴突裸露地走行于有髓神经纤维或神经胶质细胞之间，无髓鞘也无神经膜。

神经纤维的功能是传导神经冲动，这种电

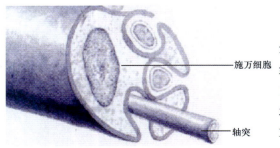

图1-43 周围神经系统髓鞘形成示意图

（标注：施万细胞、轴突）

流的传导是在轴膜进行的。有髓神经纤维的神经冲动呈跳跃式传导，即从一个郎飞结跳到下一个郎飞结；而无髓神经纤维因无髓鞘和郎飞结，神经冲动只能沿轴膜连续传导，故有髓神经纤维传导速度比无髓神经纤维快。

（二）神经

周围神经系统中功能相关的神经纤维集合在一起，外包致密结缔组织，称为神经。包裹在神经外面的一层致密结缔组织称**神经外膜**，包裹在神经纤维束表面的结缔组织称**神经束膜**，每条神经纤维表面的薄层结缔组织称**神经内膜**。在这些结缔组织中都存在小血管和小淋巴管。

四、神经末梢

神经末梢是周围神经纤维末端在其他组织器官内形成的特殊结构。按其功能又可分为感觉神经末梢和运动神经末梢两大类。

（一）感觉神经末梢

感觉神经末梢（sensory nerve ending）是感觉神经元周围突的终末部分，能接受内、外环境的各种刺激，并将刺激转化为神经冲动传向中枢，产生感觉。常见的有以下几种：

1. **游离神经末梢**（free nerve ending）　结构简单。由较细的有髓或无髓神经纤维的终末反复分支而成，其细支裸露，广泛分布于表皮、角膜和毛囊的上皮细胞之间，或分布于真皮、骨膜、脑膜、血管外膜、关节囊、肌腱、韧带、筋膜和牙髓等处，可感受冷、热、轻触和疼痛的刺激。

2. **触觉小体**（tactile corpuscle）　分布于皮肤的真皮乳头处，以手指掌侧皮肤内最多，多为卵圆形，外包结缔组织被囊，内有数层横向排列的扁平细胞。神经纤维进入被囊时失去髓鞘，盘绕在扁平细胞之间，可感受触觉［图1-44（a）］。

3. **环层小体**（lamellar corpuscle）　体积较大，圆形，外有数十层同心圆排列的扁平细胞构成被囊，中央有1条均质性的圆柱体。神经纤维进入被囊时失去髓鞘，裸露的轴突穿入小体中央的圆柱体内［图1-44（b）］。环层小体可感受压觉和振动觉，广泛分布在皮下、肠系膜和某些内脏周围的结缔组织。

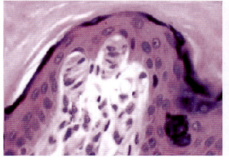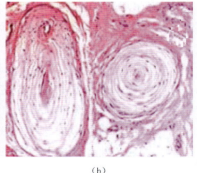

（a）　　　　　　　　　　　　　　（b）

图1-44　触觉小体和环层小体
（a）触觉小体；（b）环层小体

4. **肌梭**（muscle spindle）　为梭形小体，外有结缔组织被囊，内含若干条细小的骨骼肌纤维，称梭内肌。裸露的神经纤维缠绕在梭内肌纤维表面。肌梭能感受肌的牵张刺激，分布于全身骨骼肌中。

（二）运动神经末梢

运动神经末梢是运动神经元的轴突，分布于肌纤维和腺细胞的终末结构，支配肌纤维的收缩，调节腺细胞的分泌。运动神经末梢可分为躯体运动神经末梢和内脏运动神经末梢两类。

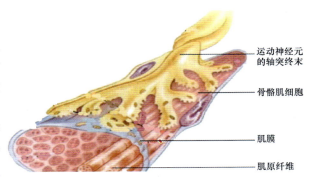

运动神经元的轴突终末

骨骼肌细胞

肌膜

肌原纤维

图1-45　运动终板超微结构模式图

1. 躯体运动神经末梢　分布于骨骼肌。支配骨骼肌的运动神经纤维反复分支，每一分支终末与一条骨骼肌纤维建立突触连接，在连接处形成椭圆形的板状隆起，称**运动终板**（图1-45）。

2. 内脏运动神经末梢　分布于心肌、内脏及血管平滑肌和腺体等处。内脏神经节发出的无髓神经纤维末梢，反复分支，终末呈串珠状附于内脏、血管平滑肌纤维、心肌纤维表面或穿行腺体细胞之间，并与效应细胞建立突触。

💃 思考题

1. 名词解释：内皮　微绒毛　同源细胞群　肌节　闰盘　三联体　尼氏体　郎飞结　运动终板

2. 简述上皮组织和结缔组织的一般特点。

3. 试述被覆上皮的分类及各种上皮的主要分布位置。

4. 简述上皮组织的特殊结构。

5. 光学显微镜下，成纤维细胞、巨噬细胞、浆细胞和肥大细胞各有何结构特点？

6. 疏松结缔组织内三类纤维有何不同？

7. 列表比较三种软骨的不同。

8. 简述长骨的结构。

9. 试述血液的组成、血细胞的正常值及各自的功能。

10. 光学显微镜下如何区别各类白细胞？

11. 简述骨骼肌的光、电镜结构特点。

12. 列表比较三种肌组织的不同。

13. 什么是突触？简述化学性突触的结构。

14. 简述神经元的形态特点。

第二章　骨　　学

学习目标

掌握

1. 各部椎骨的基本形态。
2. 颅骨的组成。
3. 颅的各面观及重要的骨性标志。
4. 四肢骨的组成、位置、形态结构及重要的骨性标志。

熟悉　人体骨的形态分类和结构。

了解

1. 骨的化学成分、物理特性及年龄变化特点，骨的发生、发育概况。
2. 新生儿颅骨特征及生后变化。

　　运动系统（locomotor system）由骨、关节和骨骼肌组成。全身各骨借关节相连形成骨骼，构成骨支架，有运动、支持、保护等作用。运动中，骨起着杠杆作用，关节是运动的枢纽，骨骼肌则是动力器官。骨和关节是运动系统的被动部分，骨骼肌是运动系统的主动部分。

第一节　骨学概述

　　骨（bone）是一种具有一定形态和构造的器官，外被骨膜，内容骨髓，含有丰富的血管、淋巴管及神经，不断地进行新陈代谢和生长发育，并有修复、再生和改建的能力。骨基质中有大量钙盐和磷酸盐沉积，是钙、磷的储存库，骨髓则具有造血功能。骨不仅可保护有重要生命意义的结构，支撑身体，还是运动的机械基础（图2-1）。

一、骨的形态和分类

　　成人的骨有206块骨，可分为颅骨、躯干骨和四肢骨三部分。按形态，骨可分为4

类，即长骨、短骨、扁骨和不规则骨。长骨呈长管状，分布于四肢，分一体两端。体又称**骨干**，内有骨髓腔，容纳**骨髓**；体表面有1～2个血管出入的孔，称**滋养孔**。两端膨大称**骺**。骨干与骺相邻的部分称**干骺端**，幼年时是软骨，称**骺软骨**。软骨细胞不断分裂使骨加长。成年后，骺软骨骨化，骨干与骺融为一体，其间遗留一骺线，如臂部的肱骨。短骨形似立方体，多分布在连接牢固且较灵活的部位，如腕骨和跗骨。扁骨呈板状，主要构成颅腔、胸腔和盆腔的壁，起保护作用，如颅盖骨和肋骨。不规则骨形状不规则，如椎骨，面颅骨。有些不规则骨内有腔洞，称含气骨，如上颌骨。另有发生在某些肌腱内的小骨，称**籽骨**，如髌骨。它们能够保护肌腱避免其过度劳损，并且经常改变肌腱向附着点延伸的角度。

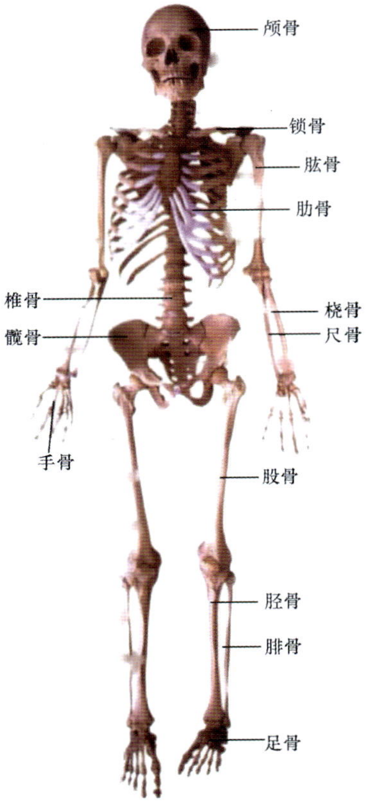

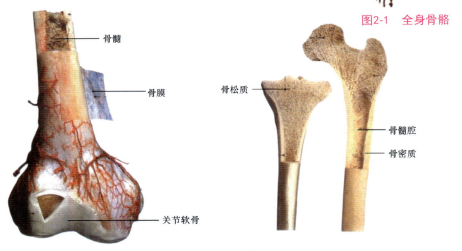

图2-1　全身骨骼

二、骨的构造

骨由骨质、骨膜、骨髓及骨的血管、淋巴管和神经组成（图2-2）。

图2-2　骨的构造

（一）骨质

骨质（bone substance）分为骨密质和骨松质。骨密质配布于骨的表面。骨松质由骨小梁排列而成，配布于骨的内部。骨小梁的排列与骨所承受的压力和张力的方向一致，因而能承受较大的重量。颅盖骨表层为密质，分别称外板和内板，外板厚而坚韧，富有弹性，内板薄而松脆，故颅骨骨折多见于内板。二板之间的松质，称板障；有板障静脉经过。

（二）骨膜

骨膜（periostium）由纤维结缔组织构成，含有丰富的神经和血管，对骨的营养、再生和感觉有重要作用。除关节面的部分外，新鲜骨的表面都覆有骨膜。骨膜可分为内、外两层，外层致密；内层疏松，有成骨细胞和破骨细胞，分别具有产生新骨质和破坏骨质的功能。衬在髓腔内面和松质间隙内的膜称骨内膜，也含有成骨细胞和破骨细胞，其有造骨和破骨的功能。

（三）骨髓

骨髓（bone marrow）充填于骨髓腔和松质间隙内。胎儿和幼儿的骨髓内含发育阶段不同的红细胞和某些白细胞，称红骨髓，有造血功能。5岁以后，长骨骨干内的红骨髓逐渐被脂肪组织代替，呈黄色，称黄骨髓，失去造血活力。但在慢性失血过多或重度贫血时，黄骨髓可转化为红骨髓，恢复造血功能。而在椎骨、髂骨、肋骨、胸骨及肱骨和股骨的近侧端松质内，终生都有红骨髓，因此，临床常选髂后上棘等处进行骨髓穿刺检查骨髓象。

（四）骨的血管、淋巴管和神经

长骨的动脉包括滋养动脉、干骺端动脉、骺动脉及骨膜动脉。滋养动脉是长骨的主要动脉，一般有1～2支，经骨干的滋养孔进入骨髓腔。动脉均有静脉伴行。骨膜的淋巴管很丰富，但骨内淋巴管是否存在，尚不清楚。神经一般伴滋养血管进入骨内。

三、骨的化学成分与物理特性

骨主要由有机质和无机质组成。**有机质**主要是**骨胶原纤维束**和**黏多糖蛋白**等，可使骨具有弹性和韧性。无机质主要是碱性磷酸钙，使骨坚硬挺实。两种成分的比例，随年龄的增长而发生变化。幼儿骨的有机质和无机质各占一半，故弹性较大，柔软，易发生变形，在外力作用下不易骨折或折而不断，称**青枝骨折**。成年人骨的有机质和无机质比例约为3∶7，因而骨具有很大硬度和一定的弹性。老年人的骨无机质所占比例更大，骨的脆性较大，易发生骨折。

第二节　躯　干　骨

躯干骨（truncal bone）由椎骨、胸骨和肋骨等组成，包括24块椎骨、1块骶骨、1块尾骨、1块胸骨和12对肋，借助骨连接构成脊柱、胸廓（图2-3）和骨盆。

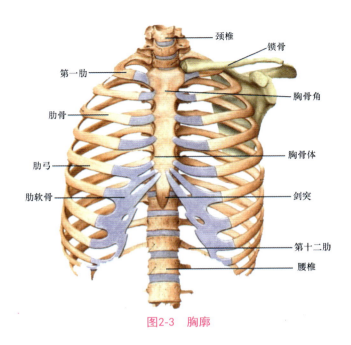

图2-3　胸廓

一、椎骨

幼年时，椎骨为32或33块，分为颈椎7块，胸椎12块，腰椎5块，骶椎5块，尾椎3～4块。成年后，5块骶椎合成1块骶骨，3～4块尾椎合成1块尾骨。

（一）椎骨的一般形态

椎骨（vertebrae）由前方的椎体和后方的椎弓组成。

1. **椎体**（vertebral body）　是椎骨负重的主要部分，内部充满松质，表面是密质。椎体后面与椎弓共同围成**椎孔**。各椎孔贯通，构成容纳脊髓的**椎管**。

2. **椎弓**（vertebral arch）　为弓形骨板，紧连椎体的缩窄部分，称**椎弓根**，根的上、下缘各有一切迹。相邻椎骨的上、下切迹共同围成椎间孔，有脊神经和血管通过。两侧椎弓根向后内伸展，称**椎弓板**。由椎弓发出7个突起：1个**棘突**，伸向后方或后下方；1对**横突**，伸向两侧；2对**关节突**，在椎弓根与椎弓板结合处分别向上、下方突起，即**上关节突和下关节突**（图2-4）。

（二）各部椎骨的主要特征

1. **颈椎**（cervical vertebrae）　椎体较小，横断面呈椭圆形。上、下关节突的关节面几乎呈水平面。第3～7颈椎体上面侧缘向上突起称**椎体钩**。椎体钩若与上位椎体下面的两侧唇缘相接，则形成钩椎关节，又称Luschka关节；若其过度增生，则可使椎间孔狭窄，压迫脊神经，此为颈椎病的病因之一。横突上有**横突孔**，有椎动脉和椎静脉通过。第6颈椎横突末端前方的结节特别隆起，称**颈动脉结节**，有颈总动脉经其前方。第2～6颈椎的棘突较短，末端

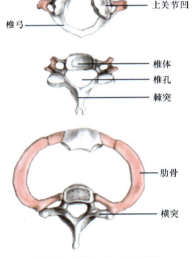

图2-4　椎骨的一般形态

分叉。第1颈椎又名**寰椎**，呈环状，无椎体、棘突和关节突，由前弓、后弓及侧块组成。第2颈椎又名**枢椎**，特点是椎体向上伸出齿突。齿突原为寰椎椎体，发育过程中脱离寰椎而与枢椎体融合。第7颈椎又名**隆椎**，棘突特长，末端不分叉，活体易于触及，常作为计数椎骨序数的标志（图2-5）。

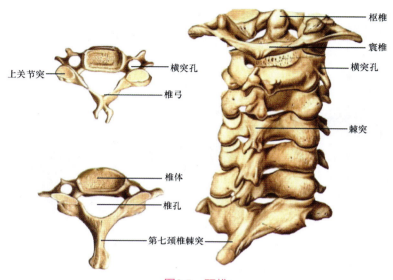

图2-5 颈椎

2. **胸椎**（thoracic vertebrae） 椎体从上向下逐渐增大，横断面呈心形，椎体上缘和下缘的后方分别有上、下肋凹。横突末端前面有横突肋凹。关节突的关节面几乎呈冠状位。棘突较长，向后下方倾斜，呈叠瓦状排列（图2-6）。

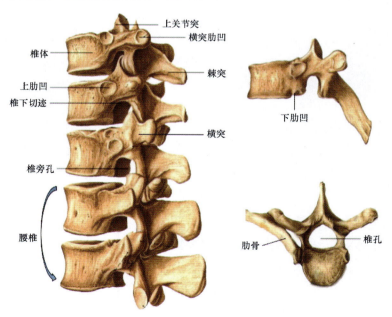

图2-6 胸椎

3. **腰椎**（lumbar vertebrae） 椎体粗壮，横断面呈肾形。上、下关节突的关节面几呈矢状位，棘突宽而短，呈板状，水平伸向后方。各棘突的间隙较宽，临床上可在此处做腰椎穿刺术（图2-7）。

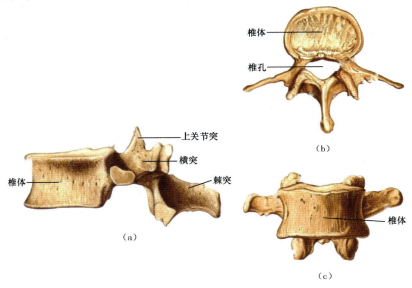

图2-7　腰椎

(a) 侧面观；(b) 上面观；(c) 前面观

4．**骶骨**（sacrum）　由5块骶椎融合而成，呈三角形，底向上，尖向下。上缘中份向前隆凸，称**岬**。前有4对**骶前孔**，后面正中线上有骶正中嵴，嵴外侧有4对**骶后孔**。骶前、后孔均与骶管相通，有骶神经前后支通过。骶管上连椎管，下端的裂孔称**骶管裂孔**。裂孔两侧有向下突出的**骶角**，骶管麻醉常以骶角作为标志（图2-8）。

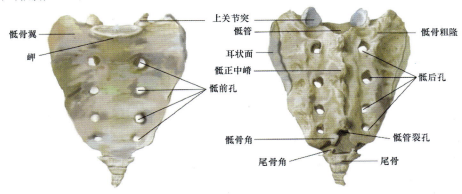

图2-8　骶骨

5．**尾骨**（coccyx）　由3～4块退化的尾椎融合而成。

二、肋

肋（ribs）由肋骨（costal bone）与肋软骨（costal cartilage）组成，共12对（图2-9）。

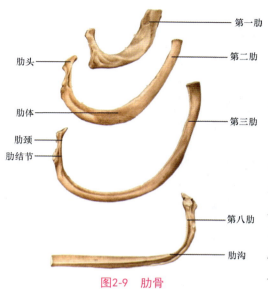

第一肋
第二肋
肋头
肋体
第三肋
肋颈
肋结节
第八肋
肋沟

图2-9 肋骨

（一）肋骨

第1～7对肋前端与胸骨连接，称**真肋**。第8～10对肋前端借肋软骨与上位肋软骨连接，形成肋弓，称**假肋**。第11～12对肋前端游离于腹壁肌层中，**称浮肋**。肋骨分为体和前、后两端。后端膨大的称肋头，外侧稍细的称**肋颈**。颈外侧的粗糙突起，称**肋结节**。肋体分内、外两面和上、下两缘。内面近下缘处有肋沟，有肋间神经、血管经过。体的后份急转处称**肋角**。前端与肋软骨相接。第1肋骨扁宽而短，分上、下面和内、外缘，无肋角和肋沟（图2-9）。第2肋骨为过渡型。第11、12肋骨无肋结节、肋颈及肋角。

（二）肋软骨

肋软骨位于肋的腹侧，由透明软骨构成，前几对肋的肋软骨，直接与胸骨相连称真肋或胸骨肋；其余肋的肋软骨则由结缔组织顺次连接形成**肋弓**（costal arch），这种肋成为假肋或弓肋。有些肋的肋软骨末端游离，称为浮肋。

三、胸骨

胸骨（sternum） 位于胸前壁正中，可分柄、体和剑突三部分。胸骨柄上缘中份为颈静脉切迹，两侧有锁切迹与锁骨相连接。柄与体连接处微向前突，称**胸骨角**，两侧平对第2肋，是计数肋的重要标志。胸骨角向后平对第4胸椎体下缘。胸骨体外侧缘接第2～7肋软骨。胸骨剑突下端游离（图2-10）。

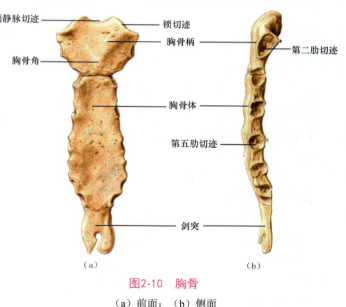

颈静脉切迹
锁切迹
胸骨柄
胸骨角
第二肋切迹
胸骨体
第五肋切迹
剑突

（a） （b）

图2-10 胸骨
（a）前面； （b）侧面

第三节 颅 骨

颅骨（skull）由23块扁骨和不规则骨组成（中耳的3对听小骨未计入）。颅可分为上部的脑颅和下部的面颅，二者以眶上缘和外耳门上缘的连线为分界线（图2-11）。

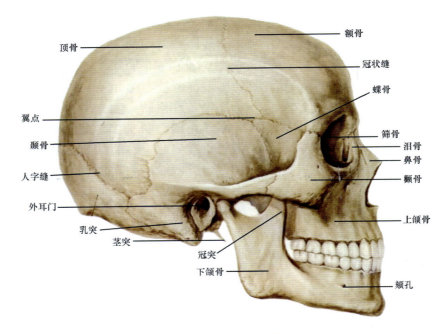

图2-11　颅骨侧面观

一、脑颅骨

脑颅骨（bones of cerebral cranium）共8块。其中，不成对的有**额骨**、**筛骨**、**蝶骨**和**枕骨**，成对的有**颞骨**和**顶骨**，它们构成颅腔。颅腔的顶也称颅盖，由额骨、枕骨和顶骨构成。颅腔的底由蝶骨、枕骨、颞骨、额骨和筛骨构成。

1. **额骨**（frontal bone）　位于颅的前上方，分额鳞、眶部和鼻部三部分（图2-12）。

2. **筛骨**（ethmoid bone）　位于两眶之间，构成鼻腔上部和外侧壁，此骨额状切面呈巾字形，分为筛板、垂直板和筛骨迷路三部。筛窦存在于筛骨迷路内，迷路内侧壁有两个卷曲骨片，即上鼻甲和中鼻甲（图2-13）。

3. **蝶骨**（sphenoid bone）　形似蝴蝶，居颅底中央，分为体、大翼、小翼和翼突4部分。体内含蝶窦。体上面呈马鞍状，称**蝶鞍**，中央凹陷称**垂体窝**。大翼根部由前向后外有**圆孔**、**卵圆孔**和**棘孔**，分别通过上颌神经、下颌神经和脑膜中动脉。小翼与体的交界处有**视神经管**。小翼与大翼间的裂隙为**眶上裂**。翼突根部贯通翼管，向前通入**翼腭窝**（图2-14）。

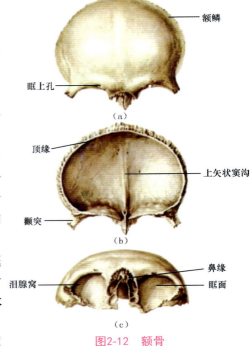

图2-12　额骨

（a）前面观；（b）内面观；（c）下面观

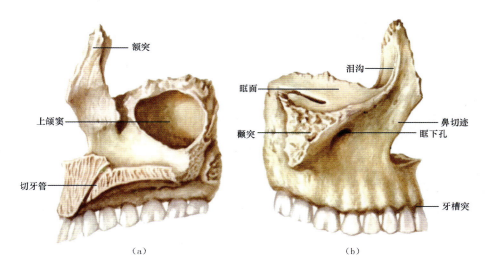

图2-17　上颌骨

（a）内面；（b）外面

2. **腭骨**（palatine bone）　呈L形，位于上颌骨腭突与蝶骨翼突之间，分为水平板和垂直板两部分，水平板组成骨腭的后份，而垂直板则构成鼻腔外侧壁的后份（图2-18）。

3. **颧骨**（zygomatic bone）　位于眶的外下方，形成面颊的骨性突起。

4. **鼻骨**（nasal bone）　形成鼻背的基础。

5. **泪骨**（lacrimal bone）　位于眶内侧壁的前份。

6. **下鼻甲**（inferior nasal concha）附于上颌体和腭骨垂直板的鼻面上。

7. **犁骨**（vomer）　组成鼻中隔后下份。

图2-18　腭骨

8. **下颌骨**（mandibular bone）　分为一体两支。下颌体上缘构成牙槽弓，有容纳下牙根的**牙槽**。体外面正中凸向前为颏隆突。前外侧面有**颏孔**。下颌支末端有两个突起，前方的称冠突，后方的称**髁突**，两突之间的凹陷为**下颌切迹**。髁突上端的膨大为**下颌头**，头下方较细处是**下颌颈**。下颌支后缘与下颌底相交处，称下**颌角**。下颌支内面中央有**下颌孔**，下牙槽神经下颌孔进入下颌管（图2-19）。

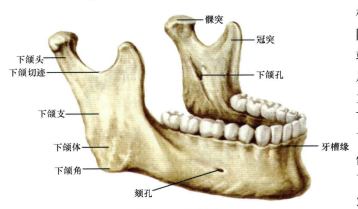

图2-19　下颌骨

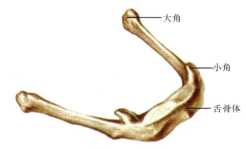

大角

小角

舌骨体

图2-20 舌骨

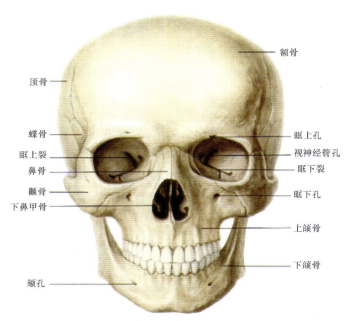

顶骨

蝶骨

眶上裂

鼻骨

颧骨

下鼻甲骨

颏孔

额骨

眶上孔

视神经管孔

眶下裂

眶下孔

上颌骨

下颌骨

图2-21 颅正面观

9. **舌骨**（hyoid bone） 居下颌骨下后方，呈马蹄铁形。中部称**舌骨体**，向后外延伸为**舌骨大角**，向上则为**舌骨小角**（图2-20）。

三、颅的整体观

1. 颅前面观 主要为眼眶、骨性鼻腔和骨性口腔（图2-21）。

2. 颅顶面观 顶骨中央最隆凸处，称**顶结节**。额骨与两侧顶骨连接形成**冠状缝**，两侧顶骨连接形成矢状缝，两侧顶骨与枕骨连接成**人字缝**。

3. 颅后面观 枕鳞中央最突出部是**枕外隆突**。隆突向两侧的弓形骨嵴称**上项线**，其下方有与上项线平行的**下项线**。

4. 颅侧面观 主要由额骨、蝶骨、顶骨、颞骨及枕骨构成，还可见到面颅的颧骨和上、下颌骨。颧弓将颅侧面分为上方的**颞窝**和下方的**颞下窝**。颞窝的上界为**颞线**。颞窝前下部较薄，在额、顶、颞、蝶骨四骨会合处最为薄弱，此处常构成H形的缝，称翼点。其内面有脑膜中动脉前支通过（常有血管沟），在临床X线检查及手术中应注意（图2-11）。

5. 颅底内面观 又称为颅底上面观。颅底内面高低不平，可分为颅前、颅中、颅后窝三种（图2-22）。

（1）**颅前窝**（anterior cranial fossa）：由额骨眶部、筛骨筛板和蝶骨小翼构成。正中线上由前至后有额嵴、盲孔、鸡冠等结构。筛板上有嗅神经穿过。

（2）**颅中窝**（middle cranial fossa）：由蝶骨体及大翼、颞骨岩部等构成。**蝶骨体**上面有垂体窝，窝前外侧有视神经管，通眼眶。管口外侧有突向后方的**前床突**。垂体窝后方横位的骨隆起是**鞍结节**。鞍背两侧角向上突起为**后床突**。垂体窝和鞍背统称**蝶鞍**，其两侧深沟为**颈动脉沟**，沟向前外侧通入眶上裂，沟后端有孔称**破裂孔**，孔续于颈动脉管内口，有颈内动脉穿入。蝶鞍两侧，由前内向后外，依次有**圆孔、卵圆孔和棘孔**。脑膜中动脉沟自棘孔向外上方走行。弓状隆起与颞鳞之间的薄骨板为**鼓室盖**，岩部尖端有一浅窝，称**三叉神经压迹**。

（3）**颅后窝**（posterior cranial fossa）：主要由枕骨和颞骨岩部后面构成。窝中央有**枕**

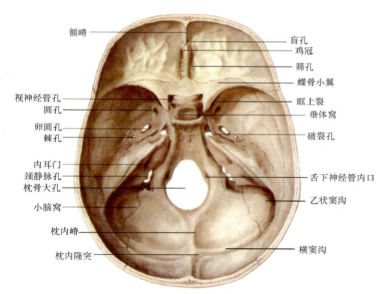

图2-22 颅底内面观

骨大孔，为脊髓和延髓的相交处。孔前外缘上有舌下神经管内口，孔后上方有一十字形隆起，其交会处称**枕内隆突**。由此向上延续为**上矢状窦沟**，向下续于枕内嵴，向两侧续于**横窦沟**，继转向前下内改称**乙状窦沟**，末端终于**颈静脉孔**。颞骨岩部后面有向前内的开口，即**内耳门**，通入内耳道。面神经和前庭窝神经穿过内耳门。

6. **颅底外面观** 又称为颅底下面观。颅底外面高低不平，有由牙槽弓和上颌骨腭突与腭骨水平板构成的**骨腭**。骨腭正中有**腭中缝**，其前端有**切牙孔**，通入切牙管。近后缘两侧有**腭大孔**。鼻后孔两侧的垂直骨板，即**翼突内侧板**。翼突外侧板根部后外方，可见较大的**卵圆孔**和较小的**棘孔**。鼻后孔后方中央可见**枕骨大孔**；孔两侧有**枕髁**，髁前外侧有**舌下神经管外口**；髁后方有不恒定的**髁管开口**。枕髁外侧有一不规则的孔，称**颈静脉孔**，其前方的圆形孔，为**颈动脉管外口**。颈静脉孔的后外侧，有细长的茎突，茎突根部后方有**茎乳孔**，面神经经此孔出颅。颧弓根部后方有下颌窝。窝前缘的隆起，称**关节结节**。蝶骨、枕骨基底部和颞骨岩部会合处，围成不规则的**破裂孔**，活体为软骨所封闭（图2-23）。

7. **颞下窝**（infratemporal fossa） 是上颌骨体和颧骨后方的不规则间隙，容纳咀嚼肌和血管神经等，向上与颞窝通连。窝前壁为上颌骨体和颧骨，内壁为翼突外侧板，外壁为下颌支，下壁与后壁空缺。此窝向上通过卵圆孔和棘孔与颅中窝相通，向前通过眶下裂通眶，向内通过上颌骨与蝶骨翼突之间的翼上颌裂通向翼腭窝。

8. **翼腭窝**（pterygopalatine fossa） 为上颌骨体、蝶骨翼突和腭骨之间的窄间隙，深藏于颞下窝内侧，有神经血管由

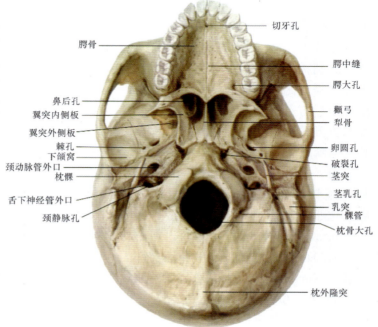

图2-23 颅底外面观

此经过。此窝有六通，向外通颞下窝，向前通过眶下裂通眶，向内通过腭骨与蝶骨围成的蝶腭孔通鼻腔，向后上通过圆孔通颅中窝，经翼管通颅底外面，向下移行于腭大管，继而经腭大孔通口腔。

9. **眶**（orbit） 可分为一尖、一底和上、下、内侧、外侧四壁。底：即眶口，眶上缘中内1/3交界处有眶上孔或眶上切迹，眶下缘中份下方有眶下孔。尖：指向后内，尖端有视神经管，通入颅中窝。上壁：由额骨眶部及蝶骨小翼构成，前外侧份有一深窝，称**泪腺窝**，容纳泪腺。内侧壁：由前向后为上颌骨额突、泪骨、筛骨眶板和蝶骨体。前下份有一个长圆形窝，容纳泪囊，称**泪囊窝**，此窝向下经鼻泪管通鼻腔。下壁：主要由上颌骨构成。下壁和外侧壁交界处有眶下裂。裂中部有前行的眶下沟，沟向前导入眶下管，管开口于眶下孔。外侧壁：由颧骨和蝶骨构成。外侧壁与上壁交界处有眶上裂（图2-24）。

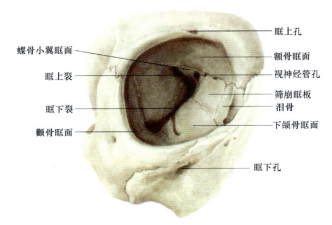

图2-24 眶

10. **骨性鼻腔**（bony nasal cavity） 介于两眶和上颌骨之间，由犁骨和筛骨垂直板构成的骨性鼻中隔（图2-25）将其分为左右两半。鼻腔顶主要由筛板构成。底由骨腭构成，前端有切牙管通口腔。外侧壁由上至下有上、中、下鼻甲（图2-26），每个鼻甲下方为相应的鼻道，分别称上、中、下鼻道。上鼻甲后上方与蝶骨之间的间隙，称**蝶筛隐窝**。中鼻甲后方有蝶腭孔，通向翼腭窝。鼻腔前方开口称梨状孔，后方开口称鼻后孔，通咽腔。

11. **鼻旁窦**（paranasal sinus）是上颌骨、额骨、蝶骨及筛骨内的骨腔，位于鼻腔周围并开口于鼻腔。**额窦**（frontal sinus）居眉弓深面，左右各一，窦口向后下，开口于中鼻道前部。**筛窦**（ethmoidal sinus）又称筛骨迷路，呈蜂窝状，位于鼻腔外上方筛骨迷路内，由气化程度不同的含气小房构成，两侧极不对称，分前、中、后三群，

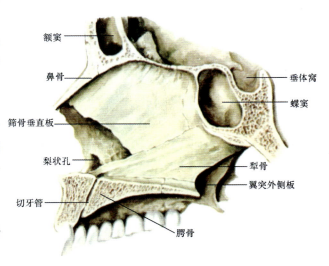

图2-25 骨性鼻中隔

前、中群开口于中鼻道，后群开口于上鼻道。**蝶窦**（sphenoid sinus）居蝶骨体内，被内板隔成左右两腔，多不对称，向前开口于蝶筛隐窝。**上颌窦**（maxillary sinus）最大，在上颌骨体内，窦的开口通入中鼻道。窦底与第1、2磨牙及第2前磨牙紧邻。前壁的凹陷处称尖牙窝，骨质最薄。窦口高于窦底，直立位时不易引流。因此上颌窦易发炎，且不易治愈（图2-27）。

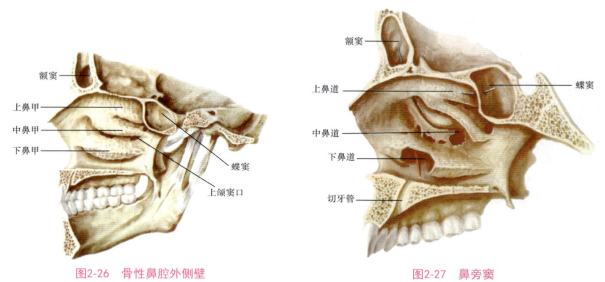

图2-26　骨性鼻腔外侧壁　　　　　　　　　　图2-27　鼻旁窦

12. **骨性口腔**（oral cavity）　由上颌骨、腭骨及下颌骨围成。顶即骨腭，前壁及外侧壁由上、下颌骨牙槽部及牙围成，向后通咽，底缺空，由软组织封闭。

四、新生儿颅的特征及其生后变化

新生儿颅的高度与身高比较相对较大，约为身高的1/4，而成人的约为1/7。胎儿时期由于脑及感觉器官发育早，而咀嚼和呼吸器官尤其是鼻旁窦尚不发达，因此，脑颅比面颅大得多。颅顶各骨尚未完全发育，骨缝间充满纤维组织膜，在多骨交接处，间隙的膜较大，称**颅囟**。前囟（额囟）最大，位于矢状缝与冠状缝相接处。后囟（枕囟）位于矢状缝与人字缝会合处。另外，还有顶骨前下角的蝶囟和顶骨后下角的乳突囟。前囟在生后1～2岁时闭合，其余各囟都在生后不久闭合（图2-28）。

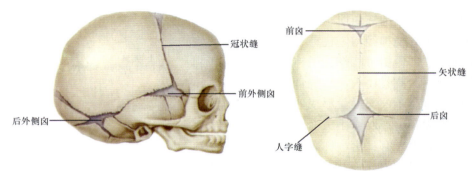

图2-28　婴儿颅骨

第四节　四　肢　骨

一、上肢骨

（一）上肢带骨

1. 锁骨（clavicle）　位于胸廓前上方。内端为**胸骨端**，外端为**肩峰端**。内侧2/3凸向前，外侧1/3凸向后。锁骨骨折多发生在中、外1/3交界处（图2-29）。

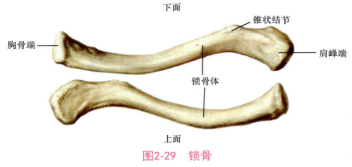

图2-29　锁骨

2. 肩胛骨（scapula）　为三角形扁骨，贴于胸廓后外面。可分二面、三缘和三个角。腹侧面为一大浅窝，称**肩胛下窝**。背侧面肩胛冈上、下方的浅窝，分别称**冈上窝**和**冈下窝**。肩胛冈向外侧延伸的扁平突起称**肩峰**。上缘外侧份有肩胛切迹，更外侧有指状突起称**喙突**。内侧缘又称**脊柱缘**。外侧缘又称**腋缘**。上角平对第2肋。下角平对第7肋或第7肋间隙，为计数肋的标志。外侧角朝外侧方的梨形浅窝，称**关节盂**，与肱骨头相关节。盂上下方各有一粗糙隆起，分别称**盂上结节**和**盂下结节**（图2-30）。

（二）自由上肢骨

1. 肱骨（humerus）　分一体及上、下两端。上端有呈半球形的肱骨头，与肩胛骨的关节盂相关节。头周围的环状浅沟称**解剖颈**。肱骨头的外侧和前方有隆起的大结节和小结节，向下各延伸一嵴，称**大结节嵴**和**小结节嵴**。两结节间有一纵沟，称**结节间沟**。上端与体交界处稍细，称外科颈，较易发生骨折。肱骨体中部外侧面有粗糙的三角肌粗隆。后面中部，有一自内上斜向外下的**桡神经沟**，桡神经和肱深动脉沿此沟经过，肱骨中部骨折可能伤及桡神经。下端，外侧部前面有半球状的肱骨小头，与桡骨相关节；内侧部有滑车状的肱骨滑车，与尺骨形成关节。滑车前面上方有一窝，称**冠突窝**；肱骨小头前面上方有一窝，称**桡窝**；滑车后面上方有一窝，称**鹰嘴窝**，伸肘时容纳尺骨鹰嘴。小头外侧和滑车内侧各有一突起，分别称**外上髁**和**内上髁**。内上髁后方有一浅沟，称**尺神经沟**，尺神经由此经过。下端与体交界处，即肱骨内、外上髁稍上方，骨质较

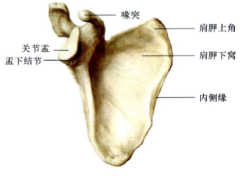

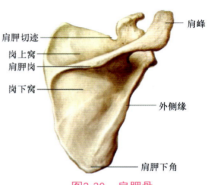

图2-30　肩胛骨

薄弱，有时发生肱骨髁上骨折。肱骨大结节和内、外上髁都可在体表扪及（图2-31）。

2. **桡骨**（radius）　位于前臂外侧部，分一体两端。上端膨大称**桡骨头**，头上面的关节凹与肱骨小头相关节；头下方略细，称**桡骨颈**。颈的内下侧有突起的**桡骨粗隆**。桡骨体内侧缘为薄锐的**骨间缘**。下端外侧向下突出，称**茎突**。下端内面有关节面，称**尺切迹**。桡骨茎突和桡骨头在体表可扪及（图2-32）。

3. **尺骨**（ulnar）　居前臂内侧，分一体两端。上端粗大，前面有一深凹，称**滑车切迹**。切迹后上方的突起称**鹰嘴**，前下方的突起称**冠突**。冠突外侧面有**桡切迹**，与桡骨头相关节；冠突下方的粗糙隆起称**尺骨粗隆**，尺骨体外缘锐利，为**骨间缘**。下端为尺骨头，头后内侧的突起称**尺骨茎突**。正常情况下，尺骨茎突比桡骨茎突约高1 cm。鹰嘴、后缘全长、尺骨头和茎突都可在体表扪及（图2-32）。

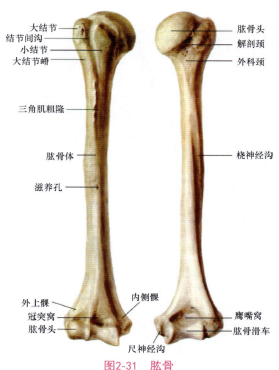

图2-31　肱骨

4. **手骨**（bones of hand）　包括腕骨、掌骨和指骨。

（1）**腕骨**（carpal bones）由8块短骨组成，分为远近两列，近侧列由桡侧向尺侧依次为手舟骨、月骨、三角骨和豌豆骨；远侧列为大多角骨、小多角骨、头状骨和钩骨。各腕骨均以相邻的关节面构成腕骨间关节。近侧列的手舟骨、月骨、三角骨共同形成桡腕关节的关节头，与桡骨下端的关节面相关节。

（2）**掌骨**（metacarpal bones）：共5块，由桡侧向尺侧依次为第1～5掌骨。掌骨属于长骨，近侧端称掌骨底，邻腕骨，远侧端称掌骨头，与指骨相关节。握拳时，掌骨头显露于皮下。

（3）**指骨**（phalanges of fingers）：共14块，拇指为二节，2～5指为三节，由近侧向远侧依次为近节指骨、中节指

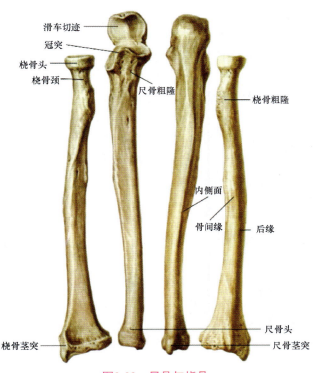

图2-32　尺骨与桡骨

骨和远节指骨。指骨的近侧端为底，中部为体，远侧端为滑车。远节指骨远侧端无滑车，其掌面有粗糙隆起，称远节指骨粗隆（图2-33）。

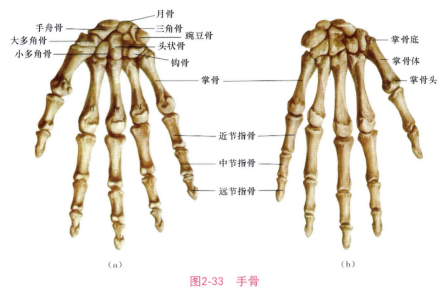

图2-33　手骨

（a）前面观；（b）后面观

二、下肢骨

（一）下肢带骨

1. **髋骨**（hip bone）　朝向下外的深窝，称**髋臼**，下部有一大孔，称**闭孔**。左右髋骨与骶、尾骨组成**骨盆**。髋骨由髂骨、耻骨和坐骨组成，三骨会合于髋臼，于16岁左右完全融合（图2-34）。

2. **髂骨**（ilium）　构成髋骨上部，分为**髂骨体**和**髂骨翼**。体构成髋臼的上2/5，翼的上缘称**髂嵴**。髂前端为**髂前上棘**，后端为**髂后上棘**。髂前上棘后方5～7 cm处，髂嵴外唇向外突起，形成**髂结节**，它们都是重要的体表标志。在髂前、后上棘的下方各有突起，分别称**髂前下棘**和**髂后下棘**。髂后下棘下方有**坐骨大切迹**。髂骨翼内面的浅窝称**髂窝**，髂窝下界称**弓状线**。髂骨翼后下方有粗糙的**耳状面**。

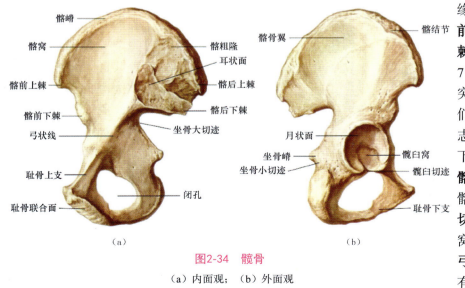

图2-34　髋骨

（a）内面观；（b）外面观

3. **坐骨**（ischium）　构成髋骨下部，分**坐骨体**和**坐骨支**。体组成髋臼的后下2/5，后缘有尖形的**坐骨棘**，棘下方有坐骨小切迹。坐骨棘与髂后下棘之间为坐骨大切迹。坐骨体下后部向上内延伸为**坐骨支**，其末端与耻骨下支结合。坐骨体与坐骨支移行处的后部是粗糙的隆起，为坐骨结节，是坐骨最低部，可在体表扪及。

4. **耻骨**（pubis） 构成髋骨前下部，分为体和上、下两支。体组成髋臼前下1/5与髂骨体的结合处骨面，称髂耻隆起，由此向前内伸出耻骨上支，其末端急转向下，成为耻骨下支。耻骨上支上面有一条锐嵴，称**耻骨梳**，向后移行于弓状线，向前终于耻骨结节，是重要体表标志。耻骨结节到中线的上缘为**耻骨嵴**，也可在体表扪及。耻骨上、下支相互移行处的内侧面，称**耻骨联合面**，两侧联合面借软骨相接，**构成耻骨联合**。耻骨下支伸向后下外，与坐骨支结合，耻骨与坐骨共同围成**闭孔**。

5. **髋臼**（acetabulum） 由髂、坐、耻三骨的体合成。窝内半月形的关节面称月状面。窝的中央未形成关节面的部分称**髋臼窝**。髋臼边缘下部的缺口称**髋臼切迹**。

（二）自由下肢骨

1. **股骨**（femur） 是人体最长的长骨，分一体两端。上端有朝向内上的**股骨头**，与髋臼相关节。头中央稍下有小的**股骨头凹**。头下的狭细称**股骨颈**。颈与体连接处上外侧的隆起称**大转子**；内下方的隆起称**小转子**。大、小转子之间，前面有**转子间线**，后面有**转子间嵴**。大转子是重要的体表标志，可在体表扪及。股骨体后面有纵行骨嵴，为**粗线**。此线上端分叉，向上外延续于**臀肌粗隆**，向上内侧延续为**耻骨肌线**。粗线下端也分为内、外两线，二线间的骨面为**腘面**。下端有向后突出的膨大的**内侧髁**和**外侧髁**。两髁后份之间的深窝称**髁间窝**。两髁侧面最突起处，分别为**内上髁**和**外上髁**。内上髁上方的小突起称**收肌结节**。它们都是在体表可扪及的重要标志（图2-35）。

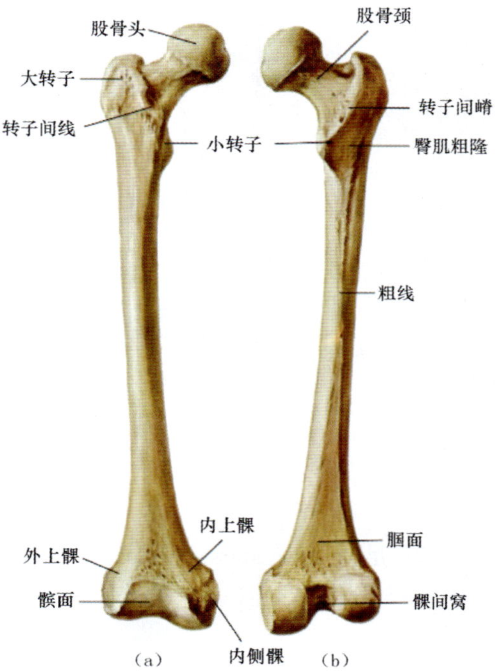

2. **髌骨**（patella） 是人体最大的籽骨，位于股骨下端前面，在股四头肌腱内，与股骨髌面相关节。髌骨可在体表扪及（图2-36）。

图2-35 股骨
（a）前面观；（b）后面观

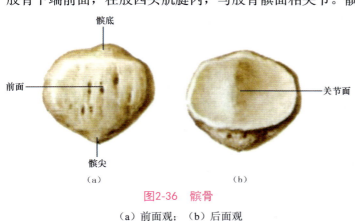

图2-36 髌骨
（a）前面观；（b）后面观

3. **胫骨**（tibia） 位于小腿内侧，分一体两端。上端膨大，向两侧突出，形成**内侧髁**和**外侧髁**。两上关节面之间的小隆起，称**髁间隆起**。外侧髁后下方有腓关节面与腓骨头相关节。上端前面的隆起称**胫骨粗隆**。内、外侧髁和股骨粗隆可在体表扪及。胫骨体外侧缘称**骨间缘**。后面上份有斜向下内的比目鱼肌线。体上、中1/3交界处附近，有向上开口的**滋养孔**。下端内下有一突起，称**内踝**。下端的外侧面有腓切迹与腓骨相接。内踝可在体表扪及（图2-37）。

4. **腓骨**（fibula）　位于胫骨外方，分一体两端。上端稍膨大，称**腓骨头**。头下方缩窄，称**腓骨颈**。体内侧缘锐利，称**骨间缘**。下端膨大，形成**外踝**。腓骨头和外踝都可在体表扪及（图2-37）。

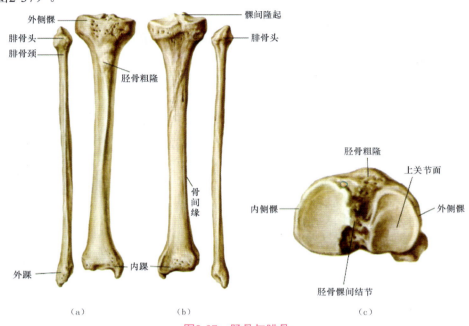

图2-37　胫骨与腓骨

（a）前面观；（b）后面观；（c）胫骨上面观

5. **足骨**（metatarsal bones）　包括跗骨、距骨和趾骨（图2-38）。

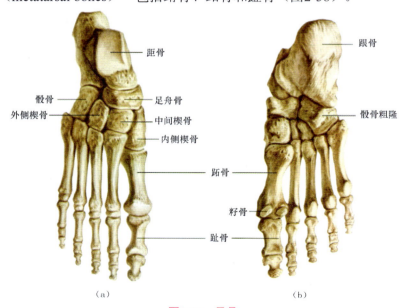

图2-38　足骨

（a）上面观；（b）下面观

（1）**跗骨**（tarsal bone）：共7块，属短骨。分前、中、后三列。后列有上方的**距骨**和下方的**跟骨**；中列为位于距骨前方的**足舟骨**；前列为**内侧楔骨**、**中间楔骨**、**外侧楔骨**及跟骨前方的**骰骨**。跟骨后端隆突，为跟骨结节。距骨前接足舟骨，其内下方隆起为舟骨粗隆，是重要的体表标志。

（2）**跖骨**（metatarsal bones）：共5块，为第1～5跖骨，形状和排列大致与掌骨相当。

（3）**趾骨**（phalanges of ties）：共14块。趾骨分为近节、中节及远节趾骨。由于趾骨位足的前端，因此也是最容易受伤的部位。

🏃 思考题

1. 骨有哪些形态？简述其构造和功能。

2. 试述骨性口腔的构成。

3. 简述眶的位置、形态和交通。

4. 哪些颅骨中有鼻旁窦？这些鼻旁窦分别开口在鼻的何处？

5. 颅骨可分哪几个部分？分别包括哪些骨？颅底内面有哪些主要的孔和裂？新生儿颅骨有何特性？

6. 试述骨性鼻腔的构成。其可经何结构与何处相通？

7. 在一堆椎骨中，如何正确、迅速区分各部椎骨（即认识各部椎骨的不同点）？

8. 试述全身合部骨骼的名称和数目。

9. 指出全身主要骨性标志。

第三章 关 节 学

学习目标

掌握

1. 关节的基本结构以及辅助结构。
2. 椎体间的连结方式。
3. 椎间盘的形态、结构特点、功能及临床意义，椎骨间各关节、韧带的位置、结构特点。
4. 骨盆的构成、形态结构及重要的骨性标志。
5. 膝关节的结构特点。

熟悉

1. 颞下颌关节的构成。
2. 肩关节、髋关节的构成、形态结构和运动。

第一节 关节学概述

骨与骨之间借纤维结缔组织、软骨或骨相连，形成骨连结。根据骨连结的不同，可分为**直接连结**和**间接连结**两大类。有些骨连结只能做轻微的运动，还有一些可以自由运动，如肩关节。

一、直接连结

直接连结（direct link）是骨与骨借纤维结缔组织或软骨直接连结形成，不活动或少许活动。这种连结可分为纤维连结、软骨连结和骨性结合三类。

1. **纤维连结**（fibrous joint）　两骨之间以纤维结缔组织相连结，可分为韧带连结和缝。

2. **软骨连结**（cartilaginous joint）　两骨之间借软骨相连结，软骨连结可分为透明软骨结合和纤维软骨结合。透明软骨结合可骨化形成骨性结合。

3. **骨性结合**（synostosis）　两骨间以骨组织连结，常由纤维连结或透明软骨骨化而成。

二、间接连结

间接连结（indirect link）又称为关节或滑膜关节，是骨连结的最高分化形式，具有较大的活动性。关节及其辅助结构如图3-1所示。

（一）关节的基本构造

1. 关节面（articular surface）是参与组成关节的各相关骨的接触面。每一关节至少包括两个关节面，一般为一凸一凹，凸者称为关节头，凹者称为关节窝。关节面上被覆有关节软骨。关节软骨不仅使粗糙不平的关节面变得光滑，同时在运动时也可减少关节面的摩擦，缓冲震荡。

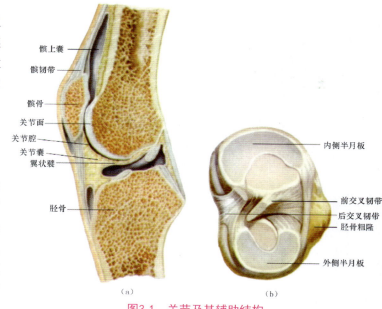

图3-1 关节及其辅助结构
（a）膝关节剖面观；（b）胫骨上面观

2. 关节囊（articular capsule）　为附着于关节周围的纤维结缔组织膜，它包围关节，封闭关节腔。可分为内外两层。外层为纤维膜，厚而坚韧，有丰富的血管和神经。纤维膜的厚薄通常与关节的功能有关。纤维膜的有些部分，还可明显增厚形成韧带，以增强关节的稳固，限制其过度运动。内层为滑膜，包被着关节内除关节软骨、关节唇和关节盘以外的所有结构。滑膜表面有时形成许多小突起，称为滑膜绒毛，多见于关节囊附着部的附近。滑膜富含血管网，能产生滑液。滑液不仅能增加润滑，而且是关节软骨、半月板等新陈代谢的重要媒介。

3. 关节腔（articular cavity）　为关节囊滑膜层和关节面共同围成的密闭腔隙，腔内含有少量滑液，关节腔内呈负压，对维持关节的稳固有一定作用。

（二）关节的辅助结构

1. 韧带（ligament）　是连接于相邻两骨之间的致密纤维结缔组织束，有加强关节的稳固或限制其过度运动的作用。位于关节囊外的称**囊外韧带**；位于关节囊内的称**囊内韧带**。

2. 关节盘（discus articularis）和**关节唇**（articular labrum）　关节盘位于两骨的关节面之间，其周缘附于关节囊，将关节腔分成两部。关节盘可使关节面更为适配，缓解外力对关节的冲击和震荡。此外，分隔而成的两个腔可增加关节运动的形式和范围。关节唇是附于关节窝周缘的纤维软骨环，它加深了关节窝，增大了关节面，从而增加了关节的稳固性。

3. 滑膜襞（synovial fold）和**滑膜囊**（synovial bursa）　关节囊的滑膜重叠卷折突入关

节腔形成滑膜襞。有时此壁内含脂肪，形成滑膜脂垫。滑膜脂垫对关节腔可起调节或填充作用。滑膜襞和滑膜脂垫在关节腔内扩大了滑膜的面积，有利于滑液的分泌和吸收。有时滑膜也可从关节囊纤维膜的薄弱或阙如处作囊状膨出，充填于肌腱与骨面之间，形成滑膜囊，它可减少肌肉活动时与骨面之间的摩擦。

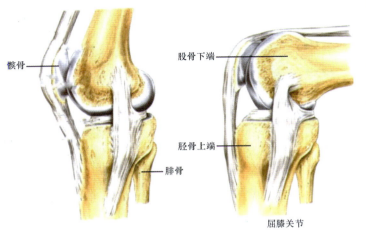

图3-2　膝关节的运动

（三）关节的运动形式

关节的运动形式包括移动、屈和伸、收和展、旋转（前臂的旋前、旋后）以及环转（图3-2）。

第二节　躯干骨的连结

一、脊柱

（一）脊柱间连结

脊柱由24块椎骨、1块骶骨和1块尾骨构成（图3-3）。脊柱的连结包括椎体间连结和椎弓间连结。椎体间的连结有椎间盘及前、后纵韧带。

1. 椎体间连结

（1）**椎间盘**（intervertebral disc）：是连结相邻两个椎体的纤维软骨盘（第1及第2颈椎之间除外）。椎间盘中央部为髓核，富有弹性。周围部为纤维环，由多层纤维软骨环接同心圆排列组成，富于坚韧性，保护髓核并限制髓核向周围膨出。椎间盘具有"弹性垫"样作用，可缓冲外力对脊柱的震荡，也可增加脊柱的运动幅度。椎间盘的厚薄各不相同，以中胸部较薄，颈部较厚，而腰部最厚，故颈、腰椎的活动度较大。纤维环破裂时，髓核

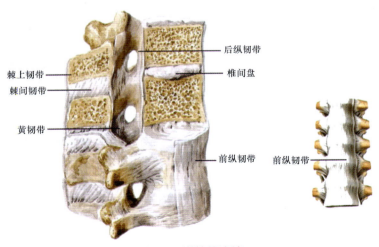

图3-3　脊柱的连结

容易向后外侧脱出，突入椎管或椎间孔，压迫相邻的脊髓或神经而引起牵涉性痛，临床称为椎间盘脱出症（图3-4）。

（2）**前纵韧带**（anterior longitudinal ligament）：是椎体前面延伸的一束坚固的纤维束，宽而坚韧，上自枕骨大孔前缘，下达第1或第2骶椎椎体。牢固地附于椎体和椎间盘，有防止脊柱过度后伸和椎间盘向前脱出的作用。

（3）**后纵韧带**（posterior longitudinal ligament）：位于椎管内椎体的后面，窄而坚韧。起自枢椎，下达骶骨。有限制脊柱过度前屈的作用。

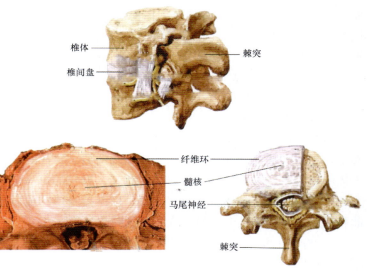

图3-4　椎间盘

2．**椎弓间连结**　通过黄韧带、棘间韧带、棘上韧带和项韧带等相连结。

（1）**黄韧带**（ligamenta flava）：位于椎管内，连结相邻两椎弓板间的韧带。黄韧带协助围成椎管，并有限制脊柱过度前屈的作用。

（2）**棘间韧带**（interspinal ligament）：连结相邻棘突间的薄层纤维。

（3）**棘上韧带**（supraspinous ligament）和**项韧带**（ligamentum nuchae）：棘上韧带是连结胸、腰、骶椎各棘突尖之间的纵行韧带，前方与棘间韧带相融合，都有限制脊柱前屈的作用。而在颈部，从颈椎棘突尖向后扩展成三角形板状的弹性膜层，称为项韧带。

（4）**横突间韧带**（intertransverse ligament）：位于相邻椎骨横突间的纤维索。

（5）**关节突关节**（zygapophysial joints）：由相邻椎骨的上、下关节突的关节面构成。

3．**寰椎与枕骨及枢椎的关节**

（1）**寰枕关节**（articulatio atlanto-occipitalis）：为两侧枕髁与寰椎侧块的上关节凹构成的联合关节，属双轴性椭圆关节。两侧关节同时活动，可使头做俯仰和侧屈运动。

（2）**寰枢关节**（atlantoaxial joint）：由寰椎的前弓与枢椎的齿突构成。

（二）脊柱的整体观及其运动

1．**脊柱的整体观**　脊柱具有支持躯干和保护脊髓的功能。脊柱静卧比站立时长出2~3 cm，这是由于站立时椎间盘被压缩所致。椎间盘的总厚度约为脊柱全长的1/4（图3-5）。

（1）脊柱前面观：椎体宽度自上而下随负载增加

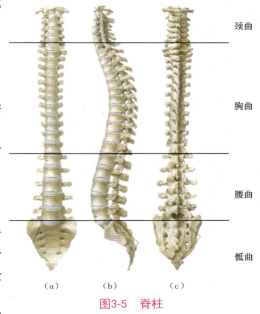

图3-5　脊柱

（a）前面观；（b）侧面观；（c）后面观

而逐渐加宽，至第2骶椎为最宽。由骶骨耳状面以下，由于重力经髋骨传到下肢骨，体积也逐渐缩小。正常人的脊柱有轻度侧屈，惯用右手的人，脊柱上部略凸向右侧，下部则代偿性地略凸向左侧。

（2）脊柱后面观：从后面观察脊柱，可见所有椎骨棘突连贯形成纵嵴，位于背部正中线上。颈椎棘突短而分叉，近水平位。胸椎棘突细长，斜向后下方，呈叠瓦状。腰椎棘突呈板状，水平伸向后方。

（3）脊柱侧面观：从侧面观察脊柱，可见成人脊柱有颈、胸、腰、骶4个生理性弯曲。其中，颈曲和腰曲凸向前，胸曲和骶曲凸向后。脊柱的这些弯曲增大了脊柱的弹性，对维持人体的重心稳定和减轻震荡有着重要意义。脊柱的每一个弯曲，都有其功能意义，颈曲支持头的抬起，腰曲使身体重心垂线后移，以维持身体的前后平衡，保持稳固的直立姿势，而胸曲和骶曲在一定意义上增加了胸腔和盆腔的容积。

2．脊柱的运动　整个脊柱的活动范围较大，可做屈、伸、侧屈、旋转和环转运动。在腰部，椎间盘最厚，屈伸运动灵活，关节突的关节面几乎呈矢状位，限制了旋转运动。由于颈腰部运动灵活，故损伤也较多见。

二、胸廓

（一）胸廓的构成

胸廓由12块胸椎、12对肋、1块胸骨和它们之间的连结共同构成。它上窄下宽，前后扁平。构成胸廓的主要关节有肋椎关节和胸肋关节（图3-6）。

1．**肋椎关节**（costovertebral joint）　肋骨与脊柱的连结，包括肋头和椎体的连结（称为肋头关节）以及肋结节和横突的连结（称为肋横突关节）。

2．**胸肋关节**（sternocostal joint）　由第2～7肋软骨与胸骨相应的肋切迹构成。第8～10肋软骨的前端不直接与胸骨相连，而依次与上位肋软骨形成软骨连结，在两侧各形成一个肋弓。

（二）胸廓的整体观及其运动

成人胸廓近似圆锥形。胸廓有上、下口和前、后、外侧壁。胸廓上口较小，由胸骨柄上缘、第1肋和第1胸椎体及它们之间的连结构成，是胸腔与颈部的通道。胸廓下口宽，由第12胸椎、第11及12对肋前端、肋弓、剑突及它们之间的连结围成，膈肌封闭胸腔底。两侧肋

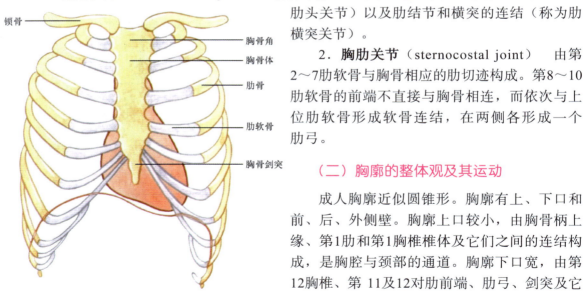

锁骨
胸骨角
胸骨体
肋骨
肋软骨
胸骨剑突

图3-6　胸廓

弓在中线构成向下开放的胸骨下角。角的尖部有剑突，剑突又将胸骨下角分成左、右剑肋角。胸廓前壁最短，后壁较长，两外侧壁最长。

胸廓除具有保护、支持功能外，还参与呼吸运动。吸气时，胸廓的前后径和横径加大，

（二）后群

腹肌的后群有腰大肌和腰方肌（腰大肌将在下肢肌中叙述）。腰方肌位于腹后壁，在脊柱两侧，位于腰大肌外侧。其有下降和固定第12肋，并使脊柱侧屈的作用。

1. 腹股沟管（inguinal canal）　为男性精索或女性子宫圆韧带所通过的一条肌和腱之间的裂隙。在腹股沟韧带内侧半的上方，由外上斜向内下，长约4.5 cm。管的内口称腹股沟管深（腹）环，在腹股韧带中点上方约1.5 cm处，为腹横筋膜向外的突口，其内侧有腹壁下动脉。管的外口即腹股沟管浅（皮下）环。管有四个壁。前壁是腹外斜肌腱膜和腹内斜肌；后壁是腹横筋膜和腹股沟镰；上壁为腹内斜肌和腹横肌的弓状下缘；下壁为腹股沟韧带（图4-11）。

2. 腹股沟三角（inguinal triangle）　位于腹前壁下部，是由腹直肌外侧缘、腹股沟韧带和腹壁下动脉围成的三角区。腹股沟管和腹股沟三角都是腹壁下部的薄弱区。在病理情况下，若腹膜形成的鞘突未闭合，或腹壁肌肉薄弱、长期腹内压增高等，可致腹腔内容物由此区突出而形成疝。若腹腔内容物经腹股沟管腹环进入腹股沟管，再经皮下环突出，下降入阴囊，则构成**腹股沟斜疝**；若腹腔内容物不经腹环，而从腹股沟三角处膨出，则为**腹股沟直疝**。

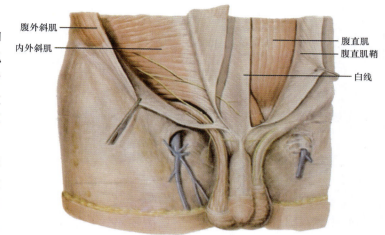

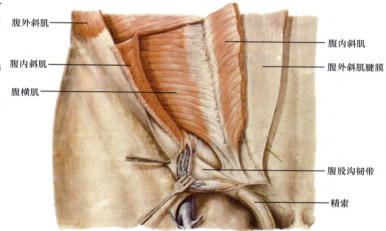

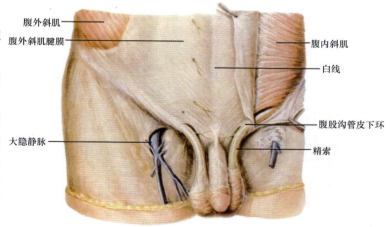

图4-11　腹股沟

第四节 上 肢 肌

上肢肌分上肢带肌、臂肌、前臂肌和手肌。

一、上肌带肌

1. **三角肌**（deltoid） 位于肩部。起自锁骨的外侧段、肩峰和肩胛冈，止于肱骨体的三角肌粗隆。腋神经受损可致该肌瘫痪萎缩，使肩峰突出于皮下。作用是外展肩关节，前部肌束可以使肩关节屈和旋内，后部肌束能使肩关节伸和旋外。

2. **冈上肌**（supraspinatus） 位于斜方肌深面，起自肩胛骨的冈上窝，止于肱骨大结节的上部。作用是使肩关节外展。

3. **冈下肌**（infraspinatus） 位于冈下窝内。起自冈下窝，止于肱骨大结节的中部。作用是使肩关节旋外。

4. **小圆肌**（teres minor） 位于冈下肌的下方，起自肩胛骨外侧缘背面，止于肱骨大结节的下部。作用是使肩关节旋外。

5. **大圆肌**（teres major） 位于小圆肌的下方。起自肩胛骨下角的背面，止于肱骨小结节嵴。作用是使肩关节内收和旋内。

6. **肩胛下肌**（subscapularis） 起自肩胛下窝，止于肱骨小结节。作用是使肩关节内收和旋内。肩关节盂浅肱骨头大，关节囊松弛，其稳固性主要依靠周围肌腱来维持。肩胛下肌、冈上肌、冈下肌、小圆肌腱分别止于肩关节的前方、上方、后方，腱纤维与关节囊纤维相交织，形成"肌腱袖"。

二、臂肌

（一）前群

前群包括浅层的肱二头肌和深层的肱肌和喙肱肌（图4-12）。

1. **肱二头肌**（biceps brachii）起端有两个头，长头起自肩胛骨盂上结节；短头起自肩胛骨喙突。两头在臂的下部合并成一个肌腹，向下移行为肌腱止于桡骨粗隆。作用为屈肘关节，当前臂在旋前位时，能使其旋后。此外，还能协助屈肩关节。

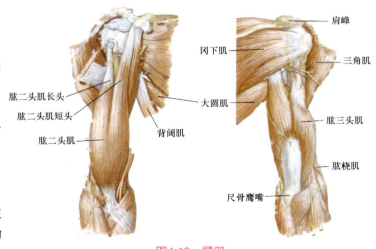

图4-12 臂肌

2. **喙肱肌**（coracobrachialis） 起自肩胛骨喙突，止于肱骨中部的内侧。作用是协助肩关节屈和内收。

3. **肱肌**（brachialis） 起自肱骨下半的前面，止于尺骨粗隆。作用是屈肘关节。

（二）后群

后群为肱三头肌，该肌起端有三个头，长头起自肩胛骨盂下结节，外侧头与内侧头分别起自肱骨后面桡神经沟的外上方和内下方的骨面，三个头向下以一坚韧的肌腱止于尺骨鹰嘴。作用是伸肘关节，长头还可使肩关节后伸和内收。

三、前臂肌

前臂肌位于尺、桡骨的周围，分为前群（屈肌）和后群（伸肌），主要运动腕关节、指间关节。

（一）前群

前群共九块肌，分四层排列。第一层（浅层）有5块肌，自桡侧向尺侧依次为肱桡肌、旋前圆肌、桡侧腕屈肌、掌长肌和尺侧腕屈肌。以上各肌的作用同其名。第二层只有1块肌，即指浅屈肌，作用是屈近侧指间关节、屈掌指关节和屈腕。第三层有2块肌，拇长屈肌作用为屈拇指指间关节和掌指关节，指深屈肌作用为屈第2～5指的远侧指间关节、近侧指间关节、掌指关节和屈腕。第四层为旋前方肌，作用为使前臂旋前（图4-13）。

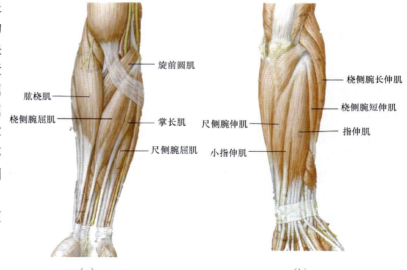

图4-13 前臂肌
(a) 前面观；(b) 后面观

（二）后群

后群共十块肌，分浅、深两层。浅层有5块肌，自桡侧向尺侧依次为桡侧腕长伸肌、桡侧腕短伸肌、指伸肌、小指伸肌和尺侧腕伸肌。深层也有5块肌，从上外向下内依次为旋后肌、拇长展肌、拇短伸肌、拇长伸肌、示指伸肌。以上各肌的作用同其名。

四、手肌

手肌分为外侧群、中间群和内侧群。

1. 外侧群　外侧群在手掌拇指侧形成一隆起，称鱼际，共有四块肌，即拇短展肌、拇短屈肌、拇对掌肌和拇收肌。作用是可使拇指作展、屈、对掌和收等动作。

2. 中间群　中间群中间群位于掌心，包括蚓状肌和骨间肌。蚓状肌4条，作用为屈指关节，伸指间关节。骨间掌侧肌3块，作用为使第2、4、5指向中指靠拢（内收）。骨间背侧肌4块，作用是以中指为中心能外展第2、3、4指。骨间肌也能协同蚓状肌屈掌指关节、伸指间关节。

3. 内侧群　内侧群在手掌小指侧，形成小鱼际，有3块肌，即是小指展肌、小指短屈肌和小指对掌肌，它们分别使小指作屈、外展和对掌等动作。

第五节　下　肢　肌

下肢肌分为髋肌、大腿肌、小腿肌和足肌。

一、髋肌

髋肌又叫盆带肌，主要运动髋关节。按其所在的部位和作用，可分为前、后两群。

（一）前群

前群有3块肌。

1. 髂腰肌　由腰大肌和髂肌组成。腰大肌起自腰椎体侧面和横突。髂肌位于腰大肌的外侧，两肌向下会合，经腹股沟韧带深面，止于股骨小转子。作用是使髋关节前屈和旋外。下肢固定时，可使躯干前屈，如仰卧起坐。

2. 腰小肌　起自第12胸椎，止于髂耻隆起。作用为紧张髂筋膜。

3. 阔筋膜张肌　起自髂前上棘，肌腹在阔筋膜两层之间，向下移行于髂胫束，止于股骨外侧髁。作用是使阔筋膜紧张并屈髋。

（二）后群

后群又称臀肌，有7块。

1. **臀大肌**（gluteus maximus）　位于臀部浅层，覆盖臀中肌下半部及其他小肌。起自髂骨翼外面和骶骨背面，肌束斜向下外，止于髂胫束和股骨的臀肌粗隆。作用是使髋关节伸和旋外。下肢固定时，能伸直躯干，防止躯干前倾，是维持人体直立的重要肌肉。

2. **臀中肌**（gluteus medius）　臀中肌位于髂骨翼外侧、臀大肌的深面。其为主要的髋关节外展肌，并参与外旋及伸髋关节。

3. **臀小肌**（gluteus minimus）　位于臀中肌的深面。臀中肌和臀小肌作用是使髋关节外展，前部肌束能使髋关节旋内，后部肌束则使髋关节旋外。

4. **梨状肌**（piriformis）　起自盆内骶骨前面，纤维向外出坐骨大孔达臀部，止于股骨大转子。作用是外旋、外展髋关节。

5. **闭孔内肌**（obturator internus） 使髋关节旋外。

6. **股方肌**（quadratus femoris） 使髋关节旋外。

7. **闭孔外肌**（obturator externus） 在股方肌深面，作用是使髋关节旋外。

以上后面6块肌皆经过关节囊后面，均可外旋髋关节，是髋关节的固定肌。

二、大腿肌

（一）前群

1. **缝匠肌**（sartorius） 起于髂前上棘，止于胫骨上端的内侧面（图4-14）。作用是屈髋和屈膝关节，并使已屈的膝关节旋内。

2. **股四头肌**（quadriceps） 是全身最大的肌，有四个头，即股直肌、股内侧肌、股外侧肌和股中间肌（图4-14）。股直肌起自髂前下棘；股内侧肌和股外侧肌分别起自股骨粗线内、外侧唇；股中间肌位于股直肌的深面，在股内、外侧之间，起自股骨体的前面。四个头向下形成一

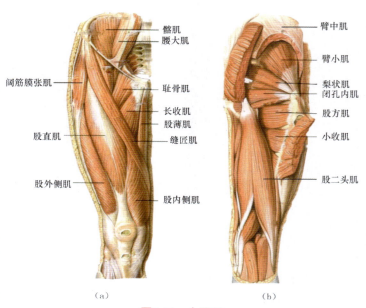

图4-14 大腿肌

（a）前面观；（b）后面观

腔，包绕髌骨的前面和两侧，往下续为髌韧带，止于胫骨粗隆。是膝关节强有力的伸肌，股直肌还可屈髋关节。

（二）内侧群

内侧群共有5块肌，从外向内有**耻骨肌、长收肌、股薄肌、短收肌**和**大收肌**，长收肌和耻骨肌的深面是短收肌，大收肌在上述肌的深面。作用主要是使髋关节内收。大收肌有一个止于收肌结节腱胞与股骨之间形成一收肌腱裂孔，有股动脉和股静脉通过。

（三）后群

后群有股二头肌、半腱肌和半膜肌（图4-15），常称为"腘绳肌"。

1. **股二头肌**（biceps femoris） 位于股后部的外侧。

2. **半腱肌**（semitendinosus） 位于股后部的内侧。

3. **半膜肌**（semimembranosus） 在半腱肌的深面。

后群肌可以屈膝关节、伸髋关节。屈膝时，股二头肌可以使小腿旋外，而半腱肌和半膜肌使小腿旋内。

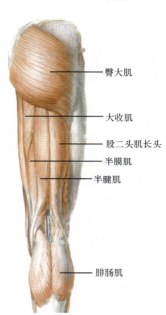

图4-15 大腿后群肌

三、小腿肌

(一) 前群

前群有3块肌（图4-16）。

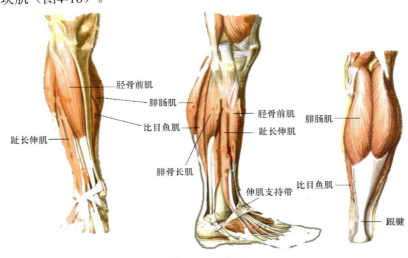

图4-16　小腿肌

1. **胫骨前肌**（tibialis anterior）　位于胫骨外侧面，作用为伸踝关节（背屈）、使足内翻。

2. **趾长伸肌**（quadratus femoris）　位于胫骨前肌的外侧，作用为伸踝关节、伸趾。由此肌另外分出一腱，止于第5跖骨底，称第三腓骨肌，仅见于人类，可使足外翻。

3. **蹬长伸肌**（extensor pollicis longus）　位于上述二肌之间，作用为伸踝关节、伸足蹬指。

(二) 外侧群

外侧群有腓骨长肌和腓骨短肌，位于腓骨外侧面，长肌掩盖短肌。两肌作用是使足外翻和屈踝关节（跖屈）。此外，腓骨长肌腱和胫骨前肌腱共同形成"腱环"，对维持足横弓，调节足的内翻、外翻有重要作用。

(三) 后群

后群分浅、深两层。浅层有强大的小腿三头肌，浅表的两个头称**腓肠肌**，起自股骨内、外侧髁的后面，位置较深的一个头是**比目鱼肌**，起自腓骨后面的上部和胫骨的比目鱼肌线，肌束向下移行为肌腱，和腓肠肌的腱合成跟腱止于跟骨。作用是屈踝关节和屈膝关节。

深层有4块肌，腘肌在上方，另3块在下方。在站立时，能固定踝关节和膝关节，以防止身体向前倾斜。

1. **腘肌**（popliteus）　斜位于腘窝底，作用是屈膝关节并使小腿旋内。

2. **趾长屈肌**（flexor digitorum longus）　位于胫侧，作用是屈踝关节和屈第2～5趾。

3. **蹬长屈肌**（flexor pollicis longus）　位于腓骨后面，作用是屈踝关节和屈蹬指。

4. **胫骨后肌**（tibialis posterior）　位于趾长屈肌和之间，作用是蹬长屈肌屈踝关节和使足内翻。

四、足肌

足肌可分为足背肌和足底肌。足背肌较弱小，为蹈趾和第2～4趾的小肌。足底肌的配布情况和作用与手掌肌相似，足底肌的主要作用在于维持足弓（图4-17）。

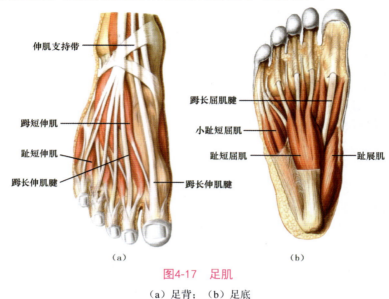

图4-17 足肌

（a）足背；（b）足底

🏃 思考题

1．从肌的配布角度谈谈你对肌拮抗与肌协作的理解。

2．试述咀嚼肌的名称及作用。

3．试述膈的位置、裂孔和作用。吸气时，胸廓的前后径、左右径、垂直径均加大。请阐明胸廓储骨如何活动才达到三径均增大。

4．试述大腿肌的分群、各群肌肉的名称及作用。

5．试述运动肩关节的主要肌肉有哪些。

6．试述运动膝关节的主要肌肉有哪些。

7．小腿前群和外侧群肌瘫痪，足呈"马蹄内翻足"畸形，行走时产生跨阈步态，请用解剖学知识解释其原因。

第五章　内脏学总论

　　解剖学上通常将消化系统、呼吸系统、泌尿系统和生殖系统4个系统统称为**内脏**（viscera）。研究内脏各器官形态结构和位置的科学，称为**内脏学**（splanchnology）。某些与内脏密切相关的结构，如胸膜、腹膜和会阴等，也归于内脏学范畴。内脏大部分器官位于胸腔、腹腔和盆腔内，并直接或间接地与外界相通。内脏器官的主要作用是进行物质代谢和繁殖后代。

　　消化系统不仅吸收食物中的营养，还将食物的残渣形成粪便排出体外；呼吸系统既摄取空气中的氧气，也将体内产生的二氧化碳排出体外；机体在物质代谢过程中所产生的代谢产物，特别是含氮的物质（如尿酸、尿素等）和多余的水、盐等由泌尿系统加工处理，形成尿液排出体外；生殖系统能产生生殖细胞并分泌性激素，有繁衍后代、种族延续的作用。此外，内脏各系统中的许多器官还具有内分泌功能，能产生激素，并参与对机体多种功能的调节。

　　从发生来看，内脏各系统间的关系非常密切。消化器是种系发生过程中最早出现的内脏器官。最原始的消化器仅是一条结构简单的消化管，随后在其头端分化出呼吸器。咽腹侧内胚层向外突出形成了呼吸系统的大部分器官（喉、气管、支气管和肺），故咽为消化和呼吸系统所共有的器官。泌尿和生殖系统在形态和发生上，不仅有共用部分，而且通入消化管的尾端，后来逐渐分隔开，故这两个系统常合称为泌尿生殖系统。

一、内脏的一般结构

　　内脏各器官虽然各有其特征，但按其构造可分为**中空性器官**和**实质性器官**两大类。

（一）中空性器官

　　中空性器官内部均有空腔，如胃、肠、气管、膀胱、输卵管、子宫等，其管壁由数层组织构成。如在消化系统中，除口腔与咽外，消化管壁由内向外一般分为黏膜、黏膜下层、肌层与外膜4层（详见第六章）。

（二）实质性器官

实质性器官内部没有特定的空腔，多属腺组织，具有分泌功能，如肝、胰等。其表面包被以结缔组织被膜，被膜深入器官实质内，将器官的实质分割成若干个小单位，称之为小叶，如肝小叶。实质性器官均有一凹陷区域，血管、神经、淋巴管以及该器官的导管由此凹陷出入，称此处为该器官的门（hilum），如肺门和肾门。

二、胸部标志线和腹部分区

内脏大部分器官在胸、腹、盆腔内占据相对固定的位置，且掌握内脏器官的正常位置，对于临床诊断检查有着重要实用意义。为了准确地描述胸、腹腔内各器官的位置及其体表投影，通常在胸、腹部体表确定一些标志线并划分一些区域（图5-1）。

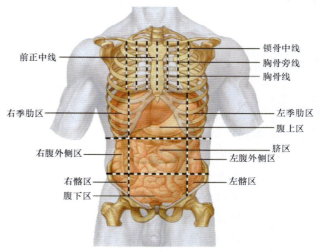

图5-1 胸部的标志线及腹部分区

（一）胸部的标志线

1. **前正中线**（anterior median line） 沿身体前面正中线所作的垂直线。
2. **胸骨线**（sternal line） 沿胸骨最宽处的外侧缘所作的垂直线。
3. **锁骨中线**（midclavicular line） 经锁骨中点向下所作的垂直线。
4. **胸骨旁线**（parasternal line） 经胸骨线与锁骨中线之间连线的中点所作的垂直线。
5. **腋前线**（anterior axillary line） 通过腋前襞向下所作的垂直线。
6. **腋后线**（posterior axillary line） 通过腋后襞向下所作的垂直线。
7. **腋中线**（midaxillary line） 通过腋前、后线之间连线的中点所作的垂直线。
8. **肩胛线**（scapular line） 经肩胛骨下角所作的垂直线。
9. **后正中线**（posterior median line） 经身体后面正中所作的垂直线。

（二）腹部的分区

腹部分区常采用4分法和9分法。4分法是通过脐作一水平面和一矢状面，将腹部分为**左上腹、右上腹、左下腹**和**右下腹**4个区。然而，临床上更实用的是9分法，即通过两侧肋弓最低点和通过两侧髂结节作两个水平面，将腹部分成上腹部、中腹部和下腹部3部，再分别经两侧腹股沟韧带中点作两个矢状面，将腹部分成9个区域，包括上腹部的**腹上区**和**左、右季肋区**，中腹部的**脐区**和**左、右腹外侧区**（腰区），下腹部的**腹下区**（耻区）和**左、右髂区**（腹股沟区）（图5-1）。

💡 思考题

1. 胸部标志线有哪些？应如何定位？
2. 腹部常用分区法有哪些？这些区域是如何划分的？

第六章 消化系统

学习目标

掌握

1. 消化系统的组成，上、下消化道的概念。
2. 颏舌肌的起止和功能。
3. 牙的形态、构造，牙的分类，乳牙及恒牙的排列方式。
4. 口腔腺的位置、形态和腺管的开口部位以及腮腺管的行程。
5. 咽的位置、分部及各部的形态和沟通关系。
6. 食管的位置、形态、长度、分部及狭窄部位。
7. 胃的位置、形态、分部。
8. 肝的位置和形态，肝细胞、肝小叶的结构及门管区的结构。
9. 胆囊的位置、形态和分部，输胆管道的含义，胆总管的行程，肝胰壶腹、肝胰壶腹括约肌的位置及作用，胆汁的排泄途径。
10. 胰的形态和位置，胰腺的微细结构和功能。

熟悉

1. 咽峡的组成，舌的形态和舌黏膜的形态特点。
2. 小肠的分部，十二指肠的位置、形态和分部，大肠的分部。
3. 盲肠、结肠的形态特点，盲肠与阑尾的位置，直肠的形态、位置。
4. 消化管的基本结构；消化管各段的微细结构及功能。
5. 肝的体表投影，胆囊底的体表投影。

了解

1. 口腔黏膜和舌的组织结构，区别空肠和回肠的不同。
2. 浆液腺、黏液腺与混合腺腺泡的结构特点及腺细胞的超微结构特点。
3. 肝血循环特点及其与肝功能的关系。

消化系统（digestive system）由消化管和消化腺两部分组成（图6-1）。消化管是从口腔到肛门粗细不等的管道，包括口腔、咽、食管、胃、小肠（十二指肠、空肠、回肠）和大肠（盲肠、阑尾、结肠、直肠、肛管）。临床上通常把十二指肠以上部分称**上消化道**，空肠以下部分称**下消化道**。

消化腺包括**大消化腺**和**小消化腺**。大消化腺包括大唾液腺、胰和肝；小消化腺包括食管腺、胃腺、肠腺等，它们都开口于消化管腔，参与对食物的消化。

消化系统的主要功能是消化食物，吸收营养物质，排出食物残渣等。

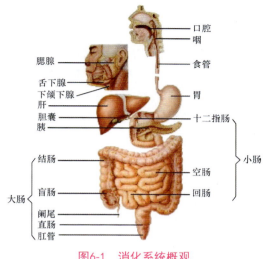

图6-1 消化系统概观

第一节 口 腔

口腔（oral cavity）是消化管的起始部，前经口裂与外界相通，后经咽峡与咽相续。前壁为上、下唇，两侧为颊，上壁为腭，下壁为口腔底。口腔以上、下牙弓为界将其分为**口腔前庭**和**固有口腔**两部分。上、下牙列咬合时，口腔前庭可经第三磨牙后方的间隙与固有口腔相通，当患者牙关紧闭时，可经此插管注入营养物质（图6-2和图6-3）。

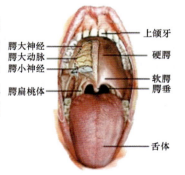

图6-2 口腔与咽峡

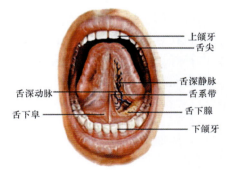

图6-3 口腔底

一、口唇

口唇（orallips）分为上唇和下唇，其裂隙称**口裂**，左右结合处称**口角**。从鼻翼两旁至口角两侧各有一浅沟，称**鼻唇沟**，上唇两侧借鼻唇沟与颊分界。上唇前面正中有一纵行浅沟称**人中**（philtrum），昏迷患者急救时可在此处进行指压或针刺。在上、下唇内面正中线上，分别有上、下唇系带自口唇连于牙龈基部。

二、颊

颊（cheek）位于口腔两侧，在与上颌第二磨牙牙冠相对的颊黏膜上有腮腺管的开口。

三、腭

腭（palate）为口腔的上壁，分隔口腔和鼻腔，前2/3为**硬腭**，后1/3为**软腭**。硬腭以骨腭为基础，表面覆以黏膜。软腭后份斜向后下称腭帆，腭帆后缘游离，其中央有一向下的突起，称**腭垂**（悬雍垂）。腭垂两侧各有两条黏膜皱襞，前方的称**腭舌弓**，后方的称**腭咽弓**。腭垂、左、右腭舌弓及舌根共同围成**咽峡**，是口腔和咽的分界线。

四、牙

牙（teeth）是人体最坚硬的器官，具有咀嚼食物和辅助发音等作用。牙位于口腔前庭与固有口腔之间，嵌于上、下颌骨的牙槽内，分别排列成上牙弓和下牙弓。

（一）牙的形态和构造

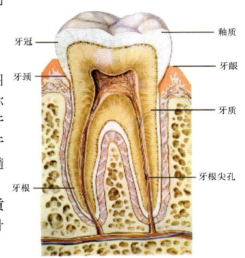

牙在外形上可分为牙冠、牙颈和牙根三部分（图6-4）。露于口腔的部分称**牙冠**，嵌于牙槽窝内的称**牙根**，牙冠与牙根交界的部分称**牙颈**，牙的中央有**牙腔**。位于牙冠内较大的叫**牙冠腔**。位于牙根内的叫**牙根管**，牙根的尖端称**根尖孔**，为血管、神经等进出髓腔的通道。

牙由牙本质、釉质、牙骨质和牙髓构成。**牙本质**构成牙的主体；**釉质**覆盖于牙冠的牙本质表面；牙骨质包在牙颈和牙根的牙本质表面；**牙髓**位于牙腔内，由神经、血管和结缔组织等构成。牙髓感染时常可引起剧烈疼痛。

（图中标注：牙冠、牙颈、牙根、釉质、牙龈、牙质、牙根尖孔）

图6-4 牙的形态和构造

（二）牙周组织

牙周组织由牙周膜、牙槽骨和牙龈三部分构成，对牙起保护、固定和支持的作用。牙周膜是介于牙根和牙槽骨之间的致密结缔组织。牙龈是口腔黏膜的一部分，含丰富的血管，包被牙颈，并与牙槽骨的骨膜紧密相连。牙周组织感染时，可导致牙松动。

（三）牙的分类、萌出和排列

人的一生中先后长有两套牙，即乳牙（图6-5）和恒牙（图6-6）。根据形态和功能，**乳牙**分为乳切牙、乳尖牙和乳磨牙三类。**恒牙**分为切牙、尖牙、前磨牙和磨牙四类。乳牙一般在出生后6～7个月开始萌出，3岁左右出齐，共20个。6～7岁时，乳牙开始脱落，恒牙中的第一磨牙首先长出，12～13岁逐步出齐。第三磨牙萌出最晚，称迟牙（智齿），成年后才长出，有的甚至终生不出，因此，恒牙数为28～32个。牙的萌出和脱落时间见表6-1。

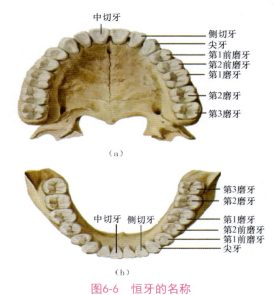

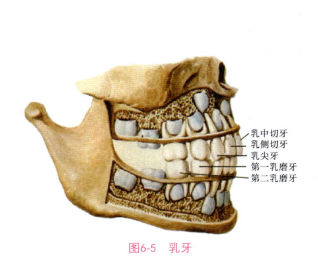

图6-5　乳牙

图6-6　恒牙的名称

（a）上颌牙；（b）下颌牙

表6-1　牙的萌出和脱落时间

乳　牙			恒　牙	
名称	萌出时间	脱落时间	名称	萌出时间
乳中切牙	6～8个月	6岁	中切牙	6～8岁
乳侧切牙	6～10个月	8岁	侧切牙	7～9岁
乳尖牙	16～20个月	12岁	尖牙	9～12岁
第一乳磨牙	12～16个月	10岁	第一前磨牙	10～12岁
第二乳磨牙	20～30个月	11～12岁	第二前磨牙	10～12岁
			第一磨牙	6～7岁
			第二磨牙	11～13岁
			第三磨牙	18～28岁

　　临床上，为了记录牙的位置，常以被检查者的解剖方位为准，以"+"记号划分上、下颌及左、右两半，共四区，并以罗马数字Ⅰ～Ⅴ表示乳牙，用阿拉伯数字1～8表示恒牙。如Ⅲ⌋表示右上颌乳尖牙，⌊7表示左上颌第二恒磨牙。

五、舌

　　舌（tongue）位于口腔底，其基本结构是骨骼肌和表面覆盖的黏膜（图6-3和图6-7）。舌具有协助咀嚼和吞咽食物、感受味觉和辅助发音等功能。

（一）舌的形态

　　舌分上、下两面，上面称舌背，其后部可见"∧"形的界沟，界沟将舌分为后1/3的**舌根**和前2/3的**舌体**，舌体的前端称**舌尖**。

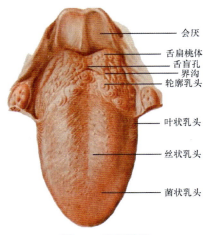

会厌
舌扁桃体
舌盲孔
界沟
轮廓乳头

叶状乳头

丝状乳头

菌状乳头

图6-7 舌背黏膜

（二）舌黏膜

舌黏膜呈淡红色，在舌背黏膜上有许多小突起，称舌乳头，可分为四种（图6-7）：**丝状乳头**细小，数量最多，呈丝绒状；**菌状乳头**稍大，鲜红色呈圆点状散在分布于丝状乳头之间；**轮廓乳头**最大，排列在舌体的后部有7～11个；叶状乳头在人类已退化。菌状乳头、叶状乳头和轮廓乳头含有味觉感受器，称**味蕾**，能感受酸、甜、苦、辣等味觉刺激。由于丝状乳头中无味蕾，故只有一般感觉，而无味觉功能。

舌根部黏膜内，可见许多由淋巴组织集聚而成的突起，称**舌扁桃体**。舌下面的黏膜在中线处有纵行皱襞连于口腔底，称**舌系带**。舌系带根部的两侧各有一圆形隆起，称**舌下阜**，其上有下颌下腺管和舌下腺大管的开口。舌下阜向后外侧延伸成**舌下襞**，其深面藏有舌下腺。舌下腺小管开口于舌下襞表面。

（三）舌肌

舌肌为骨骼肌，分为舌内肌和舌外肌（图6-8）。**舌内肌**构成舌的主体，起、止点均在舌内，有纵肌、横肌和垂直肌，收缩时可改变舌的外形；**舌外肌**起自舌外止于舌内，收缩时可改变舌的位置。舌内、外肌共同协调活动，不仅可改变舌的形状，而且能使舌灵活运动。

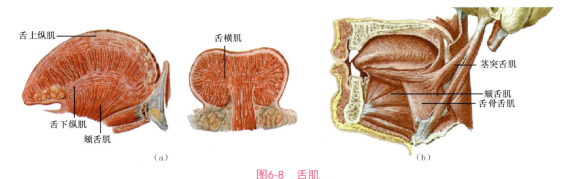

舌上纵肌

舌横肌

茎突舌肌

颏舌肌
舌骨舌肌

舌下纵肌
颏舌肌

（a）

（b）

图6-8 舌肌
（a）舌内肌；（b）舌外肌

其中**颏舌肌**较为重要，该肌左、右各一，起自下颌骨颏棘，肌纤维呈扇形进入舌内，止于舌中线两侧。两侧颏舌肌同时收缩使舌前伸；一侧收缩使舌尖伸向对侧；若一侧颏舌肌瘫痪，伸舌时舌尖偏向患侧。

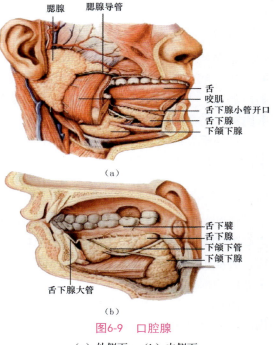

六、口腔腺

口腔腺（oral glands）也称**唾液腺**，有分泌唾液、清洁口腔和消化食物等功能。分大、小两种，小唾液腺数目较多，如唇腺、颊腺、腭腺等；大唾液腺有腮腺、下颌下腺和舌下腺三对（图6-9）。

1. **腮腺**（parotid gland）　最大，呈不规则的三角形，位于耳郭的前下方和下颌支与胸锁乳突肌之间的窝内。腮腺管从腮腺前缘穿出，在颧弓下方一横指处越过咬肌表面，最后穿颊肌，开口于平对上颌第二磨牙相对处的颊黏膜上。

2. **下颌下腺**（submandibular gland）　呈卵圆形，位于下颌骨体内面，其导管开口于舌下阜。

3. **舌下腺**（sublingual gland）　位于口腔底舌下襞深面，略扁而长，其导管分别开口于舌下襞和舌下阜。

图6-9　口腔腺

（a）外侧面；（b）内侧面

第二节　咽

一、咽的形态及位置

咽（pharynx）为上宽下窄、前后略扁的漏斗形肌性管道，位于颈椎的前方，上端起于颅底，下至第6颈椎体下缘平面与食管相续。后壁和侧壁完整，主要由三对咽缩肌内衬黏膜外被纤维膜而成。咽的前壁不完整，分别与鼻腔、口腔和喉腔相通，咽是呼吸道和消化道的共同通道。

二、咽的分部

咽以软腭下缘和会厌上缘平面为界，分为**鼻咽**、**口咽**和**喉咽**三部分（图6-10）。

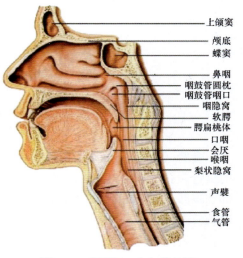

图6-10　头颈部正中矢状切面

（一）鼻咽

鼻咽位于鼻腔的后方，颅底与软腭之间，向前经鼻后孔与鼻腔相通。鼻咽侧壁上，相当于下鼻甲后方约1 cm处，有**咽鼓管咽口**，借咽鼓管通中耳鼓室。咽鼓管咽口平时是关闭的，当吞咽或用力张口时，空气通过咽鼓管进入鼓室，维持鼓膜两侧的气压平衡。咽鼓管咽口的前、上和后方有明显的隆起，称**咽鼓管圆枕**，其后上方与咽后壁之间有一凹陷，称**咽隐窝**，是鼻咽癌的好发部位。

鼻咽部壁后的黏膜内有丰富的淋巴组织称咽扁桃体，幼儿时期较发达，6～7岁时开始萎缩，约至10岁以后完全退化。

（二）口咽

口咽位于软腭与会厌上缘平面之间，向前经咽峡通口腔。口咽侧壁上腭舌弓与腭咽弓之间的凹窝称**扁桃体窝**，容纳**腭扁桃体**（图6-2）。腭扁桃体呈卵圆形，主要由淋巴组织构成，表面被覆黏膜。黏膜上皮向深部陷入形成许多小凹称**扁桃体小窝**，是食物残渣、脓液易于滞留的部位。

由咽扁桃体、腭扁桃体和舌扁桃体等共同围成的结构，称**咽淋巴环**，具有防御功能。

（三）喉咽

喉咽在会厌上缘平面以下，至第6颈椎体下缘与食管相续连处，向前经喉口通喉腔。喉口两侧各有一凹陷，称**梨状隐窝**（图6-11），是异物易于滞留的部位。

咽壁的肌层为骨骼肌，包括咽缩肌和咽提肌。咽缩肌主要由斜行的咽上、中、下缩肌构成，各咽缩肌由上而下依次重叠排列，咽提肌插入咽上、中缩肌之间。吞咽时，各咽缩肌由上而下依次收缩，将食团推入食管。咽提肌收缩可使咽、喉上提，以协助吞咽和封闭喉口。

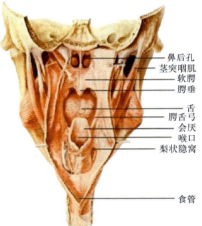

鼻后孔
茎突咽肌
软腭
腭垂
舌
腭舌弓
会厌
喉口
梨状隐窝
食管

图6-11　咽的后面观

第三节　食　管

一、食管的形态、位置和分部

食管（esophagus）为前后略扁的肌性管道，上端在第6颈椎体下缘与咽相连，下端穿膈的食管裂孔，至第11胸椎左侧与胃的贲门相续。食管全长约25 cm，按其行程可分为颈部、胸部和腹部三部（图6-12）：**颈部**较短，长约5 cm，位于起始端至胸骨颈静脉切迹平面之间；**胸部**较长，长18～20 cm，位于颈静脉切迹平面至膈的食管裂孔之间；**腹部**最短，长1～2 cm，位于食管裂孔至胃的贲门之间，其前方邻近肝左叶。

二、食管的狭窄

食管全长有三处生理性狭窄（图6-12），第一处狭窄位于食管的起始处，距中切牙约15 cm；第二处狭窄位于食管与左主支气管交叉处，距中切牙约25 cm；第三处狭窄位于食管穿膈的食管裂孔处，距中切牙约40 cm。这些狭窄是异物滞留和食管癌的好发部位。当进行食管内插管时，要注意这三处狭窄，可根据食管镜插入的距离推知器械已到达的部位。

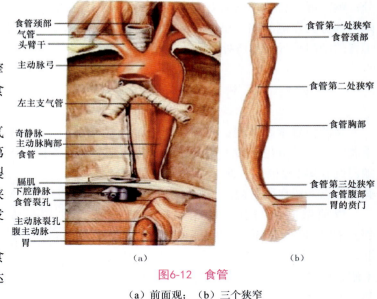

图6-12　食管

（a）前面观；（b）三个狭窄

第四节　胃

胃（stomach）是消化管中最膨大的部分，上接食管，下续十二指肠。胃除有受纳食物和分泌胃液的作用外，还有内分泌功能。

一、胃的形态和分部

（一）胃的形态

胃的形态受体位、体型、年龄和充盈状态等多种因素的影响。胃在完全空虚时略呈管状，在高度充盈时可呈球囊形。胃有前、后两壁，大、小两弯和入、出两口。胃前壁朝向前上方，后壁朝向后下方。**胃小弯**凹向右上方，其最低处形成一切迹称**角切迹**，**胃大弯**凸向左下方。胃的入口称**贲门**，连接食管；出口称**幽门**，与十二指肠相连（图6-13）。在活体上，幽门前方还可看到清晰的幽门前静脉，其是手术时确认幽门位置的重要标志。

（二）胃的分部

胃分为四部：**贲门部**，在贲门附近；**胃底部**，是贲门平面向左上方凸出的部分；**胃体部**，是胃的中间部

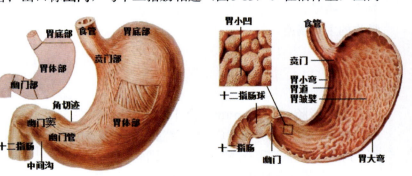

图6-13　胃的形态、分部和胃壁构造

分；**幽门部**，自角切迹向右到幽门之间，幽门部的大弯侧有一不明显的浅沟称中间沟，其将幽门部分为左侧的幽门窦和右侧的**幽门管**。在临床上，幽门部称**胃窦**。胃溃疡和胃癌多好发于胃的幽门窦近胃小弯处。

二、胃的位置与毗邻

胃的位置常因体型、体位和充盈程度不同而不同。胃在中等充盈状态下，大部分位于左季肋区，小部分位于腹上区。胃的贲门和幽门的位置比较固定，贲门位于第11胸椎体左侧，幽门约在第1腰椎体右侧。胃大弯的位置较低，其最低点一般在脐平面。

胃前壁右侧与肝左叶相邻；左侧与膈相邻，被左肋弓遮掩；剑突下直接与腹前壁相贴，其是胃的触诊部位。胃后壁与左肾、左肾上腺、横结肠、胰等器官相邻，胃底与膈和脾相邻（图6-14）。

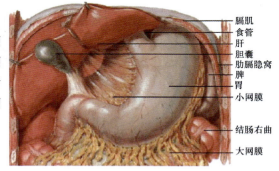

三、胃壁的构造

图6-14　胃的毗邻关系

构成胃壁的平滑肌有三层，包括外层纵行、中层环行、内层斜行，在幽门处环行肌增厚形成**幽门括约肌**，其有延缓胃内容物排空和防止肠内容物逆流至胃的作用。在婴儿时期，如果幽门括约肌肥厚，可造成先天性幽门梗阻。活体上胃黏膜呈淡红色，柔软，血管丰富，胃空虚时形成许多皱襞。在胃小弯处黏膜形成4～5条较为恒定的纵行皱襞。在幽门括约肌表面上的胃黏膜，突入管腔内形成环行皱襞，称为**幽门瓣**。

第五节　小　　肠

小肠（small intestine）是消化管中最长的一段，上起幽门，下连盲肠，成人全长5～7 m，分为十二指肠、空肠和回肠三部分，是食物消化和吸收的主要场所。

一、十二指肠

十二指肠（duodenum）介于幽门与空肠之间，成人长约25 cm，呈"C"形环绕胰头，分为上部、降部、水平部和升部四个部分（图6-15）。

1. **上部**　起自幽门，行向右后至肝门下方急

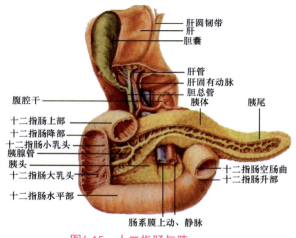

图6-15　十二指肠与胰

转向下移行为降部。其起始处的肠腔较大，肠壁较薄，黏膜光滑，无环状襞，X线钡餐下呈球状，故称**十二指肠球**，它是十二指肠溃疡及穿孔的好发部位。

2. **降部** 沿第1～3腰椎右侧下降，至第3腰椎椎体下缘水平弯向左侧续水平部。降部黏膜的后内侧壁上有**十二指肠纵襞**，纵襞下端的突起称**十二指肠大乳头**（图6-15），其是胆总管和胰管的共同开口处。十二指肠大乳头稍上方有时可见十二指肠小乳头，是副胰管的开口处。

3. **水平部** 又称**下部**，横行向左至第3腰椎左侧续于升部。肠系膜上动、静脉紧贴此部前面下行。

4. **升部** 最短，自水平部末端起始，斜向左上方至第2腰椎左侧，急转向前下方，移行为空肠，形成**十二指肠空肠曲**。十二指肠空肠曲被**十二指肠悬肌**固定于腹后壁，由肌纤维和结缔组织构成，临床上称为**Treitz韧带**，是手术中确认空肠起始端的重要标志。

二、空肠和回肠

空肠（jejunum）和回肠（ileum）迂回盘曲在腹腔的中、下部，相互延续形成肠袢，其全部被腹膜包被，借肠系膜系于腹后壁，合称系膜小肠，其活动度较大。两者无明显界限，但主要特征有所不同（图6-16和表6-2）。

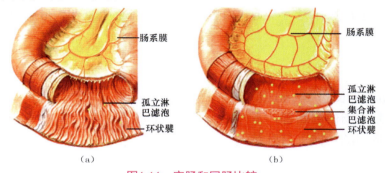

图6-16 空肠和回肠比较

（a）空肠；（b）回肠

表6-2 空肠和回肠比较

	空肠	回肠
位置	左上腹部	右下腹部
长度	近侧2/5	远侧3/5
管腔	较粗	较细
管壁	较厚	较薄
颜色	较红（血管丰富）	较淡（血管较少）
环状襞	密集	稀疏
淋巴滤泡	孤立淋巴滤泡	集合淋巴滤泡、孤立淋巴滤泡
血管弓	少，1～2级弓	多，3～4级弓

约2％的成人，在回肠末端距回盲瓣0.3～1.0 m范围的回肠壁上，可见一囊状突起，称之为**Meckel憩室**，其是胚胎时期卵黄蒂闭锁的遗迹，感染时易误诊为阑尾炎。

第六节 大 肠

大肠（large intestine）是消化管的下段，全长约1.5 m，包绕于空、回肠的周围。其分为盲肠、阑尾、结肠、直肠和肛管五个部分。大肠的主要功能为吸收水分、维生素和无机盐，并将食物残渣形成粪便，排出体外。

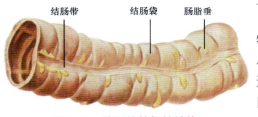

图6-17 结肠的特征性结构

盲肠和结肠表面具有结肠带、结肠袋和肠脂垂三个特征性结构（图6-17）。这三种结构是肉眼区别大肠与小肠的重要依据。**结肠带**有3条，由肠壁的纵行肌增厚形成的，沿大肠的纵轴平行排列，3条结肠带均汇集于阑尾根部。**结肠袋**是由横沟隔开向外膨出的囊状突起，是由于结肠带短于肠管的长度使肠管皱缩形成的。**肠脂垂**是沿结肠带两侧分布的许多小突起，由浆膜和其所包含的脂肪组织形成。

一、盲肠

盲肠（cecum）长6～8 cm，位于右髂窝内，是大肠的起始部，下端为盲端，左接回肠，向上与升结肠相续。回肠的末端开口于盲肠，开口处有上、下两片唇状皱襞，称**回盲瓣**。盲肠末端后内侧壁有阑尾的开口（图6-18）。回盲瓣既可控制小肠内容物进入盲肠的速度，使食物在小肠内充分消化吸收，又可防止大肠内容物逆流到回肠。

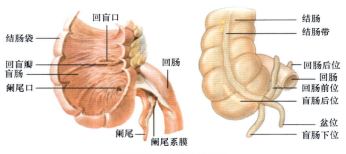

图6-18 盲肠与阑尾

二、阑尾

阑尾（vermiform appendix）为一蚓状盲管，长6～8 cm，根部连于盲肠后内侧壁。阑尾末端的位置变化很大，据国人体质调查资料显示，阑尾以回肠前位、下位和盲肠后位居多，其次是盆位（图6-18）。阑尾根部的体表投影，通常在脐与右髂前上棘连线的中、外1/3交点处，称**麦氏点**（McBurney point）。急性阑尾炎时麦氏点有明显压痛和反跳痛，由于三条结肠带汇集于阑尾根部，临床做阑尾手术时可沿结肠带向下追寻，这是寻找阑尾的可靠方法。

三、结肠

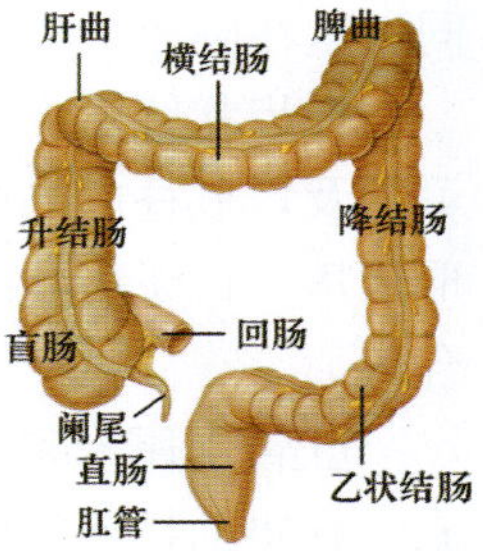

结肠（colon）介于盲肠与直肠之间，包绕于空、回肠周围。分为升结肠、横结肠、降结肠和乙状结肠四部分（图6-19）。

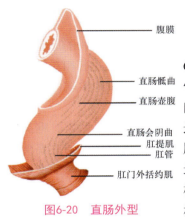

图6-19 结肠

1. **升结肠** 起自盲肠，沿腹后壁上升至肝右叶下方，转向左形成**结肠右曲**（或称**肝曲**），移行为横结肠。

2. **横结肠** 起自结肠右曲，向左横行至脾的脏面下份处，转折向下形成**结肠左曲**（或称**脾曲**），移行为降结肠。横结肠借横结肠系膜连于腹后壁，活动性较大。

3. **降结肠** 起自结肠左曲，沿腹后壁下行，至左髂嵴处移行为乙状结肠。

4. **乙状结肠** 起自降结肠，呈"乙"字形弯曲进入盆腔，至第3骶椎平面，移行为直肠。乙状结肠借乙状结肠系膜连于盆腔左后壁，活动性较大。

四、直肠

直肠（rectum）长10～14 cm，位于小骨盆腔的后部（图6-19和图6-20）。上端在第3骶椎前方续接乙状结肠，沿骶、尾骨前面下行穿过盆膈移行为肛管。在矢状面上有两个弯曲：**骶曲**是直肠在骶骨前面下降形成凸向后的弯曲；**会阴曲**是直肠绕过尾骨尖形成凸向前的弯曲。直肠下段的肠腔膨大，称直肠壶腹，此处腔内有2～3个由黏膜和环形肌构成的**直肠横襞**，其中最大且恒定的直肠横襞位于直肠右前壁，距肛门约7 cm。直肠横襞常作为直肠镜检查的定位标志，进行直肠镜或乙状结肠镜检查时，必须注意这些弯曲和横襞，以避免损伤肠管。

图6-20 直肠外型

五、肛管

肛管（anal canal）是盆膈以下的消化管，上续直肠，末端终于肛门（图6-19），长3～4 cm。肛管被肛门括约肌所包绕，平时处于收缩状态，有控制排便的作用。

肛管内有6～10条纵行的黏膜皱襞，称**肛柱**，内有血管和纵行肌。肛柱下端之间有半月状的黏膜皱襞相连，称**肛瓣**。肛瓣与相邻肛柱下端共同围成向上开口的小隐窝，称**肛窦**。窦内常有粪便存留，易诱发感染而引起肛窦炎。肛瓣与肛柱下端共同连成锯齿状的环行线，称**齿状线**（图6-21），是皮肤与黏膜分界线。齿状线以上的肛管内表面为黏膜，上皮来自内胚层，为单层柱状上皮。齿状线以下的肛管内表面为皮肤，上皮来自外胚层，为复层扁平上皮。此外，齿状线上、下部分的肠管在动脉来源、静脉回流、淋巴引流，以及神经支配等方面都不相

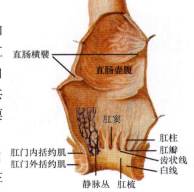

图6-21 直肠和肛管内面观

同，这在临床上具有很大的实际意义。

在齿状线下方，略微凸起的环形带称**肛梳**。在肛门上方1.0～1.5 cm处为**白线**，活体指诊可触及，肛柱的黏膜和肛梳的皮下组织中均有丰富的静脉丛。病理情况下，静脉丛瘀血曲张形成痔。位于齿状线以上的痔称内痔；齿状线以下的痔称外痔；跨越于齿状线上、下的称混合痔。

肛管周围有肛门内、外括约肌环绕。**肛门内括约肌**属平滑肌，由肠壁的环行肌增厚构成，有协助排便的作用。**肛门外括约肌**属骨骼肌，包绕于肛门内括约肌的外下方，具有括约肛门的作用，受意识支配，可控制排便。肛门外括约肌、耻骨直肠肌、肛门内括约肌以及直肠纵行肌的下部在直肠和肛管移行处周围共同形成的结构称**肛直肠环**（anorectal ring），其具有控制排便的作用。若手术时损伤，将造成大便失禁。

第七节　肝

肝（liver）是人体最大的腺体，也是体内最大的消化腺。我国成年男性肝的重量为1 154～1 447 g，女性为1 029～1 379 g，占体重的1/40～1/50。胎儿和新生儿的肝相对较大，重量可达体重的1/20。肝的血液供应十分丰富，活体的肝呈棕红色。肝的质地柔软而脆弱，易受外力冲击而破裂，从而引起腹腔内大出血。

肝的功能极为复杂，它是机体新陈代谢最活跃的器官，不仅参与蛋白质、脂类、糖类和维生素等物质的合成、转化与分解，还参与激素、药物等物质的转化和解毒。肝的主要功能是分泌胆汁，以促进脂肪的消化和吸收。此外，肝还具有吞噬、防御以及在胚胎时期造血等重要功能。

一、肝的形态

肝呈楔形，一般分为前、后两缘，膈、脏两面。前缘锐利，后缘钝圆，有2～3条肝静脉注入下腔静脉。上面隆凸，与膈相贴，又称**膈面**，被矢状方向的镰状韧带分为厚而大的**肝右叶**和薄而小的**肝左叶**，膈面后部无腹膜被覆的部分称肝裸区。下面凹凸不平，邻接腹腔器官，又称**脏面**（图6-22）。脏面有一近似"H"形的沟即**左纵沟、右纵沟**和**横沟**，右纵沟以右的为**肝右叶**，左纵沟以左的为**肝左叶**，横沟以前的为**方叶**，横沟以后的为**尾状叶**。

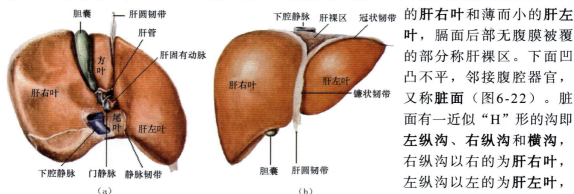

图6-22　肝的脏面与膈面

（a）肝脏面；　（b）肝膈面

横沟又称**肝门**（porta hepatis），是肝管、肝固有动脉、肝门静脉、神经、淋巴管等出入肝实质的部位。出入肝门的这些结构被结缔组织包绕构成**肝蒂**。左纵沟的前部有**肝圆韧带**，是胎儿时期脐静脉闭锁后的遗迹；左纵沟的后部有**静脉韧带**，由胎儿时期的静脉导管闭锁而成；右纵沟的前部为**胆囊窝**，能容纳胆囊；右纵沟的后部为腔静脉沟，有下腔静脉经过。在腔静脉沟的上端处，有肝左、中、右静脉，出肝后立即注入下腔静脉，临床上常称此沟上端为第2肝门。

二、肝的位置

肝大部分位于右季肋区和腹上区，小部分位于左季肋区。肝的上界与膈穹隆一致，其右侧最高点在右锁骨中线与第5肋的交点处；左侧在左锁骨中线与第5肋间隙的交点处。肝下界与肝前缘一致，右侧与右肋弓一致；中部超出剑突下约3 cm；左侧被肋弓掩盖。故在体检时，在右肋弓下不能触及肝。但3岁以下的健康幼儿，肝前缘常低于右肋弓下1.5～2.0 cm，到7岁以后，在右肋弓下不能触到，若能触及，则应考虑为病理性肝肿大。肝借镰状韧带和冠状韧带连于膈下面和腹前壁，故肝的位置可随呼吸运动而上、下移动。

肝的脏面在右叶从前向后分别邻接结肠右曲、十二指肠上部、右肾和右肾上腺；左叶下面与胃前壁相邻。

三、肝外胆道系统

肝外胆道系统是指肝门以外的胆道系统，包括胆囊和输胆管道（图6-22和图6-23），这些管道与肝内胆道一起，将肝分泌的胆汁输送到十二指肠。

（一）胆囊

胆囊（gallbladder）位于肝脏面的胆囊窝内，上面借结缔组织与肝相连，下面游离，与横结肠的起始部和十二指肠上部相邻。容积为40～60 mL，具有贮存和浓缩胆汁的功能。胆囊呈梨形，分为**胆囊底、胆囊体、胆囊颈**和**胆**

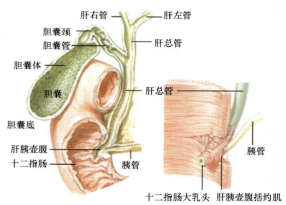

囊管四部分。胆囊底露出于肝前缘，并与腹前壁相贴，其体表投影在右锁骨中线与右肋弓相交处。胆囊出现病变时，此处常出现明显压痛。胆囊内面衬有黏膜，胆囊颈和胆囊管的黏膜形成螺旋状，**称螺旋襞**，有调节胆汁进出的作用，胆囊结石易嵌顿于此处。胆囊颈弯曲且细，其起始部膨大，形成Hartmann囊，胆囊结石多停留于此囊中。胆囊管长2.5～4 cm，呈锐角与肝总管汇合为胆总管。

（二）肝管与肝总管

肝内毛细胆管逐渐汇合成**肝左管**和**肝右管**，出肝门后即汇合成**肝总管**（common hepatic

图中标注：肝右管　肝左管　胆囊颈　胆囊管　肝总管　胆囊体　胆囊　肝总管　胆囊底　肝胰壶腹　十二指肠　胰管　胰管　十二指肠大乳头　肝胰壶腹括约肌

图6-23　胆囊及胆汁排出管道

duct），肝总管长约3 cm，下行于肝十二指肠韧带内，并在韧带内与胆囊管以锐角结合成**胆总管**。

（三）胆总管

胆总管（common bile duct）起自肝总管与胆囊管的汇合处，向下与胰管汇合，长4～8 cm（图6-23）。胆总管在肝十二指肠韧带内下降于肝固有动脉的右侧、肝门静脉的前方，经十二指肠上部的后方，至胰头与十二指肠降部之间与胰管汇合，共同斜穿十二指肠降部的后内侧壁，两者汇合处形成略膨大的**肝胰壶腹**（Vater壶腹），其开口于十二指肠大乳头。肝胰壶腹周围有增厚的环行平滑肌环绕，称**肝胰壶腹括约肌**（Oddi括约肌），其可控制胆汁和胰液的排出。在胆总管和胰管末段的周围均有少量平滑肌环绕。

肝胰壶腹括约肌平时保持收缩状态，由肝分泌的胆汁，经肝左管、肝右管、肝总管、胆囊管进入胆囊内贮存。进食后，尤其进高脂肪食物，在神经体液因素调节下，胆囊收缩，肝胰壶腹括约肌舒张，使胆汁自胆囊经胆囊管、胆总管、肝胰壶腹、十二指肠大乳头排入十二指肠腔内，参与消化食物。胆道可因结石、蛔虫或肿瘤等造成阻塞，使胆汁排出受阻。

第八节　胰

胰（Pancreas）是人体第二大消化腺（图6-15），由内分泌部和外分泌部构成。内分泌部即胰岛，主要分泌胰岛素，参与调节糖代谢；外分泌部分泌胰液，在消化活动中起着重要作用。

一、胰的位置与毗邻

胰是位于腹后壁的一个狭长腺体，质地柔软，呈灰红色，长17～20 cm，宽3～5 cm，厚1.5～2.5 cm，重82～117 g。胰横置于腹上区和左季肋区，平对第1～2腰椎体。胰的前面隔网膜囊与胃相邻，后方有下腔静脉、胆总管、肝门静脉和腹主动脉等重要结构。其右端被十二指肠环抱，左端抵达脾门。由于胰的位置较深，前方有胃、横结肠和大网膜等遮盖，故胰病变时，在早期腹壁体征常不明显，从而增加了诊断难度。

二、胰的分部

胰可分头、颈、体、尾4部分，各部之间无明显界限。头、颈部在腹中线右侧，体、尾部在腹中线左侧。

胰头较膨大，位于第2腰椎的右前方，被十二指肠环绕，胰头后方与胆总管、肝门静脉和下腔静脉相邻。胰头癌患者可压迫胆总管而出现阻塞性黄疸；压迫肝门静脉，影响血液回流，可出现腹水、脾肿大等症状。

胰颈是位于胰头与胰体之间的狭窄扁薄部分，胃幽门位于其前上方。

胰体位于胰颈与胰尾之间，占胰的大部分，略呈三棱柱形。胰体横位于第1腰椎体前方。胰体的前面隔网膜囊与胃相邻，胃后壁的溃疡穿孔或癌肿常与胰粘连；胰体的后面与下腔静脉、腹主动脉、左肾上腺和左肾相邻。

胰尾较细，行向左上方至左季肋区，伸向脾门。

胰管位于胰实质内，偏背侧，其走行与胰的长轴一致，从胰尾经胰体走向胰头，沿途接受许多小叶间导管，最后于十二指肠降部的壁内与胆总管汇合成肝胰壶腹，其开口于十二指肠大乳头。在胰头上部常可见一小管，行于胰管上方，称为副胰管，其开口于十二指肠小乳头。

第九节 消化管的微细结构

除口腔与咽外，消化管壁由内向外一般分为黏膜、黏膜下层、肌层与外膜（图6-24）。

1. **黏膜**（mucosa） 由**上皮**、**固有层**和**黏膜肌层**组成，是消化管各段结构差异大、功能最重要的一层。

（1）**上皮**（epithelium）：覆盖在消化管的腔面，在口腔、咽、食管和肛门处为复层扁平上皮，以保护功能为主；胃、肠则衬以单层柱状上皮，以消化、吸收功能为主。

（2）**固有层**（lamina propria）：为富含毛细血管、淋巴管、神经和小消化腺的疏松结缔组织。此层淋巴细胞、淋巴组织、浆细胞丰富，参与构成消化管的防御屏障。

（3）**黏膜肌层**（muscularis mucosa）：一般为内环行和外纵行两层薄的平滑肌，是黏膜与黏膜下层间的分界标志。黏膜肌收缩有助于物质吸收、血液运行及腺体分泌物的排出。

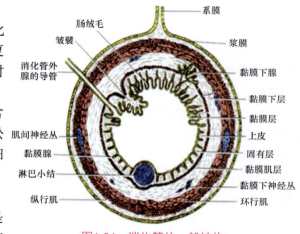

图6-24 消化管的一般结构

2. **黏膜下层**（submucosa） 为富有血管、淋巴管和黏膜下神经丛的疏松结缔组织。在十二指肠和食管的黏膜下层，分别有十二指肠腺和食管腺。有些部位的黏膜及黏膜下层共同向管腔突出形成肉眼可见的隆起，称**皱襞**，以适应器官功能的需要。

3. **肌层**（muscularis） 较厚，除口腔、咽、食管上段和肛门处的肌层为骨骼肌外，其余均为平滑肌。一般分为内环行和外纵行两层，其间有少量结缔组织和肌间神经丛。肌层收缩有利于食物与消化液充分混合、分解以及食物残渣的排出。

4. **外膜**（adventitia） 由薄层结缔组织构成，称纤维膜，如食管和大肠末端。若结缔组织外表覆盖间皮，则称浆膜，如胃、大部分小肠和大肠，其表面光滑，有利于消化管的蠕动。

一、食管的微细结构

食管为食物的通道，其纵行皱襞在食物通过时消失。

1. 黏膜 上皮为未角化的复层扁平上皮（图6-25），在与胃贲门部连接处转变为单层柱状上皮，是食管癌的易发部位。黏膜肌层为纵行平滑肌束。

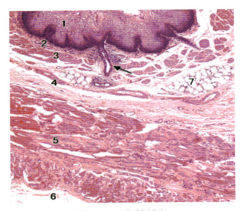

图6-25 食管横切

1—上皮；2—固有层；3—黏膜肌层；4—黏膜下层；

5—肌层；6—纤维膜；7—食管腺；↑—食管腺导管

2. 黏膜下层 含有血管、神经、淋巴管及食管腺。**食管腺**为黏液腺，导管穿过黏膜开口到食管腔。分泌的黏液有利于食物的通过。

3. 肌层 分内环和外纵两层。食管上1/3段为骨骼肌，下1/3段为平滑肌，中1/3段两种肌细胞兼有。内环行的肌层在食管的两端增厚形成上、下括约肌。随着年龄增长，食管平滑肌逐渐萎缩，蠕动减慢，可引起轻度下咽困难。

4. 外膜 为纤维膜。

二、胃壁的微细结构

胃壁有4层结构（图6-26）。胃的皱襞在充盈时几乎消失。

1. 黏膜 胃黏膜较厚，表面有许多不规则小孔，为上皮下陷形成的管状**胃小凹**（gastric pit）的开口（图6-26和图6-27）。

（1）上皮：为单层柱状上皮，主要由**表面黏液细胞**（surface mucous cell）组成。核椭圆，位于细胞基部，顶部胞质充满黏原颗粒，HE染色切片上着色很浅（图6-27）。此细胞分泌含高浓度HCO_3^-的不溶性黏液，覆盖于上皮表面，可防止胃液对黏膜的消化侵蚀。

（2）固有层：由致密结缔组织构成，其中有较多淋巴细胞、浆细胞和少量平滑肌纤维，以及大量由上皮细胞下陷入固有层内形成的胃小凹和**胃腺**（gastric gland），胃小凹的底部与胃腺相通连。胃腺根据所

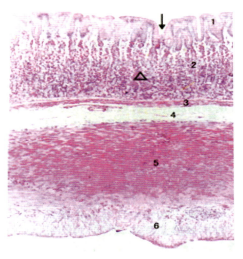

图6-26 胃底部

1—上皮；2—固有层；3—黏膜肌层；

4—黏膜下层；5—肌层；6—浆膜；

↓—胃小凹；△—胃底腺

在部位和结构不同，分为**贲门腺**、**幽门腺**和胃底腺，前两者均为黏液腺，分泌黏液和溶菌酶。**胃底腺**（fundic gland）为位于胃底和胃体部的分支管状腺，可分为颈、体、底部，颈部与胃小凹的底部相通连（图6-27和图6-28）。组成腺体的细胞有主细胞、壁细胞、颈黏液细胞、干细胞和内分泌细胞。

1）**主细胞**（chief cell）：又称**胃酶细胞**（zymogenic cell），数量最多（图6-28）。光镜下，细胞呈柱状，核圆形，位于基底部，基部胞质呈嗜碱性，顶部胞质在HE染色标本上呈泡沫状。电镜下，胞质顶部有许多酶原颗粒、高尔基复合体，基部有密集排列的粗面

内质网和线粒体。主细胞分泌**胃蛋白酶原**（pepsinogen），经盐酸作用后，激活成胃蛋白酶，可初步消化蛋白质。婴儿时期主细胞还分泌凝乳酶，可凝固乳汁，利于乳汁分解吸收。

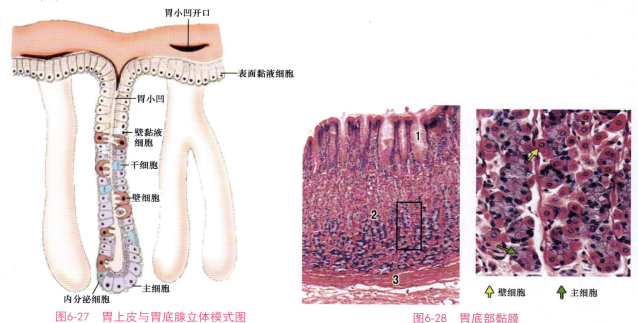

图6-27　胃上皮与胃底腺立体模式图

图6-28　胃底部黏膜

1—胃小凹；2—胃底腺；3—黏膜肌层

2）**壁细胞**（parietal cell）：又称**泌酸细胞**（oxyntic cell），数量较少。光镜下，胞体较大，多呈圆锥形，胞质嗜酸性，核圆形，居中，有时可见双核。电镜下，胞质内有迂曲分支的**细胞内分泌小管**（intracellular secretory canaliculus），由顶部质膜向细胞内凹陷形成，小管的质膜向管内突起形成许多微绒毛。胞质内有较多的**微管泡系统**，位于细胞内分泌小管附近（图6-29）。胞质内含有体积较大的线粒体和丰富的碳酸酐酶，与H^+结合生成盐酸，然后排入胃底腺的腺腔内。

盐酸的主要作用：①激活无活性的胃蛋白酶原成为有活性的胃蛋白酶；②杀灭随食物入胃的细菌；③进入十二指肠可促进胰液素分泌；④促进小肠对铁和钙的吸收。

壁细胞除分泌盐酸外，还分泌内因子。它与维生素B_{12}结合成复合物，使维生素B_{12}免受蛋白水解酶破坏，促进回肠对维生素B_{12}的吸收。如内因子缺

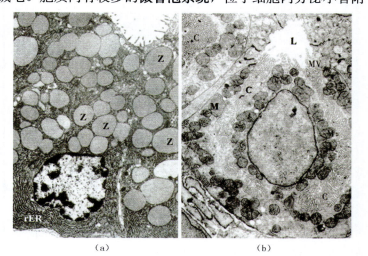

图6-29　主细胞和壁细胞的超微结构

（a）主细胞；（b）壁细胞

rER—粗面内质网；Z—酶原颗粒；L—管腔；
M—线粒体；MV—微绒毛；C—细胞内分泌小管

乏，维生素B$_{12}$吸收产生障碍，红细胞生成减少，可引起恶性贫血。

3）颈黏液细胞（mucous neck cell）：较少，细胞呈柱状或烧瓶状（图6-28），常夹于壁细胞间。核扁圆位于细胞基部，核上方有较多黏原颗粒，分泌稀薄的可溶性酸性黏液。

4）干细胞：位于胃小凹的深部和胃底腺的颈部之间，HE染色切片上不易识别。干细胞不断分裂，产生的子细胞可迁移分化为胃表面黏液细胞以及胃底腺的其他细胞。

5）内分泌细胞：分散在上皮细胞间，可通过分泌组胺或者生长抑素作用于壁细胞，促进或者抑制其分泌盐酸。

（3）黏膜肌层：由薄的内环行和外纵行两层平滑肌组成。

2．黏膜下层　为较致密的结缔组织，含血管、淋巴管和神经丛。

3．肌层　较厚，由内斜、中环和外纵行三层平滑肌构成。环行肌在贲门和幽门处增厚形成贲门括约肌和幽门括约肌。随着年龄增长，胃黏膜变薄，平滑肌萎缩，易出现胃下垂。

4．外膜　为浆膜。

三、小肠的微细结构

小肠是消化和吸收食物的主要场所。小肠壁的黏膜和黏膜下层向肠腔突出，形成许多环行皱襞（图6-30）；黏膜上皮和固有层结缔组织向肠腔内突出形成高0.5～1.5 mm的**肠绒毛**（intestinal villus）（图6-31）；肠绒毛表面上皮细胞游离面有由细胞膜和细胞质突出形成的微绒毛。肠绒毛在十二指肠和空肠头端最发达，至回肠时则为短锥形。经皱襞、绒毛和微绒毛的三级组织结构放大，小肠的吸收面积增加了600～750倍。

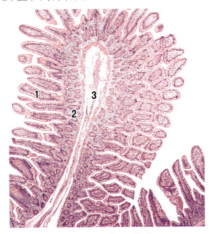

图6-30　小肠黏膜

1—小肠绒毛；2—小肠腺；3—黏膜下层

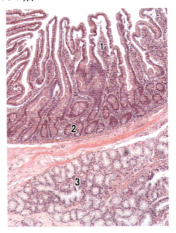

图6-31　肠绒毛

1—小肠绒毛；2—小肠腺；3—十二指肠腺

1．黏膜　由上皮、固有层和黏膜肌层组成。

（1）上皮：肠绒毛表面为单层柱状上皮，由柱状上皮细胞、杯状细胞和少量内分泌细胞组成（图6-32）。柱状上皮细胞又称**吸收细胞**（absorptive cell），数量多，呈高柱状。细胞游离面有明显的纹状缘，在电镜下为密集排列的微绒毛，是消化、吸收的重要部位。**杯状细胞**散在分布于吸收细胞间，能分泌黏液，保护、润滑肠黏膜。

小肠腺（图6-32）除有柱状细胞、杯状细胞、内分泌细胞外，还有**潘氏细胞**（Paneth

cell）和干细胞。潘氏细胞成群位于肠腺底部，呈锥体形，胞质充满粗大的嗜酸性颗粒，其内有溶菌酶和防御素，有杀灭细菌的作用。干细胞位于小肠腺的下半部，能分化成其他细胞。

（2）固有层：由致密结缔组织构成，除有大量小肠腺外，还有较多淋巴细胞、浆细胞和巨噬细胞及少量纵行排列的平滑肌纤维等。绒毛中央有1～2条以盲端起始的毛细淋巴管，

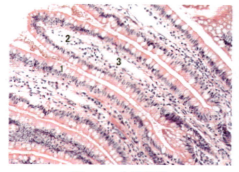

图6-32 小肠黏膜

1—上皮；2—固有层；3—中央乳糜管

称**中央乳糜管**（central lacteal）（图6-32），进入黏膜下层，形成淋巴管丛。中央乳糜管通透性大，是脂肪吸收和转运的重要途径。绒毛中轴内还有丰富的有孔毛细血管，肠上皮吸收的氨基酸、葡萄糖等水溶性物质由此进入血液。固有层平滑肌纤维的收缩，有助于血液和淋巴的转运。此外，小肠固有层可见淋巴小结，在十二指肠和空肠多为**孤立淋巴小结**，回肠为多个淋巴小结聚集形成的**集合淋巴小结**。

（3）黏膜肌层：由薄层内环行和外纵行平滑肌组成。

2．黏膜下层　十二指肠的黏膜下层有大量的**十二指肠腺**，为复管泡状黏液腺，其导管穿过黏膜肌层与小肠腺底部通连（图6-32）。十二指肠腺分泌碱性的黏液，使十二指肠黏膜免受胃酸的侵蚀。

3．肌层　由内环行、外纵行两层平滑肌组成。

4．外膜　除部分十二指肠壁为纤维膜外，其余均为浆膜。

四、大肠的微细结构

大肠的主要功能是吸收水分、电解质，使食物残渣形成粪便排出。其结构特点与小肠显著不同（图6-33）。

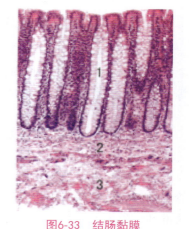

图6-33 结肠黏膜

1—大肠腺；2—黏膜肌；3—黏膜下层

（一）盲肠、结肠、直肠的微细结构特征

1．黏膜　盲肠、结肠、直肠的组织结构基本相同。其黏膜表面光滑，无肠绒毛。上皮为单层柱状上皮，由吸收细胞和大量杯状细胞组成。上皮下陷到固有层形成密集的**大肠腺**，呈单管状，含吸收细胞、大量杯状细胞、干细胞、内分泌细胞和无潘氏细胞（图6-33）。

2．肌层　由内环行、外纵行两层平滑肌组成。盲肠和结肠的纵行平滑肌局部增厚形成三条结肠带，带间的外纵行平滑肌很薄，甚至阙如。

（二）阑尾的微细结构特征

阑尾的微细结构基本同结肠，但管腔小而不规则，肠腺短而小，固有层内有丰富的淋巴组织，形成许多淋巴小结，并突入黏膜下层，致使黏膜肌层不完整（图6-34）。其肌层很薄，外覆浆膜。

五、消化管的老化

随着年龄增长，牙釉质逐渐被磨损、变薄，牙齿变为灰黄色，无光泽。口腔黏膜变得色淡、干燥。口腔黏膜上皮变薄，有过度角化现象，对刺激的抵抗力变差。舌表面光滑，乳头数目明显减少。食管逐渐萎缩，平滑肌变弱，蠕动减慢，可引起轻度咽下困难。胃黏膜变薄，平滑肌萎缩，易出现胃下垂。空肠绒毛变短、变宽。小肠黏膜萎缩、扁平，有效吸收面积减少，黏膜皱襞粗大杂乱。结肠黏膜萎缩，肠腺形态异常，结缔组织增加，肌层萎缩，小动脉硬化。老年人易发生便秘。由于盆底部肌及提肛肌无力，使直肠缺乏支托，加之老年人因便秘、排尿困难、慢性咳嗽等因素使腹内压增高，促使直肠向下、向外脱出而致直肠脱垂（即脱肛）。

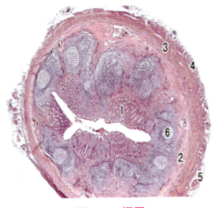

图6-34　阑尾

1—黏膜尾；2—黏膜下层；3—环行肌；
4—纵行肌；5—浆膜；6—淋巴小结

第十节　消化腺的微细结构

消化腺有小消化腺和大消化腺两种。小消化腺位于消化管壁内，如食管腺、胃腺、肠腺等。大消化腺有三对，即大唾液腺、肝和胰。其功能为分泌消化液，对食物进行化学消化。

一、唾液腺的微细结构

唾液腺是由口腔黏膜上皮下陷形成的复管泡状腺，外包结缔组织被膜，富含血管、淋巴管和神经等的结缔组织将实质分隔为很多小叶。根据细胞的形态和功能的不同，腺泡可分为浆液性、黏液性、混合性三种（图6-35），腺细胞与基膜之间有肌上皮细胞，其收缩有助于分泌物排除。唾液腺分泌的唾液主要为水和黏液，有润滑口腔黏膜的作用，另含有唾液淀粉酶、溶菌酶和干扰素。

（一）一般结构

1. 腺泡

（1）**浆液性腺泡**（serous alveolus）：由单层锥形或立方形的浆液性腺细胞围成，腺细胞具有分泌蛋白质细胞的结构特点。核圆位于基底部；顶部胞质嗜酸性，含有分泌颗粒；基部胞质有丰富的粗面内质网和核糖体。其分泌物较稀薄，内含唾液淀粉酶。

（2）**黏液性腺泡**（mucous alveolus）：由单层立方形的黏液性腺细胞围成，核扁圆位于细胞基底部。胞质色浅，含大量黏原颗粒。其分泌物较黏稠，主要为黏液。

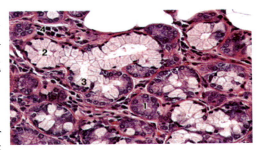

图6-35　唾液腺

1—浆液性腺泡；2—黏液性腺泡；
3—混合性腺泡；4—导管

（3）**混合性腺泡**（mixed alveolus）：由浆液性腺细胞和黏液性腺细胞共同组成，常见形式为在黏液性腺泡的底部附有几个浆液性细胞，形如新月，称半月。浆液性腺细胞的分泌物经黏液性腺细胞间的小管排入腺泡腔。

2.**导管**　导管的起始部为与腺泡相连的由单层扁平或单层立方上皮组成的闰管；与闰管相连的为单层高柱状上皮围成的纹状管，可参与调控唾液分泌量以及唾液中电解质的含量，故又称**分泌管**；分泌管汇合成由单层柱状上皮围成的**小叶间导管**，行走在小叶间的结缔组织中，随着管径增大，移行为假复层柱状上皮；小叶间导管再逐渐汇集形成**总导管**，在近口腔黏膜开口处转变为复层扁平上皮。

（二）大唾液腺的特点

1．腮腺　为纯浆液性腺，只有浆液性腺泡，分泌物含大量唾液淀粉酶。

2．下颌下腺　为混合性腺（图6-35），以浆液性腺泡为主，黏液性腺泡和混合性腺泡较少，分泌物含唾液淀粉酶和黏液。

3．舌下腺　为以黏液性腺泡为主的混合性腺，分泌物以黏液为主。

二、肝的微细结构

肝（liver）是人体最大的消化腺，主要功能是分泌胆汁，合成多种蛋白质，降解激素、药物，参与代谢、贮存糖原、吞噬防御等，胚胎时期还有造血功能。

肝被膜主要为结缔组织，大部分被膜表面还有**间皮**。肝门处的结缔组织伴随着肝动脉、门静脉、肝管、神经和淋巴管及其分支伸入肝实质，将实质分隔为50～100万个肝小叶，小叶间上述管道分支行走的部位为门管区（图6-36）。

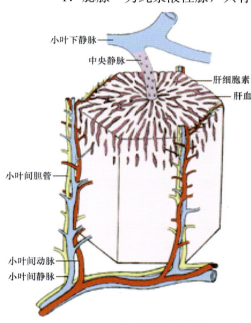

小叶下静脉
中央静脉
肝细胞索
肝血窦
小叶间胆管
小叶间动脉
小叶间静脉

图6-36　肝小叶立体模式图

（一）肝小叶

肝小叶（hepatic lobule）为不规则的多面棱柱体，长约2 mm，宽约1 mm（图6-36），是肝的基本结构和功能单位。肝小叶由中央静脉、肝板、肝血窦与胆小管组成。人的肝小叶间结缔组织很少，小叶分界不明显；猪的肝小叶间结缔组织多，小叶分界很明显（图6-37）。

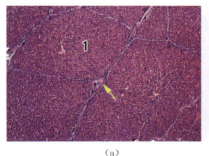
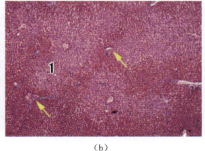

（a）　　　　　　　　（b）

图6-37　肝组织结构

（a）猪肝；（b）人肝

1—肝小叶；　—门管区

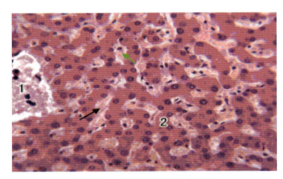

图6-38　肝细胞素与肝血窦

1—中央静脉；2—肝细胞素；

↑—肝血窦；↑—肝巨噬细胞

肝小叶中央有一条沿其长轴行走的中央静脉（central vein），中央静脉周围是略呈放射状排列的肝板和肝血窦，胆小管夹在肝板内（图6-37）。

1. **中央静脉**（central vein）　位于肝小叶中央，接受肝血窦的血液。管壁薄而不完整，有肝血窦的开口（图6-38和图6-39）。

2. **肝板**（hepatic plate）　是由肝细胞单行排列而成的板状结构，因切面上呈条索状，又称肝细胞索，简称**肝索**（图6-38和图6-39）。

（1）**肝细胞**（hepatocyte）：呈多边形，体积较大，直径20～30 μm，核大而圆，位于细胞中央，有1～2个明显的核仁，有时可见双核，这与肝强大的再生能力有关（图6-39）。

电镜下，肝细胞内含有各种细胞器（图6-40）及糖原、脂滴等内含物，它们参与完成肝的多种功能。大量的线粒体为肝细胞的活动提供能量；丰

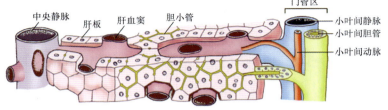

图6-39　肝板、肝血窦与胆小管关系模式图

富的溶酶体参与肝细胞的细胞内消化、胆红素的转运和铁的贮存；发达的高尔基复合体和粗面内质网参与合成多种血浆蛋白、凝血酶原和补体蛋白等。滑面内质网多呈管状或泡状，主要参与胆汁合成、糖原的合成与分解、脂类代谢、激素代谢，以及药物、代谢产物的生物转化、解毒等功能。微体内含过氧化氢酶等多种氧化酶，可水解过氧化氢等代谢产物。

（2）肝细胞功能面：肝细胞在肝板上有3个功能面（图6-40）。**肝细胞面**为相邻肝细胞间的邻接面；**肝血窦面**有发达的微绒毛，便于肝细胞从血液吸收物质，并将加工好的蛋白质、葡萄糖等释放入血；相邻肝细胞间还有肝细胞质膜局部凹陷形成的胆小管，即肝细胞的**胆小管面**，便于肝细胞将合成的胆汁直接释放到胆小管内。

3. **肝血窦**（hepatic sinusoid）为位于肝板间的不规则腔隙（图6-38至图6-40），互相吻合成网状。接收门静脉、肝动脉分支的血液，与肝细胞进行充分的物质交换后，汇入中央静脉。血窦壁由内皮细胞围成，窦腔内有肝巨噬细胞。

（1）窦壁：肝血窦壁由一层扁平的内皮细胞围成，内皮细胞上有大小不等的孔，孔上无隔膜。由于细胞间连接松散，无基膜，仅有少量网状纤

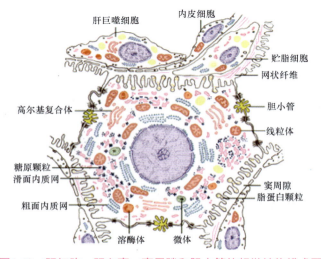

图6-40　肝细胞、肝血窦、窦周隙和胆小管的超微结构模式图

维附着，因此，肝血窦通透性大，除血细胞和乳糜微粒外，血浆的各种成分均可自由出入。

（2）肝巨噬细胞：又称**库普弗细胞**（Kupffer cell），属于单核–吞噬系统的细胞。肝巨噬细胞呈星状，以突起附着在血窦内皮细胞上（图6-40）。该细胞有吞噬能力，可清除血液中的异物、细菌和衰老死亡的红细胞等，并参与机体的免疫功能。

（3）窦周隙（perisinusoidal space）：是肝血窦内皮细胞与肝细胞之间的狭小间隙（图6-40），宽约0.4 μm，又称**Disse间隙**。间隙内充满由肝血窦渗出的血浆。电镜下，可见肝细胞血窦面的微绒毛伸入血浆内，故窦周隙是肝细胞与血液间物质交换的场所。

（4）**贮脂细胞**（fat-storing cell）：位于窦周隙内，形态不规则，有突起附于内皮细胞及肝细胞表面，细胞周围常散在有网状纤维。有贮存脂肪、维生素A和合成网状纤维等功能，与肝纤维增生性病变的发生有关。

4．**胆小管**（bile canaliculi）　是相邻肝细胞之间由质膜局部凹陷形成的微细管道，以盲端起于中央静脉周围的肝板内，随肝板行走并互相吻合成网（图6-39和图6-40）。肝细胞分泌的胆汁直接进入胆小管，胆小管在肝小叶周边汇入门管区内的小叶间胆管。当胆道堵塞或者肝细胞大量坏死时，胆小管的结构被破坏，其内的胆汁溢入窦周隙而入血，导致患者出现黄疸。

（二）门管区

门管区（portal area）存在于相邻几个肝小叶间，一般呈三角形或多边形，内有伴行的小叶间动脉、小叶间静脉和小叶间胆管（图6-40和图6-41）。**小叶间静脉**是门静脉的分支，管腔大而不规则，管壁薄；**小叶间动脉**是肝动脉的分支，管腔小而规则，管壁厚。小叶间动脉、小叶间静脉的血液流入肝血窦，经中央静脉汇入管径较大的小叶下静脉，再汇集成肝静脉出肝，汇入下腔静脉。**小叶间胆管**由单层立方或低柱状上皮组成（图6-39），小叶间胆管逐渐汇集成左、右肝管出肝。

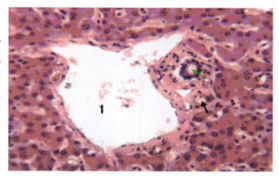

图6-41　门管区

↑—小叶间动脉；1—小叶间静脉；↑—小叶间胆管

（三）肝内血液循环

入肝的血管有门静脉和肝动脉（图6-42），故肝有双重血液供应。

1．门静脉　是肝的功能性血管，主要由胃肠等处的静脉汇合而成，含有丰富的营养物质，血量约占入肝总血量的3/4。门静脉在肝门处分为左右两支，入肝后反复分支在肝小叶间形成小叶间静脉。小叶间静脉终末分支开口于肝血窦，将门静脉血输入肝小叶内。

2．肝动脉　是肝的营养血管，血液含氧丰富，其血量约占入肝总血量的1/4。肝动脉的分支与门静脉的分支伴行，形成小叶间动脉，其终末分支也进入肝血窦。

3．特点　肝血窦内的血液是含有门静脉和肝动脉的混合血

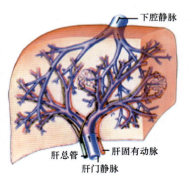

下腔静脉／肝总管／肝固有动脉／肝门静脉

图6-42　肝内管道模式图

液，从小叶周边流向中央，汇入中央静脉。中央静脉汇合成小叶下静脉，它单独行于小叶间结缔组织内，其管径较大，壁较厚。小叶下静脉最后汇合成肝静脉进入下腔静脉。

三、胰的微细结构

胰外覆被结缔组织被膜，结缔组织伸入腺体内，将实质分隔为许多小叶。腺实质包括外分泌部和内分泌部（图6-43）。外分泌部分泌胰液，内含多种消化酶，有分解消化蛋白质、糖类和脂肪的作用。内分泌部即胰岛，分泌多种激素，调节糖代谢。

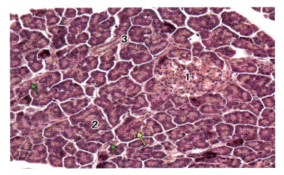

图6-43　胰腺

1—胰岛；2—腺泡；3—小叶内导管；↑—泡心细胞；↑—闰管

1．外分泌部　为复管泡状腺。

（1）腺泡：为浆液性腺泡。腺细胞呈锥体形，核圆，位于基部（图6-43）。顶部胞质内含有许多嗜酸性酶原颗粒，颗粒多少常随细胞的功能状态变化而变化。基膜与腺细胞之间无肌上皮细胞。腺泡腔内常有泡心细胞，是伸入腺泡腔内的闰管起始部的上皮细胞。

腺细胞分泌多种消化酶，包括胰淀粉酶、胰脂肪酶、胰蛋白酶原和糜蛋白酶原等。胰蛋白酶原在肠液物质作用下激活为胰蛋白酶，后者又能激活糜蛋白酶原为有糜蛋白酶。在胰损伤或者导管阻塞等病理情况下，胰蛋白酶在胰内活化，迅速分解胰组织，从而导致急性胰腺炎。

（2）导管：由闰管、小叶内导管、小叶间导管和主导管构成，无纹状管。闰管较多见，由单层扁平或低立方上皮构成，一端伸入腺泡腔形成泡心细胞，另一端汇合成单层立方上皮组成的小叶内导管，然后再汇合成小叶间导管。小叶间导管管径不断增粗，管壁也由单层立方上皮逐渐移行为单层柱状上皮。小叶间导管最后汇合成1条主导管，管壁为单层高柱状上皮并夹有杯状细胞。

2．内分泌部即胰岛（pancreas islet）　散在于腺泡之间，胰尾内较多。腺细胞排列成索、团状，染色浅，细胞间有丰富的毛细血管（图6-43）。用特殊染色法染色，可显示胰岛主要由4种细胞构成（图6-44）。

（1）A细胞：数量较少，约占细胞总数的20%，多分布于胰岛外周部（图6-44）。A细胞分泌胰高血糖素（glucagon），通过促进糖原分解为葡萄糖，抑制糖原的合成，使血糖升高。

（2）B细胞：数量最多，约占胰岛细胞总数的70%，多位于胰岛中央（图6-44）。B细胞分泌胰岛素（insulin），促进肝细胞等吸收血液中的葡萄糖，合成糖原，降低血糖浓度。通过胰高血糖素和胰岛素的协调作用，维持血糖浓度处于动态平衡。

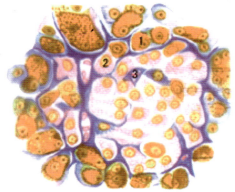

图6-44　胰岛三种细胞

1—A细胞；2—B细胞；3—D细胞

（3）D细胞：数量较少（图6-44），约占胰岛细胞总数的5%。D细胞分泌生长抑素

（somatostatin），以旁分泌的方式抑制A、B细胞的分泌活动。

（4）PP细胞：数量很少，分泌**胰多肽**，能抑制胃肠运动、胰液的分泌和胆囊收缩。

思考题

1．试述食管的狭窄及距切牙的距离。

2．试述肝的位置及体表投影。

3．唾液腺有哪几对，各开口于何处？

4．试述肛管内面的结构及临床意义。

5．试述胆汁的产生和排出途径。

6．咽为上宽下窄、前后略扁的漏斗形肌性管道，上呼吸道感染时，通常要检查咽淋巴环中扁桃体肿大情况。

（1）咽是如何分部的？

（2）咽与周围哪些器官相交通？

（3）咽淋巴环由什么组成？用什么方法可观察到咽淋巴环，尤其是腭扁桃体的肿大情况？

第七章 呼 吸 系 统

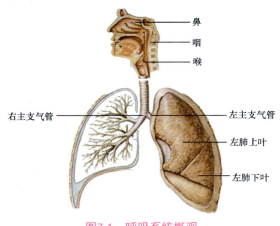

图7-1　呼吸系统概观

呼吸系统（respiratory system）由呼吸道和肺两大部分组成（图7-1）。呼吸道包括鼻、咽、喉、气管和各级支气管；肺由肺内各级支气管、肺泡以及肺间质组成。

临床上通常把鼻、咽和喉称为**上呼吸道**，把气管和各级支气管称为**下呼吸道**。

呼吸系统的主要功能是从外界吸入氧气，呼出二氧化碳，进行气体交换。呼吸系统除具有呼吸功能外，鼻又是嗅觉器官，喉还具有发音功能。

第一节　呼　吸　道

一、鼻

鼻（nose）是呼吸道的起始部，由外鼻、鼻腔和鼻旁窦三部分组成。

（一）外鼻

外鼻（external nose）位于颜面的中央，呈锥体形。由骨和软骨作支架，外覆皮肤和少量皮下组织。外鼻上端位于两眶之间狭窄的部分称**鼻根**，鼻根向下延伸成**鼻背**，其末端为**鼻尖**。鼻尖的两侧呈弧状扩大，称**鼻翼**。鼻翼在平静呼吸时，无明显活动，在呼吸困难时，可见鼻翼扇动，尤其以幼儿呼吸困难时鼻翼扇动最明显。从鼻翼向外下方到口角的浅沟称**鼻唇沟**。正常人两侧鼻唇沟的深度对称，面肌瘫痪时，瘫痪侧的鼻唇沟变浅或消失。

（二）鼻腔

鼻腔（nasal cavity）位于颅前窝中份的下方，腭的上方。以骨和软骨为基础，内面覆以黏膜和皮肤。鼻腔被鼻中隔分为左、右两腔，向前经鼻孔与外界相通，向后经鼻后孔通鼻咽部，以鼻阈为界分为前下部的**鼻前庭**和后部的**固有鼻腔**。**鼻阈**是皮肤与鼻黏膜的分界标志。

1．**鼻前庭**（nasal vestibule）　是鼻腔前下份的扩大部，相当于鼻翼遮盖的部分。鼻前庭内面衬以皮肤，长有粗硬的鼻毛，具有过滤灰尘和净化吸入空气的作用。鼻前庭皮肤富有皮脂腺和汗腺，是疖肿好发的部位，由于缺少皮下组织，皮肤与软骨结合紧密，因此发生疖肿时疼痛剧烈。

2．**鼻中隔**（nasal septum）

由犁骨、筛骨垂直板和鼻中隔软骨等覆以黏膜而成。是左右鼻腔的共同内侧壁，垂直于正中者较少，往往偏向一侧。鼻中隔前下部为易出血区（图7-2），此区血管丰富而表浅，受外伤或干燥空气刺激，血管易破裂而出血，约90%的鼻出血发生于此区。

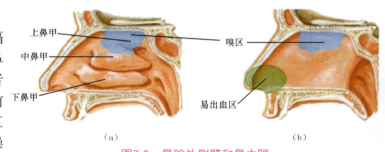

图7-2　鼻腔外侧壁和鼻中隔
（a）鼻腔外侧壁（右侧）；（b）鼻中隔（左侧）

3．**固有鼻腔**（inherent in the nasal）　是鼻腔的主要部分，由骨性和软骨性鼻腔覆以黏膜而成。在其外侧壁自上而下有三个鼻甲突向鼻腔（图7-2），分别称**上鼻甲**、**中鼻甲**和**下鼻甲**。其下方各有一个裂隙，分别称**上鼻道**、**中鼻道**和**下鼻道**。在上鼻甲的后上方有一凹陷称蝶筛隐窝。上、中鼻道及蝶筛隐窝分别有鼻旁窦的开口，下鼻道的前部有鼻泪管的开口（图7-3）。

鼻黏膜按其生理功能分为嗅区与呼吸区。**嗅区**位于上鼻甲内侧面以上及与其相对应的鼻

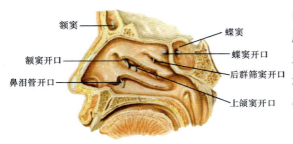

图7-3　鼻腔外侧壁

中隔黏膜，活体呈苍白或淡黄色，内含有嗅细胞，具有嗅觉功能。**呼吸区**范围较大，黏膜覆盖除嗅区以外的部分，活体呈淡红色，其特征是黏膜内含丰富的静脉丛、鼻腺和纤毛，对吸入的空气有加温、湿润和净化作用。

（三）鼻旁窦

鼻旁窦（paranasal sinuses）也称鼻窦，由骨性鼻窦衬以黏膜而成，能使空气温暖湿润，对发音起共鸣作用。

鼻窦共四对，即上颌窦、额窦、筛窦和蝶窦，分别位于同名的颅骨内并开口于鼻腔。由于鼻窦黏膜通过窦口与鼻腔黏膜相延续，故鼻腔炎症容易蔓延而导致鼻窦炎。上颌窦是鼻窦中最大的一对，开口高于窦底，故引流不畅时，炎症不易愈合。

二、咽

具体见第六章第二节。

三、喉

喉（larynx）位于颈前部中份，上借**甲状舌骨膜**与舌骨相连，下接气管，既是呼吸的管道，又是发音的器官。喉以软骨为基础，借关节、韧带和肌肉连接而成。喉位于颈前部中份，上借甲状舌骨膜与舌骨相连，下接气管，喉前面被舌骨下肌群覆盖，后紧邻咽，两侧为颈部的大血管，神经及甲状腺侧叶。喉的活动性较大，可随吞咽或发音而上下移动。

（一）喉软骨

喉软骨是构成喉的支架，包括单块的甲状软骨、环状软骨、会厌软骨和成对的杓状软骨（图7-4）。

会厌软骨

甲状软骨

环状软骨

杓状软骨

图7-4　分离的喉软骨

1. **甲状软骨**（thytoid cartilage）位于舌骨下方，是喉软骨中最大的一块，由两块甲状软骨板前角合成，成年男子表现特别显著，称**喉结**。甲状软骨板的后缘游离向上、下发出突起，称上角和下角。**上角**借韧带与舌骨大角相连，**下角**与环状软骨构成环状关节。

2. **环状软骨**（cricoid cartilage）位于甲状软骨下方，是喉软骨中唯一完整的软骨环，由前部低窄的**环状软骨弓**和后部高宽的**环状软骨板**构成，板上缘两侧有小的关节面。环状软骨弓平对第六颈椎，是颈部的重要标志之一。

3．**会厌软骨**（epiglottic cartilage）　形似树叶，上宽下窄，上端游离，下端借韧带连于甲状软骨前角的内面，会厌软骨外覆黏膜构成**会厌**。当吞咽时，喉上提，会厌盖住喉口，防止食物误入喉腔。

4．**杓状软骨**（arytenoid cartilage）　成对，位于环状软骨板上缘，形似三棱锥体，可分尖、底和二突，尖向上，底朝下，与环状软骨板上缘构成**环杓关节**。由底向前伸出的突起称**声带突**，有声韧带附着。由底向外侧伸出的突起称**肌突**，有喉肌附着。

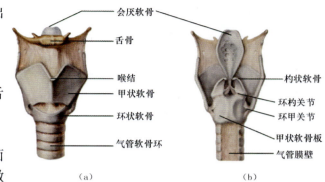

图7-5　喉的软骨及连结
（a）前面观；（b）后面观

（二）喉的连结

喉的连结包括喉软骨之间以及喉与舌骨和气管间的连结（图7-5）。

1．**环杓关节**（cricoarytenoid joint）　由杓状软骨底和环状软骨板上缘关节面构成。杓状软骨可沿此关节的垂直轴做旋转运动，使声带突向内、外侧转动，因而能缩小或开大声门裂。

2．**环甲关节**（cricothyroid joint）　由甲状软骨下角和环状软骨侧方的关节面构成。甲状软骨通过此关节在冠状轴上可做前倾和复位运动，以调节声带的紧张程度。

3．**弹性圆锥**（conus elasticus）　为圆锥形的弹性纤维膜。起自甲状软骨前角的后面，向下、向后止于环状软骨上缘和杓状软骨声带突。此膜上缘游离增厚，紧张于甲状软骨和声带突之间，称**声韧带**，声韧带和声带肌及覆盖其表面的喉黏膜构成**声带**。在甲状软骨下缘与环状软骨弓之间，弹性圆锥纤维增厚称**环甲正中韧带**。当急性喉阻塞来不及进行气管切开时，可在此做穿刺，建立临时气体通道，以抢救患者生命。

4．**甲状舌骨膜**（thyrohyoid membrane）　是连于甲状软骨上缘与舌骨之间的膜。

（三）喉肌

喉肌属横纹肌，按功能可分为两群，一群作用于环甲关节，使声带紧张或松弛；另一群作用于环杓关节，使声门裂开大或缩小。因此，喉肌的运动可控制发音的强弱和调节音调的高低。

（四）喉腔

喉腔（laryngeal cavity）上经喉口与喉咽相通，下通气管。喉腔的入口称为**喉口**（laryngeal aperture），朝向后上方，由会厌上缘、杓状会厌襞和杓间切迹围成（图7-6）。

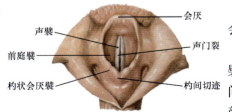

图7-6　喉口

喉腔中部的侧壁，有上、下两对呈矢状位的黏膜皱襞突入腔内。上方一对黏膜皱襞称**前庭襞**，左右前庭襞间的裂隙称**前庭裂**；下方一对黏膜皱襞称**声襞**，在活体颜色较白，比前庭襞更为突向喉腔，通常所指的**声带**是

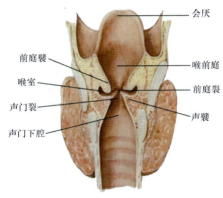

图7-7　喉冠状切面

由声襞及其襞内的声韧带和声带肌构成。左右声襞及杓状软骨基底部之间的裂隙，称**声门裂**，是喉腔最狭窄的部位（图7-7）。

喉腔借两对皱襞分为三部分：①从喉口至前庭裂平面间的部分称**喉前庭**；②前庭裂平面至声门裂平面间的部分称**喉中间腔**，是三部分中容积最狭小的部分，其向两侧突出的隐窝称**喉室**；③声门裂平面至环状软骨下缘平面之间的部分称**声门下腔**，此处黏膜下组织比较疏松，故炎症时易引起喉水肿。婴幼儿喉腔较窄小，常因喉水肿引起喉阻塞，造成呼吸困难。

四、气管与支气管

（一）气管

气管（trachea）位于食管前方，上接环状软骨，经颈部正中，下行入胸腔，在胸骨角平面（平对第4胸椎椎体下缘）分为左、右主支气管，分叉处称气管杈，在气管杈内面有一向上凸的半月状嵴，称**气管隆嵴**，是支气管镜检查的定位标志。

气管由16～20个"C"字形的气管软骨环以及连接各环之间的平滑肌和结缔组织构成（图7-8）。气管环后壁缺口由平滑肌和纤维组织膜封闭，称**膜壁**。根据气管的行程与位置可分为颈部和胸部。环状软骨可作为向下检查气管软骨环的标志，临床遇急性喉阻塞时，常在第3～5气管软骨环处进行气管切开术。

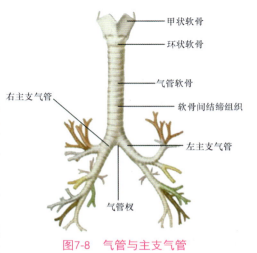

图7-8　气管与主支气管

（二）主支气管

主支气管是气管分出的一级支气管，即左、右主支气管。左主支气管细而长，平均长4～5 cm，与气管中线的延长线形成35°～36°的角，走行较倾斜，经左肺门入左肺。右主支气管粗而短，平均长2～3 cm，与气管中线的延长线形成22°～25°的角，走行较陡直，经右肺门入右肺。故临床上气管内异物多堕入右主支气管。

第二节　肺

一、肺的位置和形态

肺（lung）左、右各一，位于胸腔内，膈的上方，纵隔的两侧。右肺因受肝位置的影响，较宽短；左肺因受心偏左侧的影响，较狭长（图7-9）。

　　肺的表面有脏胸膜，光滑湿润，透过脏胸膜可见多边形的肺小叶轮廓。幼儿肺呈淡红色，随着年龄的增长，吸入空气中的尘埃沉积增多，肺的颜色逐渐变为灰暗或蓝黑色，部分可呈棕黑色斑，吸烟者尤甚。肺组织质软而轻，呈海绵状，富有弹性，内含空气，比重小于1，故浮水不沉。而未经呼吸的肺，肺内不含空气，质实而重，比重大于1，入水则沉。法医借此鉴别胎儿是生前死亡或是生后死亡。

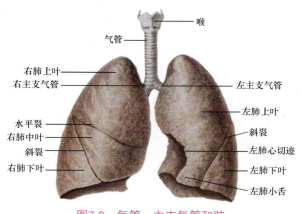

图7-9　气管、主支气管和肺

　　肺大致呈圆锥形，有一尖、一底、两面和三缘。**肺尖**呈钝圆形，向上经胸廓上口突至颈根部，高出锁骨内侧1/3上方2～3 cm。**肺底**位于膈上面，向上方凹陷，与膈的穹隆一致，故又称**膈面**。**肋面**隆凸，朝向外侧，邻接肋和肋间隙。内侧面毗邻纵隔，亦称**纵隔面**，此面中部凹陷，称**肺门**，是主支气管、肺动脉、肺静脉、淋巴管和神经等进出之处。这些结构被结缔组织包绕，构成肺根。肺的前缘薄锐，左肺前缘下部有**左肺心切迹**，切迹下方的舌状突起，称**左肺小舌**。肺的后缘圆钝。肺的下缘亦较薄锐，其位置可随呼吸上下移动。

　　左肺狭长，右肺宽短。左肺有从后上斜向前下的一条**斜裂**，将其分为上、下二叶。右肺除斜裂外，还有一条近于水平方向的水平裂，其将右肺分为上叶、中叶和下叶（图7-10）。

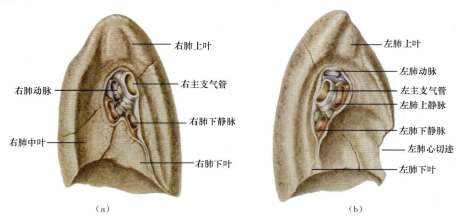

（a）　　　　　　　　　　　　（b）

图7-10　肺内侧面
（a）右肺；（b）左肺

二、肺内支气管和支气管肺段

　　左、右主支气管分为肺叶支气管，进入肺叶。肺叶支气管在肺叶内再分为肺段支气管，并在肺内反复分支，呈树枝状，称**支气管树**。每一肺段支气管及其所属的肺组织，称**支气管肺段**。各肺段呈圆锥形，其尖朝向肺门，底在肺的表面。

按照肺段支气管的分支分布，左、右肺各分为10个肺段（表7-1）。左肺上叶的尖段和后段常合为尖后段；下叶的内侧底段与前底段常合为内前底段，因此左肺也可分为8个肺段。当肺段支气管阻塞时，此段的空气进出受阻。根据这些特点，临床上可作定位诊断或做肺段切除术。

表7-1　支气管肺段

	右肺	左肺	
上叶	尖段（SⅠ） 后段（SⅡ） 前段（SⅢ）	尖段（SⅠ） 后段（SⅡ）　}尖后段（SⅠ+SⅡ） 前段（SⅢ） 上舌段（SⅣ） 下舌段（SⅤ）	
中叶	外侧段（SⅣ） 内侧段（SⅤ）		
下叶	上段（SⅥ） 内侧底段（SⅦ） 前底段（SⅧ） 外侧底段（SⅨ） 后底段（SⅩ）	上段（SⅥ） 内侧底段（SⅦ） 前底段（SⅧ）　}内前底段（SⅦ+Ⅷ） 外侧底段（SⅨ） 后底段（SⅩ）	

三、肺的血管

肺有两套血管，即功能性血管和营养性血管。

1. **功能性血管**　为肺动脉和肺静脉，参与气体交换。肺动脉自肺门进入肺后，其分支与各级支气管伴行，直至肺泡隔内形成毛细血管网。毛细血管的血液与肺泡进行气体交换后，汇入小静脉。小静脉行于肺小叶间结缔组织内，不与肺动脉的分支伴行，当汇集成较大的静脉后，才与支气管及肺动脉分支伴行，最终汇合成肺动脉。

2. **营养性血管**　为支气管动脉和支气管静脉，为肺组织供给氧气和营养物质。支气管动脉起自胸主动脉或肋间后动脉，与支气管的分支伴行，其终末支至呼吸性细支气管时，一部分毛细血管网与肺动脉的毛细血管网吻合，汇入肺静脉，另一部分则汇成支气管静脉，与支气管伴行，经肺门出肺。

第三节　胸　　膜

一、胸腔、胸膜与胸膜腔的概念

1. **胸腔**（thoracic cavity）　由胸廓与膈围成，上界为胸廓上口，与颈部通连；下界借膈与腹腔分隔。胸腔内可分为三部，即左、右两侧为胸膜和肺，中间为纵隔。

2. **胸膜**（pleura）　是一层薄而光滑的浆膜，可分为脏胸膜与壁胸膜两部分。脏胸膜紧贴肺表面，壁胸膜衬覆胸壁内面、膈上面和纵隔表面（图7-11）。

3. **胸膜腔**（pleural cavity）　是由脏胸膜与壁胸膜在肺根处相互移行形成封闭的潜在性腔隙。左右各一，互不相通，腔内呈负压，仅有少量浆液，可减少呼吸时两层胸膜间的摩擦。

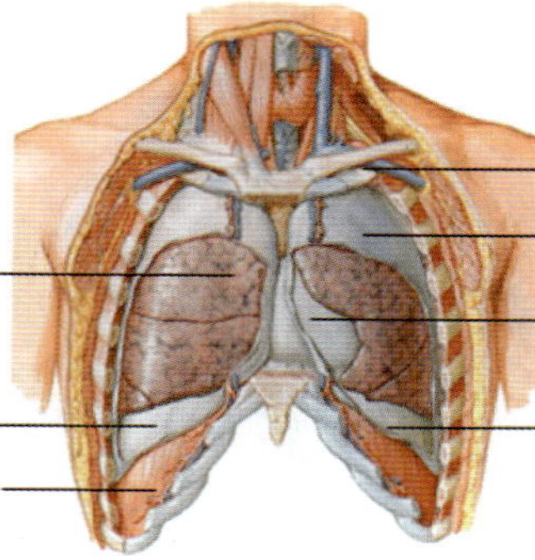

图7-11　胸膜与胸腔（前面观）

二、胸膜的分部及胸膜隐窝

（一）胸膜的分部

脏胸膜紧贴肺表面，与肺紧密结合而不能分离，并伸入肺叶间裂内。**壁胸膜**因衬覆部位不同可分为四部分：①**膈胸膜**：贴附于膈的上面，与膈紧密相连，不易剥离；②**肋胸膜**：贴附于肋骨与肋间内面，由于肋胸膜与肋骨和肋间肌之间有胸内筋膜存在，故较易剥离；③**纵隔胸膜**：贴附于纵隔的两侧面，其中部包绕肺根移行于脏胸膜，并在肺根下方前后两层重叠，连于纵隔外侧面与肺内侧面之间，称肺韧带，对肺有固定作用，也是肺手术的标志；④**胸膜顶**：突出胸廓上口，伸向颈根部，覆盖于肺尖上方，高出锁骨内侧1/3上方2～3 cm。针灸或做臂丛神经麻醉时，应注意胸膜顶的位置，勿穿破胸膜顶造成气胸。

（二）胸膜隐窝

壁胸膜相互移行转折处的胸膜腔，即使在深吸气时肺缘也不能伸入此空间，胸膜腔的这一部分称**胸膜隐窝**（pleural recess）。其中，最大最重要的胸膜隐窝在肋胸膜和膈胸膜相互转折处，称**肋膈隐窝**。肋膈隐窝是胸膜腔的最低部位，胸膜腔积液首先积聚于此处，同时其也是易发生粘连的部位。

三、胸膜与肺的体表投影

胸膜的体表投影是指壁胸膜各部互相移行形成的反折线在体表的投影位置，其标志着胸膜腔的范围。

胸膜前界即为肋胸膜和纵隔胸膜前缘之间的反折线。两侧均起自胸膜顶，向内下方经胸锁关节后方至胸骨柄后面，约在第2胸肋关节水平，左右侧靠拢并沿中线稍左垂直下行。左侧在第4胸肋关节处斜向外下，沿胸骨左缘外侧2.0～2.5 cm处下行，至第6肋软骨后方移行于返折线；右侧在第6胸肋关节处右转，移行于胸膜下返折线；由于左、右胸膜前返折线上下两端相互分开，因此在胸骨后面形成两个三角形间隙；上方的间隙称**胸腺区**，内有胸腺；下方的间隙称**心包区**，其间显露心和心包。肺的前界几乎与胸膜前界相同（图7-12）。肺尖与胸膜顶的体表投影一致，高出锁骨内侧1/3上方2～3 cm。胸膜下界是肋胸膜与膈胸膜的返折线。右侧起第6胸肋关节处，左侧起自第6肋软骨后方，两侧均斜向外下方，在锁骨中线与第8肋相交，在腋中线与第10肋相交，并转向后内侧，在肩胛线与第11肋相交，在脊柱旁平第12胸椎棘突高度。

肺下界体表投影比胸膜下界的返折线高出约两个肋骨，即在锁骨中线与第6肋相交，在腋中线与第8肋相交，在肩胛线与第10肋相交，在脊柱旁平第10胸椎棘突高度（表7-2）。

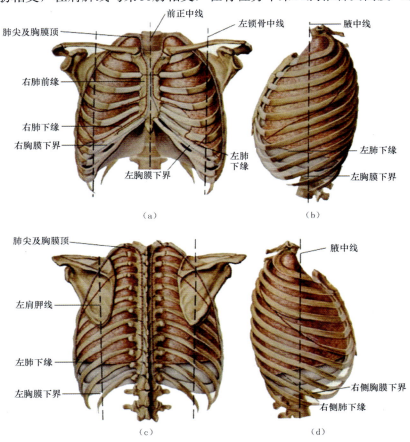

图7-12 肺和胸膜的体表投影

（a）前面观；（b）左侧观；（c）后面观；（d）右侧观

表7-2 肺和胸膜下界的体表投影

	锁骨中线	腋中线	肩胛线	后正中线
肺下界	第6肋	第8肋	第10肋	第10胸椎棘突
胸膜下界	第8肋	第10肋	第11肋	第12胸椎棘突

第四节 纵 隔

纵隔（mediastinum）是左、右侧纵隔胸膜之间全部器官、结构和结缔组织的总称。纵隔边界：前界为胸骨，后界为脊柱胸段，两侧界为纵隔胸膜，上界为胸廓上口，下界为膈。通常以胸骨角平面（平对第4胸椎椎体下缘）将纵隔分为上纵隔与下纵隔，下纵隔再以心包为界，分为前纵隔、中纵隔和后纵隔（图7-13）。

1. **上纵隔** 内有胸腺、头臂静脉、上腔静脉、膈神经、迷走神经、喉返神经、主动脉及其三条大分支以及食管、气管、胸导管和淋巴结。

2. **前纵隔** 位于胸骨与心包之间，内有胸腺下部、部分纵隔前淋巴结及疏松结缔组织。

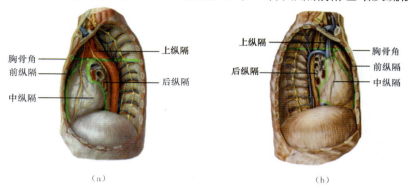

图7-13 纵隔

（a）左侧观；（b）右侧观

3. **中纵隔** 位于前、后纵隔之间，内有心包、心和大血管、膈神经、奇静脉弓、心包膈血管及淋巴结。

4. **后纵隔** 位于心包与脊柱之间，内有主支气管、食管、胸主动脉、胸导管、奇静脉、半奇静脉、迷走神经、胸交感神经干和淋巴结。

第五节 呼吸系统的微细结构

一、气管与主支气管的微细结构

气管与主支气管的管壁由内向外依次由黏膜、黏膜下层和外膜构成（图7-14）。

1. **黏膜** 由上皮和固有层构成。上皮为假复层纤毛柱状上皮，上皮内有大量的杯形细胞，固有层由富含弹性纤维的结缔组织构成，并含有小血管及散在的淋巴组织等，具有免疫防御功能。

2. **黏膜下层** 由疏松的结缔组织构成，内含有血管、淋巴管、神经和丰富的混合腺。混合腺的导管经固有层开口于上皮的游离面。混合腺和上皮中杯形细胞的分泌物，覆盖在上皮的游离面，可黏附吸入空气中的灰尘和细菌，经上皮纤毛有节律地向咽部摆动，将黏附物排除。

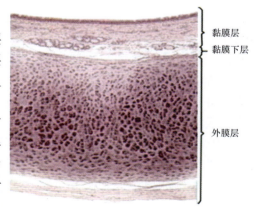

图7-14 气管的微细结构

3. **外膜** 较厚，主要由C形透明软骨和结缔组织构成，在气管软骨的缺口处，有横行的平滑肌束和结缔组织。

二、肺的微细结构

肺的表面包有一层浆膜。肺组织分为实质和间质两部分。肺实质即肺内的各级支气管及肺泡。间质则是指肺内的结缔组织、血管、淋巴管及神经等。肺实质根据其功能不同又分为导气部和呼吸部两部分。

1. 导气部　是肺内传送气体的管道。它包括终末细支气管以前的所有肺叶支气管的各级分支，此部只能传送气体，不能进行气体交换。

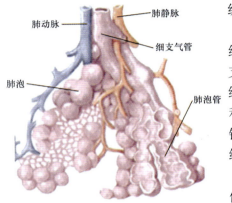

图7-15　肺小叶示意图

随着肺段支气管在肺内继续逐级分支，管径愈来愈细，当管径小于1 mm时，称为**细支气管**。细支气管的分支，称为终末细支气管（管径小于0.5 mm），后者仍连续不断地分支，直至肺泡。每条细支气管连同其各级分支和所属的肺泡共同构成一个**肺小叶**（图7-15）。肺小叶呈锥形，尖朝向肺门，底朝向肺表面，小叶的周围有少量结缔组织包绕。

导气部各级支气管的微细结构与主支气管基本相似，但随着分支的变细，管壁逐渐变薄，其微细结构也发生了相应变化，变化的主要特点有：①黏膜逐渐变薄，上皮由假复层纤毛柱状上皮逐渐变为单层纤毛柱状上皮或单层柱状上皮，杯形细胞逐渐减少，最后消失；②黏膜下层的腺体逐渐减少，最后消失；③外膜中的软骨也随之变为软骨碎片，减少乃至消失；平滑肌相对增多，最后形成完整的环形肌层。至终末细支气管，上皮已移行为单层柱状上皮，杯形细胞、腺和软骨均消失，平滑肌已成为完整的环形层。因此，平滑肌的收缩与舒张，可直接控制管腔的大小，从而影响出肺泡的气体量，如果细支气管的平滑肌发生痉挛性收缩，则可使管腔持续狭窄，并造成呼吸困难，临床上称为支气管哮喘。

2. 呼吸部　是进行气体交换的部分。呼吸部包括呼吸性细支气管、肺泡管和肺泡等（图7-16）。

（1）**呼吸性细支气管**：为终末细支气管的分支，管壁连有少量肺泡，故壁不完整，管壁内面

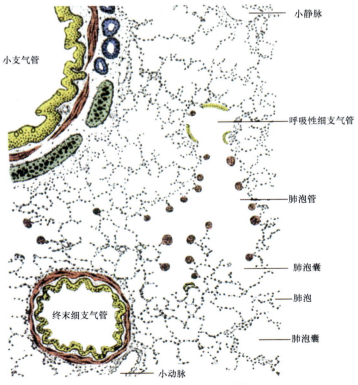

图7-16　肺呼吸部组织结构

衬以单层立方上皮，其外围有少量结缔组织和平滑肌。

（2）**肺泡管**：为呼吸性细支气管的分支，管壁连有许多肺泡，因此，壁自身的机构甚少，只存在于相邻肺泡开口处之间，在切片中呈结节状。

（3）**肺泡**（alveoli）：呈多面形囊泡状，壁极薄，由肺泡上皮与基膜构成。其一侧开口于肺泡管或呼吸性细支气管，是进行气体交换的场所。

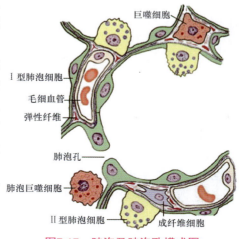

肺泡上皮为单层上皮，由两种类型的细胞构成（图7-17）：①**Ⅰ型肺泡细胞**，为扁平细胞，数量多，能构成广阔的气体交换面；②**Ⅱ型肺泡细胞**，立方形，数量少，夹在Ⅰ型细胞之间，能分泌磷脂类物质（表面活性物质），释放于肺泡上皮的内表面，可降低肺泡表面张力（即回缩力），并调节肺泡的大小。

肺泡之间的薄层结缔组织，称**肺泡隔**，内含稠密的毛细血管网、大量的弹性纤维和散在的肺泡巨噬细胞。由于毛细血管和肺泡上皮紧密相贴，因此肺泡中的气体与毛细血管中的血液之间的隔膜很薄。**血-气屏障**主要由肺泡上皮和肺泡上皮的基膜、毛细血管内皮的基膜和内皮等四层组成，是毛细血管内血液和肺泡内气体进行交换所通过的结构。弹性纤维使吸气时扩大的肺泡在呼气时有良好的回缩力。肺泡巨噬细胞的形态不规则，体积较大，具有吞噬细菌和异物的能力。吞噬了灰尘颗粒的肺泡巨噬细胞，称为尘细胞。

图7-17 肺泡及肺泡孔模式图

思考题

1. 各鼻旁窦分别开口于何处？在慢性鼻窦炎中，为什么以慢性上颌窦炎最为常见？
2. 左右主支气管各有何特点？气管异物易坠入哪一侧？
3. 试述左、右肺的形态差别。

第八章 泌尿系统

学习目标

掌握

1．泌尿系统的组成和功能，肾的形态、位置和被膜，输尿管的形态、分部和狭窄，膀胱三角的位置及其黏膜特点。

2．肾单位的结构和功能，肾球旁复合体的结构和功能。

熟悉

1．肾的构造，输尿管的行程。

2．膀胱的形态和膀胱壁的构造。

了解

1．肾盂、肾盏、输尿管和膀胱的一般结构。

2．集合小管、乳头管的分布及结构，肾血循环的特点。

泌尿系统（urinary system）由肾、输尿管、膀胱及尿道组成（图8-1）。其主要功能是排出机体新陈代谢中所产生的废物和多余的水，保持机体内环境的平衡和稳定。此外，肾还有内分泌功能，能产生对血压有重要影响的肾素（renin）等物质。肾衰竭和尿毒症是严重危害人体健康的疾病，目前认为肾移植是肾衰竭末期最后的疗法，由于免疫抑制药理学的发展和手术技术的进步，已使肾移植手术的术后5年存活率达70%。

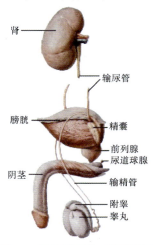

图8-1　男性泌尿生殖系统概观

第一节 肾

肾（kidney）是人体新陈代谢过程中的主要排泄器官，它以形成尿液的方式排出机体各种水溶性的代谢产物，同时对维持机体水盐代谢、渗透压、酸碱平衡起重要作用。

一、肾的形态

肾形似"蚕豆"，呈红褐色，是成对的实质性器官，表面光滑，质地脆软。肾的大小因人而异，成年男性单肾平均约长10 cm，宽5 cm，厚4 cm，重130～150 g，左肾略重于右肾，女性肾略小于男性。

肾可分为上、下两端，前、后两面和内、外两缘（图8-2）。上端宽而薄，下端窄而厚。前面较隆突，朝向前外侧；后面较平坦紧贴腹后壁。外侧缘隆突，内侧缘中部凹陷，称**肾门**（renal hilum），肾的血管、淋巴管、神经及肾盂由此出入肾。出入肾门的这些结构被结缔组织包裹在一起，称**肾蒂**（renal pedicle），肾蒂中主要结构的排列，由前向后依次为肾静脉、肾动脉和肾盂；自上而下依次为肾动脉、肾静脉和肾盂。肾门向肾实质内凹陷形成的腔隙称**肾窦**（renal sinus），其内容有肾血管、肾小盏、肾大盏、肾盂、神经、淋巴管及脂肪组织等。

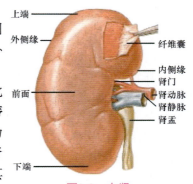

图8-2 右肾

二、肾的位置与毗邻

1. 位置 肾位于脊柱两侧，腹膜后间隙内，属腹膜外位器官（图8-3和图8-4）。肾的长轴向外下方倾斜。因受肝的影响，右肾比左肾低半个椎体。左肾上端平第11胸椎下缘，下端平第2腰椎下缘，第12肋横过其后面中部；右肾上端平第12胸椎上缘，下端平第3腰椎上缘，第12肋横过其后面上部。肾门约平第一腰椎。

在腰背部，肾门的体表投影点在竖脊肌外缘与第12肋的夹角处，称**肾区**（renal region）。肾病患者触压和叩击该处可引起疼痛。肾的位置存在个体差异，一般女性略低于男性，儿童低于成人，新生儿的肾位置更低，有时下端可达髂嵴附近。

2. 毗邻 肾的上方借疏松结缔组织和肾上腺相邻。两肾的内下方为肾盂和输尿管。左肾的内侧邻腹主动脉，右肾的内侧贴近下腔静脉，右肾患炎症

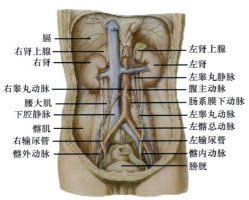

图8-3 肾与输尿管的位置

或肿瘤时常累及下腔静脉。肾的后面第12肋以上与膈相贴（图8-4和图8-5）。第12肋以下与腰大肌、腰方肌、腹横肌及其周围的神经相邻。肾周围发生炎症和脓肿时，可刺激腰大肌产生痉挛并引起患侧下肢屈曲。

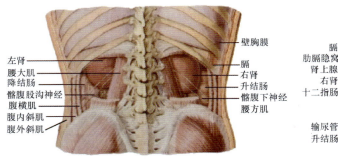

图8-4　肾的毗邻（后面观）

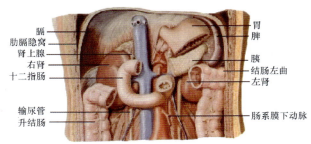

图8-5　肾的毗邻（前面观）

三、肾的结构

在肾的冠状切面上，可将肾分为肾皮质和肾髓质两部分（图8-6）。

1. **肾皮质**（renal cortex）　主要位于肾的浅层，富含血管，新鲜标本呈红褐色。由肾小体和肾小管为主体结构组成，肉眼可见密布的红色点状颗粒为肾小体。肾皮质深入肾髓质的部分称**肾柱**（renal column）。

2. **肾髓质**（renal medulla）　位于肾皮质深部，血管较少，色淡，由许多密集的肾小管组成。肾髓质形成15～20个**肾锥体**，肾锥体的基底朝向皮质，尖端圆钝，朝向肾窦，并突入到肾小盏内，称**肾乳头**，肾乳头上有10～30个**乳头孔**，肾生成的尿液经乳头孔流入肾小盏内。**肾小盏**是漏斗状的膜管，紧包肾乳头，有时一个肾小盏可包绕2～3个肾乳头，因此肾小盏的数目比肾乳头少。2～3个肾小盏汇合成一个**肾大盏**，每个肾有2～3个肾大盏，肾大盏再汇合成一个前后扁平的漏斗状的**肾盂**，肾盂出肾门后，弯行向下，逐渐变细移行为输尿管。

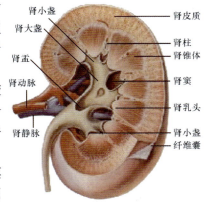

图8-6　肾的冠状切面

四、肾的被膜

肾的被膜有三层，由内向外依次为纤维囊、脂肪囊和肾筋膜（图8-7）。

1. **纤维囊**（fibrous capsule）　为坚韧而致密的、包裹于肾实质表面的薄层结缔组织膜，由致密结缔组织和弹性纤维构成。正常情况下其与肾实质连接疏松，易于剥离，但在病理情况下，常与肾实质粘连，且剥离困难。在肾破裂或肾部分切除时应缝合此膜。

2. **脂肪囊**（adipose capsule）　又称**肾床**，是位于肾纤维囊外周的脂肪组织，在肾的边缘部和下端较为丰富。脂肪经肾门深入肾窦内，填充于各管道结构和神经之间。临床上做肾囊封闭，就是经肾区穿过腰部层次将药物注入肾脂肪囊内。

3. 肾筋膜（renal fascia）

位于脂肪囊的外面，包绕于肾和肾上腺的周围。肾筋膜分为前面的肾前筋膜和后面的肾后筋膜，二者在肾上腺的上方和肾的外侧缘相互融合，而在肾的下方两层分开，其间有输尿管通过。

肾的正常位置除主要靠肾的被膜固定外，肾血管、腹膜、腹内压及邻近器官的承托等也起一定作用。

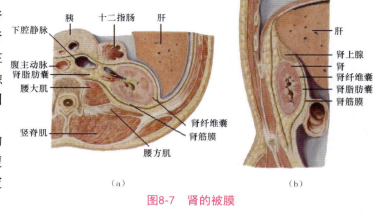

图8-7　肾的被膜
（a）横切；（b）纵切

五、肾的血管与肾段

肾动脉（renal artery）约在第二腰椎高度，起自腹主动脉的侧壁，在进入肾门之前，通常先分为前、后两支，再进入肾窦内，分别走行在肾盂的前、后方。由前、后支再分出5支呈节段性的**肾段动脉**（segmental artery）。每支肾段动脉所分布的肾实质区域为一个**肾段**（renal segment）。每个肾分为5个肾段，即上段、上前段、下前段、下段和后段（图8-8）。各肾段由其同名动脉供应，各肾段间有少血管的段间组织分隔，称**乏血管带**，各段动脉分支间没有吻合，当某一肾段动脉阻塞时，它所供应的肾段即可发生坏死。肾内静脉无一定节段性，相互之间有丰富的吻合支。这一解剖特点对临床肾血管造影及肾部分切除术有着重要的意义。

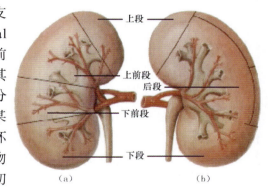

图8-8　肾段动脉和肾段（右肾）
（a）前面观；（b）后面观

第二节　输　尿　管

输尿管（ureter）是成对的、位于腹膜外位的肌性管道（图8-1和图8-3）。起于肾盂，终于膀胱，左右各一，是一对细长的肌性管道，全长20～30 cm，管径为0.5～1.0 cm，最窄处口径只有0.2～0.3 cm。管壁有较厚的平滑肌层，可进行节律性的蠕动，以促使尿液流入膀胱。

一、输尿管的分部

输尿管的全长分为腹部、盆部和壁内部三个部分。

1. 腹部　起于肾盂，沿腰大肌表面下降，至小骨盆上口处，输尿管分别跨过左髂总动脉的末端和右髂外动脉起始部的前面，进入盆腔移行为盆部。

2．**盆部**　较腹部短，先沿盆侧壁向后下行，至坐骨棘平面处，转向前内方，再经盆底上方的结缔组织穿入膀胱底的外上角。在其末端前方，男性有输精管绕过此部；女性在距子宫颈外侧2 cm处，有子宫动脉跨过输尿管的前方，因此在做子宫动脉结扎时，切勿伤及输尿管。

3．**壁内部**　为输尿管斜穿膀胱壁的部分，长1.5～2.0 cm，以**输尿管口**开口于膀胱内面。当膀胱充盈时，膀胱内压增高，压迫壁内部，使管腔闭合，起到瓣膜的作用，可阻止尿液逆流。由于输尿管的蠕动，尿液仍可不断地进入膀胱。

二、输尿管的狭窄部位

输尿管全程有3处狭窄。

1．**上狭窄**　位于肾盂与输尿管移行处。

2．**中狭窄**　位于骨盆上口，输尿管跨过髂血管处。

3．**下狭窄**　在输尿管的壁内部。

狭窄处口径只有0.2～0.3 cm。这三个狭窄常是输尿管结石易嵌顿之处。

第三节　膀　胱

膀胱（uninary bladder）是一个肌性囊状的贮尿器官（图8-1）。膀胱的形状、大小、位置及壁的厚薄均随尿液的充盈程度、年龄、性别不同而异。正常成人膀胱的平均容量为300～500 mL，最大容量可达800 mL。新生儿膀胱的容量约为成人的1/10。老年人由于肌的紧张力降低，容积增大。女性膀胱容量较男性稍小。

一、膀胱的形态

膀胱充盈时略呈卵圆形，膀胱空虚时呈三棱锥体形，可分为尖、底、体、颈四部（图8-9和图8-10）。其尖朝向前上方，称**膀胱尖**（apex vesicae）；底近似三角形，朝向后下方，称**膀胱底**（fundus vesicae）；膀胱底与膀胱尖之间的部分称**膀胱体**（coxpus vesicae）；膀胱的最下部称**膀胱颈**（cervix vesicae）。颈的下端有**尿道内口**与尿道相接。膀胱各部之间无明显界限。

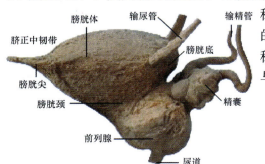

图8-9　男性膀胱侧面观

二、膀胱的位置与毗邻

成人的膀胱位于盆腔的前部、耻骨联合的后方。膀胱的上面完全盖以腹膜。后方在男性邻精囊腺、输精管壶腹和直肠，在女性邻子宫和阴道。膀胱的下方，在男性邻接前列腺（图8-9），在女性邻接尿生殖膈。膀胱空虚时，膀胱尖不超过耻骨联合上缘，充盈时可超过此界，甚至与腹前壁下部接触，此时，可在耻骨联合上方行膀胱穿刺术，因不经过腹膜腔，不会伤及腹膜和污染腹膜腔。

新生儿膀胱的位置高于成年人，尿道内口在耻骨联合上缘水平。老年人因盆底肌的松弛，膀胱的位置则更低。

三、膀胱壁的构造

膀胱内面被覆黏膜，当膀胱空虚时膀胱壁收缩，黏膜聚集成皱襞称**膀胱襞**，当膀胱充盈时皱襞则消失。膀胱底的内面，位于两输尿管口与尿道内口之间的三角形区域，黏膜光滑无皱襞，称**膀胱三角**（trigone of bladder）（图8-10）。由于此区缺少黏膜下层，黏膜与肌层紧密相连，因此无论膀胱处于空虚还是充盈时，黏膜始终保持平滑状态。膀胱三角是肿瘤、结核和炎症的好发部位。两输尿管口之间的横行皱襞，称**输尿管间襞**（interureteric fold），呈苍白色膀胱镜检时，是寻找输尿管口的标志。

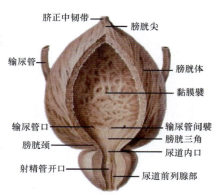

图8-10 男性膀胱内面观

第四节 尿 道

男、女**尿道**（urethra）的构造和功能不完全相同。男性尿道除有排尿功能外，兼有排精功能，故在生殖系统中叙述。

女性尿道为一条独立的肌性管道，长3～5 cm，直径约0.6 cm。富有扩张性，起自尿道内口，在耻骨联合与阴道之间斜向下行，穿过尿生殖膈以**尿道外口**开口于阴道前庭。尿道穿过尿生殖膈时，周围有尿道**阴道括约肌**环绕，可控制排尿。由于女性尿道较男性尿道短、宽、直，且尿道外口隐蔽，故易引起逆行性尿路感染。

第五节 泌尿系统的微细结构

一、肾的微细结构

肾实质主要由大量的**泌尿小管**（uriniferous tubule）和泌尿小管间的肾间质组成。

泌尿小管由肾单位和集合管组成（图8-11），其间有少量结缔组织、血管和神经等构成肾间质。

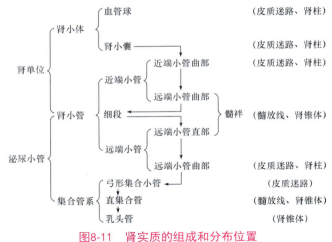

图8-11　肾实质的组成和分布位置

（一）肾单位

肾单位（nephron）是肾尿液形成的结构和功能单位，由肾小体和肾小管两部分组成，每个肾有100万个以上的肾单位，它们与集合管系共同行使泌尿功能。

肾小体位于皮质迷路和肾柱内，为肾单位起始端膨大的小球。肾小管细而弯曲，分为近端小管、细段和远端小管。近端小管和远端小管又分为曲部和直部。近端小管曲部在肾小体附近蟠曲走行后，进入**髓放线**直行向下形成近端

小管直部。随后管径变细，形成细段。细段返折上行之后管径增粗，形成远端小管直部。近端小管直部、细段和远端小管直部三者构成"U"型的**髓袢**（medullary loop）。远端小管直部离开髓放线后，又蟠曲行走于肾小体周围，形成远端小管曲部，最后汇入集合管（图8-12）。

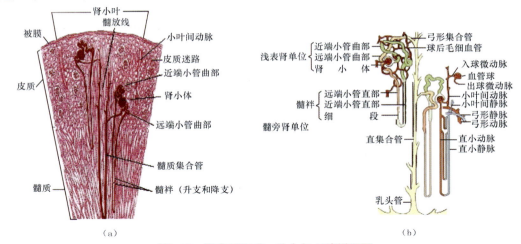

图8-12　肾实质组成、分布与血液循环图

（a）肾实质组成及其肾内分布示意图；（b）肾实质组成与血液循环示意图

根据肾小体在皮质中的位置，可将肾单位分为两种：**浅表肾单位**和**髓旁肾单位**。前者位于皮质浅部且肾小体数量多（占肾单位总数的85%），体积小，髓袢短，在尿液滤过中起重要作用；后者位于皮质深部靠近髓质，肾小体数量少（占肾单位总数的15%），体积大，髓袢长，对尿液浓缩具有重要的生理意义。

1. **肾小体**（renal corpuscle）　呈球形，又称**肾小球**，由血管球和肾小囊组成。肾小体有两极，有微动脉出入的一端为**血管极**，与近端小管曲部相连的一端为**尿极**。

（1）**血管球**（glolnemlus）：为一团蟠曲成球状的动脉性毛细血管（图8-12和图8-13）。**入球微动脉**从血管极进入肾小囊内，分支形成网状毛细血管袢，后汇集成**出球微动脉**，经血管极离开肾小体。在光镜下，入球微动脉管径较出球微动脉粗，毛细血管之间有**血管系膜**支撑。在电镜下，毛细血管为有孔型，通透性较大，有利于血液中小分子物质滤过。

毛细血管内皮外大多有基膜包绕，但面向血管系膜处无基膜。

血管系膜（mesangium）又称**球内系膜**，连接于血管球毛细血管之间，主要由球内系膜细胞和系膜基质组成。**球内系膜细胞**（intraglomerular mesangial cell）形态不规则（图8-14），其细长的突起可伸至血管球内皮与基膜之间，细胞器比较发达。**系膜细胞**能合成基膜与基质，能吞噬与清除沉积在基膜上的免疫复合物，并参与基膜的更新与修复。**系膜基质**在血管球内起支持和通透作用。

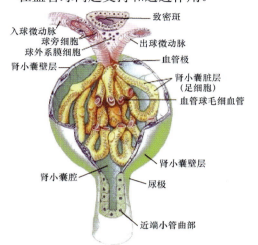

图8-13　肾小体和球旁复合体立体模式图

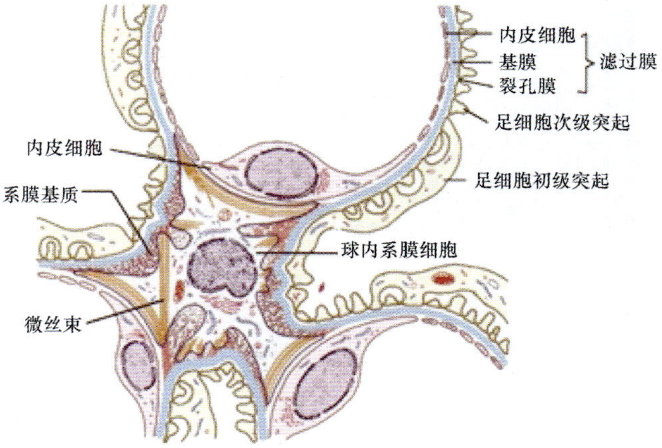

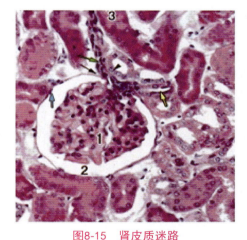

图8-14　肾小体毛细血管、基膜和球内系膜细胞模式图

（2）**肾小囊**（renal capsule）：是肾小管起始端膨大并凹陷而成的双层囊杯状结构（图8-13和图8-15），分**壁层**和**脏层**，两层上皮之间的腔隙为**肾小囊腔**。壁层为单层扁平上皮，在尿极处与近曲小管上皮相延续，在血管极处返折为肾小囊脏层。脏层由一层多突起的**足细胞**构成，足细胞胞体发出数个较大的**初级突起**，初级突起再发出许多细指状的**次级突起**，相邻的次级突起互相嵌合成栅栏状并包绕于毛细血管基膜外。次级突起间有狭窄裂隙，称**裂孔**（slit pore），裂孔上覆以**裂孔膜**（slit membrane）（图8-16），突起内含较多微丝，微丝收缩可使突起活动，从而改变裂孔的宽度。

滤过屏障（filtration barrier）是血管球毛细血管内的血浆成分滤入肾小囊必须经过的屏障结构。当血液流经血管球毛细血管时，血浆内小分子物质经有孔内皮、基膜和足细胞裂孔膜滤入肾小囊腔，这三层结构称滤过屏障，又称**滤过膜**（filtration membrane）。滤入肾小囊腔的滤液，称**原尿**，其成分与血浆相似。滤过膜对血浆成分具有选择性的通透作用。一般认为，分子量小于7万、直径小于4 mm且带正电荷的物质易于通过滤过膜。若滤过膜受损，会出现蛋白尿或血尿。

图8-15　肾皮质迷路

1—血管球；2—肾小囊腔；3—近曲小管

⬆—肾小囊壁层；↑—血管极；⬆—入球微动脉；

⬆—出球微动脉

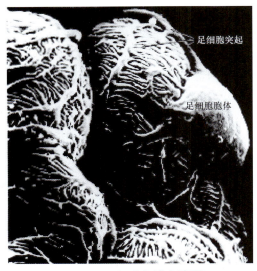

图8-16 足细胞扫描电镜图

2. **肾小管** 由单层上皮组成，有重吸收原尿中的某些成分和排泄等作用，分为近端小管、细部、远端小管三段。

（1）**近端小管**（proximal tubule）：是肾小管中最长最粗的一段，占肾小管总长的一半，分为**近端小管曲部**（近曲小管）和**近端小管直部**两段。

近曲小管（proximal convoluted tubule）位于皮质，起始于肾小体尿极，蟠曲行走在所属的肾小体附近，而后进入髓放线。光镜下，其管壁由单层立方或锥形细胞围成，细胞分界不清，胞体较大，核圆，位于细胞基底部，胞质强嗜酸性（图8-17）。细胞游离面有**刷状缘**（brush border），基底面有**基底纵纹**。电镜下，可见细胞的侧面有众多的**侧突**（图8-18）；细胞游离面有长而密集的微绒毛，构成光镜下的刷状缘，扩大了细胞表面积，有利于重吸收；细胞基底面有发达的质膜内褶，其间有许多线粒体，形成光镜下的纵纹。

近端小管的功能主要是重吸收，原尿中几乎所有葡萄糖、氨基酸、蛋白质以及大部分水、离子和尿素等均在此重吸收。此外，近端小管还能分泌氢离子、氨、肌酐和马尿酸等代谢产物，能运转和排除血液中的酚红和青霉素等药物。

（2）**细段**（thin segment）：位于髓放线和肾锥体内。光镜下，其管径细，管壁薄，为单层扁平上皮（图8-17），有利于水

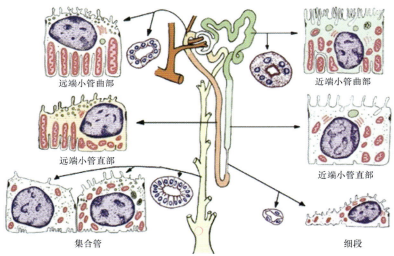

图8-17 泌尿小管各段上皮结构模式图

和离子的通透。

（3）**远端小管**（distal tubule）：经肾锥体上行至皮质，是髓袢升支的重要组成部分，分为**远端小管直部**和**远端小管曲部**（远曲小管）两段。

远端小管曲部的管腔大而规则，管壁为单层立方形上皮（图8-17），细胞较小，界限清楚，着色浅，核圆形，位于中央，无刷状缘，纵纹较明显。在电镜下，细胞游离面微绒毛少而短小，基

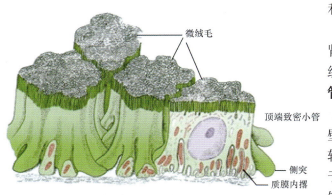

图8-18 近端小管上皮细胞超微结构立体模式图

底部质膜内褶发达。

远端小管是离子交换的重要部位，细胞有吸收水、Na^+和排出K^+、H^+、NH_4^+等功能，对维持体液的酸碱平衡发挥着重要作用。醛固酮能促进上皮吸Na^+排K^+；抗利尿激素能促进上皮重吸收水分，使尿液浓缩。

（二）集合管

集合管长20～38 mm，分弓形集合小管、直集合管和乳头管3段（图8-12）。弓形集合小管较短，位于皮质迷路和肾柱内，一端与远曲小管相接，另一端呈弓形进入髓放线，与直集合管相连。**直集合管**在髓放线下行至肾乳头处改称**乳头管**，开口于肾小盏。集合管管径由细变粗，管壁上皮由单层立方逐渐变为高柱状，上皮细胞胞质淡而清亮，细胞分界清楚，核圆居中，着色较深（图8-19）。

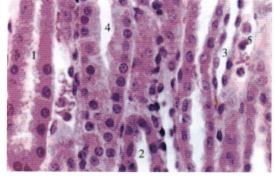

图8-19　肾髓质

1—近直小管；2—远直小管；3—细段；

4—直集合管；5—毛细血管

成人两侧肾一昼夜可形成原尿约180 L，经过肾小管各段和集合管后，绝大部分水、营养物质和无机盐被重吸收入血，最后浓缩的液体称**终尿**，每天有1～2 L，仅占原尿的1％左右。

（三）球旁复合体

球旁复合体（juxtaglomerular complex）也称**肾小球旁器**，位于肾小体血管极，主要由球旁细胞、致密斑和球外系膜细胞组成（图8-13和图8-15）。

1．**球旁细胞**（juxtaglomerular cell）　肾小体血管极处的入球微动脉管壁上平滑肌细胞转变成上皮样细胞，称球旁细胞。细胞体积较大，立方形，核大而圆，胞质呈弱嗜碱性，内有分泌颗粒，其内含肾素（renin），可使血管平滑肌收缩，血压升高。

2．**致密斑**（macula densa）　远端小管靠近肾小体血管极侧的上皮细胞增高、变窄，形成一椭圆形细胞密集区，称致密斑。该处上皮细胞呈柱状，胞质淡，核椭圆形，排列紧密，位于近细胞顶部。致密斑是一种**离子感受器**，能感受远端小管内滤液的Na^+浓度变化。当滤液内Na^+浓度降低时，可将信息传递给球旁细胞，促进球旁细胞分泌肾素，从而增强远端小管和集合管对Na^+的重吸收。

3．**球外系膜细胞**（extraglomerular mesangial cell）　位于**球外系膜**内，其细胞形态结构与球内细胞相似；与球内系膜细胞和球旁细胞之间有缝管连接，在球旁复合体的功能活动中起传递信息的作用。

（四）肾间质

肾间质为肾内的结缔组织、血管和神经等。结缔组织内有一种特殊的**间质细胞**（interstitial cell），该细胞能分泌**髓脂Ⅰ**（medullipin-Ⅰ），经肝转化为**髓脂Ⅱ**后，有降低血压的作用。

（五）肾的血液循环特点

肾的血液循环与肾功能密切相关，它有如下特点：①肾动脉来自腹主动脉，压力高，流量大，约占心输出量的1/4。②90％的血液供应皮质，进入肾小体后被滤过。③入球微动脉较出球微动脉粗，使血管球内的压力较高，有利于滤过。④两次形成毛细血管网，即血管球和**球后毛细血管网**。由于血液流经血管球时大量水分被滤出，因此，球后毛细血管内血液的胶体渗透压较高，有利于肾小管上皮细胞的重吸收和尿液浓缩。⑤髓质内的直小血管与髓袢伴行，有利于肾小管和集合管的重吸收和尿液的浓缩。

二、膀胱的微细结构

膀胱（urinary bladder）是储存尿液的囊状肌性器官，膀胱壁分为黏膜层、肌层和外膜三层。

1. **黏膜层**　黏膜上皮为变移上皮。膀胱空虚时较厚，有8～10层细胞，表层盖细胞大，呈矩形；膀胱充盈时上皮变薄，仅3～4层细胞，盖细胞也变扁。在电镜下，盖细胞游离面质膜有内褶和囊泡，膀胱充盈时内褶可展开拉平；细胞近游离面的胞质较为浓密，可防止尿液的侵蚀。固有层含较多弹性纤维，除膀胱三角区外，其他部位的固有层近肌层的部分含纤维少，结构疏松。

2. **肌层**　肌层厚，由内纵、中环、外纵三层平滑肌组成，各层肌纤维相互交错，分界不清。环行肌在尿道内口处增厚为括约肌。

3. **外膜**　外膜除膀胱顶部为浆膜外，多为疏松结缔组织。

思考题

1. 出入肾门的主要结构是什么？
2. 在肾的冠状切面上可见到的结构有哪些？
3. 试述输尿管的分部和狭窄部位。
4. 说明膀胱的位置及后方的毗邻。
5. 说明膀胱三角的位置、构成、结构特点及临床意义。
6. 试述男性尿液的产生及排出的解剖途径。
7. 成年男性患者，突发肾区剧烈疼痛并向腰背部和腹股沟区放射，医生在叩击其腰部时有疼痛感觉，B超检查报告为泌尿系统结石。

（1）医生叩击患者腰部何区域？
（2）在做B超时应特别注意肾、输尿管和膀胱的什么部位？
（3）若结石位于肾盂内，经排石治疗后，结石可经何途径排出体外？

第九章　男性生殖系统

学习目标

掌握

1. 男性生殖系统的组成。
2. 睾丸的位置、形态和结构。
3. 输精管的形态特点、行程，射精管的形成、穿过的结构和开口部位。
4. 男性尿道的分部、三处狭窄、三处扩大和两个弯曲的部位及临床意义。
5. 精子的形成过程、血睾屏障的结构及功能。

熟悉

1. 输精管结扎术常采用的部位。
2. 精索的位置与组成。
3. 生殖管道和附属腺的位置、功能。
4. 阴囊的位置、构造及功能。
5. 支持细胞及睾丸间质细胞的结构特点。

了解

1. 精囊腺的位置、形态、功能及其与输精管的关系。
2. 附睾与输精管的微细结构。
3. 前列腺的结构及功能。

第一节　男性生殖器

男性生殖系统（male genital system）由内生殖器和外生殖器两部分组成。内生殖器包括睾丸、附睾、输精管、射精管、尿道、精囊、前列腺和尿道球腺（图9-1）。其中，睾丸具有产生精子和分泌雄激素的功能。睾丸产生的精子运至附睾内贮存，并进一步成熟，射精时经输精管、射精管和尿道排出体外。精囊、前列腺和尿道球腺合称附属腺，其分泌物参与精液的构成。外生殖器包括阴囊和阴茎，

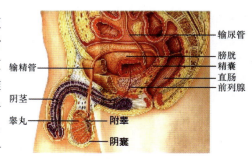

图9-1　男性生殖系统模式图

前者容纳睾丸和附睾，后者是男性的性交器官。

一、睾丸

睾丸（testis）是男性的生殖腺，能产生男性生殖细胞并分泌男性激素。睾丸借精索悬于阴囊内，左右各一。它呈扁椭圆形，表面光滑，前缘和下端游离，后缘与附睾相邻。其上部是血管、神经、淋巴管进出睾丸的部位（图9-2）。

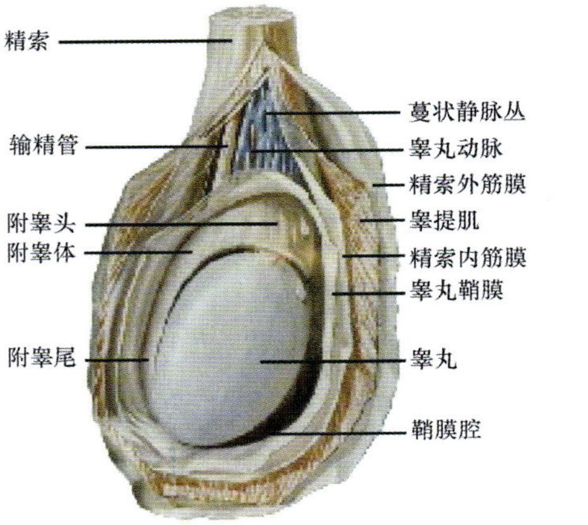

二、附睾

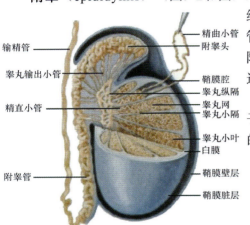

图9-2 右侧睾丸、附睾及被膜

附睾（epididymis）（图9-2和图9-3）紧贴于睾丸的上端和后缘。其上部膨大，下部狭细，分头、体、尾三部。**附睾头**由十多条睾丸输出小管蟠曲而成。输出小管的末端汇合成一条附睾管。附睾管迂回盘曲而成**附睾体**和**附睾尾**。管的末端续连输精管。

附睾是精子的主要贮藏库，其分泌物可供给精子营养，还可促进精子继续分化成熟，使之具有受精的能力。

图9-3 睾丸的结构

三、输精管与射精管

1. **输精管**（ductus deferens） 与附睾管直接连接，自附睾尾急转向上，随精索经腹股沟管入盆腔，至膀胱底的后方与精囊排泄管合成射精管。输精管管壁较厚，大部分管腔细小，其末端呈梭形膨大，称**输精管壶腹**（图9-4）。输精管在阴囊的根部、睾丸的后上方，位置表浅，活体触摸呈条索状，此处为临床上男性结扎常选的部位。

2. **射精管**（ejaculatory duct） 是由精囊排泄管与输精管末端汇合而成的细管，穿前列腺实质，开口于尿道的前列腺部。

3. **精索**（spermatic cord） 为一对圆索状结构，由被膜包绕进出睾丸的血管、淋巴管、神经、输精管等组成。起自腹股沟管腹环，向内下方斜贯腹股沟管，经皮下环终于睾丸后缘。自皮下环以下，精索表面包有三层被膜，它们从外向内依次是精索外筋膜、睾提肌和精索内筋膜。

四、附属腺

男性生殖器的附属腺有精囊、前列腺和尿道球腺（图9-4）。

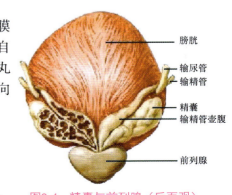

图9-4 精囊与前列腺（后面观）

1．精囊（seminal vesicle）　又称**精囊腺**，位于膀胱底后方及输精管壶腹的外侧，为一对长椭圆形的囊状器官。表面凹凸不平，上端游离，下端细直且与输精管末端汇合成射精管。精囊腺分泌弱碱性的黄色黏稠液体，其含丰富的果糖和前列腺素的成分，具有营养精子和稀释精子的功能。

2．**前列腺**（prostate）　为一实质性器官，位于膀胱颈与尿生殖膈之间，内有尿道和

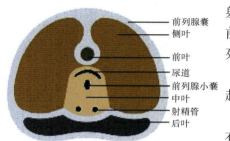

前列腺囊
侧叶
前叶
尿道
前列腺小囊
中叶
射精管
后叶

图9-5　前列腺分叶

射精管穿过。前列腺呈栗子状，上端宽大、下端尖细，前面凸隆、后面平坦。其后面正中线上有一浅纵沟。前列腺一般分为五叶，即前叶、中叶、后叶及左右两侧叶（图9-5）。中叶和两侧叶增生肥大时，可压迫尿道，引起尿潴留。

前列腺由腺组织、平滑肌和结缔组织构成。表面包有坚韧的前列腺囊。前列腺的排泄管开口于尿道前列腺部。其分泌物呈碱性、乳白色，有特殊臭味，含核酸、柠檬酸、卵磷脂和前列腺素等成分，有营养精子和增加精子活动的作用。

3．**尿道球腺**（bulbourethral gland）　约豌豆大小，位于尿生殖膈内和尿道膜部的两侧，以细小的排泄管开口于尿道球部。其分泌物也参与精液的组成，有刺激精子活动的作用。

精液由输精管道各部和附属腺体的分泌物及精子共同组成，呈乳白色，稍具碱性。一次射精量2～5 mL，含精子3亿～5亿个。在精液中，精子可利用其果糖进行无氧代谢，产生乳酸。精液中还含有大量的透明质酸酶，该酶在受精时起到重要的作用。

五、阴囊与阴茎

1．**阴囊**（scrotum）　是一个从腹前壁下部突出的由松弛的皮肤和浅筋膜构成的下垂囊袋，位于阴茎的后下方。其皮肤菲薄，有色素沉着，皱襞多，极富伸缩性。阴囊皮肤在正中线上有一条纵行的正中缝，称**阴囊缝**。浅筋膜内不含脂肪，含散在的平滑肌，称**肉膜**。肉膜在正中线向深部发出**阴囊中隔**，将阴囊腔分为左、右两部，各容纳一侧的睾丸和附睾。阴囊的多层结构和腹前外侧壁各层的结构是连续的，即在肉膜的深面，由外向内依次为**精索外筋膜、睾提肌、精索内精膜、睾丸固有鞘膜**（图9-6）。鞘膜分壁、脏两层，壁层贴附在精索内筋膜表面，脏层包被睾丸表面及附睾的一部分，两层之间为鞘膜腔，内含少量浆液，有利于睾丸在阴囊内的活动。

2．**阴茎**（penis）　悬垂于耻骨联合的前下方，分为头、体、根三部（图9-7）。其前端膨大称**阴茎头**。头的尖端有矢状位的尿道外口。其后端附于耻骨下支、坐骨支及尿生殖膈，称**阴茎根**。头、根之间的部分称**阴茎体**。

阴茎由海绵体外覆筋膜和皮肤构成。海绵体有三条，其中两条**阴茎海绵体**位于阴茎的背侧；一条**尿道海绵体**位于阴茎的腹侧，尿道贯穿其全

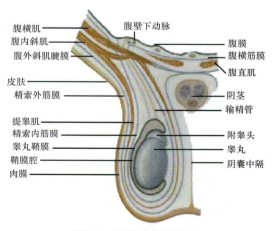

腹横肌
腹内斜肌
腹外斜肌腱膜
皮肤
精索外筋膜
提睾肌
精索内筋膜
睾丸鞘膜
鞘膜腔
肉膜

腹壁下动脉
腹膜
腹横筋膜
腹直肌
阴茎
输精管
附睾头
睾丸
阴囊中隔

图9-6　阴囊结构模式图

长，它的前端膨大，称**阴茎头**；后端膨大称**尿道球**。三条海绵体的外周共同包有阴茎筋膜和皮肤（图9-7和图9-8）。阴茎的皮肤菲薄而疏松，在阴茎头的后方离开阴茎表面，向前延伸并返折成双层的皮肤皱襞包绕阴茎头，称**阴茎包皮**。包皮与阴茎头的腹侧中线处连有的一条皮肤皱襞，称**包皮系带**。行包皮环切术时，不能伤及包皮系带。

六、男性尿道

男性尿道（male urethra）（图9-9）起始于膀胱的尿道内口，终止于尿道外口。成年男性尿道长16～22 cm，按其行程分为**前列腺部、膜部、海绵体部**。前两部合称**后尿道**，海绵体部又称**前尿道**。前列腺部长约2.5 cm，其后壁有左、右射精管及前列腺排泄管的开口。膜部长约1.2 cm，有尿道外括约肌环绕。海绵体部长约15 cm，该部的起始段尿道较宽阔，称**尿道球**，尿道球腺亦开口于此；该部的终末段尿道也扩大，称**尿道舟状窝**。

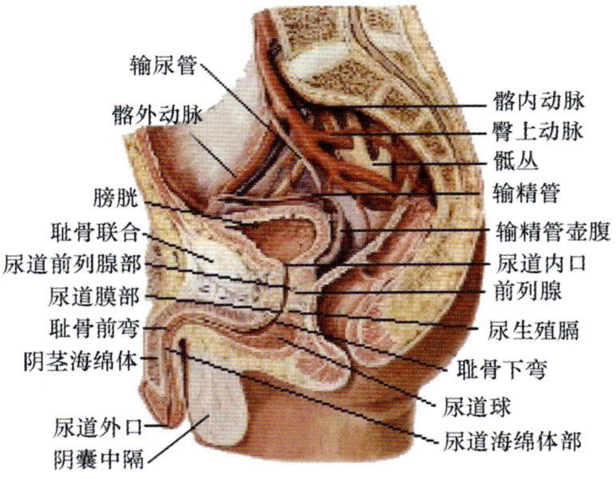

男性尿道全长有三处狭窄和三处扩大。三处狭窄分别位于尿道内口、尿道膜部和尿道外口；三处扩大分别位于前列腺部、尿道球部和尿道舟状窝。在阴茎下垂时，男性尿道存有两个弯曲，即耻骨下弯和耻骨前弯。**耻首下弯**在耻首联合后下方，凹向前上，此弯固定；**耻骨前弯**在耻骨联合前下方，凹向后下，当把阴茎提向腹前壁时，此弯即可消失。尿道海绵体部和膜部的交界处管壁最薄，尤其是该处的前壁更薄弱，在插入尿道探子等器械时，该处易被损伤。

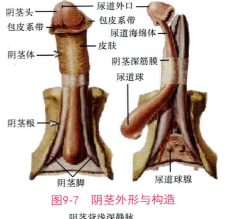

图9-7　阴茎外形与构造

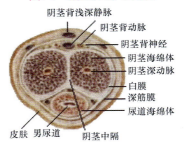

图9-8　阴茎横断面

图9-9　男性盆腔正中矢状切面

第二节　睾丸与附睾的微细结构

一、睾丸的微细结构

睾丸表面包有一层坚韧厚实的纤维膜，称白膜。白膜在睾丸后缘增厚，呈放射状向睾丸内伸出许多不完整的纤维隔，把睾丸分成若干锥形的睾丸小叶（图9-3）。每一个小叶内含有1～4条细长而弯曲的精曲小管。精曲小管向睾丸的后上部集中，并相互合并，汇集成网，最后形成8～15条睾丸输出小管进入附睾。

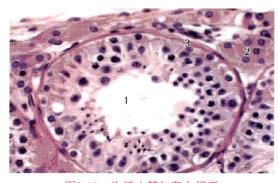

图9-10　生精小管与睾丸间质

1—生精小管；2—睾丸间质细胞；3—基膜

睾丸的组织结构由精曲小管和其间的睾丸间质组成（图9-10）。精曲小管管壁由复层上皮细胞构成，包括两种细胞，即支持细胞和生精细胞。

1．精曲小管

（1）**支持细胞：**又称sertoli细胞，散在于生精细胞之间，高而不规则，具有大的泡状核，含明显的核仁，底部在基底膜上，顶端可伸向管腔，侧面和管腔面有生精细胞嵌入，其对生精细胞有支持、营养、保护、排放等作用。

（2）**生精细胞：**是一组细胞，包括精原细胞、初级精母细胞、次级精母细胞、精子细胞和精子。各级生精细胞散布在支持细胞之间，镶嵌在其侧面，随着精子发育过程的进行，细胞从基膜逐渐移向腔面。**精原细胞**是最幼稚的生精细胞，位于基膜上，在促性腺激素的作用下可不断分裂。**初级精母细胞**体积较大，已离开基膜，位于精原细胞的内侧面，其特征是核呈丝球状，容易辨认。**次级精母细胞**位于初级精母细胞的内侧面，更靠近管腔，由于存在的时间短，故切片上不易找到。**精子细胞**的位置靠近管腔面，形态很不一致，经过复杂的形态变化发育成精子。**精子**形似蝌蚪，分为头尾两部分。新形成的精子，其头部往往镶嵌在支持细胞的顶端，尾部朝向管腔。

2．睾丸间质　是精曲小管之间的富含血管和淋巴管的疏松结缔组织，其内有间质细胞。**间质细胞**呈圆形或不规则形，单个或成群分布，能分泌雄性激素。雄性激素具有促进精子的发生、促进男性生殖管道和附属腺的发育、激发男性第二性征的形成及维持正常性功能等诸多功能。

二、附睾的微细结构

附睾（epididymis）位于睾丸的后上方，分头、体、尾三部。头部主要由与睾丸网连接的8～12条弯曲的**输出小管**（efferent duct）组成；体部和尾部由高度盘曲的**附睾管**（epididymal duct）组成。附睾尾向上移行为输精管。输出小管管壁上皮由高柱状纤毛细胞和低柱状细胞相间排列构成，故管腔不规则；高柱状细胞游离面的纤毛摆动可促进精子向附睾管移动。附睾管管壁由假复层柱状上皮构成，管腔规整，上皮游离面有静纤毛（图9-11）。附睾管的细胞有分泌功能，其分泌物

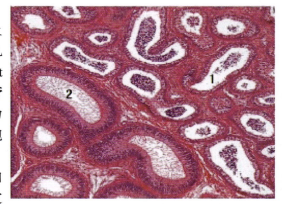

图9-11　附睾的组织结构

1—输出小管；2—附睾管

有利于精子功能的成熟，故附睾的功能异常会影响精子的成熟，导致不育。

思考题

1. 试述精索、射精管、睾丸鞘膜腔的形成。
2. 试述男性内生殖器的组成和功能。
3. 试述睾丸、附睾的形态和位置。
4. 试述输精管的行程和分部。
5. 试述男性尿道的分部及特征。
6. 说明膀胱三角的位置、构成、结构特点及临床意义。
7. 说明精子的产生及排出途径。

第十章　女性生殖系统

🧑‍🎓 学习目标

掌握

1．女性内生殖器和外生殖器的组成；卵巢的形态、位置；输卵管的位置、形态和分部；子宫的形态、分部、位置及固定装置。

2．卵泡生长、发育、成熟过程；排卵；黄体生成与功能；子宫内膜的周期性变化及与卵巢功能的关系。

熟悉　女性乳房的形态和构造；会阴的概念。

了解　会阴的分部及其穿过的结构。

女性内生殖器由生殖腺（卵巢）、输送管道（输卵管、子宫、阴道）和附属腺体（前庭大腺）三部分组成（图10-1），外生殖器即女阴。此外，女性乳房及会阴也与生殖功能关系密切，故也在本章叙述。

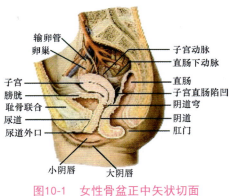

图10-1　女性骨盆正中矢状切面

第一节　女性生殖器官

一、卵巢

卵巢（ovary）呈扁卵圆形，左右各一，位于子宫两侧及盆腔侧壁的卵巢窝内（图

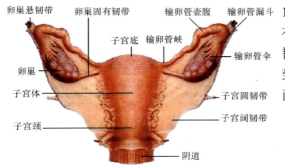

图10-2　女性内生殖器（后面）

10-2）。它借卵巢悬韧带连于盆壁；借卵巢固有韧带连于子宫侧方；借卵巢系膜连于子宫阔韧带的后面，血管和神经通过该系膜两层之间到达卵巢门。卵巢的大小和形状随年龄的增长而变化。

二、输卵管

输卵管（uterine tube）是一对长约10 cm的输送卵子的肌性弯曲管道，位于子宫阔韧带的上缘内。内侧端以输卵管子宫口连于子宫底的两侧，外侧端游离，以输卵管腹腔口开口腹膜腔。

每一侧的输卵管由内向外分为四部分（图10-3）：①子宫部：为穿过子宫壁的部分；②峡部：细而直，管壁厚，输卵管结扎术常选该部；③壶腹部：占输卵管外侧2/3，管径最宽，壁最薄且弯曲，是受精的部位；④漏斗部：是输卵管外侧末端，呈漏斗状，周缘有许多锯齿状的突起，呈伞状，故称输卵管伞。

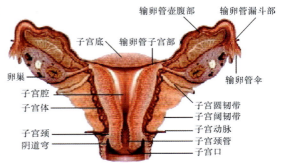

图10-3　女性内生殖器

三、子宫

（一）子宫的形态与分部

子宫（uterus）是一个不成对的中空而壁厚的肌性器官，呈前后略扁的倒置梨形。成年未孕子宫长7～9 cm，由底、体、颈三部组成（图10-2）。两侧输卵管穿入处以上的部分称子宫底；子宫的下1/3段较细，称子宫颈；底与颈之间的膨大部分称子宫体，约占子宫全长的2/3。子宫颈的中下部被阴道所包绕，称子宫颈阴道部，它的上部称子宫颈阴道上部。

宫体与宫颈交界处的细腰称子宫峡，长约1 cm。峡部与子宫体的分界标志是子宫的解剖学内口，然而峡部的黏膜在组织学上又与子宫内膜相似，故子宫的组织学内口是峡部下界。

子宫内腔狭小，分上、下两部。上部位于子宫体内，称子宫体腔，呈前后略扁的三角形；下部在子宫颈内，为一梭形腔隙，称子宫颈管。管的上口通子宫体腔，下口通阴道，称子宫口。未产妇的子宫口呈圆形，经产妇的子宫口则变成横裂状（图10-4）。

图10-4　子宫口

（二）子宫的位置

子宫位于盆腔的中央，介于膀胱和直肠之间，下端突入阴道，两侧连有输卵管和子宫阔韧带，呈前倾前屈位。前倾是指子宫的长轴与阴道长轴形成的一个向前开放的钝角；前屈是指子宫体与子宫颈之间凹向前的弯曲，亦呈钝角。

（三）子宫的韧带

维持子宫正常位置的主要韧带（图10-5）有：①子宫阔韧带，是子宫两侧延伸至骨盆侧壁的双层腹膜皱襞，可限制子宫向两侧移动；②子宫圆韧带，由平滑肌和结缔组织构成，呈圆索状，自子宫外侧、输卵管与子宫连接处的稍下方，在子宫阔韧带前层腹膜的覆盖下向前下弯行，然后通过腹股沟管止于阴阜和大阴唇的皮下，有维持子宫前倾的作用；③子宫主韧带，由子宫阔韧带下部两层腹膜之间的平滑肌

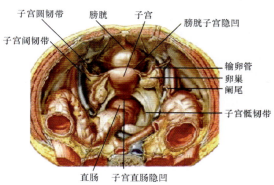

图10-5　子宫的固定装置

和结缔组织构成，将子宫颈阴道上部连于骨盆侧壁，有防止子宫向下脱垂的作用；④子宫骶韧带，由平滑肌和结缔组织构成，起自子宫颈阴道上部后面，向后绕过直肠的两侧，止于骶骨前面，有维持子宫前屈的作用。

子宫正常位置的维持，除依靠子宫周围的韧带外，更重要的是盆底肌和阴道的承托。

四、阴　道

阴道（vagina）为前后略扁的肌性管道（图10-1），位于膀胱和尿道的后方，直肠的前方，上端围绕子宫颈下段，主体行向前下方，通过尿生殖膈开口于阴道前庭。

阴道管壁富有伸展性，前壁短，后壁长。阴道上部宽阔，呈穹隆状环绕子宫颈阴道部，两者之间形成的环状间隙称阴道穹。阴道穹分前、后和两侧部，其中后穹较深，与直肠子宫陷凹紧邻。阴道下部较窄，以阴道口开口于阴道前庭。阴道口周缘有环行或半月形黏膜皱襞称处女膜，破裂后成为处女膜痕。

五、外生殖器

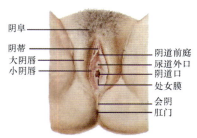

图10-6　女性外生殖器

女性外生殖器又称女阴（female pudendum），包括阴阜、大阴唇、小阴唇、阴道前庭、阴蒂、前庭大腺等（图10-6）。

1. **阴阜**（mons pubis）　为耻骨联合前面的皮肤隆起，深面有较多的脂肪组织，青春期后生有阴毛。

2. **大阴唇**（greater lip of pudendum）　是两个略隆起的生有阴毛的皮肤皱襞，从阴阜开始向后延伸，后端在会阴中线上左右会合。

3. **小阴唇**（lesser lip of pudendum）　位于两侧的大阴唇之间，是两片柔软的皮肤皱襞，其后端会合形成阴唇系带，前端包绕阴蒂，形成阴蒂前后的阴蒂包皮和紧贴其后方的阴蒂系带。

4. **阴道前庭**（vaginal vestibule）　是由小阴唇围绕成的裂隙区，内有尿道外口和阴道口。

5. **阴蒂**（clitoris） 位于尿道外口的前方，由两个阴蒂海绵体组成，相当于男性的阴茎海绵体，其前端汇合成阴蒂体，表面覆以阴蒂包皮，裸露部分为阴蒂头，富含神经末梢，故感觉敏锐。

6. **前庭大腺**（greater vestibular gland） 又称 Bartholin 腺，位于大阴唇后部的深面，是一对分叶状的黏液腺，大小形状如豌豆，其导管开口于阴道口与小阴唇之间的沟内。

第二节　卵巢、输卵管与子宫的微细结构

一、卵巢的微细结构

观察成熟卵巢切面可以发现，卵巢表面覆盖有一层上皮，呈立方、柱状或扁平上皮样；上皮的深面是一薄层致密结缔组织构成的白膜；白膜深面的实质可分为外周的皮质和中央的髓质（图10-7）。

皮质较厚，内含数以万计的处于不同发育阶段的卵泡。这些卵泡大约只有400个能在女性生育期内发育成熟，其他卵泡则在发育的不同阶段先后退化。除卵泡外，皮质内还可见黄体和白体（即透明样变性的退化黄体）。髓质由疏松结缔组织、血管、淋巴管、神经等组成。下面按卵泡发育的顺序予以描述（图10-8）。

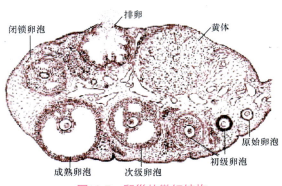

图10-7　卵巢的微细结构

1. **原始卵泡**（frimordial follicle） 为出生时即有的卵泡。它的中央是一个较大的初级卵母细胞，周围是一层小而扁平的卵泡细胞，该细胞对初级卵母细胞起支持和营养作用。

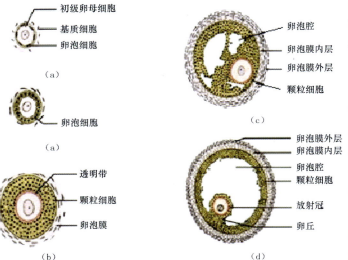

图10-8　卵泡的不同发育阶段

（a）原始卵泡；（b）初级卵泡；（c）次级卵泡；（d）成熟卵泡

2. **生长卵泡**（growing follicle） 自青春期开始，在垂体分泌的促卵泡刺激素的作用下，部分原始卵泡开始生长发育。卵泡细胞分裂增生，由一层变成多层；卵母细胞逐渐增大，并在其表面出现一层厚度均匀的嗜酸性膜，称透明带。随着卵泡细胞的不断增殖，卵泡细胞之间出现一些含液体的小腔隙，腔内液体称卵泡液。卵泡继续发育，这些小腔相互融合，最后形成一个大的卵泡腔，并把初级卵母细胞及其周围的卵泡细胞推向一侧形

成卵丘。在卵泡腔形成过程中，靠近初级卵母细胞的卵泡细胞逐渐由立方形变成柱状，并围绕透明带呈放射状排列，称放射冠；其他的卵泡细胞构成卵泡壁。随着卵泡细胞的发育，卵泡周围的结缔组织也逐渐发生变化，形成富含细胞和血管的卵泡膜。

3. **成熟卵泡**（mature follicle）　是卵泡发育的最后阶段，卵泡细胞停止增殖，但卵泡液仍继续增多，卵泡体积显著增大，卵泡壁变薄，并向卵巢表面隆起。在排卵前36～48小时内，初级卵母细胞完成第一次减数分裂，产生一个次级卵母细胞和一个体积很小的第一极体。

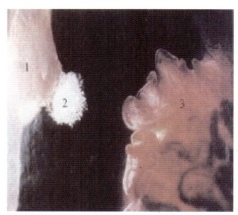

图10-9　卵泡排卵

1—卵巢；2—卵母细胞和放射冠；
3—输卵管漏斗部

4. **排卵**（ovulation）　成熟卵泡发育到一定阶段，明显地突出于卵巢表面，随着卵泡液的激增，使突出部分的卵巢组织愈来愈薄，最后破裂，次级卵母细胞及其外周的透明带和放射冠随卵泡液一起排出卵巢，进入腹膜腔（图10-9），这一过程称排卵。

5. **黄体**（corpus luteum）　排卵后，卵泡壁塌陷并形成皱褶；同时，卵泡膜亦伸入其内。二者在黄体生成素的作用下，增大并分化成暂时性的富含血管的内分泌细胞团，新鲜时呈黄色，故称黄体。黄体的大小及其维持时间的长短，取决于排出的卵是否受精。如卵未受精，则黄体小，维持14天左右退化，这种黄体称月经黄体；若卵受精并妊娠，则黄体继续增大，维持6个月左右才退化，这种黄体称妊娠黄体。黄体退化后被结缔组织代替，称白体。

6. **闭锁卵泡**　卵巢皮质内，在卵泡的不同发育阶段出现退化的卵泡，称闭锁卵泡。

7. **卵泡细胞**（包括粒细胞和膜细胞）　可分泌雌激素，黄体细胞能分泌孕激素及少许雌激素。雌激素能刺激女性生殖器官的发育，刺激并维持女性第二性征的出现。孕激素主要有促进子宫内膜增生、子宫腺分泌、乳腺发育、抑制子宫平滑肌收缩等作用。

二、输卵管的微细结构

输卵管除子宫部外，均被浆膜包裹；浆膜深面是平滑肌层，分外纵、内环两层；黏膜由单层柱状上皮及固有层构成，黏膜具有较深的皱褶，大多数上皮细胞有纤毛（图10-10）。纤毛向子宫方向摆动，与肌层共同协助受精卵的传送。

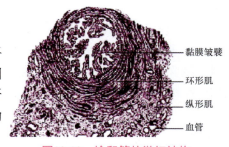

黏膜皱襞

环形肌

纵形肌

血管

图10-10　输卵管的微细结构

三、子宫的微细结构

子宫壁由内向外依次是子宫内膜、子宫肌层、子宫外膜（图10-11）。子宫外膜大部分是浆膜，仅子宫颈部是纤维膜。子宫肌层较厚，由含有胶原纤维、弹性纤维的结缔组织和平滑肌共同构成，富有血管。子宫内膜由单层柱状上皮和固有层构成，固有层由增殖、分化能力较强的结缔组织构成，内含管状的子宫腺和高度蟠曲的螺旋动脉。子宫内膜分两层，浅层称功能层，该层在月经周期中，受卵巢激素的影响而发生周期性的变化；深层称基底层，不发生周期性变化，但有增生、修复功能层的能力。

在月经周期中，功能层的子宫内膜随卵巢分泌雌激素、孕激素量的增减而发生相应的组织学变化。根据功能层子宫内膜组织学变化的特点（图10-12）将其分为三个时期，即月经期、增生期、分泌期。

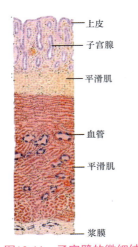

图10-11　子宫壁的微细结构

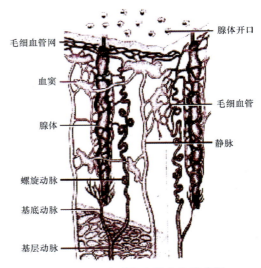

图10-12　子宫腺与血管分布模式图

1．月经期（第1～4天）　由于黄体的退化，雌激素、孕激素含量很快下降，使螺旋动脉持续收缩，引起功能层内膜缺血、坏死。在酸性代谢产物的作用下，螺旋动脉又突然开放，血液涌入坏死的结缔组织内，导致子宫内膜溃破而脱落。脱落的子宫内膜和流出的血液经子宫腔和阴道排出体外，即为月经。

2．增生期（第5～14天）　随着卵泡产生的雌激素的增加，子宫内膜功能层的生长亦加速。子宫腺变长并产生稀薄的分泌物，结缔组织细胞增殖并出现一个新的网状纤维网，子宫内膜厚度接近2 mm。此期末，卵巢开始排卵。

3．分泌期（第15～28天）　由于黄体的形成，产生大量孕激素和雌激素。在激素的作用下，子宫内膜的厚度可增加一倍以上，达4～5 mm；子宫腺变长、变粗而且弯曲，并产生大量浓稠含有丰富糖元的黏液样分泌物；子宫内的小血管伸进内膜，增生、充血、迂曲而呈螺旋状；结缔组织细胞密集、增大且含有糖元和脂质。此期的子宫内膜已做好接受胚泡的准备。

附：乳房与会阴

一、乳 房

乳房（mamma）位于胸大肌及其筋膜的表面，上起自第2～3肋，下至第6～7肋，内侧至胸骨旁线，外侧可达腋中线。成年未产妇的乳房呈半球形，紧张而富有弹性。乳房的中央有乳头，其顶端有输乳管的开口。未产妇的乳头一般平第4肋间隙或第5肋。乳头周围为色素较深的乳晕，乳晕内有许多呈小圆形隆起的乳晕腺。乳头、乳晕的皮肤较薄，易于损伤。

乳房主要由15～20个乳腺叶以及周围的脂肪组织构成（图10-13）。连于乳房皮肤与胸壁深筋膜之间的纤维膈称乳房悬韧带，亦称Cooper韧带，其对乳房起固定作用。乳癌早期，肿胀的病

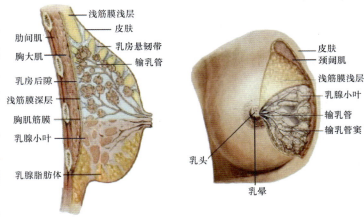

图10-13　女性乳房

灶受该韧带的牵拉而使表面皮肤出现陷凹，这是乳癌早期的常见体征。乳腺叶以乳头为中心呈放射状走行，每个腺叶有一个输乳管，其在近乳头处膨大称输乳管窦，末端变细开口于乳头。

二、会阴

会阴（perineum）有狭义和广义之分。狭义会阴是指外生殖器与肛门间的狭窄区域。妇女分娩时易于撕裂，应注意保护。广义会阴则指盆膈以下封闭骨盆下口的全部软组织，呈菱形。以两侧坐骨结节间的连线为界，可将会阴分为前、后两个三角，前方为尿生殖三角，男性有尿道通过，女性有尿道和阴道通过；后方为肛门三角，有肛管通过。两个三角区均被肌肉和筋膜封闭（图10-14）。

尿生殖三角内的会阴深横肌、尿道括约肌和覆盖在此二肌上、下面的尿生殖膈上筋膜、尿生殖膈下筋膜，共同组成尿生殖膈，此膈封闭尿生殖三角。在肛门三角内的肛提肌和尾骨肌及覆盖于此二肌上、下面的盆膈上筋膜和盆膈下筋膜，共同组成盆膈，此膈封闭肛门三角和尿生殖三角的大部。

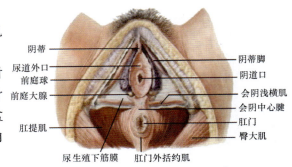

图10-14　女性会阴

思考题

1. 试述女性生殖器官的组成和功能。
2. 试述卵巢、子宫的形态、位置及子宫的固定装置。
3. 试述输卵管的分部及各部的作用。
4. 试述卵子产生和排出体外的途径，卵子与精子常在何处受精，受精卵于何处发育。

第十一章　腹　　膜

学习目标

掌握
1. 腹膜和腹膜腔的概念。
2. 大网膜的位置和功能，小网膜的位置、分部，网膜囊和网膜孔的位置。
3. 膀胱子宫陷凹、直肠子宫陷凹的位置。
熟悉　腹膜与脏器的被覆关系及腹膜形成的结构。
了解　腹膜的解剖生理特点。

第一节　腹膜概述

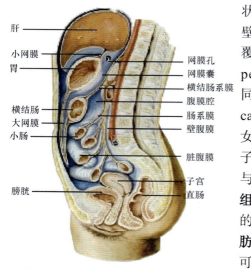

肝
小网膜
胃
网膜孔
网膜囊
横结肠系膜
腹膜腔
横结肠
肠系膜
大网膜
壁腹膜
小肠
脏腹膜
子宫
膀胱
直肠

图11-1　腹膜腔正中矢状切面模式图

腹膜（peritoneum）是一层薄而光滑的浆膜，由间皮和少量结缔组织构成，呈半透明状。腹膜分为脏腹膜和壁腹膜两部分，衬于腹、盆壁内表面的腹膜称**壁腹膜**（parietal peritoneum），覆于腹、盆腔器官表面的腹膜称**脏腹膜**（visceral peritoneum），脏腹膜和壁腹膜相互延续、移行，共同围成不规则的潜在性腔隙，称**腹膜腔**（peritoneal cavity），其中含有少量浆液。男性腹膜腔是封闭的，女性腹膜腔则由输卵管开口于腹腔，故可借输卵管、子宫和阴道与体外间接相通（图11-1）。壁腹膜较厚，与腹、盆腔壁之间有一层疏松结缔组织，称为**腹膜外组织**（extraperitoneal tissue）。腹后壁和腹前壁下部的腹膜外组织中含有较多脂肪，临床上亦称**腹膜外脂肪**。脏腹膜紧贴脏器表面，从组织结构和功能方面都可视为脏器的一部分，如胃和肠壁的脏腹膜为该器官的外膜。

　　腹膜腔和腹腔在解剖学上是两个不同而又相关的概念。**腹腔**（abdominal cavity）是指骨盆上口以上，膈以下，腹前壁和腹后壁之间的腔；骨盆上口以下与盆膈以上，围成的腔为**盆腔**。而**腹膜腔**（peritoneal cavity）则指脏腹膜和壁腹膜之间的潜在性腔隙，腔内仅含少量浆液。实际上，腹膜腔套在腹腔内，腹、盆腔脏器均位于腹腔之内、腹膜腔之外。

腹膜有分泌、吸收、保护、支持和修复等多种功能。正常腹膜分泌少量浆液，起润滑和减少脏器间摩擦的作用。腹膜的吸收作用以上部最强，下部较弱，因此，临床上对腹膜炎或腹部手术后的患者多采取半卧位，以减少对积液毒素的吸收。

根据腹、盆腔器官被腹膜覆盖的程度不同，可将腹、盆腔器官分为三类，即腹膜内位器官、腹膜间位器官和腹膜外位器官。

1. **腹膜内位器官**　是指表面均被腹膜覆盖的器官，如胃、十二指肠上部、空肠、回肠、盲肠、阑尾、横结肠、乙状结肠、脾、卵巢和输卵管等。

2. **腹膜间位器官**　是指表面大部分被腹膜覆盖的器官，如肝、胆囊、升结肠、降结肠、直肠上段、子宫和充盈的膀胱等。

3. **腹膜外位器官**　是指仅一面被腹膜所覆盖的器官，如肾、肾上腺、输尿管、胰、十二指肠降部和水平部，直肠中下部及排空的膀胱等。

对腹膜与器官关系的了解，在临床上有着重要的意义。如腹膜内位器官，若进行手术必须经过腹膜腔。而肾、输尿管等腹膜外位器官则不经腹膜腔便可进行手术，继而可避免腹膜腔的感染和术后器官粘连等情况的发生。

第二节　腹膜形成的主要结构

脏腹膜在移行于壁腹膜时或脏腹膜由一个器官移行到另一个器官表面的过程中，形成韧带、系膜、网膜、陷凹和隐窝等结构。这些结构不仅对器官起着连接和固定的作用，同时又是血管和神经出入器官的途径。

一、韧带

韧带是连于腹、盆壁与器官之间或连于相邻器官之间的腹膜结构，对器官有固定作用。

1. 肝的韧带　肝的下方有肝胃韧带和肝十二指肠韧带，肝上方有镰状韧带、冠状韧带和三角韧带（图11-2和图11-3）。

（1）**镰状韧带**（falciform ligament）：呈矢状位，是连于膈下方与肝上面之间的双层腹膜结构，位于前正中线的右侧，其游离缘内含有肝圆韧带，后者乃胚胎时脐静脉闭锁后的遗迹。

（2）**冠状韧带**（coronary ligament）：呈冠状位，是膈下方的壁腹膜返折至肝上面的双层

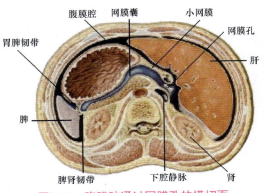

图11-2　腹膜腔通过网膜孔的横切面

腹膜结构；前、后两层之间无腹膜被覆的肝表面称为**肝裸区**（bare area of liver）。冠状韧带左、右两端处，前、后两层相互黏合增厚形成左、右**三角韧带**。

2．**脾的韧带**　主要有胃脾韧带和脾肾韧带（图11-2）。

（1）**胃脾韧带**（gastrosplenic ligament）：是连于胃底和脾门之间的双层腹膜结构，韧带内有胃短血管和胃网膜左血管、淋巴管及淋巴结等。

（2）**脾肾韧带**（splenorenal ligament）：是脾门连至左肾前面的双层腹膜结构，其内有脾血管、胰尾、淋巴管、神经丛等。

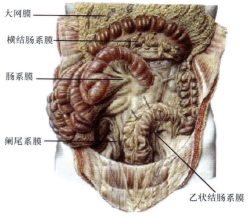

图11-3　系膜

二、系膜

系膜是将肠管等连至腹后壁的双层腹膜结构，其内含有血管、神经、淋巴管、淋巴结和脂肪等。系膜主要有肠系膜、阑尾系膜、横结肠系膜和乙状结肠系膜等（图11-3）。

1．**肠系膜**（mesentery）　是将空、回肠连于腹后壁的双层腹膜结构，其在腹后壁的附着部分称**肠系膜根**，长约15 cm，起自第2腰椎左侧，斜向右下方至右骶髂关节前方，由于肠系膜长而宽阔，因此空、回肠的活动性较大，但易发生肠扭转、肠套叠等急腹症。肠系膜的两层腹膜间含有肠系膜上动、静脉及其分支、淋巴管、淋巴结、神经丛和脂肪等。

2．**阑尾系膜**（mesoappendix）　是阑尾与回肠末端之间的三角形腹膜双层皱襞，其游离缘内有阑尾动、静脉等。故阑尾切除术时，应从系膜游离缘进行血管结扎（图11-4）。

3．**横结肠系膜**（transverse mesocolon）　是将横结肠连于腹后壁横行的双层腹膜结构，其根部起自结肠右曲，止于结肠左曲。横结肠系膜内含有中结肠血管及其分支、淋巴管、淋巴结和神经丛等。

4．**乙状结肠系膜**（sigmoid mesocolon）　是将乙状结肠连于左下腹的双层腹膜结构，其根部附于左髂窝和骨盆左后壁。该系膜较长，故乙状

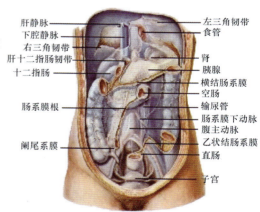

图11-4　腹后壁腹膜形成的结构

结肠活动度较大，易发生乙状结肠扭转，导致肠梗阻。系膜内含有乙状结肠血管、直肠上血管、淋巴管、淋巴结和神经丛等。

三、网膜

网膜（omentum）是由双层腹膜构成的结构，且两层腹膜间夹有血管、神经、淋巴管和结缔组织等（图11-5）。

1．**小网膜**（lesser omentum）　是肝门与胃小弯和十二指肠上部之间的双层腹膜。其中，肝门连于胃小弯之间的部分，称**肝胃韧带**（hepatogastric ligament），内含有胃的血

管、淋巴结及至胃的神经等。肝门连于十二指肠上部之间的部分，称**肝十二指肠韧带**（hepatoduodenal ligament），内含有胆总管、肝固有动脉和肝门静脉等。小网膜的右侧为游离缘，该缘的后方有一孔，称**网膜孔**，经此孔可进入胃后方的网膜囊。

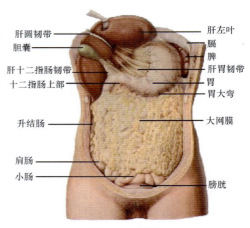

图11-5　网膜

2．**大网膜**（greater omentum）　是连于胃大弯与横结肠之间的四层腹膜结构，呈围裙状悬垂于横结肠和空、回肠前面，其左缘与胃脾韧带相连续。大网膜的前两层是由胃前、后壁的脏腹膜自胃大弯和十二指肠上部下垂而成，当下垂至下腹部后返折向上形成后两层，向后上包裹横结肠并形成横结肠系膜连于腹后壁。在成人，四层腹膜常粘连在一起。而连于胃大弯和横结肠的前两层大网膜又称为**胃结肠韧带**（gastrocolic ligament）。大网膜内含丰富的血管、脂肪和巨噬细胞等，其中巨噬细胞有重要的防御功能。大网膜的下垂部具有一定的活动性，当腹膜腔内有炎症时，由于大网膜的包裹、粘连从而限制炎症的扩散，故手术时可根据大网膜移动的位置来探查病变的部位。小儿的大网膜较短，一般在脐平面以上，因此当发生阑尾炎或其他下腹部炎症时，病灶区不易被大网膜包裹而局限化，常导致弥漫性腹膜炎。

3．**网膜囊**（omental bursa）　是位于小网膜和胃后方与腹后壁的扁窄间隙，又称**小腹膜腔**（图11-6），网膜囊以外的腹膜腔称大腹膜腔。网膜囊的前壁为小网膜、胃后壁的腹膜和胃结肠韧带；后壁为横结肠及其系膜以及覆盖在胰、左肾、左肾上腺等处的腹膜；上壁为肝尾状叶和膈下方的腹膜；下壁为大网膜前、后层的愈合处。网膜囊的左侧为脾、胃脾韧带和脾肾韧带；右侧借网膜孔通腹膜腔的其余部分。网膜囊的右侧有网膜孔，网膜孔是网膜囊与大腹膜腔的唯一通道，成人网膜孔可容纳1～2指。手术时，可

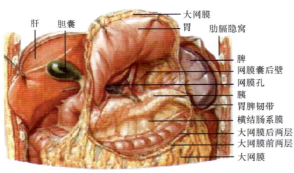

图11-6　网膜囊

经网膜孔指诊探查胆道。由于网膜囊位置较深，胃后壁穿孔时，胃内容物常积聚在囊内，因此给早期诊断带来一定的难度。

四、陷凹和隐窝

1．**陷凹**（pouch）　主要位于盆腔内，是腹膜在盆腔脏器之间移行返折形成的。男性在直肠与膀胱之间有**直肠膀胱陷凹**（rectovesical pouch）。女性在膀胱与子宫之间有**膀胱子宫陷凹**（vesicouterine pouch）；在直肠与子宫之间有**直肠子宫陷凹**（rectouterine pouch）（图11-7），也称**Douglas腔**，该陷凹较深，与阴道后穹间仅隔有阴道后壁。在站立或半卧位时，男性直肠膀胱陷凹和女性直肠子宫陷凹是腹膜腔最低处，故腹膜腔积液常积存在这些陷凹内。

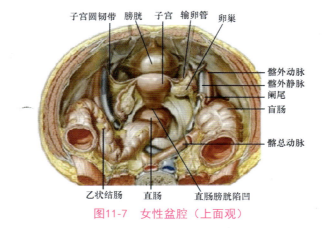

子宫圆韧带　膀胱　子宫　输卵管　卵巢

髂外动脉
髂外静脉
阑尾
盲肠

髂总动脉

乙状结肠　直肠　直肠膀胱陷凹

图11-7　女性盆腔（上面观）

2. **隐窝**　肝肾隐窝（hepatorenal recess）位于肝右叶与右肾之间，其左界为网膜孔和十二指肠降部，右界为右结肠旁沟。在仰卧时，肝肾隐窝是腹膜腔的最低部位，腹膜腔内的液体易积存于此。

🏃 思考题

1. 腹膜形成的主要结构有哪些？举例说明。
2. 腹膜与脏器的关系分哪几种类型？举例说明。
3. 在临床护理中，腹膜炎患者一般采取什么体位？为什么？
4. 直肠子宫陷凹和阴道后穹的结构特点和毗邻关系有何临床意义？

第十二章　脉管系统

🎓 学习目标

掌握

1. 心脏的位置、形态、心腔结构；心壁的结构及心的传导系统。
2. 左、右冠状动脉的起源、重要分支及其分布。
3. 主动脉的分布、分支及形成结构；颈总动脉的分支、分布。
4. 胸主动脉、腹主动脉及髂总、髂内、髂外动脉的主要分支。
5. 上下肢动脉的起止、主要分支及分布。
6. 上、下腔静脉的组成、起止。
7. 肝门静脉的组成、属支；肝门静脉系与上、下腔静脉系间的交通。
8. 四肢主要浅静脉的起始、行径及注入部位。

熟悉

1. 心包的结构及心的体表投影。
2. 肺循环与体循环的途径和功能意义。

了解

1. 大、中、小动脉的结构特点及功能。
2. 心冠状窦的位置和开口；心大、中、小静脉的行程和流注。
3. 静脉的结构和特点；静脉血的回流。

第一节　脉管系统概述

一、心血管系统的组成

心血管系统（cardiorascular system）由心、动脉、毛细血管和静脉组成（图12-1），主要功能是物质运输，一方面将消化系统吸收的营养物质、肺部气体交换所吸纳的氧和内分泌腺所分泌的激素输送到全身器官的组织和细胞，另一方面将机体产生的代谢产物和二氧化碳输送到肾、肺、皮肤等器官排出体外，以保证机体新陈代谢的正常进行和内环境的相对稳定。同时参与机体的体温调节和各种免疫活动。

1. **心**（heart） 主要由心肌构成，是一个中空的肌性器官，被房间隔和室间隔分为互不相通的左、右两半，每半心又分为上方的心房和下方的心室，故心有左心房、左心室、右心房和右心室四个腔。同侧心房和心室借房室口相通。左右半心互不相通。心房接收静脉，心室发出动脉。在房室口和动脉口处均有瓣膜，顺血流开放，逆血流关闭，从而保证血液在心血管内定向流动。

2. **动脉**（artery） 是引导血液出心的管道，动脉在行程中管径越分越细，最后移行为毛细血管。大动脉管径较大，管壁较厚，其壁内含有大量弹性纤维，具有弹性。心室射血时管壁被动扩张，心室舒张时管壁弹性回位，推动血液向前流动。中、小动脉管壁中的平滑肌较发达，其舒张、收缩可改变管腔的大小，对局部血流量和血压的维持具有一定影响。

3. **静脉**（vein） 是引导血液回心的管道。小静脉由毛细血管汇合而成，在向心汇集过程中，逐渐汇合成中静脉、大静脉，最后注入心房。静脉与动脉相比较其数量多、管壁薄、弹性小、管腔大、血流慢、容量大。

4. **毛细血管**（capillary） 介于微动、静脉之间，管径一般为6～9 μm，数量多且彼此吻合成网，全身除软骨、角膜、毛发、牙釉质、晶状体被覆上皮外均有毛细血管分布，毛细血管管壁薄，通透性大，血流慢，是血液与组织、细胞进行物质交换的场所。

5. **血液循环** 血液在心血管内周而复始、循环往复地流动的过程称血液循环。依其途径不同可分为体循环和肺循环（图12-1）。

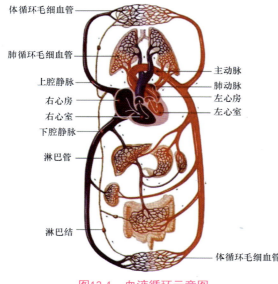

体循环毛细血管
肺循环毛细血管
上腔静脉
右心房
右心室
下腔静脉
淋巴管
淋巴结
体循环毛细血管

主动脉
肺动脉
左心房
左心室

图12-1 血液循环示意图

（1）**体循环**（systemic circulation） 是动脉血自左心室射出，经主动脉及其分支到达全身毛细血管，血液在此与周围的组织、细胞进行物质和气体交换，再通过各级静脉，最后经上、下腔静脉及心冠状窦返回右心房的途径。

（2）**肺循环**（pulmonary circulation） 是静脉血由右心室射出，经肺动脉干及其各级分支到达肺泡毛细血管进行气体交换，再经肺静脉返回左心房的循环途径。

体循环和肺循环同时进行，体循环血液流经范围广、流程较长，其主要功能是将氧和营养物质输送给全身各组织细胞，并将组织细胞产生的代谢产物运输回心。肺循环途径较短，其主要功能是为血液加氧和释放二氧化碳。

二、血管的吻合及功能意义

人体内血管之间的吻合非常广泛，且形式较多。除动脉与毛细血管，毛细血管与静脉的连通外，还有动脉与动脉，静脉与静脉，动脉与静脉之间借吻合支形成的血管吻合（图12-2）。

1. **动脉间吻合** 在人体许多部位的两条动脉干之间借交通支相连，如颅底动脉环；在经常活动或易受压的部位常有附近的多条动脉的分支相互吻合形成动脉网，如关节网；有些动脉的末端或其分支直接吻合形成血管弓，如掌浅弓、掌深弓、空肠和回肠的动脉弓等。

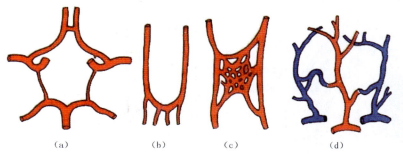

图12-2　血管的吻合形式

（a）交通支；（b）动脉弓；（c）动脉网；（d）动–静脉吻合

2．**静脉间吻合**　静脉间的吻合比动脉吻合更丰富，除具有和动脉相似的吻合形式外，在皮下浅静脉常吻合成静脉网或静脉弓，而在脏器周围或脏器壁内形成静脉丛，以保证局部静脉回流通畅。

3．**动–静脉吻合**　在身体许多部位，如耳郭、指尖、唇等处，小动脉、小静脉之间可借动–静脉吻合直接相通，减少循环途径，调节局部血流量和体温。

4．**侧支吻合**　有的血管主干在行程中发出与其平行的侧副支，侧副支之间彼此吻合，称侧支吻合。正常状态下，侧副支比较细小，且血流量小；当主干阻塞时，侧副支逐渐增粗，血流经侧支吻合到达阻塞以下的血管主干，使血管受阻区的血液循环得到不同程度的代偿恢复。这种通过侧支建立的循环称**侧支循环**（collateral circulation）（图

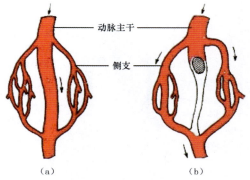

图12-3　侧支循环模式图

（a）正常；（b）主干阻塞

12-3），侧支循环的建立显示了血管的适应能力和可塑性，可保证器官在病理状态下的血液供应。

三、血管的变异

在血管的发育过程中，血管的起始、分支、汇合、管径大小、行程及数目常出现不同变化称血管变异。因此，血管的形态、分支类型等常因人而异。

第二节　心

一、心的位置与外形

1．**心的位置**　心位于胸腔的中纵隔内（图12-4）。约2/3位于正中线的左侧，1/3位于正中线的右侧，外裹以心包，心向上与出入心的大血管相连。下方为膈，两侧借纵隔、

胸膜与肺相邻。其前方平对胸骨体和第2～6肋软骨；大部分被肺和胸膜所覆盖，仅下部一三角形区域（心包裸区）借心包与胸骨体下半和左第4～6软骨相邻。心的后方平对第5～8胸椎，与食管、胸主动脉相邻。

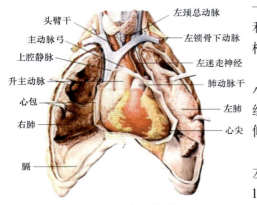

图12-4　心的位置

2. 心的外形　心呈前后稍扁的倒置圆锥形，大小约相当于本人拳头，具有一尖、一底、二面、三缘，表面有四条沟（图12-5和图12-6）。心的长轴倾斜，约与正中矢状面成45°角。

心尖圆钝，朝向左前下方，由左心室构成，与左胸前壁接近，相当于左侧第5肋间隙锁骨中线内侧1～2 cm处。此处可扪及心尖搏动。

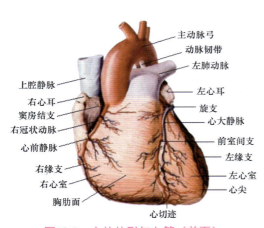

图12-5　心的外形与血管（前面）

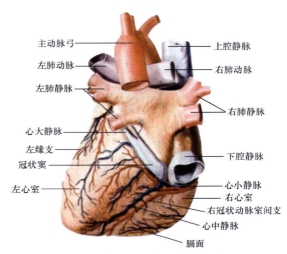

图12-6　心的外形与血管（后面）

心底朝向右后上方，与出入心的大血管相连，主要由左心房和小部分的右心房构成。

心的前面又称**胸肋面**，大部分由右心房和右心室构成，小部由左心耳和左心室构成。心的下面又称**膈面**，大部分由左心室，小部由右心室构成。

心的右缘垂直向下，由右心房构成；左缘斜向左下，大部分由左心室，小部分由左心耳构成；下缘较尖锐，近水平位，由右心室和心尖构成。

四条沟为心腔表面的分界标志。**冠状沟**（coronarius sulcus）近似环形，几呈冠状位，前方被肺动脉干中断，它将右上方的心房和左下方的心室分开。**前室间沟**为胸肋面冠状沟向下延至心尖右侧的浅沟。**后室间沟**为膈面冠状沟向下至心尖右侧的浅沟。前、后室间沟是左、右心室在心表面的标志。右心房与右侧上、下肺静脉交界处的浅沟称**房间沟**。在后室间沟与冠状沟交汇处称**房室交点**，是心表面的一个标志。

二、心腔

1. **右心房**（right atrium）　位于心的右上部，壁薄而腔大（图12-7）。右心房可分为

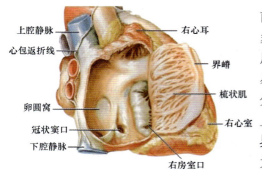

图12-7　右心房的腔面

前、后两部，前部称**固有心房**，固有心房内面有许多大致平行排列的肌束，称**梳状肌**，梳状肌之间房壁较薄。当心功能发生障碍时，血流更为缓慢，易在此淤积形成血栓。其前上部呈锥体形突出的部分，称**右心耳**；后部为**腔静脉窦**。两部之间以位于上、下腔静脉口前缘间、上下纵行于右心房表面的**界沟**分界。在腔面，与界沟相对应的纵行肌隆起称为**界嵴**。

腔静脉窦内壁光滑，无肌性隆起。上部有**上腔静脉口**。下部有**下腔静脉口**。在下腔静脉口的前缘有**下腔静脉瓣**。在下腔静脉口与右房室口之间，相当于房室交点区的深面有**冠状窦口**。右心房的前下部为右房室口，右心房的血液由此流入右心室。

右心房内侧壁的后部主要由房间隔构成。房间隔右侧面中下部有一卵圆形凹陷，称**卵圆窝**（fossa ovalis），是胚胎时期卵圆孔闭合后的遗迹，此处较薄弱，是房间隔缺损的好发部位。

2. **右心室**（right ventricle）　位于右心房的左前下方，为心腔最靠前的部分（图12-8）。室腔呈尖端向下的锥体形，锥底被位于后下方的右房室口和左上方的肺动脉口所占据。两口之间右室壁上的弓形肌性隆起称**室上嵴**，其将室腔分为**窦部**（流入道）和**漏斗部**（流出道）。

（1）**流入道**：为右房室的主要部分。其内面的肌束形成纵横交错的

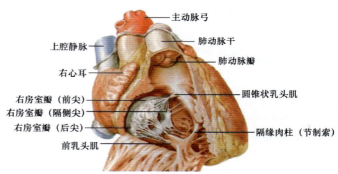

图12-8　右心室的腔面

隆起，称**肉柱**。入口为**右房室口**，口周缘有致密结缔组织构成的三尖瓣环。三尖瓣环上附着三个三角形的瓣膜，称**三尖瓣**，分别称**前瓣**、**后瓣**和**隔侧瓣**。在瓣膜的边缘和心室壁上的**乳头肌**之间连有多条结缔组织索，称**腱索**。乳头肌是从室壁突入室腔的锥形肌隆起，分为**前乳头肌**、**后乳头肌**和**隔侧乳头肌**。前乳头肌位于前下部，其根部有一肌束横过室腔至室间隔下部，称**节制索**（隔缘肉柱），内有心传导系纤维通过。后乳头肌位于膈壁，由多个小乳头肌组成。隔侧乳头肌较小，位于室间隔。当心室收缩时，由于血液的推动使三尖瓣关闭右房室口。由于乳头肌的收缩，腱索牵拉，瓣膜不至于翻向右心房，从而阻止血液逆流回右心房。在功能上三尖瓣环、三尖瓣、腱索和乳头肌是一个整体，称为**三尖瓣复合体**。

（2）**流出道**：又称**动脉圆锥**，位于右心室前上方，其上端有**肺动脉口**通肺动脉干。肺动脉口周缘有3个彼此相连的半月形纤维环为**肺动脉环**，环上附有3个半月形的**肺动脉瓣**（pulmonary valve），瓣膜游离缘朝向肺动脉干方向，肺动脉瓣与肺动脉壁之间的袋状间隙称**肺动脉窦**。当心室收缩时，血液冲开肺动脉瓣进入肺动脉干；当心室舒张时，肺动脉窦被倒流的血液充盈，使3个瓣膜相互靠拢，肺动脉口关闭，阻止血液返流入心室（图12-9）。

图12-9　心瓣膜模式图

3．左心房（left atrium）　位于右心房的左后方，构成心底的大部，是最靠后的一个心腔（图12-10）。其向前突的部分是**左心耳**，左心耳腔面也有与右心耳相似的梳状肌。

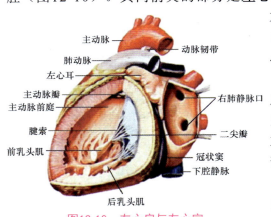

图12-10　左心房与左心室

左心房后部腔面光滑，其后壁两侧有左、右各1对肺静脉口。左心房前下部借左房室口通左心室。

4．左心室（left ventricle）　位于右心室的左后方（图12-11），呈圆锥形，锥底被左房室口和主动脉口所占据。左室壁比右室壁厚9～12 mm。左心室腔以二尖瓣前瓣为界，分为流入道（窦部）和流出道（主动脉前庭）两部分。

（1）**流入道**：为室腔左下方较大的区域，内壁粗糙不平。入口为左房室口，口周缘纤维环上附有二尖瓣，分为前瓣和后瓣。二尖瓣各尖瓣的边缘和心室面上也有多条腱索连于乳头肌。左室乳头肌分为前、后两个（两组）。较右室粗大，位于前、后壁上。纤维环、二尖瓣、腱索、乳头肌的功能与右心室相同，称**二尖瓣复合体**。

（2）**流出道**：又称**主动脉前庭**，为左心室的前内侧部分，出口为主动脉口，口周缘纤维环上也有三个袋口向上的半月形瓣膜，称**主动脉瓣**（aortic valve），分为左、右、后瓣。每瓣与相对的动脉壁之间的内腔称**主动脉窦**，可分为左、右、后窦，其中，左、右窦分别有左、右冠状动脉的开口。

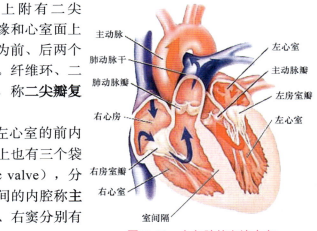

图12-11　心各腔的血流方向

三、心 的 构 造

心壁由心内膜、心肌层和心外膜组成。

1．**心内膜**　是被覆于心腔内面的一层光滑的薄膜，与血管的内膜相延续。心瓣膜是由心内膜向心腔折叠而成。

2．**心肌层**　为构成心壁的主体，包括心房肌和心室肌两部分。心房肌和心室肌分别附着于心纤维骨骼，并被其分开而不连续，故心房和心室可分别收缩。心房肌有两层，心室肌较厚，分三层，即深层纵行、中层环形和浅层斜行（图12-12）。

结缔组织在左房室口、右房室口、肺动脉口和主动脉口的周围构成4个瓣纤维环，纤维环之间形成左、右纤维三角（图12-13），它们共同形成心纤维骨骼。心肌纤维和心瓣膜的附着处，在心肌运动中起支持和稳定作用。心纤维性支架包括肺动脉瓣环、主动脉瓣环、二尖瓣环和三尖瓣环及室间隔膜部等。

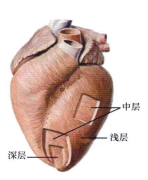

图12-12　心肌纤维走行

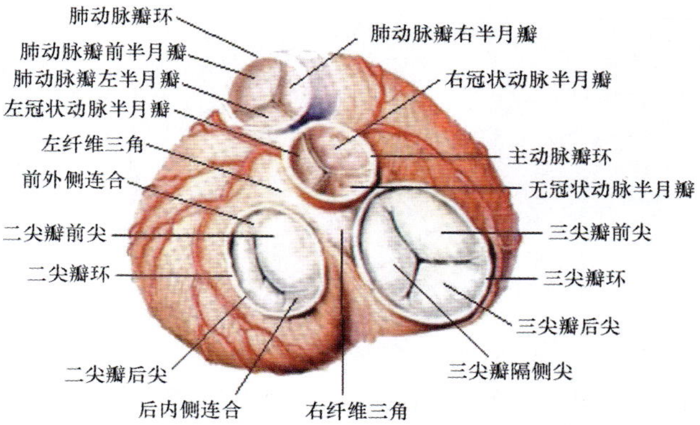

图12-13　纤维环与纤维三角

3．**心外膜**　包裹在心肌表面，即浆膜性心包的脏层。

4．房间隔和室间隔

（1）**房间隔**：由两层心内膜中间夹少量心房肌纤维和结缔组织构成。房间隔右侧面中下部有卵圆窝，是房间隔最薄弱处（图12-14）。

（2）**室间隔**：可分为肌部和膜部。**肌部**较厚，占据室间隔的大部分，由肌组织覆盖心内膜而成。**膜部**较薄，是室间隔缺损好发部位。

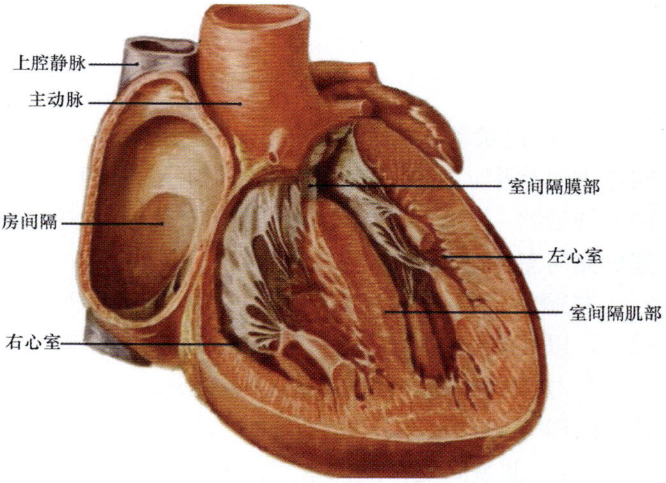

图12-14　房间隔、室间隔

四、心传导系

心的传导系统位于心壁内，由特殊分化的心肌纤维构成，包括窦房结、结间束、房室结、房室束（左束支、右束支）和Purkinje纤维网（图12-15）。

1．**窦房结**（sinuatrial node）　呈长椭圆形，位于上腔静脉与右心房交界处的界沟上1/3的心外膜下。其自律性最高，是心的正常起搏点。

2．**房室结**（atrioventricular node）　呈扁椭圆形，位于房间隔下部右侧的心内膜深面、冠状窦口的前上方。房室结的功能是将来自窦房结的兴奋延搁下传至心室，使心房和心室肌依先后顺序分开收缩。其自律性较低。

3．**房室束**（atrioventricular bundle）　又称His束，起自房室结前端，沿室间隔膜部的后下缘前行，至室间隔肌部上缘分为左、右束支。

（1）**左束支**：发出后呈扁带状在室间隔左侧心内膜下走行，于肌性室间隔上、中1/3交

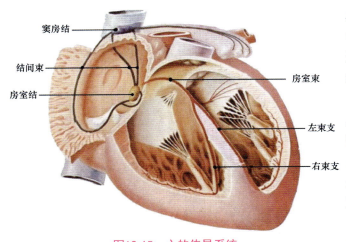

窦房结

结间束

房室结

房室束

左束支

右束支

图12-15　心的传导系统

界水平，分支在室间隔上部从前、中、后三个方向布于整个左室内面，形成Purkinje纤维网，连于一般心肌纤维。

（2）**右束支**：呈细长圆索状，从室间隔膜部下缘的中部向前下弯行，在室间隔右侧面心内膜下走行，向下进入隔缘肉柱，到达右心室前乳头肌根部分支分布至右室壁。也形成Purkinje纤维网，连于一般心肌纤维。

4．**Purkinje纤维网**　左、右束支的分支在心内膜下交织成心内膜下Purkinje纤维网，其发出的纤维进入心肌，在心肌内构成心肌内Purkinje纤维网，将兴奋传至整个心室。

五、心 的 血 管

（一）心的动脉

1．**右冠状动脉**（right coronary artery）　起于主动脉右窦，在右心耳与肺动脉干根部之间进入冠状沟，绕行至房室交点处形成一倒"U"形弯曲并分为两支：①**后室间支**较粗，是主干的延续，沿后室间沟走行，分支分布于后室间沟两侧的心室壁和室间隔后下1/3部；②**左室后支**向左行，分支至左心室膈壁。

右冠状动脉分布于右心房、右心室、室间隔后下1/3部（其中有房室束左后下支通行），以及部分左心室膈壁（图12-5、图12-6和图12-14）。

2．**左冠状动脉**（left coronary artery）　起于主动脉左窦，在肺动脉干和左心耳之间左行，随即分为前室间支和旋支。

（1）**前室间支**：沿前室间沟走行，绕心尖切迹至后室间沟，与右冠状动脉的后室间支吻合。前室间支向左侧、右侧和深面发出三组分支，分布于左心室前壁、部分右心室前壁和室间隔前上2/3部。当前室间支闭塞时，可发生左室前壁和室间隔前部心肌梗死以及束支传导阻滞。

（2）**旋支**：沿冠状沟左行，绕过心左缘至左心室膈面，多在心左缘与后室间沟之间的中点附近分支而终。旋支分布于左心房、左心室左侧面和膈面。旋支闭塞时，常引起左室侧壁或隔壁心肌梗死（图12-2、图12-6和图12-14）。

3．**左、右冠状动脉主要分支**

（1）**窦房结支**：近60％起于右冠状动脉，40％起自左冠状动脉旋支。沿心耳内侧面上行，分布于窦房结和心房壁。

（2）**左缘支和右缘支**：左缘支起于左冠状动脉旋支，沿心左缘走行；右缘支起自右冠状动脉，沿心下缘向心尖走行，与前、后室间支吻合。左、右缘支比较恒定、粗大，是冠状动脉造影时辨识血管分支的标志。

（3）**房室结支**：90%起于右冠状动脉"U"形弯曲的顶端，8.41%起于左冠状动脉旋支。分布于房室结区。由于90%的房室结支起自右冠状动脉，故当急性心肌梗死伴有房室传导阻滞时，应首先考虑右冠状动脉闭塞。

（二）心的静脉

心的静脉有三条途径回心（图12-5和图12-6）。

冠状窦（coronary sinus）位于心膈面左心房和左心室之间的冠状沟内，以冠状窦口开口于右心房。心绝大部分静脉血回流到冠状窦。其主要属支有：

1. **心大静脉** 在前室间沟内与前室间支伴行，向后上至冠状沟，再向左绕行至左室膈面注入冠状窦左端。

2. **心中静脉** 与后室间支伴行，注入冠状窦右端。

3. **心小静脉** 在冠状沟内与右冠状动脉伴行，向左注入冠状窦右端。

心静脉之间的吻合较冠状动脉丰富，冠状窦属支之间以及属支与心前静脉之间均有丰富的吻合。

六、心 包

心包（pericardium）是包裹心和出入心的大血管根部的圆锥形纤维浆膜囊，分为外层的纤维心包和内层的浆膜心包（图12-16）。

纤维心包由坚韧的纤维性结缔组织构成，上方包裹出入心的升主动脉、肺动脉干、上腔静脉和肺静脉的根部，并与这些大血管的外膜相延续，下方与膈中心腱相附着。

浆膜心包位于心包囊的内层，又分脏、壁两层。壁层衬附于纤维性心包的内面，与纤维心包紧密相贴。脏层包于心肌的表面，称心外膜。脏壁两层在出入心的大血管根部互相移行，两层之间的潜在腔隙称**心包腔**（pericardial cavity），内含少量浆液起润滑作用。

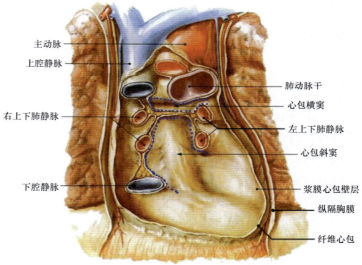

图12-16 心包

七、心的体表投影

心在胸前壁的体表投影通常采用4点连线法表示（图12-17）。

1. **左上点** 在左侧第2肋软骨的下缘，距胸骨左缘约1.2 cm处。

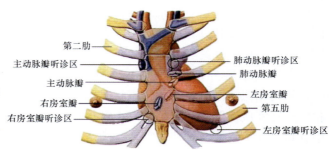

图12-17 心的体表投影

2．右上点　在右侧第3肋软骨上缘，距胸骨右缘约1 cm处。

3．右下点　在右侧第6胸肋关节处。

4．左下点　在左侧第5肋间隙，距前正中线7～9 cm。

四点之间微凸的弧形连线为心的界限。

第三节　动　　脉

一、肺循环的动脉

肺动脉干（pulmonary trunk）起自右心室，向左后上方斜行，至主动脉弓下方分为左、右肺动脉（图12-5）。

左肺动脉较短，在左主支气管前方横行至左肺门，分2支进入左肺上、下叶。

右肺动脉较长，经升主动脉和上腔静脉后方横行向至右肺门处分为3支进入右肺上、中、下叶。左、右肺动脉在肺内反复分支，伴支气管分支到达肺泡壁，最终形成毛细血管。

在肺动脉干分叉处稍左侧有一连于主动脉弓下缘的结缔组织索，称**动脉韧带**（arterial ligament），是胚胎时期动脉导管闭锁后的遗迹。若在出生后6个月左右仍未闭锁，则称动脉导管未闭，其是常见的先天性心脏病之一。

二、体循环的动脉

体循环的动脉是运送动脉血液离心到全身各器官的血管。由左心室发出，越分越细，终于毛细血管（图12-18）。动脉干的分支，离开主干进入器官前的一段称**器官外动脉**，入器官后称**器官内动脉**。

器官外动脉的分布有一定规律：①人体左、右对称的部位，动脉分支也对称分布。②每一局部都有一动脉主干。③躯干部有壁支和脏支之分。④动脉常与静脉、神经伴行，构成血管神经束。⑤动脉在行程中，多居于身体的屈侧、深部或安全隐蔽的部位，常以最短距离到达它所分布的器官，但也有例外，如睾丸动脉。⑥动脉分布的形式与器官的形态、功能有关。

器官内动脉分布与器官的结构形式有关，结构相似的器官其动脉分布状况也大致相同。在实质性器官，可呈放射、纵行或集中分布；在中空性或管状器官，其动脉呈纵行、横行或放射状分布（图12-19）。

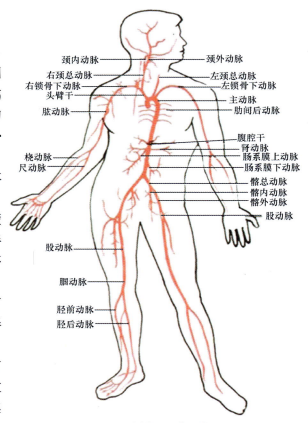

颈内动脉　颈外动脉
右颈总动脉　左颈总动脉
右锁骨下动脉　左锁骨下动脉
头臂干　主动脉
肱动脉　肋间后动脉
腹腔干
肾动脉
肠系膜上动脉
桡动脉　肠系膜下动脉
尺动脉　髂总动脉
髂内动脉
髂外动脉
股动脉
股动脉
腘动脉
胫前动脉
胫后动脉

图12-18　体循环动脉分布概况

（一）主动脉

主动脉是体循环的动脉主干，根据行程分为**升主动脉**、**主动脉弓**和**降主动脉**。降主动脉又以膈为界，分为胸主动脉和腹主动脉（图12-20）。

1. **升主动脉**（ascending aorta）　起自于左心室的主动脉口，向右前上方斜行，至右侧第2胸肋关节高度移行为主动脉弓。升主动脉发出左、右冠状动脉。

2. **主动脉弓**（aorta arch）　续接升主动脉，弯向左后方，到达第4胸椎体下缘处移行为降主动脉。主动脉弓凸侧从右向左发出**头臂干**、**左颈总动脉**和**左锁骨下动脉**。头臂干向右上方斜行至右胸锁关节后方分为右颈总动脉和右锁骨下动脉。

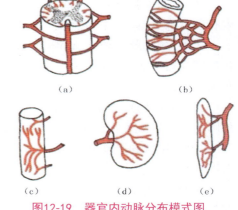

图12-19　器官内动脉分布模式图

（a）放射状分布（脊髓）；（b）横行分布（肠管）；（c）纵行分布（输尿管）；（d）自门进入（肾）；（e）纵行分布（肌）

3. **降主动脉**（descending aorta）　续接主动脉弓，沿脊柱左侧下行逐渐转至其前方下行，于第12胸椎高度穿膈的主动脉裂孔到腹腔继续下行，至第4腰椎体下缘处分为左髂总动脉和右髂总动脉。

主动脉弓壁内有**压力感受器**，可感受血压的升、降变化，反射性地调节血压。主动脉弓下方靠近动脉韧带处有2～3个粟粒样小体，称**主动脉小球**，其是化学感受器，可感受动脉血氧、二氧化碳含量和血液pH的变化，对心血管系统和呼吸系统进行调节。

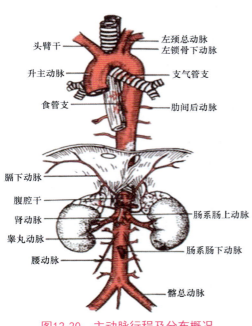

图12-20　主动脉行程及分布概况

（二）头颈部的动脉

1. **颈总动脉**（common carotid artery）　左侧发自主动脉弓，右侧起于头臂干。两侧颈总动脉经胸锁关节后方，沿食管、气管和喉的外侧上行，至甲状软骨上缘高度分为颈内动脉和颈外动脉（图12-21）。颈总动脉在胸锁乳突肌中部位置表浅，在活体上可扪及。当头面部大出血时，可在胸锁乳突肌前缘，平喉的环状软骨高度，向后内将颈总动脉压向第6颈椎的颈动脉结节，进行急救止血。在颈总动脉分叉处有两个重要结构：

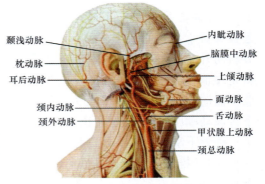

图12-21　颈外动脉及其分支

（1）**颈动脉窦**（carotid sinus）：是颈总动脉末端和颈内动脉起始处的膨大部分。窦壁内有压力感受器，当血压升高时，可反射性地引起心跳减慢减弱、血管扩张、血压下降。

（2）**颈动脉小球**（carotid glomus）：在颈总动脉分叉处的后壁，为一扁椭圆形小体的化学感受器。能感受血液中二氧化碳浓度的变化。当二氧化碳浓度升高时，可反射性促使呼吸加深加快。

2. **颈外动脉**（external carotid artery）　起始后初居颈内动脉前内侧，后经其前方转至其外侧上行，穿腮腺至下颌颈处分为颞浅动脉和上颌动脉两终支（图12-21）。主要分支有：

（1）**甲状腺上动脉**（superior thyroid artery）：从颈外动脉起始部发出后，行向前下方至甲状腺侧叶上端，分支分布于喉和甲状腺上部。

（2）**舌动脉**（lingual artery）：平舌骨大角处起于颈外动脉，向前内行，经舌骨舌肌深面至舌，分支营养舌、舌下腺和腭扁桃体等。

（3）**面动脉**（facial artery）：于舌动脉稍上方起于颈外动脉，向前经下颌下腺深面，于咬肌前缘绕过下颌底至面部，沿口角及鼻翼外侧迂曲上行到内眦，终于**内眦动脉**。面动脉分支分布于下颌下腺、面部和腭扁桃体等。面动脉在咬肌前缘绕下颌底处位置表浅，在活体可触及动脉搏动。

（4）**颞浅动脉**（superficial temporal artery）：在外耳门前方上行，越颧弓根至颞部皮下，分支分布于腮腺和额、颞、顶部软组织。在活体耳屏前上方颧弓根部可摸到颞浅动脉搏动。

（5）**上颌动脉**（maxillary artery）：经下颌颈深面入颞下窝，在翼内、外肌之间向前内走行至翼腭窝。沿途分支至外耳道、鼓室、牙及牙龈、鼻腔、腭、咀嚼肌、硬脑膜等处。主要分支有：①**脑膜中动脉**：在下颌颈深面发出，向上穿棘孔入颅腔后，分前、两支紧贴颅骨内面走行，分布于颅骨和硬脑膜。前支经过颅骨翼点内面，颞部骨折时易受损伤，引起硬膜外血肿。②**下牙槽动脉**：由上颌动脉发出后向前下经下颌孔入下颌管，自颏孔穿出后终于颏动脉。分支布于下颌骨、下颌牙齿和牙龈等处。

颈外动脉的其他分支有枕动脉、耳后动脉、咽升动脉等。

3. **颈内动脉**（internal carotid artery）　由颈总动脉发出后，垂直上升至颅底，经颈动脉管入颅腔，分支分布于脑和视器。颈内动脉在颈部无分支（图12-22）。

（三）上肢的动脉

1. **锁骨下动脉**（subclavian artery）　右侧起自头臂干，左侧起于主动脉弓，从胸锁关节后方斜向外至颈根部，呈弓状越过胸膜顶前方，穿斜角肌间隙，至第1肋外缘延续为腋动脉。当上肢出血时，可于锁骨中点上方的锁骨上窝处向后下将该动脉压向第1肋进行止血。

锁骨下动脉的主要分支有（图12-23）：

（1）**椎动脉**（vertebral artery）：起于锁骨下动脉，向上穿经第6～1颈椎横突孔，经枕骨大孔入颅腔，分支分布于脑和脊髓。

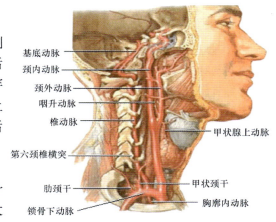

基底动脉
颈内动脉
颈外动脉
咽升动脉
椎动脉
甲状腺上动脉
第六颈椎横突
肋颈干
甲状颈干
胸廓内动脉
锁骨下动脉

图12-22　颈内动脉与椎动脉

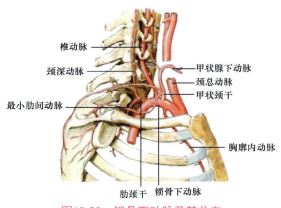

图12-23　锁骨下动脉及其分支

（2）**胸廓内动脉**（internal thoracic artery）：起点与椎动脉相对，沿第1～6肋软骨后面下降，分支布于胸前壁、心包、膈和乳房等处。于第6肋间隙处分为两终支：①**腹壁上动脉**：穿膈进入腹直肌鞘深面下行，分支营养该肌和腹膜；②**肌膈动脉**：分支布于肋间隙和膈。

（3）**甲状颈干**（thyrocervical trunk）：为一短干，在椎动脉外侧起于锁骨下动脉，分支主要有：①**甲腺下动脉**：向内上至环状软骨水平，横跨颈动脉鞘后方，至甲状腺下端，分布于甲状腺、咽、食管、喉和气管等；②**肩胛上动脉**：向下行越过前斜角肌及臂丛，经冈上窝至冈下窝，分布于冈上、下肌等。

2.**腋动脉**（axillary artery）　为锁骨下动脉的直接延续，至大圆肌下缘移行为肱动脉。腋动脉走行于腋窝深部，与腋静脉和臂丛伴行（图12-24）。其主要分支有：

（1）**胸肩峰动脉**（thoracoacromial artery）：在胸小肌上缘处起于腋动脉，穿过锁胸筋膜立即分为数支分布于三角肌、胸大肌、胸小肌和肩关节。

（2）**胸外侧动脉**（lateral thoracic artery）：沿胸小肌下缘走行，分布于前锯肌、胸大肌、胸小肌和乳房。

（3）**肩胛下动脉**（subscapular artery）：在肩胛下肌下缘处发出，行向后下，分支为**胸背动脉**和**旋肩胛动脉**。前者至背阔肌和前锯肌；后者穿至冈下窝，营养附近诸肌，并与肩胛上动脉吻合。

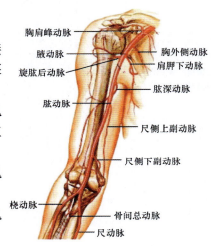

图12-24　上肢的动脉

（4）**旋肱后动脉**：绕经肱骨外科颈的后外侧至三角肌和肩关节等处。

3.**肱动脉**（brachial artery）　沿肱二头肌内侧下行至肘窝，平桡骨颈高度分为桡动脉和尺动脉。肱动脉位置比较表浅，能触及其搏动，当前臂和手部出血时，可在臂中部将该动脉压向肱骨进行止血（图12-25）。肱动脉主要分支为**肱深动脉**（deep brachial artery），斜向后外方，伴桡神经绕桡神经沟下行，分支营养肱三头肌和肱骨，其终支参与肘关节网。

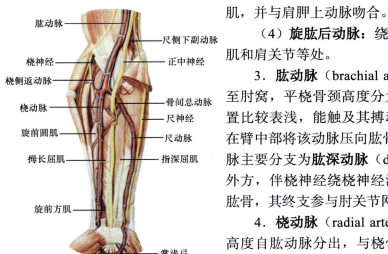

图12-25　前臂前面的动脉

4.**桡动脉**（radial artery）　在肘窝深处，平桡骨颈高度自肱动脉分出，与桡骨平行下降。先行走于肱桡肌与旋前圆肌之间。继而到达腕关节上方经肱桡肌腱与桡侧腕屈肌腱之间浅出，并绕桡骨茎突至手背，穿第1掌骨间隙到手掌深面，与尺动脉的**掌深支**吻合成**掌深弓**。桡动脉下段在腕关节前面桡侧处位置表

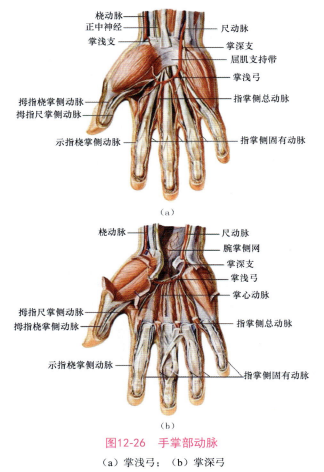

图12-26　手掌部动脉
(a)掌浅弓；(b)掌深弓

浅，可触及搏动，是诊脉的常见部位（图12-26）。桡动脉的主要分支有：

（1）**掌浅支**：在桡腕关节处发出，穿鱼际或沿其表面至手掌，与尺动脉末端吻合成掌浅弓。

（2）**拇主要动脉**：在桡动脉入手掌处发出，向下至拇收肌斜头深面。分为3支，分布于拇指掌面两侧缘和示指桡侧缘。

5.**尺动脉**（ulnar artery）　在尺侧腕屈肌与指浅屈肌之间下行，经豌豆骨桡侧至手掌，与桡动脉掌浅支吻合成掌浅弓（图12-26）。尺动脉在行程中除发分支至前臂尺侧诸肌和肘关节网外，主要分支还有：

（1）**骨间总动脉**：在肘窝处起自尺动脉，行于指深屈肌与拇长屈肌之间，到前臂骨间膜近侧端分为**骨间前动脉**和**骨间后动脉**，分别沿前臂骨间膜前、后面下降，沿途分支至前臂诸肌和尺、桡骨。

（2）**掌深支**：在豌豆骨远侧发自尺动脉，穿小鱼际至掌深部，与桡动脉末端吻合形成掌深弓。

6.**掌浅弓和掌深弓**

（1）**掌浅弓**（superficial palmar arch）：由尺动脉末端与桡动脉掌浅支吻合而成，从掌浅弓凸缘发出3支**指掌侧总动脉**和1支**小指尺掌侧动脉**［图12-26（a）］。指掌侧总动脉行至掌指关节附近，每支再分为两支**指掌侧固有动脉**，分别分布到第2～5指相对缘；小指尺掌侧动脉分布于小指掌面尺侧缘。

（2）**掌深弓**（deep palmar arch）：由桡动脉末端和尺动脉的掌深支吻合而成，位于屈指肌腱深面，由弓凸缘发出3支**掌心动脉**，前行至掌指关节附近，分别与相应的指掌侧总动脉吻合［图12-26（b）］。

（四）胸部的动脉

胸主动脉（thoracic aorta）是胸部的动脉主干，于第4胸椎体下缘续主动脉弓，分支有壁支和脏支（图12-27）。

1.**壁支**　较粗大，有成对的第3～11肋间后动脉和肋下动脉（图12-28），它们从

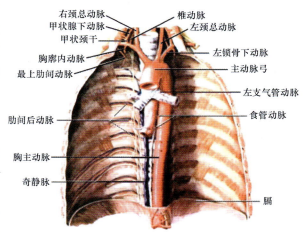

图12-27　胸主动脉及其分支

胸主动脉后壁发出后，在脊柱两侧分为前后两支。后支细小，分布于背部软组织和脊髓及其被膜；前支粗大，在相应肋沟内前行，分布于第3肋间以下胸壁和腹壁上部，且与胸廓内动脉的肋间支吻合。

2. 脏支 细小，包括支气管支、食管支和心包支，为一些分布于气管、支气管、食管和心包的小分支等。

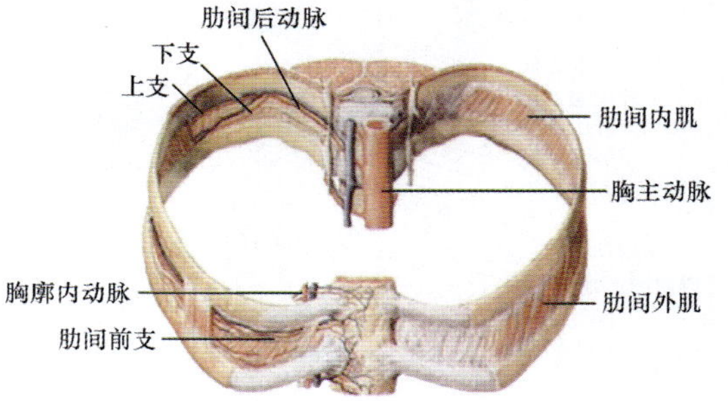

（五）腹部的动脉

腹部的动脉主干是腹主动脉（abdominal aorta），分支有壁支和脏支之分，脏支较壁支粗大（图12-29）。

1. 壁支 较细，主要有：

（1）**腰动脉**：共有4对，自腹主动脉后壁发出，分布于腹后、侧壁肌、皮肤和脊髓及其被膜。

（2）**膈下动脉**：左、右各一支，起于腹主动脉前壁，除分布于膈下面外，还发出肾上腺上动脉至肾上腺。

（3）**骶正中动脉**：是一细小支，自腹主动脉分叉处发出，沿骶骨前面下行，分布于盆腔后壁组织。

2. 脏支 粗大，分为成对脏支和不成对脏支两种。

（1）成对脏支

1）**肾上腺中动脉**：约平第1腰椎高度起自腹主动脉，分布到肾上腺。

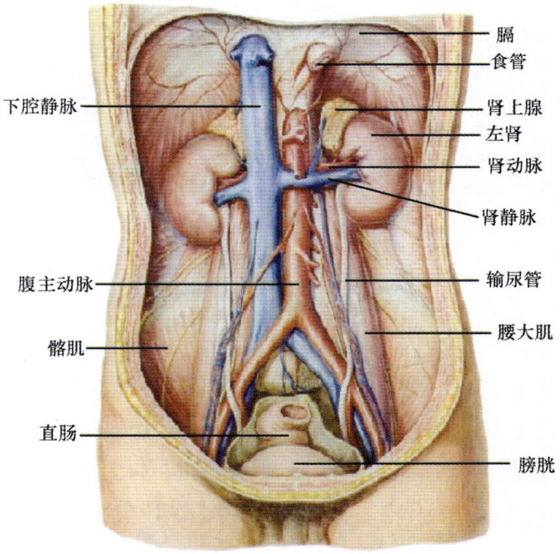

2）**肾动脉**（renal artery）：约平第1～2腰椎高度起于腹主动脉，横行向外经肾门入肾，在肾内再分为肾段动脉，营养各肾段组织。肾动脉在入肾门之前发出**肾上腺下动脉**至肾上腺。

3）**睾丸动脉**（testicular artery）：细长，于肾动脉起始处稍下方由腹主动脉前壁发出，沿腰大肌前面斜向外下方走行，入腹股沟管，参与精索组成，分布至睾丸和附睾，故又称**精索内动脉**。在女性则为**卵巢动脉**（ovarian artery），经卵巢悬韧带下行入盆腔，分布于卵巢和输卵管壶腹部。

（2）不成对脏支

1）**腹腔干**（celiac trunk）：为一短粗的动脉干，在主动脉裂孔稍下方起自腹主动脉前壁，立即分为胃左动脉、肝总动脉和脾动脉（图12-30）。

①**胃左动脉**（left gastric artery）：沿胃小弯向右行于小网膜两层之间，沿途分支布于食管腹段、贲门和胃小弯侧胃壁。

②**肝总动脉**（common hepatic artery）：自腹腔干发出后，向右行至十二指肠上部的上

(Top-right figure)

肋间后动脉 / 下支 / 上支 / 胸廓内动脉 / 肋间前支 / 肋间内肌 / 胸主动脉 / 肋间外肌

图12-28 胸壁的动脉

(Lower-right figure)

下腔静脉 / 腹主动脉 / 髂肌 / 直肠 / 膈 / 食管 / 肾上腺 / 左肾 / 肾动脉 / 肾静脉 / 输尿管 / 腰大肌 / 膀胱

图12-29 腹主动脉及其分支

Page 165 · 第十二章 脉管系统

方进入肝十二指肠韧带，分为：a. **肝固有动脉**（proper hepatic artery）：在肝十二指肠韧带内上行至肝门，分为左、右支进入肝左、右叶。右支在入肝门之前发出一支**胆囊动脉**，经胆囊三角至胆囊。肝固有动脉尚分出**胃右动脉**，在小网膜内行至幽门上缘，沿胃小弯左行，与胃左动脉吻合，沿途分支至十二指肠上部和胃小弯侧胃壁。b. **胃十二指肠动脉**：沿十二指肠上部后方下行，于胃幽门下缘处分为**胃网膜右动脉**和**胰十二指肠上动脉**。前者沿胃大弯向左，沿途分出胃支和网膜支至胃和大网膜，终末支与胃网膜左动脉吻合；后者有前、后两支，在胰头与十二指肠降部之间的前、后面下行，分布到胰头和十二指肠。

③**脾动脉**（splenic artery）：沿胰的上缘左行至脾门，分为数支入脾。脾动脉在胰上缘走行中，发出数支胰支至胰体和胰尾；发出1～2支**胃后动脉**（出现率为60%～80%），至胃体后壁上部。脾动脉在脾门附近，发出数支**胃短动脉**至胃底；发出**胃网膜左动脉**沿胃大弯右

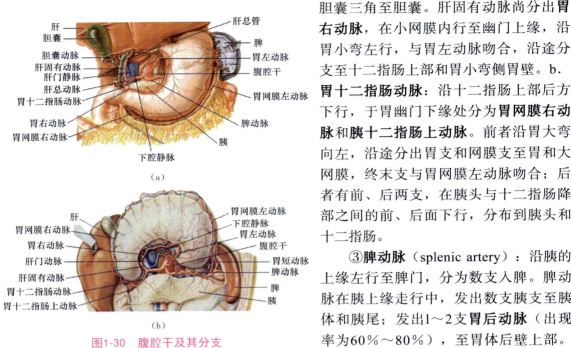

图1-30　腹腔干及其分支

（a）胃前面；（b）胃后面

行，其终末支与胃网膜右动脉吻合成动脉弓，发出胃支和网膜支营养胃和大网膜。

2）**肠系膜上动脉**（superior mesenteric artery）：在腹腔干稍下方，约平第1腰椎高度起自腹主动脉前壁，经胰头与胰体交界处后方下行，经钩突和十二指肠水平部前面之间进入小肠系膜根，斜向右髂窝，其分支（图12-31）有：

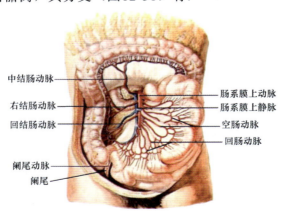

图12-31　肠系膜上动脉及其分支

①**胰十二指肠下动脉**：行于胰头与十二指肠之间，分前、后支与胰十二指肠上动脉前、后支吻合，分支营养胰和十二指肠。

②**空肠动脉和回肠动脉**：16～20支，由肠系膜上动脉左侧壁发出，行于小肠系膜内，反

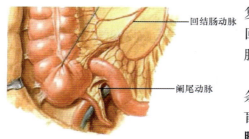

图12-32　阑尾动脉

复分支并吻合形成多级动脉弓，空肠的多为1～2级，回肠多为3～5级弓。由末级动脉弓发出直行小支进入肠壁，分布于空肠和回肠。

③**回结肠动脉**：为肠系膜上动脉发出的最下一条分支，斜向右下至盲肠附近分数支营养回肠末端、盲肠、阑尾和升结肠。其中，至阑尾的分支称**阑尾动脉**，经回肠末端的后方进入阑尾系膜，分支营养阑尾（图12-32）。

④**右结肠动脉**：在回肠动脉上方发出，右行分升、降两支与中结肠动脉和回结肠动脉吻合，分支至升结肠。

⑤**中结肠动脉**：于胰下缘附近起于肠系膜上动脉，向前略偏右侧进入横结肠系膜，分为左、右支，分别与左、右结肠动脉吻合，分支营养横结肠。

3）**肠系膜下动脉**（inferior mesenteric artery）：约平第3腰椎高度起于腹主动脉前壁，向左下走行，分支分布于降结肠、乙状结肠和直肠上部（图12-33）。

①**左结肠动脉**：向左行，至降结肠附近分升、降支，分别与中结肠动脉和乙状结肠动脉吻合，分支分布于降结肠。

②**乙状结肠动脉**：有2～4支，斜向左下方进入乙状结肠系膜内，各支间相互吻合成动脉弓，分支营养乙状结肠。乙状结肠动脉与左结肠动脉和直肠上动脉均有吻合。

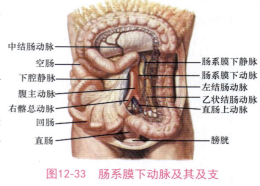

图12-33　肠系膜下动脉及其及支

③**直肠上动脉**：为肠系膜下动脉的终支，在乙状结肠系膜内下行，至第3骶椎高度分为左、右二支，沿直肠两侧分布于直肠上部，在直肠表面和壁内与直肠下动脉的分支吻合。

（六）盆部的动脉

1. **髂总动脉**（common iliac artery）　分左、右髂总动脉，约平第4腰椎高度由腹主动脉分出，沿腰大肌下行至骶髂关节高度分为髂内动脉、髂外动脉，分别到盆部和下肢（图12-34）。

2. **髂内动脉**（internal iliac artery）　是盆部的动脉主干，为一短干，沿盆腔侧壁下行，发出壁支和脏支。

（1）**壁支**

1）**闭孔动脉**：沿骨盆侧壁向前下行，穿闭膜管至大腿内侧，分支分布于大腿内侧群肌和髋关节等处。

2）**臀上动脉和臀下动脉**：分别经梨状肌上、下孔穿出至臀部，分支分布于臀肌和

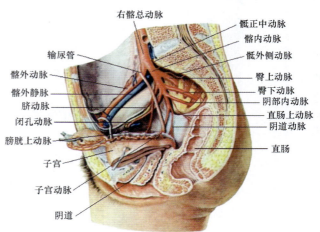

图12-34　女性盆腔的动脉

髋关节等处。

髂内动脉还发出**髂腰动脉**和**骶外侧动脉**，分布于髂腰肌、盆腔后壁以和骶管内结构。

（2）脏支

1）**脐动脉**：为胎儿时期的动脉干，出生后其远侧段管腔闭锁形成**脐内侧韧带**（脐动脉索），近侧段未闭，与髂内动脉起始段相接，发出数支**膀胱上动脉**，分布于膀胱中、上部。

2）**膀胱下动脉**：在男性，分布于膀胱底、精囊和前列腺。在女性，分布于膀胱底和阴道。膀胱下动脉与膀胱上动脉分支有较多吻合。

3）**子宫动脉**：沿盆腔侧壁下行，进入子宫阔韧带底部两层腹膜之间，在子宫颈外侧约2 cm处，跨输尿管前上方至子宫侧缘上行到子宫底。分支分布于子宫、阴道、输卵管和卵巢，并与卵巢动脉吻合。

4）**阴部内动脉**：穿梨状肌下孔出盆腔，再经坐骨小孔至坐骨直肠窝，分支为**肛动脉**、**会阴动脉**、**阴茎（蒂）动脉**等，分布于肛门、会阴部和外生殖器。

5）**直肠下动脉**：分布于直肠下部，与直肠上动脉、肛动脉发生吻合。

3. **髂外动脉**（external iliac artery）　沿腰大肌内侧缘行向外下方，经腹股沟韧带中点深面至股前部，移行为股动脉。髂外动脉在腹股沟韧带稍上方发出**腹壁下动脉**进入腹直肌，并与腹壁上动脉吻合。髂外动脉还发出旋髂深动脉，斜向外上，布于髂嵴及邻近肌。

（七）下肢的动脉

1. **股动脉**（femoral artery）　在股三角内伴股静脉、股神经下行，穿收肌管出收肌腱裂孔至腘窝，移行为**腘动脉**。股动脉在股三角内位置表浅，活体上可触及搏动。当下肢有大出血时，可在此处压迫股动脉止血。股动脉的主要分支为：**股深动脉**（deep femoral artery），其在腹股沟韧带下方2～5 cm处，起于股动脉，经股动脉后方向后内下方行，发出**旋股内侧动脉**至大腿肌内侧群；**旋股外侧动脉**至大腿肌前群；**穿动脉**（3～4支）至大腿肌、髋关节和股骨（图12-35）。

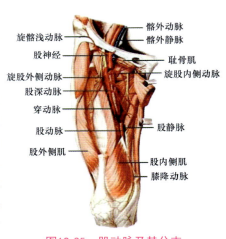

图12-35　股动脉及其分支

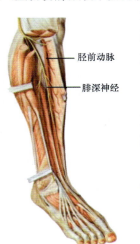

图12-36　小腿前面的动脉

2. **腘动脉**（popliteal artery）　续于股动脉，在腘窝深部下行至腘肌下缘处，分为胫前动脉和胫后动脉。其分支分布于膝关节及附近诸肌。

3. **胫前动脉**（anterior tibial artery）　由腘动脉发出后，穿过小腿骨间膜上部裂孔至小腿肌前群之间下行，至踝关节前方移行为足背动脉。胫前动脉沿途分支至小腿肌前群，并参与膝关节网构成（图12-36）。

4. **足背动脉**（dorsal artery of foot）　是胫前动脉的直接延续，于踇长伸肌腱和趾长伸肌腱之间前行，至第1跖骨间隙近侧，分为第1跖背动脉和足底深支两终支。足背动脉位置表浅，在踝关节前方，内、外踝连线中点，踇长伸肌腱的外侧可触及其搏动，足部出血时可在该处压迫足背动脉进行止血。足背动脉的主要分支有：①足底深支：穿第1跖骨间隙至足底，与足底外侧动脉末端吻合成动脉弓；②第1跖背动脉：沿第1跖骨间隙前行，分支至拇指背面侧缘和第2趾背内侧缘；③弓状动脉：沿跖骨底弓形向外，由弓的凸侧缘发出3支跖背动脉，向前又各分为2支细小的趾背动脉，分布于第2～5趾相对缘（图12-37）。

5. **胫后动脉**（posterior tibial artery）　沿小腿后群浅、深肌群之间下行，经内踝后方转至足底，分为足底内侧动脉和足底外侧动脉（图12-38）。胫后动脉分支有：

（1）**腓动脉**（peroneal artery）：于腘肌下缘处起自胫后动脉上部，沿腓骨内侧下行至外踝，分支分布于邻近诸肌和胫、腓骨。

（2）**足底内侧动脉**：沿足底内侧前行，分布于足底内侧部肌和皮肤。

（3）**足底外侧动脉**：在足底向外侧斜行至第5跖骨底处，转向内侧至第1跖骨间隙，与足背动脉的足底深支吻合，形成**足底弓**。由弓发出4支**跖足底总动脉**，向前又分为两支**趾足底固有动脉**，分布于1～5趾两侧（图12-39）。

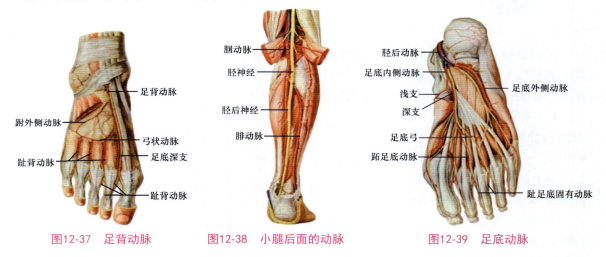

图12-37　足背动脉　　　　图12-38　小腿后面的动脉　　　　图12-39　足底动脉

第四节　静　　脉

一、肺循环的静脉

肺静脉（pulmonary vein）左右各两条，起自肺泡周围的毛细血管网，逐级汇合为左、右肺的上、下肺静脉，注入左心房后部。

二、体循环的静脉

静脉是运送血液回心的血管，始于毛细血管，末端连于右心房。静脉在回心过程中，不断接纳属支，管径也逐级增大。静脉与动脉相比有如下特点：①静脉压力低，流速慢，管壁薄，收缩力弱，故静脉比相应动脉的管腔略大；②数量较动脉多，从而使回心血量得以与心的输出量保持平衡。

静脉管壁内表面有向心性开放的**静脉瓣**（图12-40），可防止血液逆流。四肢浅静脉的静脉瓣较多。大静脉、肝门静脉和头颈部的静脉一般无静脉瓣。

体循环的静脉分为**浅静脉**和**深静脉**。浅静脉又称为**皮下静脉**。较大的浅静脉是临床上做静脉穿刺的血管。浅静脉数量较多，不与动脉伴行，最后汇入深静脉。深静脉位于深筋膜深面，多与动脉伴行，其名称和收集范围大多与其伴行动脉的名称和分布范围相当。

静脉之间有丰富的吻合及交通支。在某些部位或器官周围形成**静脉网**或**静脉丛**，如手背静脉网、食管和盆腔脏器周围的静脉丛等。

体循环的静脉分为上腔静脉系、下腔静脉系（包括门静脉系）和心静脉系（见心的血管）。

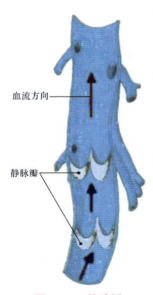

图12-40　静脉瓣

（一）上腔静脉系

上腔静脉系由上腔静脉及其属支组成，主要收集头颈、上肢、胸壁及胸腔脏器（心除外）和脐以上腹前外侧壁的静脉血。上腔静脉系的主干为**上腔静脉**（superior vena cava），由左、右头臂静脉汇合而成，向下注入右心房（图12-41）。

1. 头颈部的静脉　主要有颈内静脉和颈外静脉（图12-42）。

（1）**颈内静脉**（internal jugular vein）：为头颈部静脉主干，上端在颈静脉孔处与乙状窦相续，沿颈内动脉和颈总动脉的外侧下行至胸锁关节的后方与锁骨下静脉汇合成**头臂静脉**，其汇合处的夹角称**静脉角**。

颈内静脉的属支可分为颅内支和颅外支。颅内支通过硬脑膜窦汇集脑和视器等处的静脉血。颅外支主要汇集面部、颈部、咽和甲状腺等处的静脉血，其主要属支是面静脉。

面静脉（facial vein）起自

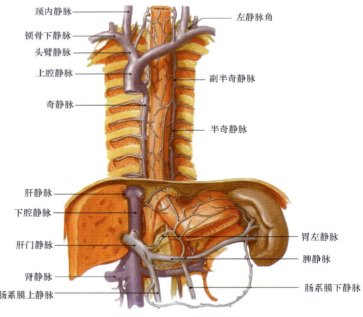

图12-41　上、下腔静脉

内眦静脉，与面动脉伴行至下颌角下方，与**下颌后静脉**的前支汇合后下行至舌骨平面，汇入颈内静脉（图12-43）。面静脉借内眦静脉、眼静脉与颅内的海绵窦相通。由于面静脉在口角上方一般无静脉瓣，故面部尤其是鼻根至两侧口角之间的三角区（**危险三角**）内发生化脓性感染时，切忌挤压，以防细菌逆行经内眦静脉、眼静脉进入颅内导致颅内感染。

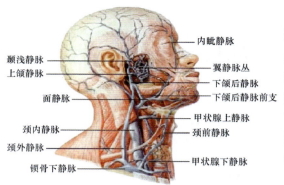

颞浅静脉
上颌静脉
面静脉
颈内静脉
颈外静脉
锁骨下静脉

内眦静脉
翼静脉丛
下颌后静脉
下颌后静脉前支
甲状腺上静脉
颈前静脉
甲状腺下静脉

图12-42 头颈部的静脉

（2）**颈外静脉**（extanal jugular vein）：是颈部最大的浅静脉，由下颌后静脉的后支和**耳后静脉、枕静脉**等汇合而成（图12-42），收集颅外和面部的静脉血。其主干在下颌角平面起始于腮腺的下方，沿胸锁乳突肌表面，斜向后下，在锁骨中点上方大约2 cm处注入锁骨下静脉。颈外静脉位置表浅且恒定，故临床儿科常在此做静脉穿刺。

2．锁骨下静脉和上肢的静脉

（1）**锁骨下静脉**（subclavian vein）：在第1肋外侧续**腋静脉**，向内行于锁骨下动脉的前下方，至胸锁关节后方与颈内静脉汇合成头臂静脉。

（2）**上肢的静脉**：分深静脉和浅静脉。深静脉与同名动脉伴行，最终汇入腋静脉。较大的浅静脉主要有三条，即**头静脉、贵要静脉和肘正中静脉**（图12-44）。

1）**头静脉**（cephalic vein）：起自手背静脉网的桡侧，沿前臂的桡侧转至臂前上部的前面至肘窝，向上沿肱二头肌外侧沟、三角肌与胸大肌间沟上行至锁骨下窝，穿锁胸筋膜注入腋静脉或锁骨下静脉。沿途收纳手和前臂桡侧浅层结构的静脉血。头静脉在肘窝处借肘正中静脉与贵要静脉交通。

2）**贵要静脉**（basilic vein）：起自手背静脉网的尺侧，沿前臂尺侧上行，在肘窝处接受肘正中静脉，继续沿肱二头肌内侧沟上行，至臂中点附近，穿深筋膜注入肱静脉或注入腋静脉。贵要静脉收纳手和前臂尺侧浅层结构的静脉血。

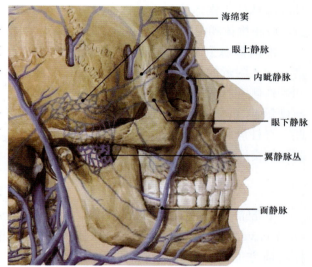

海绵窦
眼上静脉
内眦静脉
眼下静脉
翼静脉丛
面静脉

图12-43 面静脉与颅内交通

3）**肘正中静脉**（median cubital vein）：是肘窝处斜行于皮下的短静脉干，变异较多，一般由头静脉发出。经肱二头肌腱膜的表面向内侧汇入贵要静脉。肘正中静脉常接受前臂正中静脉。临床上常选择此静脉进行药物注射和采血。

3．**胸部的静脉** 主要有头臂静脉和上腔静脉、奇静脉及其属支。

（1）**奇静脉**（azygos vein）：起自右腰升静脉，经右膈脚后方入胸腔，在食管后方沿脊柱右侧上行至第4胸椎体高度注入上腔静脉。奇静脉沿途收集右侧肋间后静脉、食管静脉、支气管静脉和半奇静脉的血液。奇静脉是沟通上腔静脉系和下腔静脉系的重要通道之一（图12-45）。

（2）**半奇静脉**（hemiazygos vein）：起自左腰升静脉，入胸腔沿

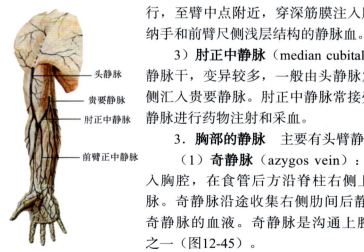

头静脉
贵要静脉
肘正中静脉
前臂正中静脉

图12-44 上肢的浅静脉

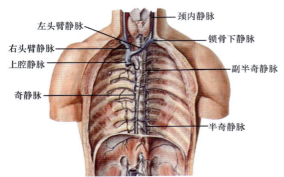

图12-45　胸部的静脉

脊柱左侧上行，于第8胸椎体高度经胸主动脉和食管后方向右跨越脊柱，注入奇静脉。半奇静脉收集左侧下部肋间后静脉、食管静脉和副半奇静脉的血液。

（3）**副半奇静脉**（accessory hemiazygos vein）：沿脊柱左侧下行，注入半奇静脉或向右跨过脊柱前面注入奇静脉。副半奇静脉收集左侧上部的肋间后静脉的血液。

（4）**椎静脉丛**（vertebral venous plexus）：椎管内外有丰富的静脉丛，可分为椎外静脉丛和椎内静脉丛。椎内静脉丛位于椎骨骨膜和硬脊膜之间，收集椎骨、脊膜和脊髓的静脉血，椎外静脉丛位于椎体的前方、椎弓及其突起的后方，收集椎体和附近肌的静脉血（图12-46）。

椎内静脉和椎外静脉丛无瓣膜，吻合丰富，注入附近的椎静脉、肋间后静脉、腰静脉和骶外侧静脉等静脉。椎静脉丛上经枕骨大孔与硬脑膜窦吻合，下与盆腔静脉丛吻合。因此，脊柱静脉丛是上、下腔静脉系和颅内、外静脉的交通要道。

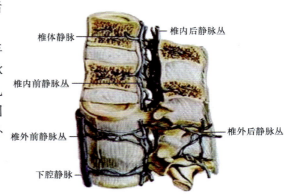

图12-46　椎静脉丛

（二）下腔静脉系

下腔静脉系主干为**下腔静脉**（inferior vena cava），它是全身最大的静脉，在第5腰椎平面由左、右髂总静脉汇合而成，沿脊柱右前方上行，穿过膈的腔静脉孔进入胸腔，立即穿过心包进入右心房。其主要收集下肢、盆部和腹部（脐以上腹前外侧壁除外）的静脉血（图12-47）。

1．下肢的静脉　分为浅静脉和深静脉。深静脉多与同名动脉伴行，最后汇集于**股静脉**。股静脉在腹股沟韧带深面向上移行为髂外静脉。在股三角的上部，股静脉位于股动脉内侧，且位置恒定，因此可借股动脉搏动而定位，在此做股静脉穿刺和插管。

下肢的浅静脉包括大隐静脉和小隐静脉及其属支。

（1）**大隐静脉**（great saphenous vein）：是人体最长的静脉，起自足背静脉弓，经内踝前方，在小腿内侧面、膝关节内后方、大腿内侧面浅筋膜内上行，至耻骨结节外下方3～4 cm处穿过阔筋膜的隐静脉裂孔注入股静脉（图12-48）。大隐静脉在注入股静脉之前接纳5条属支，即**股内侧浅静脉、股外侧浅静脉、阴部外静脉、腹壁浅静脉**和**旋髂浅静脉**。在做大隐静脉高位结扎切除术时，应将属支全

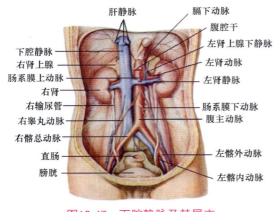

图12-47　下腔静脉及其属支

部结扎，以免复发。大隐静脉收集足、小腿和大腿的内侧部以及大腿前部浅层结构的静脉血。大隐静脉在内踝前方的位置表浅而恒定，是输液和注射的常用部位。大隐静脉和小隐静脉借穿静脉与深静脉交通。穿过静脉的瓣膜朝向深静脉，可将浅静脉的血液引流入深静脉。当深静脉回流受阻时，静脉瓣膜关闭不全，深静脉血液返流入浅静脉，可导致下肢浅静脉曲张。

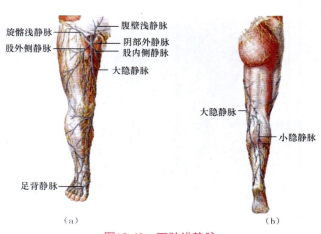

图12-48　下肢浅静脉
（a）大隐静脉；（b）小隐静脉

（2）**小隐静脉**（small saphenous vein）：起自足背静脉网外侧，经外踝后方，沿小腿后面上升至腘窝处注入**腘静脉**。

2．盆部的静脉

（1）**髂外静脉**（external vein）：髂外静脉是股静脉的直接延续，主要收集下肢及腹前外侧壁下部的静脉血。

（2）**髂内静脉**（internal iliac vein）：在坐骨大孔稍上方由盆部的静脉汇合而成后，沿髂内动脉后内侧上行，至骶髂关节前方与髂外静脉汇合成髂总静脉。髂内静脉的属支分**壁支**和**脏支**。壁支包括臀上静脉、臀下静脉、闭孔静脉、骶外侧静脉等。脏支包括起于直肠静脉丛的直肠下静脉、起于膀胱静脉丛的膀胱静脉、起于子宫静脉丛的子宫静脉、起于阴道静脉丛的阴道静脉。

（3）**髂总静脉**（common iliac vein）：在骶髂关节前方由髂内、髂外静脉汇合而成，左、右髂总静脉在第5腰椎平面汇合成**下腔静脉**。

3．腹部的静脉　其主干为下腔静脉，直接注入下腔静脉的属支，分壁支和脏支。

（1）**壁支**：包括1对**膈下静脉**和4对**腰静脉**，均与同名动脉伴行，并直接注入下腔静脉。

（2）**脏支**：主要有**肾静脉**、**肾上腺静脉**、**肝静脉**、**睾丸静脉**及**肝门静脉**。

1）**肾静脉**（renal veins）：左、右各一，起自肾门，与同名动脉伴行，注入下腔静脉。左肾静脉长于右肾静脉。左肾静脉除收集肾的血液外，还收集左睾丸静脉（或左卵巢静脉）和左肾上腺静脉的血液。

2）**肾上腺静脉**（suprarenal veins）：左、右各一，左肾上腺静脉注入左肾静脉，右肾上腺静脉直接注入下腔静脉。

3）**肝静脉**（hepatic veins）：一般有肝右静脉、肝中静脉和肝左静脉，均位于肝实质内。其收集肝窦回流的血液，在肝后缘注入下腔静脉。

4）**睾丸静脉**（testicular veins）：左、右各一，起自睾丸和附睾。最初有数条小静脉，在精索内彼此吻合，形成**蔓状静脉丛**，向上逐级汇合成一条静脉。右睾丸静脉直接注入下腔静脉，而左睾丸静脉则注入左肾静脉，因此，睾丸静脉曲张多发于左侧。**卵巢静脉**（ovarian veins）起自卵巢静脉丛，在卵巢悬韧带内上行合并成卵巢静脉，回流方式与睾丸静脉相同。

5）**肝门静脉**（hepatic portal veins）：为一短干，长6～8 cm，由**肠系膜上静脉**和**脾静脉**在胰头后方汇合而成（图12-49）。向右斜行进入肝十二指肠韧带内，经肝固有动脉和胆总

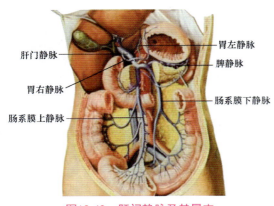

图12-49 肝门静脉及其属支

管的后方上行达肝门。分左、右两支，分别进入肝左叶和肝右叶，并在肝内反复分支，最后汇入**肝血窦**。肝门静脉收集腹腔内除肝以外的所有不成对器官的静脉血。

肝门静脉的主要属支有：①**肠系膜上静脉**：与同名动脉伴行，走行于小肠系膜内，收集十二指肠至结肠左曲之间肠管及部分胃和胰腺的静脉血注入肝门静脉。②**肠系膜下静脉**：与同名动脉伴行，一般注入脾静脉，收集降结肠、乙状结肠及直肠上部的静脉血。③**脾静脉**：由数条小静脉在脾门处汇合而成，经胰后方、脾动脉下方向右行，与肠系膜上静脉汇合成肝门静脉。脾静脉收集脾、胰及部分胃的静脉血，还接纳肠系膜下静脉。④**胃左静脉**：在胃小弯侧与胃左动脉伴行，收集胃及食管下段的静脉血。⑤**胃右静脉**：与胃右动脉伴行，并与胃左静脉吻合，注入肝门静脉前多接收**幽门前静脉**。胃右静脉收集同名动脉分布区的静脉血。⑥**胆囊静脉**（cystic vein）：收集胆囊壁的静脉血，注入肝门静脉或其右支。⑦**附脐静脉**（paraunbilical vein）：是起于脐周静脉网的数条小静脉，沿肝圆韧带向肝下面行走注入肝门静脉。

肝门静脉的属支与上、下腔静脉系之间有丰富的吻合（图12-50），主要吻合部位有：①通过**食管静脉丛**使肝门静脉系的胃左静脉属支与上腔静脉系中的奇静脉属支间相互吻合而交通。②通过**直肠静脉丛**使肝门静脉系的肠系膜下静脉属支与下腔静脉系髂内静脉的属支之间相吻合而交通。③通过**脐周静脉网**使肝门静脉系的附脐静脉与上腔静脉系的胸腹壁静脉和腹壁上静脉间相吻合；或者与下腔静脉系的腹壁下静脉、腹壁浅静脉间相吻合而交通。

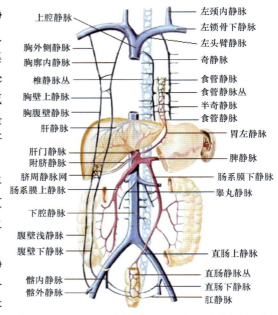

图12-50 肝门静脉与上、下腔静脉吻合模式图

第五节　心血管的微细结构

一、心壁的微细结构

心壁主要由心肌构成，心壁很厚，但心房壁和心室壁厚度不一。心肌是心节律性收缩和舒张的物质基础。心壁由内向外分为心内膜、心肌膜和心外膜三层（图12-51）。此外，心

壁内还有心的传导系统。

1. 心内膜（endocardium）　衬覆于心腔的最内面，由内向外分为三层：①内皮：为单层扁平上皮，与出入心脏的血管内皮相连续，表面光滑利于血液的流动。②内皮下层：由结缔组织构成，含少量的平滑肌。③心内膜下层：为疏松结缔组织，血管、神经、淋巴管及心传导系统的分支。心瓣膜即是由心内膜折叠后向心腔内突出而构成的。

2. 心肌膜（myocardium）　是心壁的主体，主要由心肌构成，心肌纤维附着于心纤维骨骼上。心纤维骨骼是由致密结缔组织构成的支架，位于心房和心室交界处以及房室口和动脉口周围，包括室间隔膜部、纤维三角和纤维环。心肌纤维集合成束，呈螺旋状排列，可分为三层，

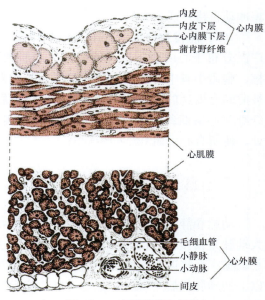

图12-51　心壁的微细结构

其走行方向为内纵、中环、外斜，肌束间有较多的疏松结缔组织和丰富的毛细血管。心房的心肌较薄，心室的心肌较厚，其中左心室最厚。由于心房肌和心室肌分别附着于心纤维骨骼上，肌纤维不相连续，因此心房肌的兴奋不能直接传给心室肌。

近年来发现，心房的心肌纤维内含有特殊颗粒，其内含有肽类物质，称为心房利钠尿多肽，有利尿、排钠、舒张血管和降低血压等作用。

3. 心外膜（epicardium）　属于浆膜，其浅层为间皮，间皮下是薄层疏松结缔组织，内有血管和神经等。

4. 心脏传导系统　由特殊分化的心肌纤维组成，其功能是产生并传导冲动到整个心脏，以协调心房肌和心室肌有节律地收缩和舒张。

一般认为，窦房结产生的冲动可直接传递给左、右心房，并通过结间束传递给房室结。房室结的主要功能是将窦房结传来的冲动通过房室束及其分支传向心室肌。冲动在房室结内有延搁，使得心室肌接受窦房结冲动比心房肌慢。房室束（atrioventricular bundle）又称希氏（His）束，在室间隔肌部上缘分为左、右两束支，左、右束支分支延续为蒲肯野纤维，蒲肯野纤维与一般心肌纤维相连。组成心脏传导系统的特殊心肌纤维可分为三类：

（1）**起搏细胞**：又称P细胞，主要分布于窦房结，少量分布于房室结内。P细胞比普通心肌细胞小，呈梭形或多边形，染色浅，有分支并连接成密网，细胞间无闰盘。胞质内细胞器少，肌浆网不发达，肌丝较少，含糖原较多。研究证明，P细胞是心肌兴奋的起搏点，可使心肌产生自律性收缩。

（2）**移行细胞**：是起搏细胞与蒲肯野纤维或心肌细胞之间的连接细胞，主要分布于房室结及房室束起始部，并向下延伸进入房室束的起始部，窦房结边缘也有少量移行细胞分布。移行细胞胞体呈细长形，较心肌纤维细而短，胞质内含肌原纤维较P细胞略多，胞质内肌丝增多，肌浆网也较发达，其形态特点介于P细胞和普通心肌细胞之间。有人认为，移行细胞有延缓冲动传导的作用。此外，位于窦房结周围的移行细胞，与心房的心肌纤维相连，

将冲动直接传递到心房。

（3）**蒲肯野纤维**（Purkinje fiber）：又称束细胞，是组成房室束及其分支的主要细胞，广泛分布于心内膜下层。该细胞比心肌细胞宽而短，形状不规则，细胞中央有1～2个细胞核，胞质中有丰富的糖原和线粒体，肌丝束较少，多位于细胞周边，胞核周围着色淡，细胞彼此间有发达的闰盘相连。蒲肯野纤维最后与心肌细胞相连，其中房室束分支末端的蒲肯野纤维与心室肌纤维相连。生理学研究证实，蒲肯野纤维的功能是将冲动快速传至心室肌各处，使所有心室肌纤维同步舒缩。

二、血管的微细结构

动脉和静脉都可分为大、中、小、微4级，4级血管逐渐移行，在结构上无明显的界限。大动脉是指接近心的动脉，管径最粗，如主动脉和肺动脉等；管径在0.3～1 mm的动脉属于小动脉；而接近毛细血管，管径在0.3 mm以下的动脉称微动脉；除大动脉外，凡管径在1 mm以上的动脉均属中动脉，如肱动脉、桡动脉和尺动脉等。大静脉的管径大于10 mm，如上腔静脉、下腔静脉和头臂静脉等；管径小于2 mm的静脉属小静脉，其中与毛细血管相连的小静脉称微静脉；介于大、小静脉之间的静脉均属中静脉。除毛细血管外，血管管壁结构一般分为内膜、中膜和外膜三层。

1. **内膜** 属于血管壁的最内层，最薄，一般又可分为3层，即内皮、内皮下层以及内弹性膜。内皮属于单层扁平上皮，其游离面光滑，可减少液体流动时的阻力。内皮外侧为内皮下层，由结缔组织构成。内皮下层外侧为内弹性膜，由弹性蛋白构成，呈均质膜状，可以作为内膜和中膜的分界。

2. **中膜** 不同血管的中膜区别较大，如大动脉的中膜由数十层的弹性膜组成，中动脉的中膜主要由大量的平滑肌纤维组成。

3. **外膜** 由疏松结缔组织组成。较大的血管外膜还含有营养血管、淋巴管和神经等。

（一）动脉

1. **大动脉** 指接近心的动脉，包括主动脉、肺动脉、头臂干等。

（1）内膜：内皮下层较厚，内弹性膜由多层弹性膜组成，由于内弹性膜直接与中膜的弹性膜相连，故内膜与中膜无明显分界（图12-52）。

（2）中膜：最厚，主要由40～70层有孔的弹性膜和大量弹性纤维构成，弹性膜呈波浪状。其间还有环行排列的平滑肌及少量的胶原纤维和弹性纤维。大动脉具有很强的弹性，又称为**弹性动脉**。当心室射血时，大动脉略扩张；心室舒张时，凭借管壁的弹性回缩能力，从而推动血液向前流动。

（3）**外膜**：较薄，由疏松结缔组织构成，其中

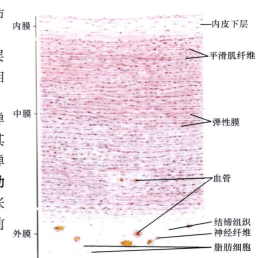

内膜 ——内皮下层

——平滑肌纤维

中膜 ——弹性膜

——血管

外膜 ——结缔组织
——神经纤维
——脂肪细胞

图12-52 大动脉的微细结构

含有营养血管，以及淋巴管和神经等。

2. 中动脉 具有动脉管壁的典型结构，管壁内含丰富平滑肌纤维，故又称肌性动脉（图12-53）。

（1）**内膜**：由内皮和内皮下层构成，内皮下层很薄；在内皮下层之外有内弹性膜，内弹性膜明显，中动脉的内膜与中膜的分界明显。在血管横切面上，由于管壁收缩，内弹性膜常呈波纹状。

（2）**中膜**：由10～40层环行排列的平滑肌组成，较厚；在平滑肌之间有少量弹性纤维和胶原纤维。平滑肌的收缩和舒张可控制管径的粗细，从而调节各器官的血流量。

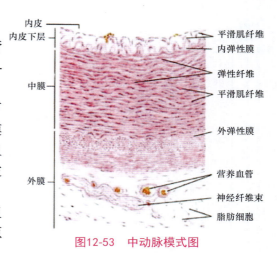

图12-53 中动脉模式图

（3）**外膜**：主要由疏松结缔组织构成，厚度与中膜接近。在外膜与中膜交界处有外弹性膜。

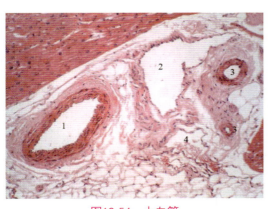

图12-54 小血管

1—小动脉；2—小静脉；3—微动脉；4—微静脉

3. 小动脉和**微动脉**

（1）**小动脉**：管径在0.3～1 mm之间，结构与中动脉相似，但各层均变薄，缺乏外弹性膜，中膜有3～4层环行平滑肌，相对较发达，故小动脉也被称为肌性动脉。当小动脉管壁平滑肌收缩时，其管径变小，使血流阻力明显增加，从而对血流量及血压的调节起到重要作用，因此又把小动脉称**阻力血管**（图12-54）。

（2）**微动脉**：管径小于0.3 mm，各层均薄，管壁一般无内、外弹性膜，仅由内皮及1～2层平滑肌构成。接近毛细血管的微动脉称中间微动脉，其管壁由内皮和一层不连续的平滑肌纤维构成。微动脉平滑肌的收缩和舒张亦可直接影响外周血流的阻力，从而影响血压，故也常被称为外周阻力血管。

（二）静脉

与伴行动脉比较，静脉的结构特点为：数量多、管径大、管腔不规则、管壁薄、弹性小，故切片中静脉管壁常塌陷，较大的静脉中常有静脉瓣。

静脉管壁三层膜之间的界线不明显，平滑肌和弹性纤维均不及动脉丰富，结缔组织成分较多（图12-55）。

1. 内膜 最薄，由内皮和少量结缔组织构成。内膜常向静脉管腔折叠突出，形成静脉瓣（图12-56），有防止血液逆流的作用。

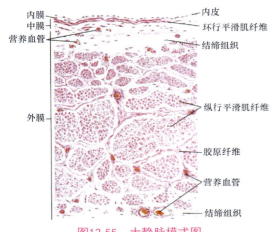

图12-55　大静脉模式图

图12-56　中静脉及静脉瓣（HE染色　低倍）

2．**中膜**　较薄，由数层稀疏的平滑肌构成。

3．**外膜**　最厚，由结缔组织构成，内含血管、神经、淋巴管。大静脉的外膜含有较多的纵形平滑肌。

（三）毛细血管

毛细血管广泛分布于机体的器官、组织和细胞之间，介于小动脉和小静脉之间。它们结构简单，管径最细，管壁最薄，分支最多，行程迂曲，彼此相互连接，吻合成网，通透性高（图12-57）。其内血流速度缓慢，有利于血液与周围组织进行物质交换，因此，毛细血管是体内实现物质交换的重要结构。

1．**毛细血管的结构**　毛细血管（capillary）

图12-57　毛细血管模式图

是微动脉的分支，管径平均7～9 μm，只可容许单个红细胞通过。毛细血管的管壁最薄，由内皮和基膜组成（图12-58）。内皮细胞呈扁平梭形，其长轴与血管长轴平行，含胞核的部分较厚，突向管腔；无胞核的部分，细胞极薄，有利于物质交换。内皮细胞外有薄层基膜形成的基板。在内皮细胞与基膜之间散在有一种扁平多突起的细胞，称**周细胞**，不仅具有收缩功能，参与毛细血管的双向调控；同时又是一种未分化的细胞，当炎症或创伤修复时，可分化为内皮、平滑肌细胞或某些结缔组织细胞。

图12-58　毛细血管超微结构模式图

2. **毛细血管的分类**　在电镜下观察毛细血管内皮细胞的结构特点，可将毛细血管分为3类（图12-58）。

（1）**连续毛细血管**：较为多见，其特点是内皮细胞完整、连续，细胞之间有紧密连接封闭细胞间隙，内皮外基膜完整。连续毛细血管主要分布于肌组织、结缔组织、胸腺、外分泌腺、肺和中枢神经系统等处，参与各种屏障结构的构成。

（2）**有孔毛细血管**：内皮细胞的基膜完整，细胞不含胞核的部分极薄，有许多贯穿胞质的环行窗孔，孔径为60～100 nm，有的孔上有隔膜封闭。有孔毛细血管的物质交换主要通过内皮细胞的窗孔来完成。有孔毛细血管主要存在于胃肠道黏膜、某些内分泌腺和肾血管球等处。

（3）**血窦**：也称窦状毛细血管，它的特点是腔大、形状不规则。窦状毛细血管的物质交换是通过内皮细胞的窗孔及细胞间的间隙进行的。血窦主要分布在大分子物质交换旺盛的器官，如肝、脾、骨髓和某些内分泌腺。

（四）微循环

微循环（microcirculation）是指从微动脉到微静脉之间的血液循环，是血液循环的基本功能单位。一般包括以下6部分（图12-59）。

1. **微动脉**　其管壁平滑肌的舒缩活动，可以起控制微循环的作用，一般称为微循环的总阀门。

2. **中间微动脉**（后微动脉）　管壁平滑肌已不完整，其分支形成相互吻合的真毛细血管。

3. **真毛细血管**　血管迂回曲折，血流缓慢，是进行物质交换的部位，当组织功能活跃时，大部分血液流入真毛细血管，进行充分的物质交换。

4. **直捷通路**　中间微动脉的延伸部分形成直捷通路，在组织处于静息状态时，微循环的血流大部分经此通路快速进入微静脉，只有少部分血液流经真毛细血管。

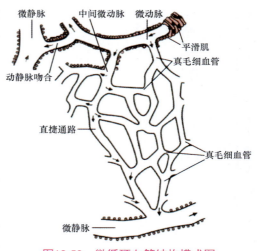

图12-59　微循环血管结构模式图

5. **动静脉吻合**　在微动脉与微静脉之间形成动静脉吻合，当其关闭时，血液由微动脉流入毛细血管；当其松弛时，血液由微动脉可经此直接流入微静脉。动静脉吻合主要分布在指、趾、唇和鼻等处的皮肤内，是调节局部组织血流量的重要结构。

6. **微静脉**　与小静脉相连，把微循环的血液导入小静脉。

✗ 思考题

1. 简述左、右冠状动脉分支供血范围。

2. 指出营养胃的动脉及其来源。

3. 子宫动脉发自何处，营养哪些器官，结扎时应注意什么？

4. 自肱动脉插管经何途径到达左冠状动脉前室间支？

5. 于臀部（外上1/4）注射抗生素经何途径到达右下颌牙齿、牙龈？

6. 肘正中静脉推注葡萄糖经过哪些途径可以到达肝？

7. 大隐静脉曲张做大隐静脉高位结扎术时必须注意什么？

8. 简述门-腔静脉吻合途径。

9. 试述心壁的组织结构。

10. 联系功能比较大动脉、中动脉、小动脉和微动脉的管壁结构的异同。

第十三章　淋巴与免疫系统

🙂 学习目标

熟悉

1. 淋巴系统的组成及功能。
2. 9条淋巴干的名称，胸导管的主要行程及收纳范围。
3. 全身主要淋巴结群的位置及功能。
4. 脾的形态、位置及结构。

了解

1. 淋巴结、脾和胸腺的结构及功能。
2. 淋巴组织的结构及功能。

第一节　淋巴系统

一、淋巴系统的组成和结构特点

淋巴系统由淋巴管道、淋巴器官和淋巴组织组成。当血液流经毛细血管的动脉端时，部分水及营养物质渗入组织内成为组织液，组织液与细胞进行物质交换后，其大部分经毛细血管的静脉端渗入静脉，小部分则渗入毛细淋巴管成为**淋巴**（图13-1）。

淋巴为无色透明液体，在淋巴管道内向心流动，途经淋巴组织或淋巴器官，最后汇入静脉。淋巴系统不仅能协助静脉进行体液回流，且淋巴组织和淋巴器官具有产生淋巴细胞、过滤异物和产生抗体等功

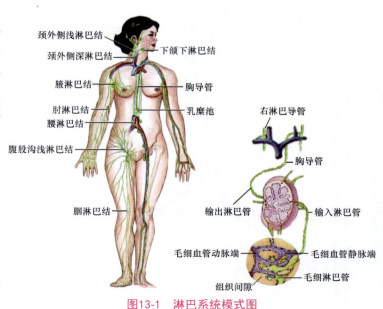

图13-1　淋巴系统模式图

能，故淋巴系统也是人体的重要防御结构。

（一）淋巴管道

淋巴管道分为毛细淋巴管、淋巴管、淋巴干和淋巴导管。

1. **毛细淋巴管**（lymphatic capillary）　是淋巴管道的起始部分，以膨大的盲端起于组织间隙，彼此吻合成网，管径粗细不均，内无瓣膜，较毛细血管粗。管壁由内皮构成，内皮

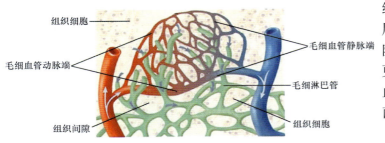

细胞间多成叠瓦状邻接，无基膜和周细胞，细胞间有0.5 μm左右的间隙，故毛细淋巴管具有比毛细血管更大的通透性，一些不易透过毛细血管的大分子物质，如蛋白质、细菌和癌细胞等较易进入毛细淋巴管（图13-2）。

图13-2　毛细淋巴管

毛细淋巴管分布广泛，除上皮、角膜、晶状体、巩膜、玻璃体、牙釉质、软骨、脑、脊髓、脾髓和骨髓等处缺乏形态明确的管道外，毛细淋巴管遍布全身其他各部。

2. **淋巴管**（lymphatic vessel）　由毛细淋巴管汇合而成，腔内有丰富的瓣膜。淋巴管可分为浅淋巴管和深淋巴管两种，浅淋巴管行于皮下组织中，与浅静脉伴行；深淋巴管多与深部血管神经束伴行。浅、深淋巴管之间存在广泛的交通吻合支。淋巴管在向心走行过程中，要经过一个或多个淋巴结。由于淋巴回流速度缓慢，其数量及瓣膜数目是静脉的数倍，从而维持了淋巴的正常回流。

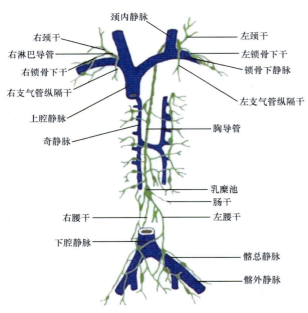

图13-3　淋巴干及淋巴导管

3. **淋巴干**（lymphatic trunks）　全身各部的淋巴管经过一系列的淋巴结后，汇合成较大的淋巴管称为淋巴干。全身淋巴干共有9条：左颈干、右颈干、左支气管纵隔干、右支气管纵隔干、左锁骨下干、右锁骨下干、左腰干、右腰干和一条的肠干（图13-3）。

4. **淋巴导管**（lymphatic ducts）　由9条淋巴干分别汇合成两条大的淋巴导管，即右淋巴导管和胸导管，两条淋巴导管分别注入左静脉角和右静脉角。

（1）**胸导管**（thoracic duct）：是全身最大的淋巴管，长30～40 cm，管腔内瓣膜较少，在第1腰椎体前方起始于由左、右腰干和一条肠干汇合成的膨大即**乳糜池**。胸导管起始后上行于脊柱前方，于主动脉后方穿膈主动脉裂孔入胸腔，在食管与脊柱之间继续上行至第5胸椎附近向左侧斜行，出胸廓上口达颈根部，向前弓状注入左静脉角，少数可注入左颈内静脉。在汇入静脉角前收纳左

支气管纵隔干、左颈干和左锁骨下干。胸导管通过上述6条淋巴干和某些散在的淋巴管收集下半身、左半胸部、左上肢和左半头颈部的淋巴。收纳约占全身3/4部位的淋巴回流。

（2）**右淋巴导管**（right lymphatic duct）：位于右颈根部，为一短干，长1～1.5 cm，由右颈干、右锁骨下干和右支气管纵隔干汇合而成，注入右静脉角，主要收纳右半头颈、右上肢和右侧半胸部的淋巴，收纳约全身右上1/4部位的淋巴回流。

二、淋巴回流的因素

淋巴回流速度很慢，约是静脉的1/10，在安静状态下每小时约有120 mL淋巴流入血液，机体活动时可增加回流量。回流的主要因素有：①新的淋巴不断产生；②淋巴管壁的平滑肌收缩；③淋巴管内瓣膜可保证淋巴定向流动；④淋巴管周围动脉的搏动、肌肉收缩和胸腔负压等。

三、淋巴的侧支循环

淋巴管之间有丰富的交通支参与淋巴的侧支循环，当某种因素致淋巴通路阻塞或中断时，侧支循环通路扩大增流，形成新的淋巴回流通路；在遇有炎症或外伤等情况下，淋巴管可快速建立新的侧支循环，恢复淋巴回流。但淋巴的侧支通路可成为病变扩散或肿瘤转移的途径。

四、全身各部的淋巴管和淋巴结

1. **头颈部淋巴结** 头颈部的淋巴结群大致呈环行和纵行排列。头部的淋巴结多位于头颈交界处，由后向前依次有枕淋巴结、乳突淋巴结、腮腺淋巴结、下颌下淋巴结和颏下淋巴结等，收纳头面部浅层的淋巴，注入沿颈外静脉和颈内静脉纵行排列的颈外侧浅淋巴结和颈外侧深淋巴结（图13-4）。

图13-4　头颈部淋巴结
（a）浅层；（b）深层

（1）头部的淋巴结

1）**枕淋巴结**：位于枕部皮下、斜方肌起点的表面，收纳枕部、顶部的淋巴，输出管汇入颈外侧浅淋巴结和颈外侧上深淋巴结。

2）**乳突淋巴结**：又称耳后淋巴结，位于胸锁乳突肌上端表面，收纳颅顶及耳郭后面的浅淋巴。

3）**腮腺淋巴结**：位于腮腺表面和腮腺实质内，收纳额、颞区、耳郭和外耳道、颊部和腮腺等处的淋巴。

4）**下颌下淋巴结**（submandibular lymph nodes）：位于下颌下腺附近，收纳面部、鼻部和口腔器官的淋巴。

5）**颏下淋巴结**：位于颏下部，收纳颏部、下唇内侧部和舌尖部的淋巴。

（2）颈部的淋巴结

1）**颈外侧浅淋巴结**（superficial lateral cervical lymph nodes）：位于胸锁乳突肌表面，沿颈外静脉排列，收纳颈部浅层的淋巴管，并汇集乳突淋巴结、枕淋巴结及部分下颌下淋巴结的输出管，其输出管注入颈外侧深淋巴结。

2）**颈外侧深淋巴结**（deep lateral cervical lymph nodes）：10～15个，沿颈内静脉周围排列，主要有：①**咽后淋巴结**：位于鼻咽部后方，收纳鼻、鼻旁窦、鼻咽部等处的淋巴，鼻咽癌时先转移至此群；②**锁骨上淋巴结**：位于锁骨下动脉和臂丛附近，左侧的锁骨上淋巴结中位于左静脉角处的淋巴结称**Virchow淋巴结**，食管癌和胃癌患者的癌细胞可沿胸导管或颈干逆行转移至此淋巴结。

颈外侧深淋巴结的输出管汇合成颈干，左颈干注入胸导管，右颈干注入右淋巴导管。

2．上肢的淋巴结　上肢的浅淋巴管多伴浅静脉行走，深淋巴管与深血管伴行。浅淋巴管和深淋巴管注入腋淋巴结。

（1）**肘淋巴结**：又称滑车上淋巴结，位于肱骨内上髁上方，有1～2个，其输出管注入腋淋巴结。

（2）**腋淋巴结**（axillary lymph nodes）：位于腋窝内，腋动、静脉及其分支、属支周围，有15～20个，按其位置可分为5群：①**胸肌淋巴结群**：位于胸小肌下缘处，沿胸外侧动脉周围排列，收纳胸前外侧壁、脐以上腹壁和乳房外侧及中央部的淋巴管；②**外侧淋巴群**：位于腋动脉远侧段周围，收纳上肢大部分淋巴管及肘淋巴结输出管；③**肩胛下淋巴结群**：位于腋窝后壁，沿肩胛下血管及胸背神经周围排列，收纳项部、背上部和肩胛区的淋巴管；④**中央淋巴群**：位于腋腔内的脂肪组织中，收纳上述3群淋巴结的输出管；⑤**尖淋巴结群**：位于腋窝尖部，沿腋静脉的近侧段排列，收纳中央淋巴结输出管和乳房上部的淋巴管。其输出管汇合成锁骨下干。腋淋巴结收纳上肢、乳房、胸壁和腹壁上部等处的淋巴管（图13-5）。

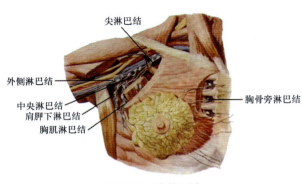

尖淋巴结

外侧淋巴结

中央淋巴结
肩胛下淋巴结
胸肌淋巴结

胸骨旁淋巴结

图13-5　腋淋巴结

3．胸部的淋巴结

（1）**胸壁的淋巴结**：胸壁的淋巴管除部分注入腋淋巴结和颈外侧深淋巴结外，其余都注入胸骨旁淋巴结和肋间淋巴结（图13-6）。

1）**胸骨旁淋巴结**：位于胸骨两侧，沿胸廓内动、静脉排列，主要收纳胸前壁和乳房内

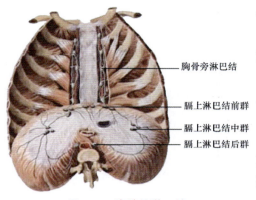

图13-6　胸壁的淋巴结

侧部的淋巴管。

2）**肋间淋巴结**：位于肋头附近，沿肋间后动、静脉排列，收纳胸后壁的淋巴管。

3）**膈上淋巴结**：位于膈的胸腔面，分为前群、后群和左外侧群、右外侧群。

（2）**胸腔脏器的淋巴结**

1）**纵隔前淋巴结**：位于胸腔大血管和心包的前方，收纳心、心包、胸腺、膈和肝上面的淋巴管，其输出管汇入支气管纵隔干（图13-7）。

2）**纵隔后淋巴结**：在食管和胸主动脉前方，收纳食管胸段、胸主动脉的淋巴管和部分支气管肺淋巴结及膈上淋巴结的输出管，其输出管多直接注入胸导管。

3）**气管、支气管和肺的淋巴结**：数目较多，可分为（图13-7）：①沿支气管和肺动脉的分支排列，收纳肺内淋巴管的**肺淋巴结**，其输出管注入支气管肺门淋巴结；②**支气管肺门淋巴结**（bronchopulmonary hilar lymph nodes），位于肺门处，收纳肺、食管等处的淋巴管，其输出管注入气管支气管淋巴结；③**气管支气管淋巴结**，分为上、下两组，分别位于气管杈的上、下方，其输出管注入气管周围的气管旁淋巴结；④**气管旁淋巴结**，左、右气管旁淋巴结和纵隔前淋巴结的输出管分别汇合成左、右支气管纵隔干，分别注入胸导管和右淋巴导管。

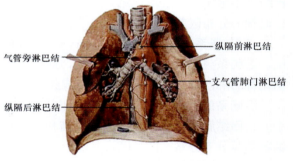

图13-7　胸腔脏器的淋巴结

4．**腹部的淋巴结**

（1）**腹壁的淋巴结**：腹前壁浅淋巴管在脐平面以上一般注入腋淋巴结，脐平面以下注入腹股沟浅淋巴结。腹后壁的淋巴管注入腰淋巴结。腹前壁深淋巴管向上注入胸骨旁淋巴结，向下注入旋髂淋巴结、腹壁下淋巴结和髂外淋巴结。

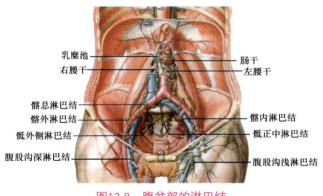

图13-8　腹盆部的淋巴结

腰淋巴结（lumbar lymph nodes）（图13-8）位于下腔静脉和腹主动脉周围，除收纳腹后壁淋巴管外，还收纳腹腔成对器官的淋巴管以及髂总淋巴结输出管。腰淋巴结的输出管汇合成左、右腰干，注入乳糜池。

（2）**腹腔脏器的淋巴结**：腹腔成对脏器（肾上腺、肾、睾丸、卵巢等）的淋巴管直接注入腰淋巴结。腹腔不成对器官（消化管、肝、胆囊、胰、脾等）的淋巴管分别注入腹腔干、肠系膜上、肠系膜下动脉及其分支附近的淋巴结（图13-9）。

（3）**腹腔淋巴结**（celiac lymph nodes）：位于腹腔干周围，沿腹腔干及其分支排列，接收腹腔干分支周围的淋巴结的输出管，收纳肝、胆囊、胰、脾、胃、十二指肠等器官的淋巴，其输出管注入肠干（图13-10）。

图13-9　腹腔淋巴结　　　　　　　　图13-10　肠系膜上、下淋巴结

沿腹腔干分支排列的淋巴结有：**胃左、右淋巴结，胃网膜左、右淋巴结，幽门上、下淋巴结**（不恒定），**肝淋巴结，脾胰淋巴结**等。这些淋巴结位于同名动脉周围，收纳范围与相应血管的分布区基本一致，输出管直接或间接注入腹腔淋巴结。

（4）**肠系膜上淋巴结**（superior mesenteric lymph nodes）：位于肠系膜上动脉根部周围，沿肠系膜上动脉及其分支排列，通过该动脉分支周围的淋巴结收纳空肠至结肠左曲之间消化管的淋巴管，其输出管参与组成肠干。

沿肠系膜上动脉分支排列的淋巴结有：**肠系膜淋巴结**（沿空、回肠血管排列，共200多个）、**回结肠淋巴结、右结肠淋巴结**和**中结肠淋巴结**等，这些淋巴结沿同名动脉排列，并收纳各动脉分支分布区的淋巴，其输出管注入肠系膜上淋巴结。

（5）**肠系膜下淋巴结**（irferior mesenteric lymph nodes）：位于肠系膜下动脉根部周围，沿肠系膜下动脉及其分支排列，借沿肠系膜下动脉分支排列的淋巴结收纳结肠左曲以下至直肠上部间的淋巴，输出管参与组成肠干。

沿肠系膜下动脉分支排列的淋巴结有：**左结肠淋巴结、乙状结肠淋巴结**和**直肠上淋巴结**等。这些淋巴结沿同名动脉排列，收纳动脉分布区的淋巴，其输出管注入肠系膜下淋巴结。

腹腔淋巴结、肠系膜上淋巴结和肠系膜下淋巴结的输出管汇合成的肠干，向上注入乳糜池。

5. 盆部的淋巴结和淋巴管

（1）**髂内淋巴结**（internal iliac lymph nodes）：沿髂内动脉周围排列，收纳大部分盆壁、盆腔脏器、会阴、臀部和大腿后面的深淋巴管，其输出管注入髂总淋巴结。

（2）**髂外淋巴结**（external iliac lymph nodes）：沿髂外动脉周围排列，收纳腹股沟浅、深淋巴结的输出管以及腹前壁下部、膀胱、前列腺或子宫颈和阴道上部的淋巴管，输出管注入髂总淋巴结。

（3）**髂总淋巴结**（common iliac lymph nodes）：沿左、右髂总动脉周围排列，收纳髂内、髂外淋巴结的输出管，输出管注入腰淋巴结。

6. 下肢的淋巴结

（1）**腘淋巴结**（popliteal lymph nodes）：分为浅、深两组，浅组位于小隐静脉末端附近，深组位于腘血管周围，收纳小腿后外侧部浅淋巴管和足、小腿的深淋巴管，输出管与股血管伴行，注入腹股沟深淋巴结。

（2）**腹股沟淋巴结**（inguinal lymph nodes）：位于腹股沟韧带下方，大腿根部前面，分为浅、深两组：①**腹股沟浅淋巴结**（superficial inguinal lymph nodes）：在阔筋膜的浅面，分上、下两组。上组沿腹股沟韧带排列，下组位于大隐静脉末端周围，收纳腹前壁下部、臀部、会阴部、外生殖器和下肢大部分浅淋巴管，输出管注入腹股沟深淋巴结，或注入髂外淋巴结。②**腹股沟深淋巴结**（deep inguinal lymph nodes）：位于阔筋膜深面、股静脉根部周围，收纳腹股沟浅淋巴结的输出管及下肢的深淋巴管，输出管汇入髂外淋巴结。

第二节　免疫系统

　　免疫系统（immune system）是机体保护自身的防御性系统，由免疫细胞、淋巴组织和淋巴器官构成，是执行免疫功能的组织结构的统称。免疫系统的功能主要表现在三个方面：①免疫防御功能：识别和清除进入机体的抗原，如病原微生物、异体细胞和异体大分子；②免疫监视功能：识别和清除体内表面抗原发生变异的细胞，如肿瘤细胞、病毒感染细胞。③免疫稳定功能：识别和清除体内衰老凋亡的细胞，以维持内环境的稳定。

　　机体通过免疫系统识别并清除抗原性异物以维持自身稳定的过程称为免疫应答。

一、主要的免疫细胞

　　凡参与免疫应答或与免疫应答有关的细胞统称为免疫细胞，包括淋巴细胞、浆细胞、抗原提呈细胞、单核细胞、粒细胞、肥大细胞等，它们或聚集于淋巴组织中，或分散于血液、淋巴和其他组织内。淋巴细胞是构成免疫系统的主要细胞群体。

（一）淋巴细胞

　　根据淋巴细胞的发生、形态结构和免疫功能不同，将其分为三类。

　　1. T细胞　在外周血液中，T细胞约占淋巴细胞总数的75%。在胚胎时期，骨髓中的淋巴干细胞迁移至胸腺，增殖分化成T细胞，故又称为胸腺依赖性淋巴细胞（thymus dependent lymphocyte），简称T细胞。在胸腺发育成熟的T细胞经血流迁移至周围淋巴器官和淋巴组织。根据在免疫应答中所起作用的不同，T细胞可分为3个亚群：①辅助性T细胞：能分泌多种细胞因子，既能辅助B细胞产生体液免疫应答，又能辅助T细胞产生细胞免疫应答。②细胞毒性T细胞：能直接攻击带异抗体的肿瘤细胞、病毒感染细胞和异体细胞。③抑制性T细胞：数量较少，能调节免疫应答的强弱。由于T细胞可直接杀灭靶细胞，故将T细胞参与的免疫反应称**细胞免疫**。

　　2. B细胞　在外周血液中，B细胞占淋巴细胞总数的10%～15%。B细胞是由骨髓中的淋巴干细胞增殖分化而成的，故称骨髓依赖性淋巴细胞（bone-marrow dependent lymphocyte），简称B细胞。在骨髓发育成熟的B细胞随血液循环分散到周围淋巴器官和淋巴组织，经抗原刺激后，再次增殖分化，形成大量效应B细胞（浆细胞）和少量记忆性B细胞。由于效应B细胞是分泌抗体这一可溶性蛋白质分子进入体液而执行免疫功能，故将B细胞参与的免疫反应称体液免疫。

3. NK细胞　即自然杀伤性淋巴细胞（natural killer lymphocyte），在外周血液中，NK细胞数量较少，占淋巴细胞总数的2%～5%，寿命较短，起源于骨髓的淋巴干细胞。它既无须抗原刺激，也不依赖抗体即可直接杀伤某些肿瘤细胞和感染病毒的细胞。

（二）抗原提呈细胞

抗原提呈细胞是指能捕获、加工、处理抗原，形成抗原复合物，并将提取的抗原信息呈递给T细胞，且激发T细胞活化、增殖，引起免疫应答的一类细胞，它是免疫应答阶段的重要辅佐细胞。主要包括巨噬细胞、淋巴细胞、树突状细胞、皮肤和黏膜上皮内的朗格汉斯细胞以及消化管的微皱褶细胞等。

（三）单核−吞噬细胞系统

单核−吞噬细胞系统（mononuclear phagocyte system，MPS）指体内除粒细胞以外，分散于全身各处的吞噬细胞系统，它们共同来源于造血干细胞，具有吞噬细菌、病毒、异物，参与机体免疫反应以及加工、处理抗原等功能。单核−吞噬系统分布十分广泛，其组成与分布见表13-1。

表13-1　单核−吞噬细胞系统的细胞与分布

细　　胞	分　　布
单核细胞	骨髓、血液
巨噬细胞	骨髓、结缔组织、淋巴组织、浆膜腔
树突状细胞	淋巴组织、T细胞分布区
枯否氏细胞	肝
尘细胞	肺
破骨细胞	骨组织
小胶质细胞	神经组织
郎格汉斯细胞	皮肤和黏膜

二、淋巴组织

淋巴组织以网状组织为支架，网孔中充满大量淋巴细胞、浆细胞和巨噬细胞（图13-11）。一般将淋巴组织分为弥散淋巴组织、淋巴小结两种。

1. 弥散淋巴组织（diffuse lymphoid tissue）分布广泛，与周围组织无明显分界。组织中的淋巴细胞呈弥散分布，主要为T细胞，此外还有巨噬细胞、B细胞和浆细胞。弥散淋巴组织中常见毛细血

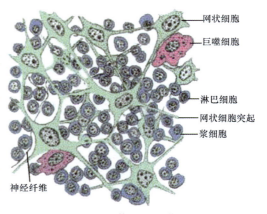

网状细胞
巨噬细胞
淋巴细胞
网状细胞突起
浆细胞
神经纤维

图13-11　淋巴组织模式图

管后微静脉，是淋巴细胞从血液进入淋巴组织的重要通道（图13-12）。

2. **淋巴小结**（lymphoid tissue nodule）　又称淋巴滤泡，由淋巴细胞密集排列而成，呈圆形或卵圆形小体，小结中央染色浅，边界清楚。淋巴小结中主要有B细胞、巨噬细胞、树突状细胞、少量T细胞和浆细胞等。淋巴小结可分为初级淋巴小结和次级淋巴小结。初级淋巴小结较小，无生发中心，受到抗原刺激后，淋巴小结增大或增多，出现生发中心，形成次级淋巴小结。抗原清除后，淋巴小结又逐渐消失（图13-13）。

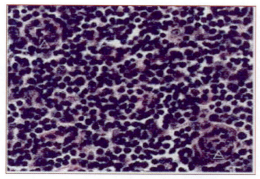

图13-12　弥散淋巴组织（HE染色　低倍）

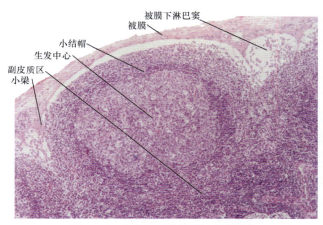

图13-13　淋巴小结及被膜下淋巴窦

被膜下淋巴窦
被膜
小结帽
生发中心
副皮质区
小梁

三、淋巴器官

淋巴器官主要由淋巴组织构成，包括淋巴结、扁桃体、脾和胸腺等。淋巴组织主要分布在其他器官组织内。淋巴系统的主要功能是参与体液循环，转运脂肪和其他大分子物质，产生淋巴细胞，过滤淋巴液，参与免疫过程，是人体的重要防御系统。

（一）胸腺

胸腺（thymus）位于胸骨柄后方、上纵隔前部（图13-14）。胸腺分为不对称的左、右两叶，两者借结缔组织相连，每叶多呈扁条状，色灰红，质软。新生儿及幼儿时期相对较大。随着年龄的增长，胸腺继续发育，至青春期后，逐渐萎缩，成人后胸腺组织被脂肪组织所替代。

胸腺的功能是分泌胸腺素和产生T淋巴细胞。胸腺素可以使从骨髓产生的淋巴干细胞分裂、分化成具有免疫活性的T淋巴细胞，随血流离开胸腺后，播散到淋巴结和脾内，成为这些器官内T淋巴细胞的发生来源。因此，胸腺是人体重要的免疫器官。

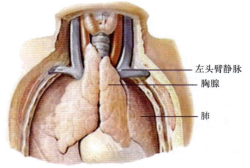

左头臂静脉
胸腺
肺

图13-14　胸腺

（二）淋巴结

淋巴结是滤过淋巴和产生免疫应答的重要器官。

淋巴结（lymph nodes）（图13-1）为扁椭圆小体，大小不等，质较软。其一侧隆突，称淋巴结门，有1～2条输出淋巴管和血管、神经出入，淋巴结的隆突面，有数条输入淋巴管进入。全身淋巴结群有浅、深之分，浅淋巴结位于浅筋膜内，深淋巴结位于深筋膜深面，四肢的淋巴结多位于关节屈侧或肌围成的沟、窝内。内脏的淋巴结多位于脏器的周围或腹、盆部血管分支的附近。

人体某个器官或某一区域的淋巴向一定的淋巴结引流，这些淋巴结称为这个区域或器官的**局部淋巴结**。当身体某器官或局部发生病变时，毒素、病菌、寄生虫或癌细胞可沿淋巴管到达相应的局部淋巴结，这些淋巴结可清除、过滤或阻截这些分子，对机体起保护作用。

1. 淋巴结的组织结构　淋巴结表面被覆有结缔组织构成的被膜，被膜上有多条输入淋巴管，它们穿过被膜进入淋巴结实质。在淋巴结的凹面有淋巴结门，该处有2～3条输出淋巴管、血管和神经出入。被膜及淋巴结门处的结缔组织随神经、血管深入实质形成小梁，构成淋巴结的支架。在小梁之间为不同类型的淋巴组织和淋巴窦。淋巴结的实质可分为皮质和髓质两部分（图13-15）。

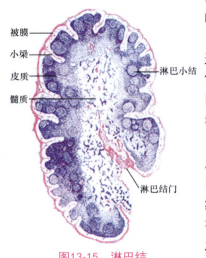

图13-15　淋巴结

（1）皮质：位于被膜下方，由浅层皮质、副皮质区及皮质淋巴窦构成（图13-16）。

1）浅层皮质：是邻近被膜处的淋巴组织，主要含B淋巴细胞。淋巴小结是由B淋巴细胞密集而成的结构，同时含较多的巨噬细胞。淋巴小结中央部的B淋巴细胞能分裂、增殖、分化，形成生发中心，并产生新的B淋巴细胞。

2）副皮质区：又称深层皮质，位于皮质、髓质交接处，为较大片的弥散淋巴组织，主要由T淋巴细胞组成。

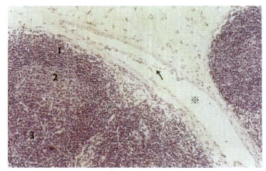

图13-16　淋巴结皮质（HE染色　低倍）

1—小结帽；2—明区；3—暗区；※—淋巴管；↑—瓣膜

3）皮质淋巴窦：包括被膜下淋巴窦和小梁周窦，二者相互连通，主要为被膜下淋巴窦（图13-13）。连续的内皮细胞围成窦壁，窦腔内或窦壁上有游离的或附着的巨噬细胞及少量淋巴细胞，淋巴在窦内缓慢流动，有利于巨噬细胞清除抗原。

（2）髓质：位于淋巴结的中央，由髓索和其间的髓窦构成（图13-17）。

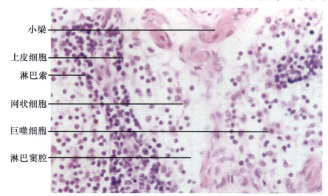

图13-17　淋巴结髓质光镜结构

1）髓索：主要由B淋巴细胞、浆细胞及巨噬细胞组成，与副皮质区相连。

2）髓窦：与皮质淋巴窦结构相似，但窦腔较宽大，含巨噬细胞较多，故具有较强的滤过作用。

（3）淋巴结内的淋巴通路：淋巴液由输入淋巴管进入被膜下淋巴窦后，一部分淋巴液经窄通道进入髓质淋巴窦，另一部分经淋巴组织渗入髓质淋巴窦继而汇入输出淋巴管。淋巴液在淋巴窦腔内流动很慢，有利于巨噬细胞吞噬清除细菌、异物或处理抗原。同时，产生的淋巴细胞也可通过淋巴液进入血液循环。

2．淋巴结的主要功能

（1）滤过淋巴：当细菌、病毒等抗原物质侵入机体后，很容易进入毛细淋巴管，随淋巴液流入淋巴结。在流经淋巴结的淋巴窦时，窦内的巨噬细胞可以及时地吞噬清除细菌、病毒，对机体起到防御和保护的作用。

（2）参与免疫：当抗原物质进入淋巴结后，淋巴小结和髓索内的B淋巴细胞能转化为浆细胞，产生抗体；深层皮质内的T淋巴细胞可转变为具有杀伤异体细胞能力的细胞。

（三）脾

1．脾的形态和位置 脾（spleen）为人体最大的淋巴器官，位于左季肋区、胃的左侧与膈之间，相当于第9～11肋的深面。其长轴与第10肋一致（图13-18）。正常人在肋弓下不能触及。脾呈暗红色，质软而脆。在遭受暴力打击时，易破裂出血。

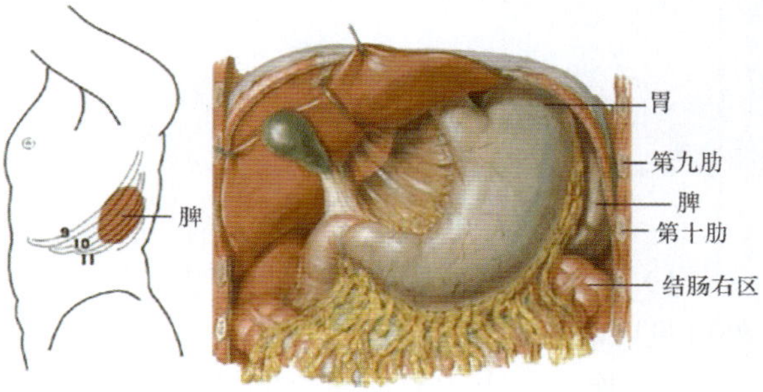

脾为扁椭圆形，分为脏、膈两面，上、下两缘，前、后两端。膈面平滑隆突，与膈相贴；脏面凹陷，近中央处为**脾门**，是血管神经出入的部位。脾的下缘钝厚，上缘较薄，具有2～3个**脾切迹**。脾肿大时，是触诊脾的标志。脾的前端较宽，朝前外方；后端圆钝，朝后内方。

在脾的周围，特别是胃脾韧带和大网膜内常见与脾组织结构相同的小块，称为**副脾**，其大小不等，数目不一。若脾功能亢进需切除脾时，应同时切除副脾。

脾是重要的淋巴器官，具有造血、储血、滤血、清除衰老血细胞及参与免疫反应等功能。

2．脾的组织结构 脾的表面有结缔组织构成的被膜，内含丰富的弹性纤维及散在的平滑肌，外覆有间皮。脾的一侧凹陷为脾门，结缔组织较多，并有血管、神经进出。被膜及脾门处的结缔组织深入脾实质形成脾小梁构成脾的支架，内含小梁静脉和小梁动脉、神经等。脾的实质可分为白髓、红髓和边缘区（图13-19）。

图13-18 脾

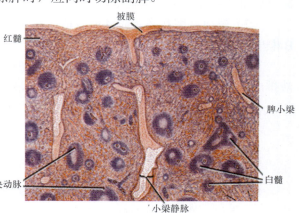

图13-19 脾光镜结构模式图

（1）白髓：散在分布于脾的实质中，相当于淋巴结的皮质。新鲜的脾切面，可见白髓呈大小不等的灰白色小点状。白髓由动脉周围淋巴鞘、脾小结和边缘区构成（图13-20）。

1）动脉周围淋巴鞘：由位于中央动脉周围的淋巴组织构成，主要为T淋巴细胞和少量巨噬细胞。

2）脾小结：位于动脉周围淋巴鞘与边缘区之间，大部分嵌入动脉周围淋巴鞘内。其结构与淋巴结的淋巴小结相同，主要为B淋巴细胞，常有生发中心，同时含有巨噬细胞。

（2）红髓：由脾窦和脾索构成（图13-21）。

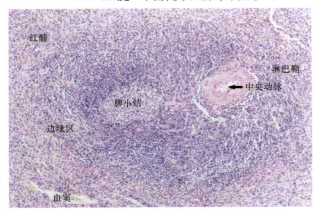

图13-20 脾白髓高倍镜结构像

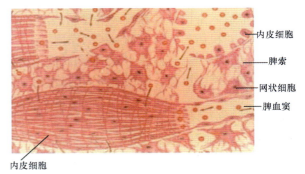

图13-21 脾红髓结构模式图

1）脾窦：又称脾血窦，为腔大、不规则的血窦，相互通连，腔内充满血液。在血窦壁外可见巨噬细胞附着。

2）脾索：为相邻血窦之间的淋巴组织结构，切片观呈不规则的条索状，互连成网。脾索有较多B细胞、血细胞和巨噬细胞等。

（3）边缘区：为白髓向红髓移行的区域，结构疏松，含有大量的巨噬细胞和一些T、B淋巴细胞，以B淋巴细胞较多。该区具有很强的吞噬滤过作用。

3．脾的功能

（1）滤血：当血液流经脾的边缘区和脾索时，巨噬细胞可吞噬和清除血液中的病菌、异物、抗原物质、衰老的血细胞和血小板。

（2）造血：脾在胚胎时期就有造血功能，出生后脾逐渐转变为免疫器官，具有产生T、B淋巴细胞的功能。

（3）储血：脾窦、脾索和其他部位可储存约40 mL的血液，当脾收缩时可将所储存的血液排出，并加速脾内的血流，使所储存的血液进入血液循环。

（4）免疫应答：脾是对血源性抗原物质产生免疫应答的场所。

🗡 思考题

1．肠系膜淋巴结癌变后可以经过哪些途径最终到达左静脉角至静脉？
2．右侧乳房癌变时癌细胞可转移至哪些淋巴结或器官？
3．试述胸腺的组织结构及功能。
4．试述淋巴结的结构及功能。
5．试述淋巴细胞再循环的途径及意义。
6．试述脾的结构及功能。

第十四章　感　觉　器

📖 学习目标

掌握

1. 感觉器的概念。
2. 眼球壁的构成及各层形态结构特点。
3. 视神经盘、黄斑的概念。
4. 眼球的折射装置的构成。
5. 房水的回流途径。
6. 眼外肌的构成及作用。
7. 鼓室壁、骨迷路、膜迷路的构成。
8. 球囊斑、椭圆囊斑、壶腹嵴、螺旋器的作用。
9. 皮肤的基本结构。

熟悉

1. 内感受器、外感受器和本体感受器的概念。
2. 晶状体曲度调节原理。
3. 视网膜神经层细胞的构成。
4. 结膜的分部及泪道的构成。
5. 鼓膜的构造及咽鼓管的构造。
6. 毛发、皮脂腺、汗腺的结构及功能。

了解

1. 青光眼和白内障的解剖学基础。
2. 眶脂体和眶筋膜。
3. 眼的动脉供应、静脉回流及神经分布。
4. 外耳的组成、声波的传导。
5. 非角质形成细胞的分布、结构及功能。

　　感觉器（sensory orgen）是机体感受刺激的装置，是**感受器**（receptor）及其附属结构的总称。感受器的作用是接受机体内、外环境的刺激，并将其转变为神经兴奋或神经冲动，由感觉神经传入中枢。根据接受刺激的来源及所在的部位，将感受器分为三类。

　　1. **外感受器**（exteroceptor）　接受痛、温度、触、声波等来自外界环境的刺激，分布在皮肤、黏膜、视器和听器等处。

2. **内感受器**（interoceptor）　接收如渗透压、压力、离子和化合物浓度等物理刺激和化学刺激，分布于内脏器官和心血管等处。嗅觉感受器和舌的味蕾，属于内感受器。

3. **本体感受器**（proprioceptor）　接收机体运动和平衡变化时所产生的刺激，主要分布在肌、肌腱、关节、骨膜和内耳等处。

第一节　视　　器

视器（visual organ）由眼球和眼副器构成。

一、眼　球

　　眼球（eyeball）是视器的主要部分，位于眶内，借筋膜与眶壁连接，其后部借视神经连于视交叉。眼球的功能是接受光线的刺激，将光刺激转变为神经兴奋，传导至大脑视觉中枢，产生视觉。

　　眼球近似球形，前面正中点称**前极**，后面正中点称**后极**，前后极的连线称**眼轴**。平两极连线中点沿眼球表面所做的环行线称**赤道**或者中纬线。光线经瞳孔中央至视网膜中央凹的连线，称**视轴**，视轴与视线呈锐角交叉（图14-1）。

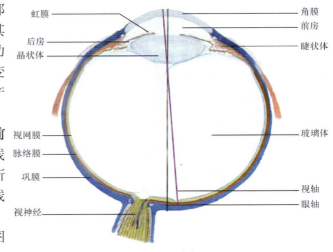

图14-1　眼球水平切

眼球由眼球壁和眼球的内容物构成。

（一）眼球壁

眼球壁由外向内依次分为纤维膜、血管膜和视网膜。

1. **纤维膜**　即外膜，由纤维结缔组织构成，可分为角膜和巩膜两部分。

（1）**角膜**：占纤维膜的前1/6，无色透明，无血管，具有丰富的感觉神经末梢。角膜曲度较大，外凸内凹，具有屈光作用。

（2）**巩膜**：占纤维膜的后5/6，乳白色，不透明，厚而坚韧，有保护眼球内容物和维持眼球形态的作用。在巩膜与角膜相延续处，靠近角膜缘处的巩膜实质内，有一环形管道，称**巩膜静脉窦**，是房水流出的通道。

2. **血管膜**　又称中膜，富有血管、神经和色素，呈棕黑色，具有营养眼球内组织及遮光作用。由前向后依次分为虹膜、睫状体和脉络膜三部分。

（1）**虹膜**：位于血管膜最前部，是冠状位的圆盘形薄膜（图14-2）。虹膜中央有一圆形的孔，称**瞳孔**。虹膜的颜色有种族差异，白人多为浅黄色或者淡蓝色，黄种人多为棕色或者黑色。虹膜含有两种平滑肌纤维，**瞳孔括约肌**环绕瞳孔周缘呈环行排列，可缩小瞳孔；**瞳孔开大肌**位于瞳孔周围呈放射状排列，可开大瞳孔。角膜与晶状体之间的间隙称为眼房。虹膜将眼房分为前房和后房，二者借瞳孔相通。在前房周边，虹膜与角膜交界处构成**虹膜角膜角**。在虹膜角膜角的周边靠近巩膜处，小梁网的间隙称为虹膜角膜隙，房水经此处汇入巩膜静脉窦。

图14-2　虹膜和睫状体（后面）

（2）**睫状体**：为虹膜后方增厚的部分，位于巩膜与角膜移行部的内面。其前部有许多向内突出呈放射状排列的皱襞，称为**睫状突**。**睫状小带**将睫状突与晶状体相连。睫状体内的平滑肌，称**睫状肌**。睫状体产生房水，并有调节晶状体曲度的作用（图14-3）。

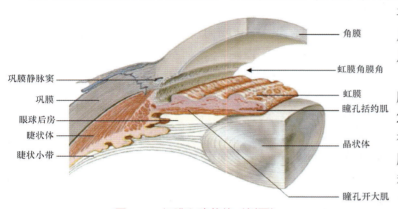

图14-3　虹膜和睫状体（侧面）

（3）**脉络膜**：为贴附在巩膜内面的部分，占血管膜的后2/3，含有丰富的血管。其内面与视网膜的色素上皮层紧密相连。脉络膜有供应眼球内组织的营养和吸收眼内分散光线的作用。

3．**视网膜**　即内膜，贴附在血管膜内面，可分为虹膜部、睫状体部和脉络膜部三部分。虹膜部、睫状体部无感光作用，故称为**视网膜盲部**。脉络膜部为视器接受光波刺激并将其转变为神经冲动的部分，又称为**视网膜视部**。视部后部的内侧面有圆形白色隆起，称**视神经乳头**。在正常情况下，视神经乳头并不突起，又称**视神经盘**，视神经盘的边缘隆起，中央有视神经及视网膜中央动、静脉穿过，无感光细胞，称生理性盲点。在视神经盘的颞侧稍偏下方约3.5 mm处，有一黄色区域，称**黄斑**。黄斑中央的凹陷称**中央凹**（图14-4），此区无血管，是视网膜感光最敏锐的地方。

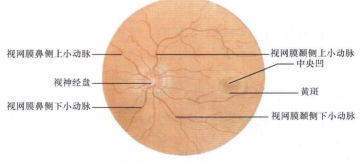

图14-4　眼底（左侧）

视网膜视部可分为外层的色素上皮层和内层的神经层。色素上皮层由大量的单层色素上皮构成，内含有较多的色素颗粒。神经层主要由4层细胞组成（图14-5），由外向内依次为视锥细胞、视杆细胞、双极细胞和节细胞。视锥细胞，能感受强光和颜色；视杆细胞只能感

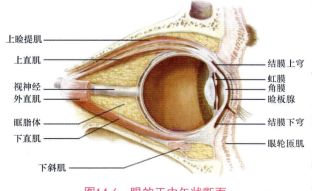

节细胞
双极细胞
视杆细胞
视锥细胞
色素上皮细胞

图14-5　视网膜的神经细胞示意图

受弱光；双极细胞将来自感光细胞的神经冲动传导至节细胞；节细胞的轴突向视神经盘处汇集，构成视神经。

（二）眼球的内容物

眼球的内容物包括房水、晶状体和玻璃体（图14-1至图14-3）。这些结构透明无血管，与角膜合称为眼的屈光装置。

1．**房水**　充满于眼房内，为无色透明的液体。房水由睫状体产生，进入后房，经瞳孔至前房，经虹膜角膜角进入虹膜角隙，最后进入巩膜静脉窦，借睫前静脉汇入眼上、下静脉。房水不仅为角膜和晶状体提供营养，且维持正常的眼内压。若房水回流不畅，会导致眼内压增高，临床上则称之为青光眼。

2．**晶状体**　位于虹膜与玻璃体之间，呈双凸透镜状；晶状体后面曲度较前面曲度大，不含血管和神经，无色透明、富有弹性。晶状体若因疾病或创伤等原因变混浊，则称为白内障。

晶状体是屈光系统的主要装置。当视近物时，睫状肌纤维收缩，睫状小带松弛，晶状体的曲度增加，屈光力度加强，使近处物像聚焦于视网膜上，以调节看近物；当睫状肌舒张时，睫状小带紧张，使晶状体的曲度变小，以调节看远物。

随着年龄增长，晶状体弹性逐渐减退，晶状体改变曲度的调节能力减弱，出现老视（老花眼）。若眼轴较长或者屈光装置的屈光率过强，则物像落在视网膜前，称为近视；若眼轴较短或屈光装置屈光率过弱，则物像落在视网膜后，称为远视。

3．**玻璃体**　位于晶状体与视网膜之间，是无色透明的胶状物质，表面被覆着玻璃体囊。对视网膜起支撑作用，使视网膜与色素上皮紧贴。若玻璃体混浊，可出现"飞蚊症"。若玻璃体的支撑作用减弱，易导致视网膜剥离。

二、眼副器

眼副器（图14-6）包括眼睑、结膜、泪器、眼外肌和眶脂体等结构，有保护、运动和支持眼球的作用。

（一）眼睑

眼睑位于眼球的前方，包括**上睑**和**下睑**。两睑之间的裂隙称**睑裂**。睑裂两侧上、下睑结合处分别称为**内眦**和**外眦**。内眦与眼球之间微凹陷的空间称**泪湖**。

睑缘的前缘有睫毛，若睫毛长向角膜，则为倒睫。睫毛的根部有睫毛腺（Zeis腺），睫毛腺发炎肿胀则形成麦粒肿。

上睑提肌　上直肌　视神经　外直肌　眶脂体　下直肌　下斜肌
结膜上穹　虹膜　角膜　睑板腺　结膜下穹　眼轮匝肌

图14-6　眼的正中矢状断面

睑板为一半月形致密结缔组织板，上、下各一。睑板内有许多麦穗状的睑板腺。睑板腺属于皮脂腺，分泌的液体有润滑睑缘和防止泪液外溢作用。若睑板腺导管阻塞，可致睑板腺囊肿，即霰粒肿。

（二）结膜

结膜是一层光滑透明、富含血管的黏膜，覆盖在眼球的前面和眼睑的内表面（图14-6和图14-7）。按其所在部位可分三部：

1. **睑结膜** 是衬覆于眼睑内侧面的部分，深部富含小血管。

2. **球结膜** 覆盖在巩膜的前面。在角膜缘处与巩膜结合紧密，而其余部分连结疏松，易于推动。

3. **结膜穹隆** 位于睑结膜与球结膜互相移行处，包括结膜上穹和结膜下穹。当上、下睑闭合时，整个结膜形成囊状腔隙，称**结膜囊**。此囊通过睑裂与外界相通。

（三）泪器

泪器由泪腺和泪道组成（图14-7）。

1. **泪腺** 大部分位于眶上壁前外侧部的泪腺窝内，有十余条排泄管开口于结膜上穹的外侧部。泪腺分泌的泪液可湿润角膜和结膜，泪液含溶菌酶，具有杀菌作用。多余的泪液流经泪湖、泪点、泪小管进入泪囊，再经鼻泪管至鼻腔。

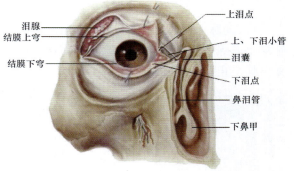

图14-7 泪器

2. **泪道**

（1）**泪小管**：上、下睑缘近内侧端的小隆起称**泪乳头**，其顶部的小孔称**泪点**，是泪小管的开口。泪小管连结泪点与泪囊，包括上泪小管和下泪小管。

（2）**泪囊**：位于眶内侧壁的泪囊窝内，为一膜性的盲囊状结构。上端为盲端，高于内眦，下部移行为鼻泪管，外侧壁有鼻泪管的开口。

（3）**鼻泪管**：为膜性管道。上部位于骨性鼻泪管内，下部在鼻腔外侧壁黏膜的深面，开口于下鼻道。开口处的黏膜内有丰富的静脉丛，若黏膜充血、肿胀，则使下口闭塞，引起溢泪。

（四）眼外肌

眼外肌包括4块直肌、2块斜肌和1块上睑提肌（图14-8）。

直肌起自视神经管周围的总腱环，各肌向前，以腱分别附着于眼球赤道前方巩膜的上、下、内、外侧，当肌肉收缩时，可使眼球转动。**上直肌**使瞳孔转向上内方。 **内直肌**使瞳孔

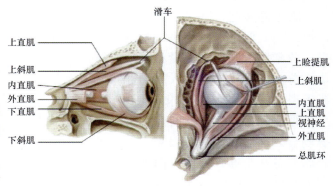

图14-8 眼外肌

转向内侧。**下直肌**瞳孔转向下内方。 **外直肌**使瞳孔转向外侧。

　　上斜肌起于总腱环，先在内直肌上方前行，然后以细腱通过眶上方的滑车，转向眼球后外，在上直肌与外直肌之间止于巩膜。该肌收缩使瞳孔转向下外方。**下斜肌**起自眶下壁的内侧份近前缘处，斜向后外，止于眼球下面的巩膜。该肌可使瞳孔转向上外方。

　　上睑提肌起自视神经管前上方的眶壁，在上直肌上方前行，止于上睑的皮肤、上睑板。其作用为上提上睑，开大眼裂，由动眼神经支配。该肌瘫痪可造成上睑下垂。双眼的运动，并非单一肌肉的收缩的结果，而是由两眼数条肌协同作用完成。

（五）眶脂体

　　眶脂体是填充眶内各结构之间的脂肪组织（图14-6）。其功能是不仅可固定眶内各种软组织，对框内结构起支持、保护作用，还能减少外来震动对眼球的影响。

三、眼的血管和神经

（一）眼的血管

　　1．动脉　眼球、眼副器和眶内结构的血液供应大部分来自眼动脉（图14-9）。颈内动脉穿出海绵窦后，发出**眼动脉**。眼动脉经视神经管入眶，向前行于上斜肌和上直肌之间，终支出眶，止于额动脉。

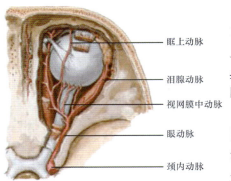

图14-9　眼的动脉

　　视网膜中央动脉是眼动脉入眶后的分支（图14-9）。在眼球的后方穿入视神经至视神经盘，分为上、下两支，再分为**视网膜颞侧上、下小动脉**和**视网膜鼻侧上、下小动脉**，主要供应视网膜内层营养。此外，眼动脉还发出**睫后短动脉**及**虹膜动脉**等。

　　2．静脉　眼球内的静脉回流主要有以下途径：①**视网膜中央静脉**：与同名动脉相伴行，收纳视网膜的血液回流。②**涡静脉**：有4~6条，位于眼球壁血管膜的外层，在角膜缘与视神经之间的中点穿出巩膜，收集虹膜、睫状体和脉络膜的血液回流。③**睫前静脉**：收集眼球前部、虹膜等处的血液回流。这些静脉汇入眼上、下静脉。

　　眼上静脉起自眶内上侧，向后经眶上裂注入海绵窦。**眼下静脉**细小，起自眶下壁和内侧壁，收集附近眼肌、泪囊和眼睑的静脉血，行向后分为两支，一支注入眼上静脉，另一支经眶下裂汇入翼状静脉丛（图14-10）。

　　眼静脉无静脉瓣，向前与内眦静脉及面静脉吻合，向后面注入海绵窦，向下经眶下裂与翼状静脉丛交通。因此，面部感染可经眼静脉侵入海绵窦引起颅内感染。

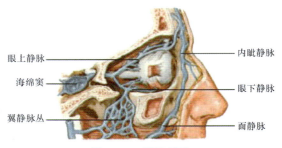

图14-10　眼的静脉

（二）眼的神经

视器的神经支配来源较多。感受光波刺激的为**视神经**，其起于眼球后极内侧，行向后内，穿经视神经管进入颅中窝。

副交感神经纤维支配瞳孔括约肌和睫状肌；交感神经纤维支配瞳孔开大肌。三叉神经的眼支来管理感觉。眼外肌的神经支配是：动眼神经支配上睑提肌、上直肌、内直肌、下直肌和下斜肌；滑车神经支配上斜肌；展神经支配外直肌。

第二节　前庭蜗器

前庭蜗器（vestibulocochlear organ）又称**位听器**，分为外耳、中耳和内耳三部分。外耳和中耳是传导声波的装置，内耳含听觉感受器和位觉感受器。听觉感受器感受声波的刺激，位觉感受器感受头部位置变化、重力变化和运动速度的刺激（图14-11）。

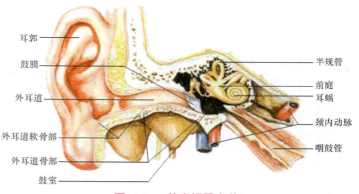

图14-11　前庭蜗器全貌

一、外耳

外耳包括耳郭、外耳道和鼓膜。

（一）耳郭

耳郭借软骨、韧带、肌和皮肤连于头部两侧，有收集声波的作用（图14-12）。耳郭下1/3为**耳垂**，垂内无软骨，是临床常用采血的部位。耳郭的游离缘卷向凹面，称**耳轮**。在耳郭的凹面上，与耳郭平行排列的嵴称**对耳轮**。对耳轮前方的深窝称耳甲，其下部的底为**外耳门**，外耳门前方的突起为**耳屏**。

（二）外耳道

外耳道是外耳门至鼓膜之间的弯曲管道，长2.1～2.5 cm。外耳道内2/3位于颞骨内，为**骨部**；外1/3以软骨为基架，为**软骨部**。成人的外耳道略弯曲，由外向内先向上，再稍向后，继而朝向前下。

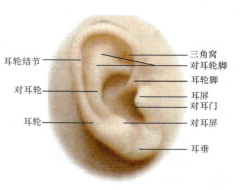

图14-12　耳郭

外耳道皮肤富有感觉神经末梢、毛囊、皮脂腺及耵聍腺。耵聍腺分泌的黏稠液体，称为耵聍。外耳道皮肤薄，皮肤与软骨膜和骨膜结合紧密，不易移动，当发生疖肿时疼痛剧烈。

（三）鼓膜

鼓膜是外耳道与鼓室之间的椭圆形半透明的薄膜。鼓膜与外耳道底呈倾斜位，其外侧面朝向前下外方，与外耳道略成45°角。婴幼儿鼓膜更为倾斜，几乎呈水平位。

鼓膜中心向内凹陷，称**鼓膜脐**，为锤骨柄末端附着处。鼓膜上1/4薄而松弛的三角形区为**松弛部**，在活体呈淡红色。鼓膜下3/4坚实而紧张，称为**紧张部**，在活体呈灰白色。其前下方有一三角形反光区称**光锥**。光锥消失是鼓膜内陷的主要标志（图14-13）。

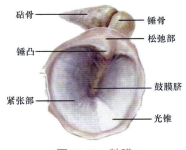

图14-13　鼓膜

二、中耳

中耳大部分位于颞骨岩部内，外耳与内耳之间，是传导声波的主要部分。中耳由鼓室、咽鼓管、乳突窦和乳突小房组成。

（一）鼓室

鼓室即颞骨岩部内的含气的不规则空腔，内有听小骨、韧带、肌、血管和神经等。

1. 鼓室壁　鼓室共有6个壁（图14-14和图14-15）。

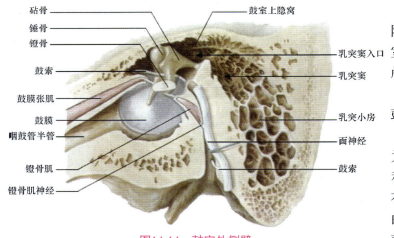

图14-14　鼓室外侧壁

（1）**上壁**：即**盖壁**，为分隔鼓室与颅中窝的薄骨板。若鼓室炎症侵犯此壁，可引起耳源性颅内感染。

（2）**下壁**：即**颈静脉壁**，为鼓室与颈静脉窝之间的薄层骨板。

（3）**前壁**：即**颈动脉壁**，为颈动脉管的后壁，是分隔鼓室和颈动脉管的薄层骨板。其上方有鼓膜张肌半管开口，鼓膜张肌的肌腱由此通过；下方有咽鼓管鼓室口。

（4）**后壁**：即**乳突壁**，上部有乳突窦入口，鼓室借乳突窦向后与乳突内的乳突小房相通。

（5）**外侧壁**：即**鼓膜壁**，大部分由鼓膜构成（图14-13和图14-14），其上部则由鼓室上瘾窝的外侧壁形成。

（6）**内侧壁**：即**迷路壁**（图14-15），由内耳迷路的外侧壁构成。其中部的隆起称**岬**，是耳蜗第一圈起始部凸向鼓室形成。岬的后上方有一卵圆形小孔，称**前庭窗**或卵圆窗，通向前庭。岬的后下方有一圆形小孔，称**蜗窗**或圆窗，在活体被第二鼓膜封闭。在岬的后上方有一弓形隆起，称**面神经管凸**，其内有面神经走行。此管壁骨质甚薄，中耳手术易伤及面神经。

2. 听小骨　位于鼓室内，有3块，即锤骨、砧骨和镫骨（图14-16）。它们互相连结，构成**听小骨链**。**锤骨**形如鼓槌，其头与砧骨体相连，柄紧贴鼓膜内侧面。**砧骨**形如砧，体与锤骨头相连，长脚与镫骨头形成砧镫关节，短脚以韧带连于鼓室后壁。**镫骨**形似马镫，连于前庭窗的周边，封闭前庭窗。

图14-15　鼓室内侧壁　　　　　　　　　　图14-16　听小骨

3．听小骨的肌　包括鼓膜张肌和镫骨肌。

（1）**鼓膜张肌**：位于鼓膜张肌半管内，此肌起自该管的壁，贯穿鼓室而附于锤骨柄（图14-14和图14-15）。该肌收缩使鼓膜内陷以紧张鼓膜。

（2）**镫骨肌**：位于锥隆起，附于镫骨颈（图14-14和图14-15）。它把镫骨底拉向后外，使镫骨底前部离开前庭窗。

（二）咽鼓管

咽鼓管连于鼻咽与鼓室之间（图14-11和图14-14），长3.5～4.0 cm，可分软骨部和骨部。近鼻咽侧的2/3为**咽鼓管软骨部**，其内侧段借助于咽鼓管咽口开口于鼻腔的内侧壁。近鼓室的1/3为**咽鼓管骨部**，借**咽鼓管鼓室口**开口于鼓室前壁。平时咽鼓管咽口处于关闭状态，仅在吞咽运动或尽力张口时，咽鼓管暂时开放，此时外界大气进入鼓室，使鼓室和外界大气压相等。由于小儿咽鼓管接近水平位，短而宽，故咽部感染易经咽鼓管侵入鼓室。

（三）乳突窦和乳突小房

乳突窦是鼓室和乳突小房之间的空腔结构（图14-14和图14-15）。**乳突小房**为颞骨岩部乳突内大小不等、互相连通的含气小腔。故中耳炎症可经乳突窦蔓延至乳突小房。

三、内耳

内耳又称**迷路**，位于鼓室和内耳道底之间的颞骨岩部内，由骨迷路和膜迷路两部分组成。骨迷路是颞骨岩部骨密质所围成的不规则腔隙，膜迷路套于骨迷路内，是密闭的膜性管腔或囊。二者之间充满外淋巴，膜迷路内充满内淋巴，内、外淋巴互不相通。

（一）骨迷路

骨迷路是结构复杂的骨性管道系统，可分为骨半规管、前庭和耳蜗，它们互相通连（图14-17）。

1．**骨半规管**　为3个相互垂直的半环形的骨管（图14-17）。**前骨半规管**凸向前上方，**后骨半规管**凸向后上外侧；**外骨半规管**凸向外侧，与颞骨岩部的长轴平行。每个骨半规管皆

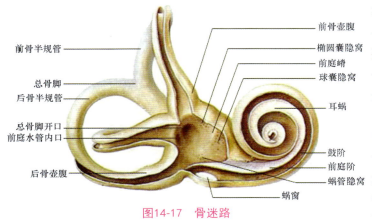

前骨半规管
总骨脚
后骨半规管
总骨脚开口
前庭水管内口
后骨壶腹

前骨壶腹
椭圆囊隐窝
前庭嵴
球囊隐窝
耳蜗
鼓阶
前庭阶
蜗管隐窝
蜗窗

图14-17 骨迷路

有两个骨脚，一个脚细小称单骨脚；一个脚膨大称**壶腹骨脚**，膨大部称**骨壶腹**；因前、后半规管单骨脚合成一个**总骨脚**，故3个骨半规管共有5个孔开口于前庭。

2．**前庭** 为一不规则的腔（图14-17），是骨迷路的中间部分，介于耳蜗和骨半规管之间。前部有一孔通连耳蜗；后上部有5个孔与3个半规管相通。其**内侧壁**是内耳道的底，有前庭蜗神经通过；**外侧壁**即鼓室的内侧壁，有前庭窗和蜗窗。

3．**耳蜗** 位于前庭的前方（图14-17），形如蜗牛壳。顶部向前外侧，称为**蜗顶**；底朝向后内侧对着内耳道底，称为**蜗底**。耳蜗由蜗轴和环转蜗轴两圈半的蜗螺旋管构成。

蜗螺旋管（图14-17）是由骨密质围成的骨管，起自前庭，以盲端终于蜗顶。由蜗轴发出骨螺旋板，突向蜗螺旋管内，此板未达蜗螺旋管的外侧壁的缺空处由蜗管填补封闭。蜗螺旋管分为3个部分：上方为前庭阶，起自前庭，在前庭窗由镫骨封闭；中间为蜗管；下方为鼓阶，终于蜗窗上的第二鼓膜。前庭阶和鼓阶借助蜗顶上的蜗孔相通。

（二）膜迷路

膜迷路是套在骨迷路内的膜性管或囊（图14-18），管径小，借纤维束固定于骨迷路的壁上。是封闭的管道系统，其内充满着内淋巴。膜迷路由椭圆囊和球囊、膜半规管和蜗管组成。

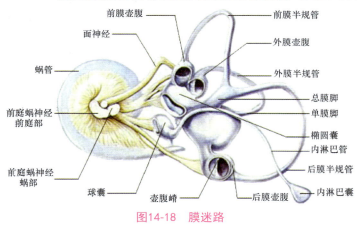

前膜壶腹
面神经
蜗管
前庭蜗神经前庭部
前庭蜗神经蜗部
球囊
壶腹嵴

前膜半规管
外膜壶腹
外膜半规管
总膜脚
单膜脚
椭圆囊
内淋巴管
后膜半规管
内淋巴囊
后膜壶腹

图14-18 膜迷路

1．**椭圆囊**和**球囊** 是位于骨迷路前庭内的两个膜性囊（图14-18）。球囊位于前庭的球囊隐窝内，近似球形。球囊与其前方的蜗管相通，其前壁内侧的上皮增厚形成**球囊斑**。椭圆囊位于前庭的后上方，其后壁上有5个开口，连接3个半规管；前壁借椭圆囊球囊管与球囊相连接。在椭圆囊上端的底部和前壁上有感觉上皮，称**椭圆囊斑**。球囊斑和椭圆囊斑均是位觉感受器，感受头部静止及直线变速运动引起的刺激。

2．**膜半规管** 位于同名骨半规管内的膜性管（图14-18），其形态与骨半规管相似，其管径约为骨半规管的1/4，与椭圆囊相通。在各骨壶腹内的各膜半规管亦有相应呈球形膨大形成**膜壶腹**。膜壶腹的内壁上有隆起的**壶腹嵴**。**壶腹嵴**也是位觉感受器，能感受头部旋转变速运动的刺激。

3．**蜗管** 位于蜗螺旋管内（图14-18至图14-20），围绕蜗轴两圈半。下端连接于球囊，顶端细小，终于蜗顶，为盲端。在水平断面上，蜗管呈三角形，有上壁、外侧壁和下壁。上壁为前庭膜，分隔前庭阶和蜗管。外侧壁为**蜗外侧壁**，有丰富的血管。下壁称基底膜，与鼓阶相隔，其上有**螺旋器**，又称Corti器，是听觉感受器。

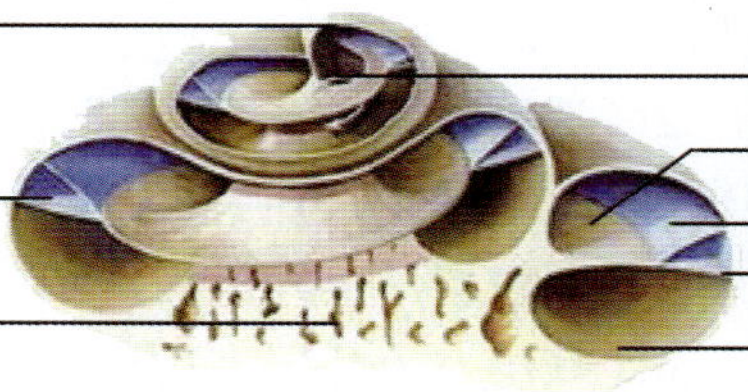

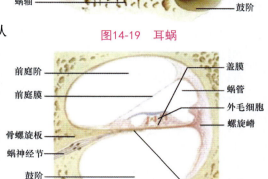

图14-19 耳蜗

（三）内耳道

内耳道是位于颞骨岩部后面中部的骨性管道。从内耳门斜向外，止于**内耳道底**。内耳道底有一些小孔，前庭蜗神经、面神经和迷路动脉由此通过。

声波传入内耳的感受器有两条途径，一为空气传导，二为骨传导。正常情况下以空气传导为主。

1. 空气传导 声波经外耳道传至鼓膜，引起鼓膜振动，再由听小骨链于前庭窗处推动前庭内的外淋巴波动。外淋巴的波动先由前庭阶传向蜗孔，再经蜗孔传向鼓阶，也可直接引起内淋巴波动，使基底膜振动，刺激螺旋器并产生神经冲动，经蜗神经传入中枢，产生听觉。

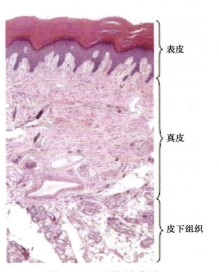

图14-20 螺旋器横断面

鼓膜穿孔时，外耳道中的空气振动引起鼓室内的空气震动，直接波及第二鼓膜，引起鼓阶的外淋巴波动，使基底膜振动以兴奋螺旋器。通过这条途径，也能产生一定程度的听觉。

2. 骨传导 只有在发声物体直接与颅骨接触时，声波才能经颅骨传入内耳，引起听觉。声波的冲击经颅骨和骨迷路传入，使耳蜗内的淋巴波动，刺激基底膜上的螺旋器产生神经兴奋。

第三节 皮 肤

皮肤是人体最大的器官，约占体重的16%。皮肤覆盖于人体表面，是人体的第一道防线，有保护深层结构、感受外界刺激、调节体温和排出代谢产物等功能。皮肤由表皮、真皮及附属器组成（图14-21）。

一、表 皮

表皮（epidermis）是皮肤的浅层，由角化的复层扁平上皮构成。表皮细胞分为两大类：一类是角质形成细胞，占表皮细胞总数的绝大部分；另一类是非角质形成细胞，数量较少，散在分布于角质形成细胞之间，包括黑色素细胞、朗格汉斯细胞和Merkel细胞。表皮由浅入深依次为角质层、透明层、颗粒层、棘层和基底层。

图14-21 手指的皮肤

1. **角质层** 由数层角化的扁平、无核的细胞构成。此层有很强的抵抗力，脱落后形成皮屑。

2. **透明层** 位于角质层与颗粒层之间，由2～3层扁平、紧密相连的梭形细胞构成，细胞核消失，呈匀质透明状，仅见于掌跖。

3. **颗粒层** 由几层梭形细胞构成，细胞质内含有透明角质颗粒。

4. **棘层** 由几层多边形细胞构成，核圆而大，细胞向四周伸出有突起，故名棘细胞。

5. **基底层** 由一层矮柱状基底细胞构成，黑色素细胞散在其中，具有合成黑色素、形成黑色索颗粒的功能，它的数量和颜色决定了皮肤的颜色。正常情况下，基底细胞有较强的分裂能力，不断地增值产生新的角质形成细胞，亦称生发层。新生细胞向浅层推移，分化成表皮的各层细胞。

二、真皮

真皮（dermis）位于表皮的深面，全身部位薄厚不一，由致密结缔组织组成。真皮可分为乳头层和网织层。

1. **乳头层** 紧贴于表皮，较薄，结缔组织呈乳头状向表皮突出。乳头层含有丰富的毛细血管、毛细淋巴管，有些乳头体内含有触觉小体等神经末梢。

2. **网状层** 位于乳头层深面，较厚，由致密结缔组织构成。网状层内粗大的胶原纤维和弹性纤维交织成网，使皮肤具有弹性和韧性。此层内含有较多的血管、淋巴管和神经，以及毛囊、皮脂腺、汗腺和环层小体等。

三、皮肤的附属器

皮肤的附属器包括毛发、皮脂腺、汗腺和指（趾）甲（图14-22）。

1. **毛发** 全身的皮肤，除手掌、足底等处外，均有毛发分布，每根毛发可分为毛干和毛根两部分。毛干指露在皮肤之外的部分，毛根是埋于皮肤内的部分，末端位于膨大的毛囊内。毛发与皮肤表面形成一定角度斜向生长，在毛根与表皮表面呈钝角的一侧有平滑肌，称立毛肌，其收缩时可使毛竖立。

2. **皮脂腺** 位于毛囊与立毛肌之间，其导管开口于毛囊。皮脂腺分泌皮脂，对皮肤及毛有润滑作用。

图14-22　皮肤附属器

3. **汗腺** 遍布于全身的大部分皮肤内，乳头、包皮内面、唇缘、鼓膜、等部位无此腺。其为弯曲的小腺体，开口于体表，分泌部位于真皮层或皮下组织层。汗腺的分泌对调节体温、湿润皮肤和排泄含氮废物等均有重要作用。

4. **指（趾）甲** 位于手指和足趾的背面远端，由露出体表的甲体和埋入皮肤内的甲根构成。甲体是前部部分，为坚硬透明的长方形角质板。甲体两侧和甲根浅面的皮肤皱襞，称甲襞。甲襞和甲体之间的沟，称甲沟。甲根深部的上皮为甲母质，是甲的生长区。

四、皮肤的年龄性变化

皮肤除了有保护、分泌、吸收、排泄、调节体温等生理功能外，还参与各种物质的代谢，它还是一个重要的免疫器官，对使机体内环境稳定和更好地适应外环境的变化起着重要作用。

皮肤表面有很多皮沟和皮丘，随着年龄的增加，皮沟和皮丘逐渐减少，纹理混乱。皮脂覆盖在皮肤表面，有防止皮肤干燥以及防止微生物及细菌繁殖的作用。皮脂在青春期变得活跃，皮脂量分泌增大，在20～30多岁达到高峰，随后随着年龄增长而逐渐减少，失去皮脂的皮肤容易干燥、失去弹性。此外，经表皮水分蒸散量、角质水分含量、皮肤弹性都随着年龄的增大而减少。皮肤表层的血流，在10～30岁间减少，随后增大，40岁左右达到高峰值；而深层血流在40～70岁持相同的水平。总之，皮肤的年龄性变化因人而异，个体差别较大。

🖊 思考题

1. 眼球壁是如何构成的？
2. 什么是视神经盘？
3. 眼球的折光装置包括什么？
4. 房水的产生、循环及其作用如何？
5. 内耳的位置、形态及主要结构如何？
6. 眼肌有哪些？试述其作用及神经支配。
7. 患儿10天前患上呼吸道感染。6天前出现左耳堵塞感和轻微疼痛。1天前耳痛加剧，听力明显下降，并出现畏寒、倦怠和食欲不振。检查：鼓膜弥漫性充血，伴肿胀，向外膨出，光锥消失，鼓膜正常结构不易辨认；乳突部轻微压痛。诊断：左耳中耳炎。
  （1）何为鼓膜光锥？
  （2）鼓室的六个壁的名称是什么？壁上都有哪些结构？鼓室与周围哪些空腔相通？
  （3）幼儿感冒后为什么易患中耳炎？

第十五章　神经系统总论

🔖 学习目标

掌握

1. 神经系统的分部。

2. 神经系统的常用术语。

熟悉　反射和反射弧的概念。

了解　神经系统的功能及地位。

神经系统（nervous system）由脑、脊髓以及连接于脑和脊髓的脑神经和脊神经等组成。神经系统是人体结构和功能最复杂的系统，由数以亿万计的高度相互联系的神经细胞组成，在体内起主导作用。

神经系统的功能是：①控制和调节其他系统的活动，使人体成为一个有机的整体。例如，当体育锻炼时，除了肌肉强烈收缩外，同时也出现呼吸加深加快、心跳加速、出汗等一系列的变化，这些都是在神经系统的调节和控制下完成的。②维持机体与外环境的统一。例如，当天气寒冷时，通过神经调节使周围小血管收缩，减少散热，从而使体温维持在正常水平。③人类大脑皮质出现了分析语言的中枢，其构成思维、意识活动的物质基础，不仅被动地适应环境变化，而且能主动地认识世界和改造世界。

一、神经系统的区分

神经系统按其所在位置，分为**中枢神经系统**（central nervous system，CNS）和**周围神经系统**（peripheral nervous system，PNS）两大部分（图15-1）。中枢神经系统包括脑和脊髓，分别位于颅腔和椎管内，含有绝大多数神经元的胞体；周围神经系统包括脑神经和脊神经。脑神经与脑相连，共12对；脊神经与脊髓相连，共31对；主要由感觉神经元和运动神经元的突起组成。根据周围神经在各器官、系统中所分布的对象不同，又可把周围神经系统分为**躯体神经**（somatic nerves）和**内脏神经**（visceral nerves）。躯体神经分布于体表、骨、关节和骨骼肌；内脏神经分布于内脏、心血管、平滑肌和腺体，由于内脏神经有自己特殊的形态结构特点，所以单独列为一节讲解。在周围神经中，由于感觉神经的冲动自感受器传向中枢，故又称**传入神经**；运动神经的冲动自中枢传向周围，故又称**传出神经**。内脏运动神经又分为**交感神经**和**副交感神经**。

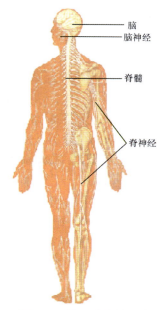

图15-1 神经系统的组成

二、神经系统的活动方式

神经系统在调节机体的活动中，对内、外环境的各种刺激作出适宜的反应，称为**反射**，它是神经系统活动的基本方式。反射的形态学基础是**反射弧**（reflex arc），包括感受器→感觉（传入）神经→中枢→运动（传出）神经→效应器（图15-2）。如叩击髌韧带出现的膝反射（伸膝运动），其感受器位于髌韧带内，传入神经是股神经，中枢在脊髓腰段，传出神经为股神经，引起股四头肌收缩，即是一个最简单的反射。如果反射弧中任何一个环节损伤，都会出现反射障碍。因此，在临床上常用检查反射活动来辅助诊断神经系统的疾病。

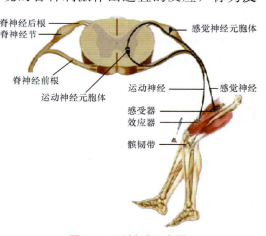

图15-2 反射弧示意图

神经系统通过与它相连的各种感受器，接受内、外环境的刺激，经传入神经元传至中枢（脊髓和脑）的不同部位，经过整合后发出相应的神经冲动，经传出神经元将冲动传至相应的效应器，以产生各种反应，从而保证生命活动的正常进行。

三、神经系统的常用术语

神经系统的基本组织是神经组织，神经组织由神经元（neuron）和神经胶质细胞（glial cell）组成。在中枢和周围神经系统中，神经元胞体和突起在不同部位有不同的组合编排方式，故用不同的术语表示。

1. 灰质（gray matter）　在中枢神经系统，神经元胞体及其树突的集聚部位称灰质，因富含血管，故在新鲜标本中色泽灰暗，如脊髓灰质。

2. 白质（white matter）　神经纤维在中枢神经系统集聚的部位，因髓鞘含类脂质而色泽白亮而得名，如脊髓白质。

3. 皮质（cortex）　灰质在大、小脑表面成层配布，称为皮质。

4. 髓质（medulla）　位于大脑和小脑的白质因被皮质包绕而位于深部，称为髓质。

5. 神经核（nucleus）　在中枢神经系统内（除皮质外），形态和功能相似的神经元胞体聚集成团或柱，称为神经核。

6. 神经节（ganglion）　在周围神经系统内，神经元胞体集中形成的团，称为神经节。其中由假单极或双极神经元胞体聚集而成的神经节为**感觉神经节**，由传出神经元胞体聚集而成的，且与支配内脏活动有关的神经节称**内脏运动神经节**。

7. 纤维束（fascichlus）　在中枢神经系统中，起止和功能基本相同的神经纤维集合成束，称为纤维束。

8. 神经（nerve）　在周围神经系统中，神经纤维聚集成粗细不等的神经纤维束，称为神经。

9. 网状结构（reticular formation）　在中枢神经系统内，神经纤维交织成网，网眼内含有分散的神经元或较小核团，称**网状结构**。

思考题

1. 用图表形式列出神经系统的组成。
2. 理解并简要叙述神经系统常用术语。

第十六章　中枢神经系统

学习目标

掌握

1. 脊髓的位置、外形；脊髓节段与椎骨的对应关系；脊髓灰、白质的位置及分部。

2. 脑的位置、分部。

3. 脑干的位置、外形及第Ⅲ～Ⅻ对脑神经的连脑位置及脑干的内部结构特点。

4. 小脑的位置和外形；第四脑室的位置和沟通关系。

5. 间脑的位置和分部；下丘脑的位置和组成。

6. 大脑半球各面的主要沟、回及分叶，主要机能区的位置，内囊的位置、分部及其纤维束的排列关系。

熟悉

1. 脊髓白质各索中主要传导束的名称、位置、起止和功能，脊髓的功能，脊髓中央管、脊髓网状结构的位置。

2. 脑的灰、白质配布规律。

3. 丘脑的位置、形态和主要团核的名称及腹后核的功能。

了解

1. 脊神经根与脊髓的连接概况。

2. 脑神经核的概念及分类、脑神经核的命名、孤束核和三叉神经感觉核群的位置以及与第Ⅲ～Ⅳ对、第Ⅴ～Ⅷ对和第Ⅸ～Ⅻ对脑神经有关的脑神经核的位置。

3. 基底核及新、旧纹状体的概念与功能。

第一节　脊　　髓

脊髓（spinal cord）属于低级中枢，保留着明显的节段性。脊髓与31对脊神经相连，后者分布到躯干和四肢。脊髓与脑的各部之间有着广泛的联系，来自躯干、四肢的各种刺激通过脊髓传导到脑产生感觉，脑也要通过脊髓来完成复杂的功能。在生理状况下，脊髓虽可独立完成一些反射活动，但它所执行的大部分复杂功能都是在脑的控制下进行的。

一、脊髓的位置和外形

脊髓位于椎管内，长42～45 cm，上端在枕骨大孔处与延髓相连，下端在成人平第1腰椎体下缘；新生儿约平第3腰椎体下缘。

脊髓呈前后略扁的圆柱形（图16-1），外包被膜，它与脊柱的弯曲一致。全长有两处膨大，上部称**颈膨大**（cervical enlargement），位于第4颈节至第1胸节，有分布到上肢的神经由此发出；下部称**腰骶膨大**（lumbosacral enlargement），起自腰髓第2节至骶髓第3节，有分布到下肢的神经由此发出。两个膨大的出现，系该节段内的神经细胞和纤维较多所致，膨大的成因则与肢体的功能有关。脊髓末端变细呈圆锥状，称**脊髓圆锥**（conus medullaris），其向下延续的非神经组织的细丝称**终丝**（filum terminale），止于尾骨背面的骨膜。

脊髓表面有6条纵行的沟和裂。前面正中的深沟为**前正中裂**；后面正中的浅沟为**后正中沟**；在脊髓的两侧，各有两条外侧沟，即**前外侧沟**和**后外侧沟**。

脊髓自前外侧沟依次穿出31对脊神经**前根**，由运动神经纤维组成；后外侧沟依次穿入31对脊神经**后根**，由脊神经节感觉神经元的中枢突组成。每条后根上都有一膨大，称**脊神经节**（spinal ganglion）。前根与后根在椎间孔处合成混合性的**脊神经**（图16-2），脊神经共有31对。与每一对脊神经相连的一段脊髓，称一个**脊髓节段**。因此，脊髓有31个节段，即颈髓8节、胸髓12节、腰髓5节、骶髓5节和尾髓1节。腰、骶、尾部的前后根在通过相应的椎间孔之前，围绕终丝在椎管内向下行走一段较长距离，它们共同形成**马尾**（cauda equina）（图16-3）。在成人，一般第1腰椎以下已无脊髓，只有马尾。故临床上常在第3、4或4、5腰椎之间的间隙进行腰椎穿刺。

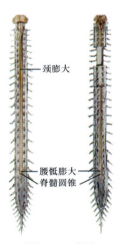

图16-1 脊髓

（标注：颈膨大、腰骶膨大、脊髓圆锥）

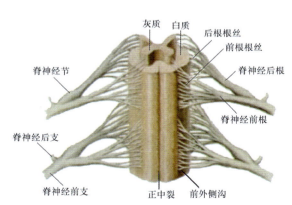

图16-2 脊髓结构示意图

（标注：灰质、白质、后根根丝、前根根丝、脊神经后根、脊神经前根、脊神经节、脊神经后支、脊神经前支、正中裂、前外侧沟）

成人脊髓和脊柱的长度并不相等，这是由于自胚胎第4个月起，脊柱的增长速度比脊髓快，因此，脊髓节段与椎骨并不完全对应。了解脊髓节段与椎骨的对应关系，在临床上对病变和麻醉的定位具有重要意义。如在创伤中，可凭借受伤的椎骨位置来推测脊髓可能受损的节段。成人脊髓节段与椎骨的对应关系（图16-4），其一般粗略的推算方法为：上颈髓（$C_{1\sim4}$）与同序数椎骨相对应；下颈髓（$C_{5\sim8}$）和上胸髓（$T_{1\sim4}$）比同序数椎骨高1个椎体；

中胸髓（$T_{5\sim8}$）比同序数椎骨高2个椎体；下胸髓（$T_{9\sim12}$）比同序数椎骨高3个椎体；全部腰髓平对第10～12胸椎水平；骶髓和尾髓约平对第1腰椎。

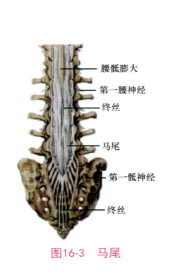

图16-3 马尾

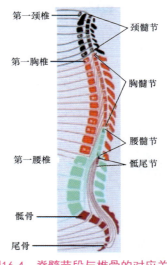

图16-4 脊髓节段与椎骨的对应关系

二、脊髓的内部结构

脊髓主要由灰质和白质构成，脊髓各节段中的内部结构大致相似。在横切面上，可见中央有一细小的**中央管**（central canal），它的周围是蝶形或"H"形的灰质，灰质的周围为白质（图16-5）。此外，在后角基部外侧与白质之间，灰、白质混合交织，称**网状结构**（reticular formation），其在颈部比较明显。

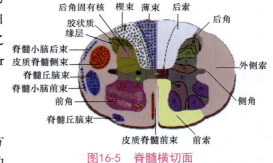

图16-5 脊髓横切面

（一）灰质

灰质纵贯脊髓全长，每一侧灰质分别向前方和后方伸出**前角**（柱）和**后角**（柱），在脊髓的第1胸节至第3腰节的前、后角之间还有向外侧突出的**侧角**（柱）。中央管周围有将两侧灰质连接起来的灰质连合。

1. **前角** 前角主要由运动神经元的胞体构成，其轴突组成前根。前角运动细胞可分为内、外侧两群：内侧群支配颈部、躯干的骨骼肌，见于脊髓的全长；外侧群支配四肢的骨骼肌，见于颈膨大和腰骶膨大节段。根据形态和功能的不同，前角运动神经元可分为大型的α运动神经元和小型的γ运动神经元。α运动神经元支配骨骼肌的运动；γ运动神经元主要参与调节肌张力。

2. **后角** 主要由中间神经元胞体构成，接受来自后根的传入纤维。后角的神经元主要组成缘层、胶状质、后角固有核和胸核等核团，其中后角固有核发出的纤维上行至背侧丘脑。

3．侧角　主要由中、小细胞组成，仅见于胸1至腰3脊髓节段，是交感神经的低级中枢。侧角发出的轴突加入前根，支配平滑肌、心肌和腺体等。此外，在脊髓的第2～4骶节相当于侧角的部位，有副交感神经节前纤维的胞体（副交感神经元），称**骶副交感核**，是副交感神经的低级中枢。

（二）白质

脊髓的白质由大量纤维束构成，位于灰质的周围，每侧白质又被脊髓表面的沟、裂分为3个索。前正中裂和前外侧沟之间的白质为**前索**（图16-5和图16-6）；后正中沟和后外侧沟之间的白质为**后索**；前、后外侧沟之间的白质为**外侧索**；在中央管的前方，可见由左右横越纤维构成的**白质前连合**。各索都由传导神经冲动的上、下行纤维束构成。

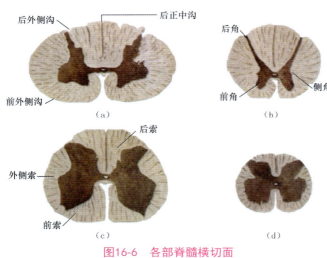

图16-6　各部脊髓横切面

（a）颈髓节段；（b）胸髓节段；（c）腰髓节段；（d）骶髓节段

1．上行纤维束　起自脊神经节或脊髓的灰质，它将来自脊神经的神经冲动传入脑。

（1）**脊髓丘脑束**（spinothalamic tract）：位于外侧索的前半部和前索中。该纤维束主要起于后角固有核，斜经白质前连合或上升1～2节后交叉至对侧，上行经脑干，终止于背侧丘脑（图16-5）。脊髓丘脑束传导痛觉、温度觉、粗触觉和压觉信息。

一侧脊髓丘脑束损伤时，损伤平面对侧1～2节以下的区域出现痛觉、温觉的减退或消失。

（2）**薄束**（fasciculus gracilis）和**楔束**（fasciculus cuneatus）：薄束由同侧第5胸节以下的脊神经节细胞的中枢突组成，楔束由同侧第4胸节以上的脊神经节细胞的中枢突组成。这些脊神经节细胞的周围突分别至肌、腱、关节和皮肤的感受器，中枢突经后根进入脊髓形成薄、楔束，在脊髓后索上行，止于延髓的薄束核和楔束核。薄束在第5胸节以下占据后索的全部，在第4胸节以上只占据后索的内侧部，楔束位于后索的外侧部。薄束、楔束分别传导来自同侧下半身和上半身的本体感觉（肌、腱、关节的位置觉、运动觉和震动觉）和精细触觉（如通过触摸辨别物体纹理粗细和两点距离）信息。

当脊髓后索病变时，本体感觉和精细触觉的信息不能向上传入大脑皮质，在患者闭目时，不能确定自己肢体所处的位置，站立时身体摇晃倾斜，也不能辨别物体的性状、纹理粗细等。

此外，还有脊髓小脑后束和脊髓小脑前束，上行至小脑，传递下肢和躯干下部的非意识性本体感觉冲动。

2．下行纤维束　起自脑的不同部位，下行终于脊髓的不同节段，将脑发出的神经冲动传至脊髓。

（1）**皮质脊髓束**（corticospinal tract）：起源于大脑皮质躯体运动区的锥体细胞，是最重要的下行纤维束。皮质脊髓束经内囊和脑干下行至延髓锥体交叉处，大部分纤维交叉至对侧形成**皮质脊髓侧束**；未交叉的纤维在同侧下行于脊髓前正中裂两侧，称**皮质脊髓前束**（图16-5）。

　　1）皮质脊髓侧束：下行于脊髓外侧索的后部，直接或间接止于脊髓前角运动神经元，管理骨骼肌的随意运动。

　　2）皮质脊髓前束：在前索最内侧下行，大部分纤维经白质前连合逐节交叉至对侧前角；不交叉的部分纤维止于同侧前角，主要管理颈深肌群和躯干肌的随意运动。

　　当脊髓一侧的皮质脊髓束损伤后，出现同侧损伤平面以下的肢体骨骼肌痉挛性瘫痪（肌张力增高、腱反射亢进等，也称硬瘫），而躯干肌不瘫痪。

　　（2）**红核脊髓束**（rubrospinal tract）：位于皮质脊髓侧束的腹侧，起自中脑的红核，立即交叉，下行止于脊髓前角运动神经元。刺激红核时激活对侧屈肌运动神经元，同时抑制伸肌运动神经元，从而调节肌肉的张力。

　　（3）**前庭脊髓束**（vestibulospinal tract）：位于前索，起于脑干的前庭神经核，止于脊髓前角运动神经元。刺激此束的起始核时，兴奋伸肌运动神经元，抑制屈肌运动神经元，从而调节肌肉的张力。

　　此外，还有顶盖脊髓束和内侧纵束。顶盖脊髓束能兴奋对侧颈肌，抑制同侧颈肌活动；内侧纵束主要是协调眼球的运动和头、颈部的运动。

三、脊髓的功能

1. 传导功能　脊髓内的上、下行纤维束是实现传导功能的重要结构。
2. 反射功能　脊髓是某些反射的低级中枢，如排便反射和髌反射等。

第二节　脑

　　脑（brain）位于颅腔内，人脑的平均重量为1 400 g。脑可分为脑干、小脑、间脑和端脑四部分（图16-7和图16-8）。脑干自上而下分为延髓、脑桥和中脑。

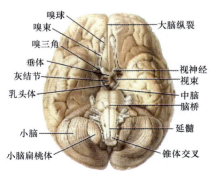

图16-7　脑的底面

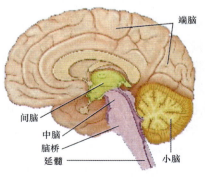

图16-8　脑的正中矢状切面

一、脑干

脑干（brain stem）上接间脑，下在枕骨大孔与脊髓相续，背侧与小脑相连（图16-7和图16-8）。延髓、脑桥与小脑之间的室腔称第四脑室，中脑内有一狭窄的管腔称**中脑水管**。

（一）脑干的外形

1. 腹侧面

（1）**延髓**（medulla oblongata）：形似倒置的圆锥体，表面有与脊髓相续的同名沟、裂，下端平枕骨大孔处与脊髓相接，上端借横行的延髓脑桥沟（bulbopontine sulcus）与脑桥相分界。在延髓上部前正中裂的两侧各有一个锥形隆起称**锥体**（pyramid）（图16-9），锥体的下方形成**锥体交叉**（decussation of pyramid）。锥体背外侧的卵圆形隆起称**橄榄**（olive）。每侧橄榄和锥体之间的纵沟称前外侧沟，舌下神经根丝由此穿出。在橄榄的背外侧，自上而下依次有舌咽神经、迷走神经和副神经根丝穿出。

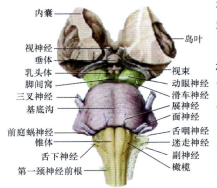

图16-9　脑干腹面观

（内囊、视神经、垂体、乳头体、脚间窝、三叉神经、基底沟、前庭蜗神经、锥体、舌下神经、第一颈神经前根、岛叶、视束、动眼神经、滑车神经、展神经、面神经、舌咽神经、迷走神经、副神经、橄榄）

（2）**脑桥**（pone）：位于脑干的中部，上缘与中脑的大脑脚相连，其下缘借延髓脑桥沟与延髓分界，沟内自中线向外依次有展神经根、面神经根和前庭蜗神经根。腹侧面宽阔而膨隆，称脑桥基底部。基底部正中有一纵行浅沟，称**基底沟**（basilar sulcus），容纳基底动脉。基底部向后外逐渐变窄，移行为**小脑中脚**（middle cerebellar），借小脑脚与背侧小脑相连。基底部与小脑中脚交界处有三叉神经根相连。

（3）**中脑**（midbrain）：上界为间脑的视束，下界为脑桥上缘。两侧粗大的纵行柱状隆起为**大脑脚**（cerebral peduncle），其浅部主要由大量自大脑皮质发出的下行纤维组成。两侧大脑脚之间的凹陷称**脚间窝**（interpeduncular fossa），动眼神经由此穿出。

2. 背侧面

（1）延髓的背面：下部形似脊髓，上部中央管开敞为第四脑室，构成菱形窝的下部（图16-10）。在延髓背面的下部，脊髓的薄、楔束向上延伸，分别扩展为膨隆的**薄束结节**（gracile tubercle）和**楔束结节**（cuneate tubercle），其深面有薄束核和楔束核。在楔束结节的外上方稍微隆起，称为**小脑下脚**（inferior cerebellar peduncle），主要是由进入小脑的纤维所组成。

（2）脑桥的背面：形成第四脑室底的上半，两侧为**小脑上脚**（superior cerebellar peduncle）和小脑中脚，连于小脑。

（3）中脑的背面：有两对隆起，上方的一对称**上丘**（superior colliculus），是视觉反射中枢；下方的一对称**下丘**（inferior colliculus），为听觉反射中枢。自上、下

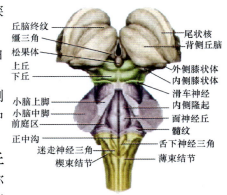

图16-10　脑干背面观

（丘脑终纹、缰三角、松果体、上丘、下丘、小脑上脚、小脑中脚、前庭区、正中沟、迷走神经三角、楔束结节、尾状核、背侧丘脑、外侧膝状体、内侧膝状体、滑车神经、内侧隆起、面神经丘、髓纹、舌下神经三角、薄束结节）

丘的外侧各向前外方发出1条隆起，分别称为上丘臂和下丘臂。下丘臂连接间脑的内侧膝状体，上丘臂连接间脑的外侧膝状体。在下丘的下方有滑车神经根出脑，它是唯一一对自脑干背面出脑的脑神经。

（4）**菱形窝**：呈菱形，又称第四脑室底，中部有横行的髓纹为脑桥和延髓的分界。窝的正中有纵行的正中沟，将该窝分为左、右对称的两半。正中沟的两侧各有1条纵行的界沟。界沟与正中沟之间的隆起称内侧隆起，界沟的外侧为三角形的前庭区，其深面有前庭神经核。前庭区外侧角的小隆起称听结节。紧靠髓纹上方在内侧隆起上有一圆形隆起，称面神经丘，其深面有展神经核。在髓纹下方的内侧隆起上有两个三角区：舌下神经三角位于内侧，内藏舌下神经核；迷走神经三角位于外侧，内藏迷走神经背核。

（二）脑干的内部结构

脑干的内部结构由灰质、白质和网状结构组成。

1.　**灰质**　脑干灰质的核团，根据其纤维联系及功能，可分为3类：脑神经核，与第Ⅲ～Ⅻ对脑神经发生联系；传导中继核，经过脑干的上、下行纤维束在此进行中继换元；网状核，位于脑干网状结构中。后两类合称"非脑神经核"。

（1）脑神经核：按性质和排列位置的不同，自内向外依次分为躯体运动核、内脏运动核、内脏感觉核和躯体感觉核4种核团（图16-11）。

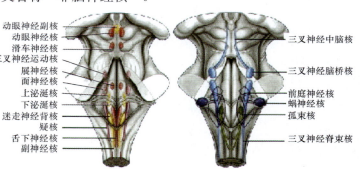

图16-11　脑神经核在脑干背侧面的投影

1）躯体运动核：共有8对，均纵列于正中线的两侧。其中，中脑内有**动眼神经核**和**滑车神经核**；脑桥内有三叉神经运动核、展神经核和面神经核；延髓内有**疑核**、**副神经核**和**舌下神经核**（图16-12）。上述核团支配骨骼肌运动。

2）内脏运动核：共有4对，纵列于躯体运动核的外侧，均为副交感神经核。其中，中脑内有**动眼神经副核**；脑桥内有**上泌涎核**；延髓内有**下泌涎核和迷走神经背核**。上述核团管理大部分内脏器官的平滑肌、心肌的活动和腺体的分泌。

3）内脏感觉核：仅有1对**孤束核**，位于延髓内脏运动核的外侧，接收一般内脏感觉和味觉信息。

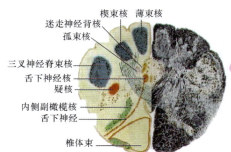

图16-12　平延髓内侧丘系交叉横切面

4）躯体感觉核：共有5对，位于内脏感觉核的外侧。其中，**三叉神经中脑核**、**三叉神经脑桥核**和**三叉神经脊束核**，分别位于中脑、脑桥和延髓；**前庭神经核**和**蜗神经核**位于脑桥和延髓。上述核团接受颌面部、口腔等部位的躯体感觉及平衡觉和听觉信息。脑神经核在脑干的位置及分布见表16-1。

表16-1　脑神经核的性质、名称、位置及分布

性　质	名　称	位　置	分　布
躯体运动核	动眼神经核	上丘平面	上直肌、上睑提肌、内直肌、下直肌和下斜肌
	滑车神经核	下丘平面	上斜肌
	三叉神经运动核	脑桥中部	咀嚼肌
	展神经核	脑桥中部	外直肌
	面神经核	脑桥下部	面部表情肌和颈阔肌
	疑核	延髓	腭肌、咽肌和喉肌
	副神经核	延髓	胸锁乳突肌和斜方肌
	舌下神经核	延髓	舌内肌和舌外肌
内脏运动核	动眼神经副核	上丘平面	瞳孔括约肌和睫状肌
	上泌涎核	脑桥下部	泪腺、舌下腺和下颌下腺
	下泌涎核	延髓上部	腮腺
	迷走神经背核	延髓	胸、腹腔脏器及结肠左曲以上消化管
内脏感觉核	孤束核	延髓	胸、腹腔脏器及结肠左曲以上消化管、味蕾
躯体感觉核	三叉神经中脑核	中脑	面肌和咀嚼肌（深感觉）
	三叉神经脑桥核	脑桥	头面部、鼻腔和口腔（触觉）
	三叉神经脊束核	脑桥和延髓	头面部（痛、温觉）
	前庭神经核	脑桥、延髓	壶腹嵴、椭圆囊斑和球囊斑
	蜗神经核	脑桥、延髓	螺旋器

（2）传导中继核：主要包括薄束核、楔束核、红核和黑质等核团。

1）**薄束核**（gracile nucleus）和**楔束核**（cuneate nucleus）：分别位于延髓下部、薄束结节和楔束结节的深面，是薄束和楔束的终止核，也是传递躯干和四肢本体觉和精细触觉冲动的中继核团。由薄束核、楔束核发出的纤维，在中央管腹侧的中线上左右交叉（称内侧丘系交叉），交叉后的纤维在中线两侧转折上行形成内侧丘系。

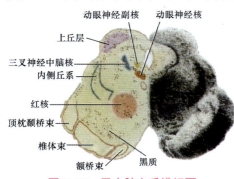

动眼神经副核　　动眼神经核
上丘层
三叉神经中脑核
内侧丘系
红核
顶枕颞桥束
锥体束
额桥束　　黑质

图16-13　平中脑上丘横切面

2）**红核**（red nucleus）：呈圆柱状核团，新鲜时呈粉红色。位于中脑上丘至间脑尾侧平面、黑质的背内侧（图16-13）。红核主要接受来自小脑和大脑皮质的纤维，并发出红核脊髓束下行至脊髓，参与对躯体运动的控制。

3）**黑质**（substantia nigra）：是位于中脑脚底和被盖之间的板状灰质，黑质神经细胞主要合成多巴胺，参与基底核调节随意运动。临床上的震颤麻痹可能与黑质神经细胞变性引起的多巴胺减少有关。

（3）**网状核**：弥散在网状结构内的神经元，部分聚集形成神经核，包括中缝核群、内侧核群和外侧核群。

2．**白质**　主要由上、下行纤维束构成。

（1）上行纤维束

1）**内侧丘系**（medial lemniscus）：由延髓薄束核和楔束核发出的纤维，在中央管腹侧的中线上左右交叉后形成内侧丘系，上行止于丘脑腹后外侧核。传递来自对侧躯干和四肢的本体感觉和精细触觉冲动。

2）**脊髓丘系**（spinal lemniscus）：由传导对侧躯干和四肢的痛觉、温觉、粗触觉的脊髓丘脑束进入脑干后构成脊髓丘系，上行止于丘脑腹后外侧核。

3）**三叉丘系**（trigeminal lemniscus）：传导来自牙齿、面部皮肤和口、鼻腔黏膜的痛、温、触觉信息，感觉纤维止于三叉神经脊束核和三叉神经脑桥核，此二核发出的纤维交叉至对侧上行，组成三叉丘系，走行于内侧丘系的外方，止于背侧丘脑的腹后内侧核。

4）**外侧丘系**（lateral lemniscus）：由蜗神经核发出的传入纤维，在脑桥交叉至对侧，与来自同侧的小部分不交叉纤维，共同组成外侧丘系，止于间脑的内侧膝状体，传导听觉信息。

（2）下行纤维束

1）**锥体束**（pyramidal tract）：主要由大脑皮质中央前回及中央旁小叶前部的巨型锥体细胞和其他类型锥体细胞发出的轴突构成，经内囊、中脑的大脑脚、脑桥的基底部下行进入延髓锥体。锥体束由**皮质脊髓束**（conticospinal tract）和**皮质核束**（corticonuclear tract）构成。皮质核束纤维在脑干内下行中发出分支终止于脑神经躯体运动核。皮质脊髓束穿过脑干直达锥体下端，大部分纤维在此越中线交叉至对侧，形成锥体交叉，交叉后的纤维在对侧半脊髓内下降，称**皮质脊髓侧束**；小部分未交叉的纤维仍在本侧半脊髓前索内下降，称**皮质脊髓前束**。

2）**其他**：除锥体束外，还有起自脑干的下行纤维束，即红核脊髓束和前庭脊髓束。

3．**网状结构**　在脑干中，脑神经核、边界明确的传导中继核和长的上、下纤维束之间的区域，纤维纵横交错，其间散布着大小不等的细胞团，这些区域称为网状结构。网状结构是中枢神经系统的整合中心，不但参与躯体运动、躯体感觉以及内脏活动的调节，并且在控制睡眠、觉醒活动方面起重要作用。

（三）脑干的功能

1．传导功能　大脑皮质、脊髓与小脑相互联系的上行和下行纤维束都要经过脑干。

2．反射功能　脑干内有多个反射的低级中枢，如延髓内有调节心血管活动和呼吸运动的"生命中枢"；中脑有瞳孔对光反射中枢；脑桥有呼吸调整中枢和角膜反射中枢等。

3．调节功能　脑干内的网状结构有维持大脑皮质觉醒、引起睡眠、调节骨骼肌张力和内脏活动等功能。

二、小脑

（一）小脑的位置和外形

小脑（cerebellum）是重要的运动调节中枢，位于颅后窝内，在延髓和脑桥的背侧，隔第四脑室，借小脑下脚、中脚和上脚与脑干相连，上方隔小脑幕与大脑半球枕叶相邻（图16-8）。

小脑中间比较狭窄的部位称**小脑蚓**（vermis of cerebellum）。两侧膨大的部分称**小脑半球**（cerebellar hemisphere），小脑上面平坦，在小脑半球上面的前1/3与后2/3交界处，有一深沟称**原裂**（图16-14）。小脑半球下面近枕骨大孔处的膨出部分称**小脑扁桃体**（tonsil of cerebellum）。当颅内压突然增高时，小脑扁桃体可被挤压而嵌入枕骨大孔，从而压迫延髓危及生命，临床称小脑扁桃体疝。

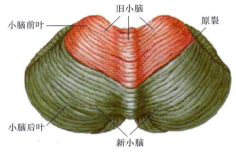
图16-14　小脑的外形（上面）与分叶

（二）小脑的分叶

根据小脑的发生、功能和纤维联系，将小脑分为3叶（图16-15）。

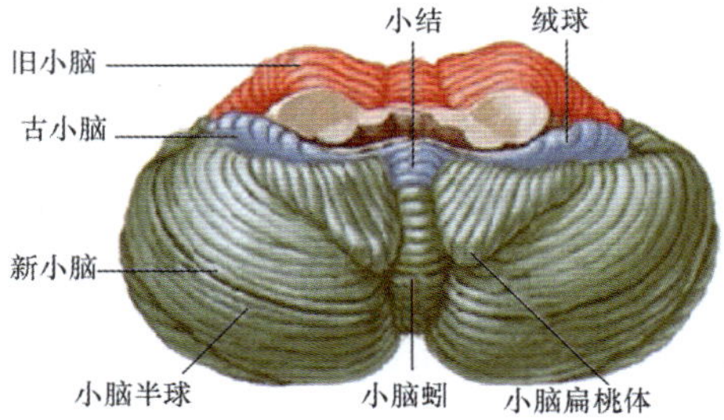

1. **绒球小结叶**（flocculonodular lobe）　位于小脑下面的最前部，包括绒球、绒球脚和小脑蚓前端的小结，因其在发生上最古老，故又称**古小脑**（archicerebellum）。

2. **前叶**（anterior lobe）　位于小脑上部原裂以前的部分。前叶和后叶小脑蚓中的蚓垂和蚓锥体，合称**旧小脑**（paleocerebellum）。

图16-15　小脑的外形（前面）与分叶

3. **后叶**（posterior lobe）　位于原裂以后的部分，占小脑的大部分，因其在进化中属于新发生的结构，故称**新小脑**（neocerebellum）。

（三）小脑的内部结构

小脑表面被覆一层灰质，称**小脑皮质**；深面为白质，称**小脑髓体**。小脑髓体内有数对灰质核团，称**小脑核**（图16-16），由内侧向外侧依次为顶核（fastigial nucleus）、球状核（globose nucleus）、栓状核（emboliform nucleus）和齿状核（dentate nucleus），其中最大的核是**齿状核**。

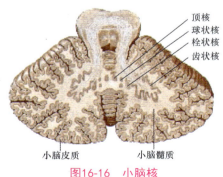
图16-16　小脑核

（四）小脑的功能

小脑主要接受大脑、脑干和脊髓的有关运动信息，传出纤维也主要与各级运动中枢有关。因此，小脑是一个重要的运动调节中枢。小脑具有维持身体的平衡（古小脑）、调节肌张力（旧小脑）和协调骨骼肌的运动（新小脑）等功能。故小脑的损伤虽不会引起随意运动丧失（瘫痪），但会出现下列状况：平衡失调；肌张力低下；共济失调，不能准确地用手指指鼻，不能做快速的交替动作；意向性震颤，肢体运动时，会产生不随意地有节奏地摆动现象。

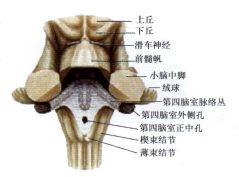

图16-17 第四脑室脉络组织

（五）第四脑室

第四脑室（fourth ventricle）是位于延髓、脑桥与小脑之间的腔隙，呈四棱锥状，其底为菱形窝，顶朝向小脑。第四脑室向上借中脑水管与第三脑室相通，向下经延髓中央管通脊髓中央管，并借1个正中孔和2个外侧孔与蛛网膜下隙相通。第四脑室内脉络组织上的血管反复分支，夹带着软脑膜和室管膜上皮突入室腔，形成**第四脑室脉络丛**，具有分泌脑脊液的功能（图16-17）。

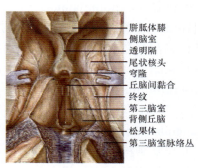

图16-18 间脑（上面观）

三、间 脑

间脑（diencephalon）位于脑干与端脑之间，由于大脑半球高度发展而掩盖了间脑的两侧和背面，故仅其腹侧的乳头体、灰结节、漏斗、垂体、视交叉和视束露于脑底。间脑中间有一窄腔即第三脑室，分隔间脑的左右部分（图16-18）。虽然间脑的体积不到中枢神经系统的2%，但其结构和功能却十分复杂，是仅次于端脑的中枢高级部位。间脑主要由背侧丘脑、后丘脑和下丘脑组成。

（一）背侧丘脑

背侧丘脑（dorsal thalamus）又称**丘脑**，由一对卵圆形的灰质团块借丘脑间黏合相连而成（图16-18）。背外侧面的外侧缘与端脑尾状核之间隔有终纹，内侧面有一自室间孔走向中脑水管的浅沟，称下丘脑沟，它是背侧丘脑与下丘脑的分界线。其外邻内囊，背面和内侧面游离，内侧面参与组成第三脑室侧壁。丘脑前端隆突称**丘脑前结节**，后端膨大称**丘脑枕**。在背侧丘脑灰质的内部有一由白质构成的内髓板，在水平面上此板呈"Y"形，它将背侧丘脑大致分为三大核群：前核群、内侧核群和外侧核群。**前核群**位于内髓板的前上方，其功能与内脏活动和近期记忆有关。**内侧核群**位于内髓板的内侧，是内脏感觉和躯体感觉冲动的整合中枢。**外侧核群**位于内髓板的外侧，可分为腹侧、背侧两部分。其中，腹侧核群又可分为**腹前核、腹中间核和腹后核**，而腹后核又分为**腹后内侧核和腹后外侧核**。腹后核属于特异性核团，腹后内侧核（图16-19）接受三叉丘系和由孤束核发出的味觉纤维，腹后外侧核接受内侧丘系和脊髓丘系的纤维。

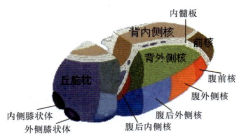

图16-19　右侧背侧丘脑核团的立体示意图

（三）下丘脑

下丘脑（hypothalamus）位于背侧丘脑的前下方（图16-20），组成第三脑室侧壁的下半和底壁，上方借下丘脑沟与背侧丘脑分界，下面最前部是视交叉，后方有灰结节（tuber cinerem），向前下移行于漏斗（infundibulum），漏斗下端与垂体（hypophysis）相接，灰结节后方有一对圆形隆起，称乳头体（mammilary body）。

下丘脑结构较复杂，内有多个核群，其中最重要的有位于视交叉上方的**视上核**和位于第三脑室侧壁的**室旁核**，两核均能分泌加压素和催产素，它们的轴突分别形成视上垂体束和室旁垂体束，经漏斗运至神经垂体贮存。

下丘脑是调节内脏活动的中心，对内分泌、体温、摄食、水盐平衡和情绪反应等起重要的调节作用。

（二）后丘脑

后丘脑（metathalamus）位于丘脑枕的下外方，包括内侧膝状体和外侧膝状体，分别是听觉和视觉通路上的中继核。**外侧膝状体**接受视束的传入信息，发出纤维称**视辐射**，投至枕叶的视区。**内侧膝状体**接受下丘臂传来的听觉纤维，并投射至颞叶的听觉皮质。

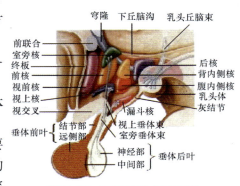

图16-20　下丘脑的主要核团

（四）第三脑室

第三脑室（third ventricle）是位于两侧背侧丘脑和下丘脑之间的矢状位腔隙（图16-18）。下借中脑水管与第四脑室相通，前部借室间孔连通端脑的左、右侧脑室。顶部为第三脑室的脉络丛组织，底部为乳头体、灰结节和视交叉。

四、端脑

端脑（telencephalon）是脑的最高级部位，由左、右大脑半球借胼胝体连接而成（图16-8、图16-9和图16-21），**胼胝体**为连接左、右大脑半球的宽厚纤维板。两大脑半球之间被**大脑纵裂**隔开，大脑和小脑之间为**大脑横裂**。大脑半球表面的灰质层称**大脑皮质**；深部的白质为髓质；位于白质内的灰质团块称**基底核**；大脑半球内部的空腔称**侧脑室**。

（一）大脑半球的外形及分叶

大脑半球表面凹凸不平，凹陷处称**大脑沟**（cerebral sulci），沟与沟之间形成长短、大小不一的隆起称**大脑回**（cerebral gyri）。每侧大脑半球分为上外侧面、内侧面和下面，并借

3条叶间沟分为5个叶（图6-21和图6-22）。

1. 大脑半球的叶间沟　**外侧沟**（lateral sulcus）起于半球下面，行向后上方，至上外侧面；**中央沟**（central sulcus）起自半球上缘中点稍后方，斜向前下方，下端与外侧沟隔一脑回，上端延伸至大脑半球内侧面；**顶枕沟**（parietooccipital sulcus）位于半球内侧面后部，起自距状沟，自下斜向后上并略转至上外侧面。

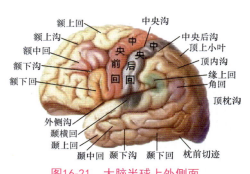

图16-21　大脑半球上外侧面

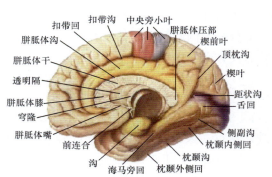

图16-22　大脑半球内侧面

2. 大脑半球的分叶　**额叶**（frontal lobe）为外侧沟上方、中央沟以前的部分；**顶叶**（parietal lobe）为位于外侧沟上方、中央沟后方、顶枕沟以前的部分；**颞叶**（temporal lobe）为外侧沟以下的部分；**枕叶**（occipital lobe）为位于顶枕沟以后的部分；**岛叶**（insula）呈三角形岛状，位于外侧沟的深部（图16-23）。

3. 大脑半球的重要沟、回

（1）上外侧面：在额叶上中央沟前方有与之平行的**中央前沟**，自中央前沟有两条向前水平走行的沟，称**额上沟**和**额下沟**（图16-21）。由上述3条沟将额叶分为4个回：**中央前回**（precentral gyrus）位于中央前沟和中央沟之间；**额上回、额中回**和**额下回**位于额上沟和额下沟上、下方的脑回。

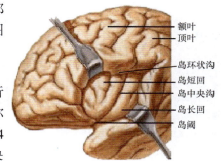

图16-23　脑的岛叶

在顶叶上有与中央沟平行的中央后沟，二者间为中央后回（postcentral gyrus）。**顶内沟**常是间断地水平行走，将中央后回以外的顶叶部分分为**顶上小叶**和**顶下小叶**。后者又分两部，围绕外侧沟周围的为**缘上回**，围绕颞上沟末端的为**角回**。

在上外侧面，枕叶的沟回多不恒定。在颞叶上，颞上沟与外侧沟大致平行，二者间为颞上回。自颞上回转入外侧沟的下壁上，有2个短而横行的脑回，称**颞横回**（transverse temporal gyri）。颞下沟与颞上沟大致平行，它的上、下分别称为**颞中回**和**颞下回**。

（2）内侧面：自中央前、后回自背外侧面延伸至内侧面的部分为**中央旁小叶**（paracentral lobule）。在中部可见前后方向向上略呈弓形的**胼胝体**（corpus callosum），围绕胼胝体上方呈弓状的脑回为**扣带回**。在枕叶，还可见**距状沟**，距状沟与顶枕沟之间的区域称**楔回**（cuneus）（图16-22）。

（3）下面：**嗅球**（olfactory bulb）位于额叶下面，前端膨大。嗅球向后延续成**嗅束**（olfactory tract），嗅束向后扩大为**嗅三角**（olfactory trigone），均与嗅觉传导有关。颞叶下面有与半球下缘平行的**枕颞沟**，此沟内侧有与之平行的**侧副沟**。侧副沟内侧的脑回称**海马旁回**，其前端弯曲，称**钩**（图16-22）。在海马沟的内侧，一部分皮质卷入侧脑室下角，在下角的室底上呈弓形的隆起，称为海马。在海马的内侧有锯齿状的窄条，称为齿状回。

在半球的内侧面，扣带回和海马旁回围绕胼胝体等几乎成一环，加上被挤到侧脑室下角的海马和齿状回，共同组成**边缘叶**（limbic lobe）。边缘叶再加上与它联系密切的皮质下结构，如杏仁体、下丘脑、背侧丘脑的前核群等，共同组成**边缘系统**（limbic system）。由于这一部分脑与内脏活动、情绪和记忆、性活动有关，故也称为**内脏脑**，这在维持个体生存和延续后代方面是重要的。

（二）大脑半球的内部结构

1．大脑皮质及其功能定位　大脑皮质是中枢神经系统发育最复杂和最完善的部位。依据进化观点，大脑皮质可分为形成海马和齿状回的原皮质（archicortex）、组成嗅脑的旧皮质（paleocortex）和占据端脑皮质其余部分的**新皮质**（neocortex）。

传向大脑皮质的各种感觉信息经皮质整合后，或产生特定的意识感觉，或储存记忆，或产生运动冲动。不同的皮质区有不同的功能，机体各种功能活动的最高中枢在大脑皮质上都有特定皮质区，**称大脑皮质的功能定位**。但这些中枢只是执行某些功能的核心，仍需要其他皮质对信息进行加工、整合，共同完成高级的神经精神活动。

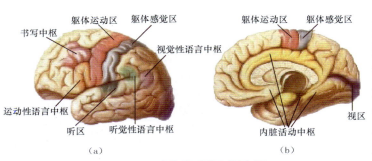

图16-24　大脑皮质的主要中枢
（a）大脑背外侧面；（b）大脑内侧面

（1）**躯体运动区**：位于中央前回和中央旁小叶的前部（图16-24和图16-25）。该中枢对骨骼肌运动的管理有一定的局部定位关系，其特点为：①身体各部代表区的投影上下颠倒，但头部是正的；②左右交叉，即一侧运动区支配对侧肢体的运动，但一些与联合运动有关的肌则受两侧运动区的支配，如眼球外肌、咽喉肌、咀嚼肌等；③身体各部分投影区的大小与各部形体大小无关，而是取决于功能的重要性和复杂程度。

（2）**躯体感觉区**：位于中央后回和中央旁小叶的后部（图16-24和图16-26），接受背侧丘脑腹后核传来的对侧半身痛觉、温觉、触觉、压觉以及位置和运动觉。身体各部在此区的投影与躯体运动区相似，身体各部在此区的投射特点是：①上下颠倒，但头部是正的；②左右交叉；③身体各部在该区投射范围的大小取决于该部感觉敏感程度，如手指和唇的感受器最密，在感觉区的投射范围就最大。

（3）**视区**：位于枕叶内侧面距状沟两侧的皮质，接受来自外侧膝状体的纤维。一侧视区接受双眼同侧半视网膜的冲动，损伤一侧视区可引起双眼对侧视野偏盲，称同向性偏盲（图16-24）。

（4）**听区**：位于颞横回，接受内侧膝状体来的纤维。每侧的听觉中枢都接受来自两耳的冲动，因此一侧听觉中枢受损，不致引起全聋。

（5）**内脏活动中枢**：位于边缘叶。

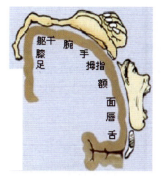

图16-25 人体各部在躯体运动区的定位

图16-26 人体各部在躯体感觉区的定位

（6）**语言区**：人类大脑皮质一定区域损伤后，会引起听、说、读、写不同的语言障碍，由此推测，在大脑皮质中有与语言活动有关的代表区（图16-24），大脑皮质的语言代表区及功能障碍见表16-2。

表16-2 大脑皮质的语言代表区及功能障碍

语言代表区	中枢部位	损伤后语言障碍
运动性语言中枢	额下回后部	运动性失语症（不会说话）
听觉性语言中枢	缘上回	感觉性失语症（听不懂讲话）
书写中枢	额中回后部	失写症（丧失写字、绘图能力）
视觉性语言中枢	角回	失读症（不懂文字意义）

在人类长期的进化和发育过程中，大脑皮质的解剖结构和功能都得到了高度的分化，而且左、右大脑半球的发育情况不完全相同，呈不对称性。左侧大脑半球与语言、意识、数学分析等密切相关，因此语言中枢主要在左侧大脑半球；右侧大脑半球则主要感知非语言信息、音乐、图形和时空概念。左、右大脑半球各有优势，它们互相协调和配合完成各种高级神经精神活动。

2. **基底核**（basal nuclei） 靠近大脑半球的底部，埋藏在白质之中的核团，总括起来称为基底核（图16-27），包括**尾状核**（caudate nucleus）、**豆状核**（lentiform nucleus）、**屏状核**（claustrum）和**杏仁体**（amygdaloid body）。屏状核的联系和功能不明，杏仁体属边缘系统，下面主要讲述尾状核和豆状核。

尾状核和豆状核借内囊相分割，但二核在它们前部的腹侧，靠近脑底处是相互连接的，故此二核合称为纹状体（corpus striatum）。尾状核呈马蹄铁形，全长伴随侧脑室。尾状核的前部膨大，称尾状核头，背面突向侧脑室前角。尾状核中部稍细，称尾状核体，沿背侧丘脑的背外侧缘向后伸延。此后，尾状核体愈趋细小，称尾状核尾，其向腹侧折曲，在侧脑室下角的顶上前行，连接海马旁回的钩处的杏仁体。豆状核完全包藏在白质之内，此核的前腹

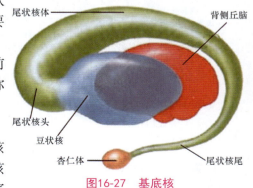

图16-27 基底核

部与尾状核相连，其余部分借内囊与尾状核和背侧丘脑相分隔。豆状核在切面上借白质分为3部，外侧部最大，称壳（putamen），其余二部称**苍白球**（globuspallidus）。从发生上看，苍白球更为古老，称为旧纹状体，尾状核和壳称新纹状体。纹状体是锥体外系的重要组成部分，在调节躯体运动中起重要作用，近年来发现苍白球参与机体的学习记忆功能。

3. **大脑半球的髓质** 主要由联系皮质各部和皮质下结构的神经纤维组成，可分为联络纤维、连合纤维及投射纤维（图16-28和图16-29）。

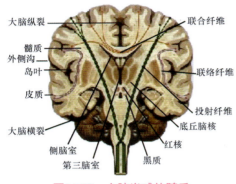

图16-28 大脑半球的髓质

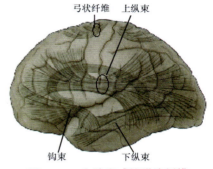

图16-29 大脑半球的联络纤维

（1）**联络纤维**（association fibers）：是联系同侧大脑半球回与回或叶与叶之间的纤维。短纤维联系相邻脑回称弓状纤维。长纤维联系本侧半球各叶（图16-29），其中主要的有**钩束、上纵束、下纵束、扣带束**。

（2）**连合纤维**（commissural fibers）：是联系左、右两侧大脑半球的横行纤维，包括胼胝体、前连合和穹隆连合等。**胼胝体**位于大脑纵裂底，由连合左、右新皮质的纤维构成，在正中矢状面上呈弓状，由前向后分为嘴、膝、干、压四部（图16-30）。

（3）**投射纤维**（projection fibers）：由连接大脑皮质与皮质下中枢的上、下行纤维组成。这些纤维大部分经过内囊（图16-30和图16-31）。

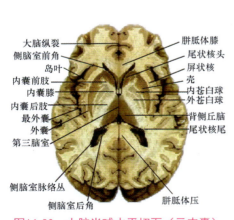

图16-30 大脑半球水平切面（示内囊）

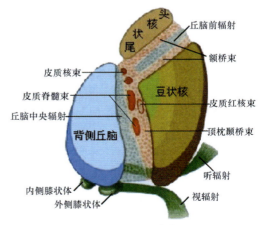

图16-31 内囊模式图

内囊（internal capsule）是位于背侧丘脑、尾状核与豆状核之间的上、下行纤维。在水平切面上，内囊呈"＞＜"形，分内囊前肢、内囊膝和内囊后肢3部分。**内囊前肢**位于豆状核与尾状核之间，主要有额桥束和丘脑前辐射（丘脑皮质束）。**内囊后肢**介于豆状核和背侧丘脑之间，主要有皮质脊髓束、皮质红核束、顶枕颞桥束和丘脑中央辐射以及视辐射和听辐射的纤维通过。前、后肢相交处称**内囊膝**，有皮质核束通过。

内囊是大脑皮质与下级中枢联系的"交通要道"，当内囊损伤广泛时，患者会出现对侧半身的感觉障碍（丘脑中央辐射受损）、对侧偏瘫（皮质脊髓束、皮质核束损伤）和偏盲（视辐射损伤）的"三偏"综合征。

4. **侧脑室**（lateral ventricle） 左右各一，位于大脑半球内，可分为4部分：中央部、前角、后角、下角。中央部位于顶叶内，是一狭窄的水平裂隙，由此发出3个角。前角自室间孔水平向前，伸入额叶内，宽而短；后角伸入枕叶，长短不恒定；下角最长，于颞叶内伸向前方，几乎达海马旁回的钩处。侧脑室经左、右室间孔与第三脑室相通（图16-32）。侧脑室脉络丛位于中央部和下角，在室间孔处与第三脑室脉络丛相连，是产生脑脊液的主要部位。

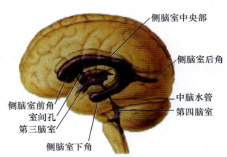

图16-32 脑室系统投影图

（标注：侧脑室中央部、侧脑室后角、中脑水管、第四脑室、侧脑室前角、室间孔、第三脑室、侧脑室下角）

思考题

1. 试述神经系统的组成和分部。
2. 脊髓第八胸髓段左侧半离断，四肢有何功能障碍？
3. 延髓有哪些脑神经核？延髓脑神经核与哪些脑神经相联系？
4. 间脑包括哪几部分？其内腔是什么？
5. 一位患脑出血的患者为什么会出现"三偏"综合征？
6. 患者，女，14岁，突发急性脑膜炎，为明确诊断，需做腰椎穿刺抽取脑脊液检查。
（1）腰椎穿刺的部位应选在何处？依据是什么？
（2）穿刺要经过哪些层次？
（3）侧脑室脉络丛产生的脑脊液经过哪些途径到达穿刺部位？

第十七章　周围神经系统

学习目标

掌握

1. 脊神经的组成、纤维成分和分支概况。

2. 臂丛的组成和位置；正中神经、尺神经、桡神经和腋神经的起始、行程和分布。

3. 股神经的行程和分布；坐骨神经的出骨盆部位、行程和分布；胫神经、腓总神经及其分支的行程和分布。

4. 12对脑神经的名称、纤维成分和分类。

5. 动眼神经的纤维成分及其起始。

6. 三叉神经、面神经、迷走神经的纤维成分、连脑部位、主要分支及分布。

7. 内脏神经的概念及区分，交感神经和副交感神经低级中枢的位置。

8. 交感干的位置、组成，节前纤维、节后纤维、白交通支、灰交通支的基本概念，交感神经与副交感神经的区别。

熟悉

1. 膈神经的行程和分布；肌皮神经的起始、行程和分布。

2. 眼神经的分布，眶上神经的行程及分布；展神经和滑车神经的分布；副神经、舌下神经的分布。

了解

1. 颈丛、腰丛、骶丛的位置、组成，腰骶干的组成，胸神经前支的节段性分布。

2. 前庭蜗神经、舌咽神经的分布。

3. 内脏神经丛的分布，内脏感觉神经的特点。

周围神经系统是指中枢神经系统以外的神经成分，即神经、神经节、神经丛、神经末梢等，通常分为三部分：①**脊神经**（spinal nerves）：与脊髓相连，主要分布于躯干和四肢；②**脑神经**（carnials nerve）：与脑相连，主要分布于头面部；③**内脏神经**（visceral nerves）：与脑和脊髓相连，作为脊神经和脑神经的成分，主要分布于内脏、心血管和腺体。

第一节　脊　神　经

脊神经共有31对，从上到下为**颈神经**（cervical nerves）8对，**胸神经**（thoracic nerves）

12对，**腰神经**（lumbar nerves）5对，**骶神经**（sacral nerves）5对，**尾神经**（coccygeal nerve）1对。

每一对脊神经均由前根和后根在椎间孔处汇合而成，**前根**（anterior root）内含有躯体运动纤维和内脏运动纤维；**后根**（posterior root）内含有躯体感觉纤维和内脏感觉纤维。后根在椎间孔附近有椭圆形膨大，称**脊神经节**（spinal ganglia），其中含假单极的感觉神经元。合成后的脊神经具有4种神经纤维，因此称为**混合性神经**。

第1～7对颈神经在同序数颈椎上方的椎间孔穿出，第8对颈神经在第7颈椎下方的椎间孔穿出，胸、腰神经分别在同序数椎骨下方的椎间孔穿出，第1～4对骶神经前、后支由同序数的骶前孔、骶后孔穿出，第5对骶神经和尾神经则经骶管裂孔穿出。

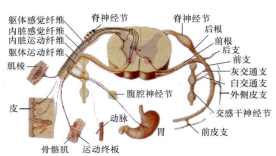

图17-1 脊神经的组成和分布模式图

根据脊神经来源、分布范围和功能的不同，可将脊神经所含的纤维成分分为4种（图17-1）：①躯体感觉纤维：来自脊神经节中的假单极神经元，其中枢突构成脊神经后根进入脊髓，周围突进入脊神经分布于皮肤、骨骼肌、肌腱和关节；②内脏感觉纤维：来自脊神经节中的假单极神经元，其中枢突构成脊神经后根进入脊髓，周围突分布于内脏、心血管和腺体；③躯体运动纤维：发自脊髓前角，分布于骨骼肌，支配其随意运动；④内脏运动纤维：发自交感中枢或副交感中枢，分布于内脏、心血管和腺体，支配平滑肌和心肌的运动，控制腺体的分泌。

脊神经的分支：脊神经干很短，出椎间孔后立即分为前支、后支、脊膜支和交通支。**前支**粗大，为混合性，主要分布于躯干前外侧和四肢的肌和皮肤。**后支**较细，为混合性，皮支分布于枕、项、背、腰、骶、臀部的皮肤；肌支分布于项、背、腰、骶部深层肌。**脊膜支**细小，经椎间孔返回椎管，分布于脊髓的被膜和脊柱的韧带等。**交通支**为连于脊神经与交感干之间的细支。

人类脊神经前支中除胸神经前支保持明显的节段性外，其余均分别交织成颈丛、臂丛、腰丛和骶丛，由各丛再发出分支分布于相应区域。

一、颈丛

（一）组成和位置

颈丛（cervical plexus）由第1～4颈神经前支组成，位于胸锁乳突肌上部深面（图17-2）。

（二）主要分支

1. **膈神经**（phrenic nerve） 为混合性神经（图17-3），经锁骨下动脉和锁骨下静脉之间入胸腔，在纵隔肺根的前方下行至膈肌，肌支支配膈肌的运动；

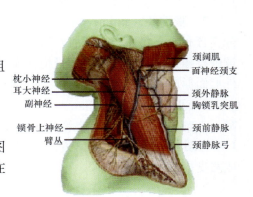

图17-2 颈丛的皮支

感觉纤维分布到胸膜、心包，右膈神经还穿膈分布于肝、胆表面的腹膜。

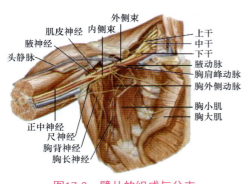

图17-3　臂丛的组成与分支

膈神经受刺激产生呃逆，膈神经损伤的主要表现是同侧膈肌瘫痪，腹式呼吸减弱或消失，严重者有窒息感。当有胆囊炎症时，刺激右膈神经，可产生右肩部牵涉性疼痛。

2．主要皮支　位置表浅，于胸锁乳突肌后缘中点处浅出，其穿出点为颈部皮肤的阻滞麻醉点（图17-2）。

（1）**枕小神经**（lesser occipital nerve）：沿胸锁乳突肌后缘上升，分布于枕部及耳郭背面上部的皮肤。

（2）**耳大神经**（great auricular nerve）：沿胸锁乳突肌表面行向上，至耳郭及其附近的皮肤。

（3）**颈横神经**（transverse nerve of neck）：横过胸锁乳突肌前面向前，分布于颈部皮肤。

（4）**锁骨上神经**（supraclavicular nerves）：有2～4支行向外下方，分布于颈侧部、胸壁上部和肩部的皮肤。

二、臂丛

（一）组成和位置

臂丛（brachial plexus）由第5～8颈神经前支和第1胸神经前支大部分纤维组成，经斜角肌间隙穿出，位于锁骨下动脉的后上方，继而经锁骨后方进入腋窝（图17-3）。臂丛的5个神经根反复分支、组合后，最后从内侧、后方、外侧包围腋动脉中段，分别形成臂丛内侧束、后束和外侧束3个束。臂丛在锁骨中点的后方较集中，位置浅表，常作为臂丛阻滞麻醉的部位。

（二）主要分支

1．**胸长神经**（long thoracic nerve）　沿胸壁前锯肌表面下行，分布于前锯肌和乳房（图17-3）。损伤此神经可导致前锯肌瘫痪，出现"翼状肩"。

2．**腋神经**（axillary nerve）　发自臂丛后束，绕肱骨外科颈至三角肌深面（图17-3），分支分布于三角肌、小圆肌及肩部、臂外侧区上部的皮肤。肱骨外科颈骨折、肩关节脱位或被腋杖压迫，都可造成腋神经损伤而导致三角肌瘫痪，由于三角肌萎缩，肩部可失去圆隆的外形而形成"方形肩"。

3．**正中神经**（median nerve）　从臂丛发出后，沿肱二头肌内侧缘伴肱动脉下行至肘窝。在前臂前面，经前臂指浅、深屈肌间到达腕部，穿腕管后在掌腱膜深面到达手掌（图17-3至图17-5），在手掌区发出3条指掌侧总神经，每条指掌侧总神经下行至掌骨头附近又分成两支指掌侧固有神经。

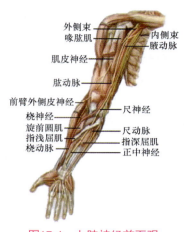
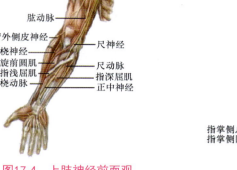

图17-4 上肢神经前面观　　　图17-5 正中神经

正中神经在前臂的肌支支配除肱桡肌、尺侧腕屈肌和指深屈肌尺侧半以外的所有前臂屈肌和旋前肌等。在手部，正中神经肌支支配第1、2蚓状肌和鱼际（拇收肌除外），皮支分布到手掌桡侧半2/3、桡侧三个半手指掌面及部分指尖背侧的皮肤。

正中神经损伤后表现为：鱼际肌萎缩，使手掌变平坦，似猴的手掌，因此称为"猿手"，同时伴有屈腕能力减弱、前臂不能旋前等运动障碍以及皮支分布区的皮肤感觉丧失（图17-5）。

4．肌皮神经（musculocutaneous nerve）（图17-4），沿途分支分布于上述3肌。在肘关节稍下方，经肱二头肌下端外侧穿出深筋膜，称**前臂外侧皮神经**，分布于前臂外侧皮肤。

5．桡神经（radial nerve）是臂丛后束发出的最粗大神经。伴肱深动脉向下外行，经肱三头肌长头与内侧头之间，沿桡神经沟绕肱骨中段后面，旋向下外行，在肱骨外上髁前方分为浅、深两终支（图17-4和图17-6）。

浅支为皮支，沿桡动脉外侧下降，在前臂中、下1/3交界处转向背侧，下行至手背区，分4～5支指背神经分布于手背桡侧半和桡侧3个半手指近节背面皮肤及关节。深支穿

斜穿喙肱肌下行于肱二头肌与肱肌之间（图

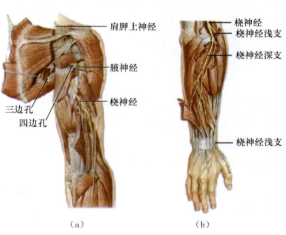

(a)　　　　(b)
图17-6 上肢后面的神经
(a)臂部后面；(b)前臂后面

过旋后肌至前臂肌后群，在前臂浅、深伸肌之间下行，分布于前臂伸肌等。

桡神经于肱骨中1/3以上发出肌支分布于肱三头肌和肱桡肌等；发出皮支分布于臂背面和前臂背面皮肤。

肱骨中断骨折易伤及桡神经。损伤后表现为：上肢的全部伸肌瘫痪，肘关节屈曲、腕关节呈"垂腕"态。在手背第1～2掌骨间的皮肤感觉丧失最明显。

6．尺神经（ulnar nerve）发自臂丛内侧束，在肱二头肌内侧与肱动脉伴行至臂中部，再向下至肱骨内上髁后方的尺神经沟至前臂，之后在前臂的内侧与尺动脉伴行至手掌。肌

支支配尺侧腕屈肌和指深屈肌尺侧半、小鱼际肌以及第3、4蚓状肌和骨间肌，皮支分布到手掌尺侧1/3和尺侧一个半手指掌面的皮肤，以及手背尺侧半和部分手指背面的皮肤（图17-3至图17-5和图17-7）。

尺神经于肱骨内上髁的后方位置表浅，易受损伤，受损后表现为：第3、4蚓状肌萎缩，使第4、5指的掌指关节过伸，指间关节过屈，小鱼际肌、骨间肌萎缩，呈现"爪形手"。

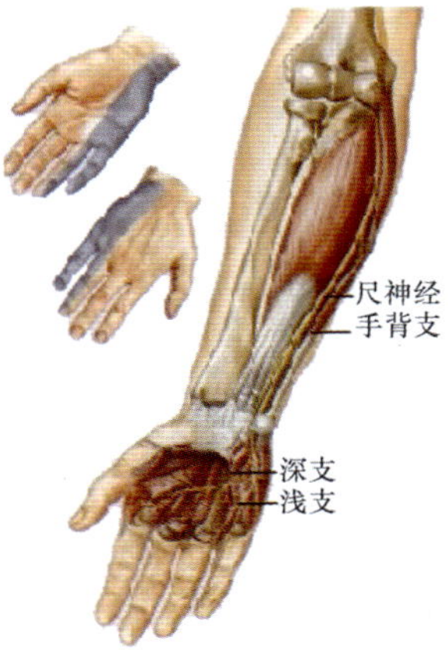

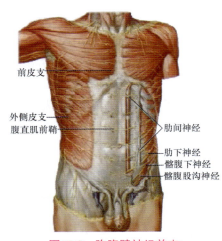

图17-7　尺神经

三、胸神经前支

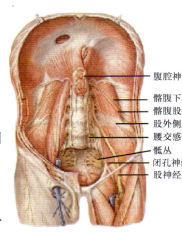

图17-8　胸腹壁神经前支

胸神经前支共12对，除第1对的大部分和第12对的小部分分别参与臂丛和腰丛的组成外，其余均不形成神经丛。第1～11对胸神经前支各自位于相应的肋间隙中，称**肋间神经**（intercostal nerve）。第12胸神经前支位于第12肋下缘，称**肋下神经**（subcostal nerve）。肋间神经在肋间内、外肌之间沿肋沟前行。上6对肋间神经到达胸骨外侧缘穿至皮下，下5对肋间神经至肋弓处斜越肋弓走向前下，与肋下神经同行于腹内斜肌与腹横肌之间进入腹直肌鞘，在腹白线附近穿至皮下。胸神经的肌支支配肋间肌和腹肌的前外侧群，皮支分布于胸、腹部的皮肤以及壁胸膜、壁腹膜和乳房（图17-8）。

胸神经前支在胸、腹壁皮肤的分布有明显的节段性，自上向下按顺序依次排列。其规律是：T_2分布区相当于胸骨角平面，T_4相当于乳头平面，T_6相当于剑突平面，T_8相当于肋弓平面，T_{10}相当于脐平面，T_{12}分布于脐与耻骨联合上缘连线中点平面。了解其分布规律，有利于脊髓疾病的定位诊断。临床上常根据此标志来测定麻醉平面的高低和定位感觉障碍。

四、腰丛

（一）组成和位置

腰丛（lumbar plexus）由第12胸神经前支一部分、第1～3腰神经前支及第4腰神经前支的一部分组成（图17-9）。位于腰大肌的深面、腰椎横突前方。

（二）主要分支

1. **髂腹下神经**（iliohypogastric nerve）　出腰大肌外缘，经肾后面和腰方肌前面行向外下，终支在腹股沟管浅

图17-9　腰丛的分支（前面观）

（a）臂部后面；（b）前臂后面

环上方穿腹外斜肌腱膜至皮下（图17-9）。其皮支分布于臀外侧部、腹股沟区及下腹部皮肤，肌支支配腹壁肌。

2. **髂腹股沟神经**（ilioinguinal nerve）　在髂腹下神经的下方，走行方向与该神经略同，在腹壁肌之间并沿精索浅面前行，终支自腹股沟浅环外出，分布于腹股沟部和阴囊或大阴唇皮肤，肌支支配腹壁肌（图17-9）。

3. **股神经**（femoral nerve）　是腰丛最大分支，发出后先经腰大肌外侧下行，经腹股沟韧带的深方，于股动脉的外侧进入大腿前面的股三角，肌支支配股四头肌、缝匠肌，皮支分布到大腿前面，股神经最长的皮支为隐神经，经膝关节内侧浅出皮下至足内侧缘，分布于小腿内侧面和足内侧缘皮肤（图17-9和图17-10）。

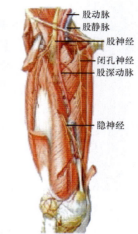

图17-10　大腿神经（前面观）

股神经损伤后，主要表现为行走时抬腿困难，坐位时不能伸膝关节，膝反射消失，股前面及小腿内侧皮肤感觉障碍和髌骨突出。

4. **闭孔神经**（obtourator nerve）　于腰大肌内侧缘处穿出，贴小骨盆侧壁前行，穿入闭膜管出小骨盆，分前、后两支分布于大腿内侧群肌和大腿内侧面的皮肤（图17-9和图17-10）。

5. **生殖股神经**（genitofemoral nerve）　自腰大肌前面穿出后，在该肌浅面下行，分为生殖支和股支，生殖支分布于提睾肌和阴囊或大阴唇皮肤，股支分布于股三角部的皮肤。

五、骶丛

（一）组成和位置

骶丛（sacral plexus）由第4腰神经前支余部和第5腰神经前支合成的腰骶干及全部骶神经和尾神经前支组成，是全身最大的脊神经丛。骶丛位于盆腔内、骶骨和梨状肌的前面、髂血管后方。

（二）主要分支

1. **臀上神经**（superior gluteal nerve）伴臀上动、静脉经梨状肌上孔出骨盆，行于臀中、小肌之间，分布于臀中、小肌和阔筋膜张肌（图17-11）。

2. **臀下神经**（inferior gluteal nerve）　伴臀下动、静脉经梨状肌下孔出骨盆，分布于臀大肌（图17-11）。

3. **阴部神经**（pudendal nerve）　伴阴部

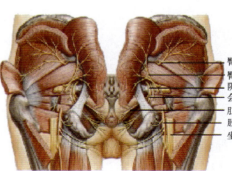

图17-11　臀部神经（后面）

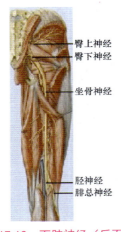

图17-12　下肢神经（后面）

内动、静脉出梨状肌下孔，绕坐骨棘经坐骨小孔进入坐骨直肠窝（图17-11），向前分布于会阴部、外生殖器和肛门的肌与皮肤。其分支有：①**肛神经**：分布于肛门外括约肌和肛门部的皮肤；②**会阴神经**：分布于阴囊或大阴唇的皮肤和会阴诸肌；③**阴茎（阴蒂）背神经**：行于阴茎（阴蒂）背侧，分布于阴茎（阴蒂）的海绵体及皮肤。行包皮环切术时可阻滞麻醉此神经。

4．**坐骨神经**（sciatic nerve）　是全身最粗大、最长的神经，经梨状肌下孔出盆腔后，位于臀大肌深面，在大转子和坐骨结节之间下行至股后区，在股二头肌的深面继续下行，到腘窝上方分为胫神经和腓总神经两大终支（图17-12）。坐骨神经在下行中发出肌支支配大腿肌后群。

（1）**胫神经**（tibial nerve）：为坐骨神经的直接延续，在腘窝内与腘血管伴行，于小腿肌后群浅、深层肌之间伴胫后动、静脉经内踝后方达足底（图17-13），分为足底内、外侧神经，分布于足底诸肌和足底的皮肤。在腘窝及小腿部，胫神经发出分支支配小腿肌后群及小腿后面、外侧面和足外侧缘皮肤。

（2）**腓总神经**（commmon peroneal nerve）：发出后沿股二头肌内侧缘向外下行，绕腓骨颈穿腓骨长肌上端达小腿前面，分为腓浅、深神经（图17-14）。①**腓浅神经**（superficial peroneal nerve）：行于腓骨长、短肌之间并分布于此二肌，皮支分布于小腿外侧面、足背和第2～5趾背的皮肤。②**腓深神经**（deep peroneal nerve）：伴胫前血管下行达足背，分布于小腿肌群，足背肌和第1～2趾相对缘的皮肤。

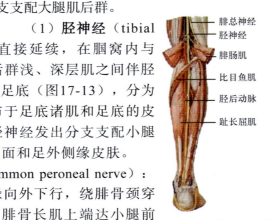

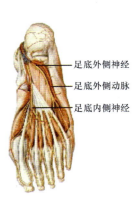

图17-13　胫神经及足底神经

图17-14　腓总神经

腓总神经在腓骨颈处位置表浅易受损，损伤后的表现为：由于小腿前、外侧群肌瘫痪，足不能背屈，足下垂，不能伸；此时在小腿后群肌的作用下形成"马蹄内翻足"，同时伴有小腿前、外侧面及足背的感觉丧失。

第二节　脑　神　经

脑神经是与脑相连的周围神经（图17-15），共12对，国际上用罗马数字表示其顺序（表17-1）。

表17-1　脑神经的名称、性质、连脑部位和出入颅腔部位

顺序及名称	性 质	连脑部位	出入颅腔部位
Ⅰ 嗅神经	感觉性	端脑	筛孔
Ⅱ 视神经	感觉性	间脑	视神经管
Ⅲ 动眼神经	运动性	中脑	眶上裂
Ⅳ 滑车神经	运动性	中脑	眶上裂
Ⅴ 三叉神经	混合性	脑桥	第Ⅰ支（眼神经）：眶上裂 第Ⅱ支（上颌神经）：圆孔 第Ⅲ支（下颌神经）：卵圆孔
Ⅵ 展神经	运动性	脑桥	眶上裂
Ⅶ 面神经	混合性	脑桥	内耳门→茎乳孔
Ⅷ 前庭蜗神经	感觉性	脑桥	内耳门
Ⅸ 舌咽神经	混合性	延髓	颈静脉孔
Ⅹ 迷走神经	混合性	延髓	颈静脉孔
Ⅺ 副神经	运动性	延髓	颈静脉孔
Ⅻ 舌下神经	运动性	延髓	舌下神经管

　　脑神经纤维成分较脊神经复杂，主要有4种成分：①躯体感觉纤维：将皮肤、肌、腱、关节的大部分和口、鼻腔黏膜以及位听器和视器的感觉冲动传入脑内有关的神经核；②内脏感觉纤维：将来自头、颈、胸、腹脏器以及味蕾、嗅器的感觉冲动传入脑内有关神经核；③躯体运动纤维：为脑干内躯体运动核发出的纤维，分布于眼球外肌、舌肌、咀嚼肌、面肌、咽喉肌和胸锁乳突肌等；④内脏运动纤维：为脑干的内脏运动神经核发出的神经纤维，支配平滑肌、心肌和腺体。

　　脑神经中躯体感觉和内脏感觉纤维的胞体绝大多数是假单极神经元，在脑外集中成神经节，有三叉神经节、膝神经节、上神经节、下神经节；由双极神经元胞体集中构成了前庭神经节和蜗神经节，传入平衡、听觉。内脏运动纤维属于副交感成分，且仅在Ⅲ、Ⅶ、Ⅸ、Ⅹ四对脑神经中含有，内脏运动纤维从中枢发出后，先终止于相应的副交感神经节，节内的神经元再发出纤维分布于该神经所支配的平滑肌、心肌和腺体，因此，在这几对脑神经行程中会出现某个副交感神经节。

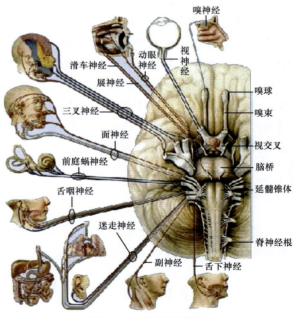

图17-15　脑神经概观

每对脑神经内所含神经纤维成分多者4种，少者1种。如果按各脑神经所含的主要纤维成分和功能分类，12对脑神经大致可分为以下3类（图17-15）：感觉性神经（Ⅰ、Ⅱ、Ⅷ）、运动性神经（Ⅲ、Ⅳ、Ⅵ、Ⅺ、Ⅻ）和混合性神经（Ⅴ、Ⅶ、Ⅸ、Ⅹ）。

一、嗅神经

嗅神经（olfactory nerve）为感觉性神经，始于鼻腔的嗅黏膜，由上鼻甲上部和鼻中隔上部黏膜内的嗅细胞中枢突聚集成20多条嗅丝组成嗅神经，穿筛孔入颅，进入嗅球，传导嗅觉（图17-15）。颅前窝骨折累及筛板时，可撕脱嗅丝和脑膜，造成嗅觉障碍，同时脑脊液也可流入鼻腔。

二、视神经

视神经（optic nerve）为感觉性神经，传导视觉冲动。由视网膜节细胞的轴突在视神经盘处会合，再穿过巩膜而构成视神经（图17-15和图17-16）。视神经在眶内行向后内，穿视神经管入颅中窝，连于视交叉，再经视束连于间脑。

三、动眼神经

动眼神经（oculomotor nerve）为运动性神经，含有躯体运动和内脏运动两种纤维。

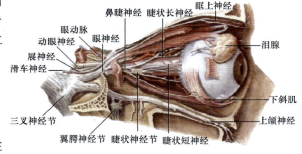

图17-16　眼的神经

躯体运动纤维起于中脑的动眼神经核，内脏运动纤维起于动眼神经副核。动眼神经自脚间窝出脑，再经眶上裂入眶，立即分为上、下两支。上支细小，支配上直肌和上睑提肌。下肢粗大，支配下直、内直和下斜肌（图17-16）。由下斜肌支分出一个小支叫睫状神经节短根，它由内脏运动纤维组成，进入睫状神经节交换神经元后，节后纤维分布于睫状肌和瞳孔括约肌，参与瞳孔对光反射和调节反射。

四、滑车神经

滑车神经（trochlear nerve）为运动性神经，含躯体运动性纤维。其起于滑车神经核，由中脑的下丘下方出脑后，绕大脑脚外侧前行，经眶上裂入眶（图17-16），支配上斜肌。

五、三叉神经

三叉神经（trigeminal nerve）为混合性神经，含有躯体感觉和躯体运动两种纤维。躯体感觉纤维的胞体位于三叉神经节（即半月神经节）内。该节位于颞骨岩部尖端的三叉神经节压迹处，由假单极神经元组成，周围突组成三叉神经三条大的分支，分别为眼神经、上颌神经（图17-17）和下颌神经，分布于面部的皮肤，眼、口腔、鼻腔、鼻旁窦的黏膜、牙齿、脑膜等，传导痛、温、触等多种感觉。其中枢突聚集成粗大的三叉神经由脑桥与脑桥臂交界处入脑，止于三叉神经脑桥核和三叉神经脊束核。躯体运动纤维始于三叉神经运动核，纤维加入下颌神经，支配咀嚼肌等。

（一）眼神经

眼神经（ophthalmic nerve）为感觉性神经，自三叉神经节发出后，经眶上裂入眶（图17-17）。眼神经的主要分支有：

1. **泪腺神经** 沿外直肌上方前行至泪腺，分布于泪腺、上睑和外眦部皮肤。

2. **额神经** 较粗大，在上睑提肌上方前行，分2～3支，其中经眶上切迹穿出者称为眶上神经，分布于上睑部、额顶部皮肤等。

3. **鼻睫神经** 在上直肌和视神经之间向前内行达眶内侧壁，分布于鼻背和眼睑皮肤、鼻腔黏膜、角膜等。

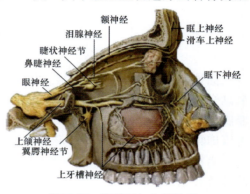

图17-17 眼神经与上颌神经

（二）上颌神经

上颌神经（maxillary nerve）为感觉性神经，自三叉神经节发出后，经圆孔出颅，进入翼腭窝，再经眶下裂入眶（图17-17）。上颌神经的主要分支有：

1. **眶下神经** 是上颌神经的终支，通过眶下孔到面部，分布于下睑、鼻翼和上唇的皮肤和黏膜。

2. **上牙槽神经** 有3支，上牙槽后神经在翼腭窝内自上颌神经本干发出后，在上颌体后方穿入骨质；上牙槽中、前神经在眶下管内自眶下神经分出，分支分布于上颌牙、颊侧牙龈及上颌窦黏膜等。

（三）下颌神经

下颌神经（mandibular nerve）是三支中最粗大的分支，为混合性神经，自卵圆孔出颅。其主要分支有（图17-18）：

1. **耳颞神经** 以两根起于后干，其间夹持脑膜中动脉，向后合成一干，与颞浅动脉伴行，分布于颞部皮肤。

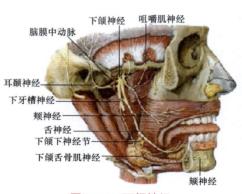

图17-18 下颌神经

2. **颊神经** 沿颊肌外面前行，分布于颊部皮肤和黏膜。

3. **舌神经** 呈弓状越过下颌下腺上方向前达口腔底黏膜深面，分布于口腔底及舌前2/3的黏膜。舌神经行程中有来自面神经的鼓索与其结合。

4. **下牙槽神经** 经下颌孔入下颌管，在管内分支分布于下颌牙龈和牙。其终支自颏孔浅出称颏神经，分布于颏部及下唇的皮肤和黏膜。

5. **咀嚼肌神经** 属躯体运动性，分支支配所有咀嚼肌。

三叉神经在头部的分布范围大致以睑裂和口裂为界（图17-19），眼神经分布于鼻背中部、睑裂以上及矢状缝中点外侧区域的皮肤；上颌神经分布于鼻背外侧、睑裂和口裂之间、向后上至翼点处的狭长区域的皮肤；下颌神经分布于口裂和下颌底之间、向后上至耳前上方区域的皮肤。

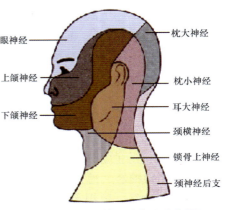

图17-19　三叉神经的皮支分布区

六、展神经

展神经（abducent nerve）为运动性神经，展神经起于展神经核，从延髓脑桥沟中部出脑，经眶上裂入眶，再经外直肌的内面，进入并支配外直肌（图17-16）。

七、面神经

面神经（facial nerve）为混合性神经，含有3种纤维成分。**内脏运动纤维**起于上泌涎核，属副交感节前纤维，交换神经元后的节后纤维分布于泪腺、舌下腺、下颌下腺及鼻、腭的黏膜腺，是这些腺体的分泌神经。躯体运动纤维起于面神经核，支配面部表情肌等。内脏感觉纤维即味觉纤维，其胞体位于膝神经节，周围突分布于舌前2/3味蕾，中枢突止于孤束核。

面神经于脑桥延髓沟的外侧出脑后，行向前外进入内耳道，穿内耳道底进入面神经管，从茎乳孔出颅，向前穿过腮腺达面部（图17-20）。在面神经管的起始部，有膨大的**膝神经节**，它由内脏感觉神经元的胞体构成。

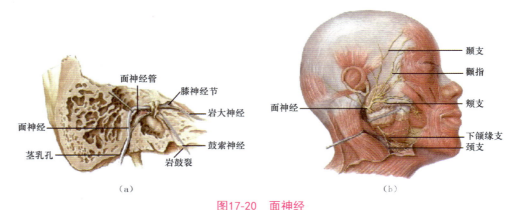

图17-20　面神经

（a）面神经在颞骨的分支；（b）面神经在面部的分支

（一）面神经管外的分支

面神经主干穿过腮腺后内侧面，形成腮腺丛，在腮腺上缘、前缘及下缘呈辐射状发出5组分支分布于面部表情肌，即颞支、颧支、颊支、下颌缘支和颈支（图17-20）。

（二）面神经管内的分支

1. 岩大神经（greater petrosal nerve）　主要含副交感节前纤维，自膝神经节处分出后穿翼管至翼腭窝，进入**翼腭神经节**（图17-20），在节内换元后，节后纤维随三叉神经的分支分布于泪腺、腭及鼻黏膜的腺体，支配其分泌。

2. **鼓索**（chorda tympanic）　为混合性神经，在面神经出茎乳孔上方约6 mm处发出，向前上方进入鼓室，穿岩鼓裂出鼓室达颞下窝加入舌神经（图17-20）。味觉纤维随舌神经分布于舌前2/3味蕾，感受味觉。副交感纤维在下颌下神经节换元后，节后纤维返回舌神经分布于舌下腺和下颌下腺，支配其分泌。

3. **镫骨肌神经**（stapedial nerve）　支配鼓室内的镫骨肌。

面神经损伤后最主要的临床表现是面肌的瘫痪，具体表现有：①伤侧额纹消失，不能闭眼，鼻唇沟变平坦；②发笑时，口角偏向健侧，不能鼓腮，说话时唾液常从口角漏出；③因眼轮匝肌瘫痪不能闭眼，故角膜反射消失；④听觉过敏；⑤舌前部味觉丧失；⑥因泌泪障碍而引起角膜干燥；⑦泌涎障碍等。

八、前庭蜗神经

前庭蜗神经（vestiboulocochlear nerve）由前庭神经和蜗神经组成。为躯体感觉性神经，分别传导平衡觉和听觉冲动（图17-21）。

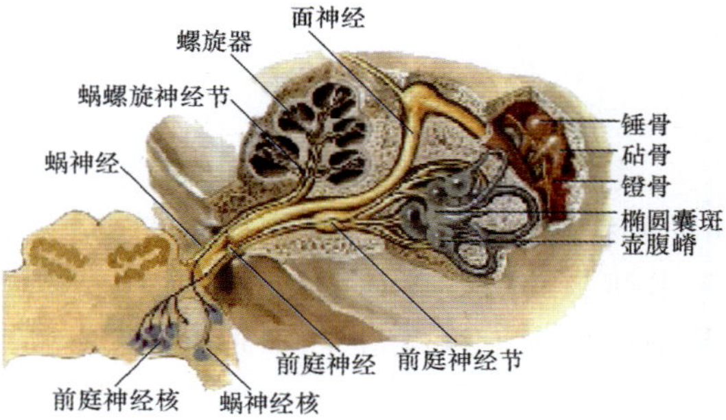

1. **前庭神经**（vestibular nerve）　传导平衡觉。其双极神经元胞体在内耳道底聚集成前庭神经节，其周围突分布于内耳球囊斑、椭圆囊斑和壶腹嵴中的毛细胞，中枢突聚集成前庭神经，经内耳门入颅，于脑桥小脑三角处入脑，终于前庭神经核群和小脑等。

图17-21　前庭蜗神经

2. **蜗神经**（cochlear nerve）　传导听觉。双极神经元胞体在内耳蜗轴内聚集成蜗神经节（螺旋神经节），其周围突分布于螺旋器上的毛细胞，中枢突在内耳道聚成蜗神经，经内耳门入颅，于脑桥延髓沟外侧部入脑，止于脑干的蜗神经核。

九、舌咽神经

舌咽神经（glossopharyngeal nerve）为混合性神经，有4种纤维成分。内脏运动纤维起于下泌涎核，在耳神经节换元后，节后纤维控制腮腺的分泌；躯体运动纤维起于疑核，支配茎突咽肌；内脏感觉纤维的胞体位于颈静脉孔处的下神经节，中枢突终于孤束核，周围突分布于舌后1/3黏膜、味蕾、咽、咽鼓管、鼓室、颈动脉窦和颈动脉小球；躯体感觉纤维很少，胞体位于上神经节，周围突分布于耳后皮肤，中枢突入脑后止于三叉神经脊束核。

舌咽神经的根丝，自延髓侧面出脑，与迷走神经和副神经同出颈静脉孔。在孔内神经干上有上神经节，出孔时又形成下神经节。舌咽神经出颅后经舌骨舌肌内侧达舌根。舌咽神经的主要分支有（图17-22和图17-24）：

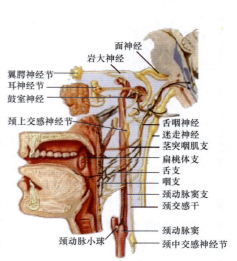

图17-22　舌咽神经

1. **鼓室神经**（tympanic nerve）　起自下神经节，进入鼓室与交感神经纤维共同形成鼓室丛，发出分支分布于鼓室等；终支岩小神经，含副交感纤维，出鼓室入耳神经节换元，经耳颞神经分布于腮腺，控制腮腺分泌。

2. **颈动脉窦支**（carotid sinus branch）　分1～2支，在颈静脉孔下方发出后，分布于颈动脉窦和颈动脉小球，传导颈动脉窦内的压力和颈动脉小球感受的CO_2浓度变化，反射性地调节血压和呼吸。

3. **舌支**　为舌咽神经的终支，分成数支，分布于舌后1/3的黏膜和味蕾，传导一般感觉和味觉。

4. **咽支**　有3～4条分支，与迷走神经和交感神经形成咽丛，自丛分支分布咽黏膜及咽肌，传导一般感觉和支配咽肌运动。

十、迷走神经

迷走神经（vagus nerve）为混合性神经，是行程最长、分布范围最广的脑神经，含有4种纤维成分。副交感纤维，起于迷走神经背核，主要分布于颈、胸和腹部的脏器，控制平滑肌、心肌和腺体的活动；躯体运动纤维，起于疑核，支配咽喉肌；内脏感觉纤维，其胞体位于下神经节，周围突主要分布于颈、胸和腹部的脏器，传导内脏感觉冲动；躯体感觉纤维，其胞体位于上神经节，周围突主要分布于硬脑膜、耳郭和外耳道。

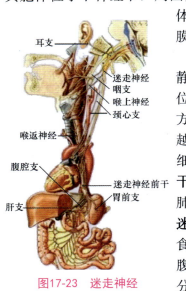

图17-23　迷走神经

迷走神经以根丝自延髓侧方、舌咽神经的下方出脑，经颈静脉孔出颅，在此处有膨大的上、下神经节。迷走神经干在颈部位于颈动脉鞘内，在颈内静脉与颈内动脉或颈总动脉之间的后方下行达颈根部，左迷走神经在颈总动脉与左锁骨下动脉间，越过主动脉弓的前方，经左肺根的后方至食管前面分散成若干细支，构成**左肺丛**和**食管前丛**，在食管下端延续为**迷走神经前干**。右迷走神经越过锁骨下动脉前方，沿气管右侧下行，经右肺根后方达食管后面，分支构成右肺丛和食管后丛，向下延为**迷走神经后干**。迷走神经前、后干再向下与食管一起穿膈肌的食管裂孔进入腹腔，分布于胃前、后壁，其终支为**腹腔支**，参加腹腔丛。迷走神经在颈、胸和腹部发出许多分支，其中较重要的分支有（图17-23）：

1. **喉上神经**（superior laryngeal nerve）　起自下神经节，在颈内动脉内侧下行，约在舌骨大角处分为内、外支。内支分布于会厌、舌根及声门裂以上的喉黏膜；外支分布于环甲肌。

2. **喉返神经**（recurrent laryngeal nerve）　右喉返神经发出部位较高，勾绕右锁骨下动脉，返回至颈部；左喉返神经较低，勾绕主动脉弓，返回至颈部。在颈部，两侧的喉返神经均上行于食管气管旁沟内，在甲状腺侧叶深面入喉。喉返神经的运动纤维支配喉肌（环甲肌除外）；感觉纤维分布于声门裂以下的喉黏膜。

3. **支气管支**、**食管支**和**颈心支**　是迷走神经的若干小分支，与交感神经的分支共同构成肺丛、食管丛和心丛。

4. **胃后支**　是迷走神经的终支，分布于胃后壁。

5. **腹腔支**　较粗大，与交感神经一起构成腹腔丛，伴腹腔干、肠系膜上动脉及肾动脉等血管分支分布于肝、胆、胰、脾、肾及结肠左曲以上的消化管。

十一、副神经

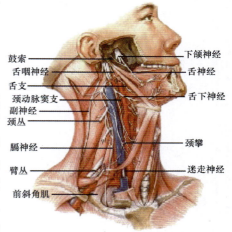

副神经（accessory nerve）为运动性神经，由颅根和脊髓根组成。颅根的纤维起自疑核，自迷走神经根下方出脑后与脊髓根同行，经颈静脉孔出颅，加入迷走神经，支配咽喉肌。脊髓根的纤维起自脊髓颈部的副神经核，由脊神经前后根之间出脊髓，在椎管内上行，经枕骨大孔入颅腔，与颅根汇合一起出颅腔。出颅腔后，又与颅根分开，经胸锁乳突肌深面继续向外下斜行进入斜方肌深面（图17-24），分支支配此二肌。

图17-24　副神经和舌下神经

十二、舌下神经

舌下神经（hypoglossal nerve）为躯体运动性神经，由舌下神经核发出，自延髓的前外侧沟出脑，经舌下神经管出颅，在舌神经和下颌下腺管的下方穿颏舌肌入舌（图17-24），其支配全部舌内肌和部分舌外肌。

第三节　内脏神经

内脏神经系统是整个神经系统的一个组成部分，按照分布部位的不同，可分为中枢部和周围部。周围部主要分布于内脏、心血管、平滑肌和腺体，故名内脏神经。按照纤维的性质，可分为感觉和运动两种纤维成分。内脏运动神经调节内脏、心血管的运动和腺体的分泌，通常不受人的意志控制，称为**自主神经系**，也称**植物神经系**。

一、内脏运动神经

（一）内脏运动神经与躯体运动神经的区别

内脏运动神经与躯体运动神经一样，都受大脑皮质及皮质下各级中枢的控制和调节，它们互相依存、互相协调、互相制约，以维持机体内环境的相对平衡。但两者在结构与功能上也有较大的差别，躯体运动神经和内脏运动神经的比较见表17-2。

表17-2 躯体运动神经和内脏运动神经的比较

比　较	躯体运动神经	内脏运动神经
低级中枢	脑干躯体运动核、脊髓灰质前角	脊髓灰质侧角、脑干及骶副交感核
支配的器官	骨骼肌	平滑肌、心肌、腺体
神经元数目	只有一级神经元	由两级神经元构成，有节前、节后纤维之分
神经纤维成分	只有一种纤维成分	有交感和副交感两种纤维成分
神经纤维特点	为有髓纤维，传导速度较快	为无髓或薄髓纤维，传导速度较慢
机能特征	受意识支配	不受意识支配
分布形式	以神经干形式直接支配效应器	在器官附近或壁内先形成神经丛，由神经丛再分支支配效应器

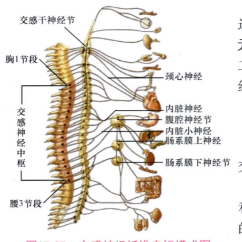

图17-25　交感神经纤维走行模式图

内脏运动神经自低级中枢到达所支配的器官需经过2个神经元（图17-25）。第一个神经元称**节前神经元**，胞体位于脑干和脊髓内，其轴突称**节前纤维**。第二个神经元称**节后神经元**，胞体位于周围部的内脏神经节内，其轴突称**节后纤维**。

（二）内脏运动神经的分类

依据形态、功能和药理特点，内脏运动神经分为交感神经和副交感神经两部分。

1. **交感神经**（sympathetic nerve） 分为中枢部和周围部。交感神经的低级中枢位于脊髓胸1至腰3节段的灰质侧角；交感神经的周围部包括交感神经节、交感干以及由节发出的分支和交感神经丛等（图17-25）。

（1）**交感神经节**：根据交感神经节所在位置不同，分为椎旁节和椎前节。

1）**椎旁节**（paravertebral ganglia）：即交感干神经节，位于脊柱两旁，每侧有19～24个（图17-25），由多极神经元组成，大小不等，部分交感神经节后纤维即起自这些细胞。

2）**椎前节**（prevertebral ganglia）：位于脊柱前方，腹主动脉脏支的根部，包括**腹腔神经节、主动脉肾神经节、肠系膜上神经节及肠系膜下神经**等，分别位于同名动脉根部附近。椎前节接受内脏大、小神经和腰内脏神经的纤维后，发出节后纤维随同名动脉脏支到达各脏器。

（2）**交感干**（sympathetic trunk）：由椎旁节和节间支组成，呈串珠状，左右各一。交感干上至颅底，下至尾骨，两干在尾骨前方借单一的奇神经节相连（图17-25和图17-27）。

（3）**交通支**（communicating branches）：交感干神经节借交通支与相应的脊神经相连，包括白交通支和灰交通支（图17-26）。

1）**白交通支**：主要由具有髓鞘的节前纤维

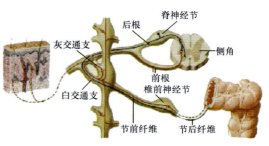

图17-26　白交通支和灰交通支模式图

组成，因髓鞘反光发亮，呈白色，故称白交通支；由脊髓胸1到腰3节段的灰质侧角细胞发出的轴突构成，经前根、脊神经、白交通支至椎旁节，白交通支的节前纤维进入交感干后可有3种去向：①终止于相应的椎旁节；②在交感干内上升或下降，然后终止于上方或下方的椎旁节；③穿过椎旁节，至椎前节换神经元。

　　2）**灰交通支**：由椎旁节细胞发出的节后纤维组成，多无髓鞘，颜色灰暗，故称灰交通支（图17-26）。椎旁节发出的节后纤维也有3种去向：①经灰交通支返回脊神经，随脊神经分布于躯干及四肢的血管、汗腺和竖毛肌等；②在动脉外膜处形成神经丛，并随动脉分布到支配的器官；③由交感神经节直接发支分布到所支配的器官。

　　（4）**交感神经的分布概况**

　　1）**颈部**：颈交感干位于颈血管鞘的后方，颈椎横突的前方。每侧有3个交感神经节，分别称颈上、中、下神经节（图17-27）。颈部交感神经节发出的节后纤维的分布为：①经灰交通支连于8对颈神经，并随颈神经分支分布至头颈和上肢的血管、汗腺、竖毛肌等。②分支直接至邻近的动脉，形成颈内动脉丛、颈外动脉丛、锁骨下动脉丛和椎动脉丛等，伴随动脉的分支至头颈部的腺体（泪腺、唾液腺、口腔和鼻腔黏膜内腺体、甲状腺等）、竖毛肌、血管、瞳孔开大肌。③发出的咽支直接进入咽壁，与迷走神经、舌咽神经的咽支共同组成咽丛。④3对颈交感神经节分别发出心上、心中和心下神经，下行进入胸腔，加入心丛。

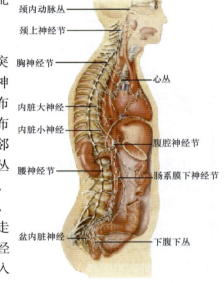

颈内动脉丛
颈上神经节
胸神经节
心丛
内脏大神经
内脏小神经
腹腔神经节
腰神经节
肠系膜下神经节
盆内脏神经
下腹下丛

图17-27　右交感干和纤维分布

　　2）**胸部**：胸交感干位于肋头前方，每侧有10～12个胸交感神经节（图17-27）。节后纤维的分布为：①经灰交通支返回12对胸神经，随其分布于胸腹壁的血管、汗腺和竖毛肌等。②上5对胸交感干神经节发出的节后纤维，参加胸主动脉丛、肺丛、心丛及食管丛等。③**内脏大神经**，由穿过第5～9胸交感干神经节的节前纤维组成，穿过膈后主要终于腹腔神经节。④**内脏小神经**，由穿过第10～12胸交感干神经节的节前纤维组成，主要终于主动脉肾神经节。由腹腔神经节、主动脉肾神经节等发出的节后纤维，分布于肝、脾、肾等实质性器官和结肠左曲以上的消化管。

　　3）**腰部**：约有4对腰神经节，位于腰椎的前外侧与腰大肌内侧缘之间（图17-27）。其节后纤维的去向有：①经灰交通支返回5对腰神经，随腰神经分布。②**腰内脏神经**由穿过腰神经节的节前纤维组成，参加腹主动脉丛和肠系膜下丛，并在这些丛的椎前神经节内交换神经元。节后纤维分布至结肠左曲以下的消化管及盆腔脏器，并有纤维伴随血管分布至下肢。

　　4）**盆部**：盆交感干位于骶前孔内侧，有2～3对骶交感干神经节和一个奇神经节（图17-27）。节后纤维的分支有：①灰交通支，连接骶尾神经，分布于下肢及会阴部的血管、汗腺和竖毛肌。②一些小支加入盆丛，分布于盆腔器官。

　　2．**副交感神经**（parasympathetic nerve）　分为中枢部和周围部。

　　（1）**中枢部**：副交感神经的低级中枢位于脑干的副交感神经核和脊髓骶部第2～4节段灰质的骶副交感核（图17-28）；

（2）**周围部**：包括副交感神经节及进出此节的节前纤维和节后纤维以及神经丛组成。副交感神经节多位于器官附近或器官的壁内（图17-28），分别称器官旁节和器官内节。①**器官旁节**：位于所支配器官附近，多数体积较小，而位于颅部的较大，如睫状神经节、下颌下神经节、翼腭神经节和耳神经节等。②**器官内节**：散于所支配器官的壁内，又称壁内节。

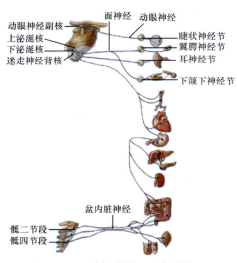

图17-28　副交感神经分布模式图

（3）**副交感神经的分布**

1）**颅部副交感神经**：由脑干动眼神经副核、上泌涎核、下泌涎核和迷走神经背核发出的节前纤维走在相应的脑神经中（图17-28和图17-29）。①起自动眼神经副核的节前纤维到达睫状神经节换元，其节后纤维分布于瞳孔括约肌和睫状肌。②起自上泌延核的节前纤维，一部分经岩大神经至翼腭窝内的翼腭神经节换元，节后纤维分布于泪腺、鼻腔、口腔以及腭黏膜的腺体。一部分经鼓索，加入舌神经，到下颌下神经节换元，节后纤维分布于下颌下腺和舌下腺。③起自下泌涎核的节前纤维，到达耳神经节换元，节后纤维分布于腮腺。④起自迷走神经背核的节前纤维，在胸、腹腔器官附近或壁内的副交感神经节换元，节后纤维分布于胸、腹腔器官（降结肠、乙状结肠和盆腔器官除外）。

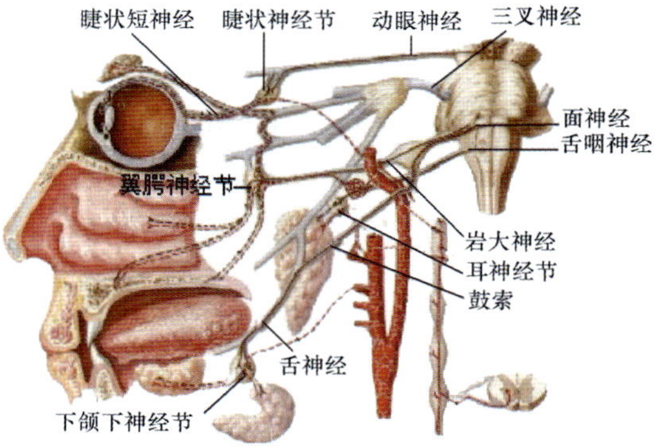

2）**骶部副交感神经**：由脊髓骶部第2～4节段的骶副交感核发出的节前纤维组成盆内脏神经（图17-28），在盆腔器官附近或壁内的副交感神经节内交换神经元，节后纤维分布于结肠左曲以下的消化管、盆腔脏器及外阴等。

3．**内脏神经丛**　交感神经、副交感神经和内脏感觉神经在到达所支配的脏器的过程中，常互相

图17-29　颅部副交感神经分布

交织共同构成内脏神经丛。这些神经丛主要攀附于头、颈部和胸、腹腔内动脉的周围，或分布于脏器附近和器官之内。除**颈内动脉丛**、**颈外动脉丛**、**锁骨下动脉丛**和**椎动脉丛**等没有副交感神经参加外，其余的内脏神经丛如**心丛**、**肺丛**、**腹腔丛**等均由交感和副交感神经组成。另外，在这些丛内也有内脏感觉纤维。由这些神经丛发出分支，分布于胸、腹及盆腔的内脏器官。

4．**交感神经与副交感神经的比较**　两者有诸多不同，见表17-3。

表17-3　交感、副交感神经比较表

	交感神经	副交感神经
低级中枢位置	脊髓胸1到腰3节段灰质侧角	脑干副交感核、脊髓副交感核
周围神经节	椎旁节和椎前节	器官旁节和器官内节
节前、节后纤维	节前纤维短、节后纤维长	节前纤维长、节后纤维短
分布范围	分布范围广泛，全身血管和内脏平滑肌、心肌、腺体、竖毛肌、瞳孔开大肌等	分布范围不如交感神经广，大部分的血管、汗腺、立毛肌和肾上腺髓质均无副交感神经分布

二、内脏感觉神经

机体内脏器官除有交感神经和副交感神经支配外，也有感觉神经分布。

（一）内脏感觉神经的特点

1．痛阈较高 内脏感觉纤维的数目较少，多为细纤维，痛阈较高，对于一定强度的刺激不产生疼痛。如外科手术切割、挤压或烧灼内脏，患者不觉疼痛。内脏对牵拉、膨胀和痉挛刺激较敏感。

2．内脏痛较弥散，定位不准确 内脏感觉的传入途径较分散，即一个脏器的感觉纤维可经几个节段的脊神经进入中枢，而一条脊神经又包含几个脏器的感觉纤维。

（二）牵涉性痛

1．定义 当某些内脏器官发生病变时，常在体表一定区域产生感觉过敏或疼痛，这种现象称**牵涉性痛**。例如，当发生心绞痛时，常在胸前区和左臂内侧皮肤感到疼痛。当有肝胆疾患时，常在右肩感到疼痛等（图17-30）。

2．牵涉性痛的发生机制 现在认为，发生牵涉性痛的体表部位与病变器官往往受同一节段脊神经的支配，体表部位和病变器官的感觉神经进入同一脊髓节段，并在后角内密切联系。因此，从患病内脏传来的冲动可以扩散或影响到邻近的躯体感觉神经元，从而产生牵涉性痛。

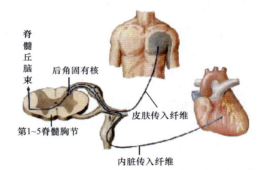

图17-30 心传入神经与皮肤传入神经的中枢投射联系

思考题

1．简述颈丛、臂丛、腰丛、骶丛的神经组成。

2．简述膈神经、桡神经、正中神经、尺神经、股神经和坐骨神经的起始、行程、分支、支配。

3．简述一些临床症状的解剖机制，如马蹄内翻足、钩状足、垂腕、爪形手、猿掌畸形。

4．试述12对脑神经的起始核团、纤维成分、行程、分支及损伤后症状。

5．试述交感神经的低位中枢、走行、分支、分部及支配器官。

6．试述副交感神经的低位中枢、走行、分支、分部及支配器官。

7．试述交感神经与副交感神经的区别。

8．患者，男，65岁，高血压史10余年，晨起发现左额不能皱眉，左眼不能闭合，口角向右歪斜，左侧露齿鼓腮动作均差，余神经系统检查正常。

（1）病变部位在何处？

（2）病变造成哪些骨骼肌的功能受损？

第十八章　神经系统的传导通路

神经系统的传导通路（conductive pathway）可分为感觉（上行）传导通路和运动（下行）传导通路。一方面，周围感受器接受内、外环境的各种刺激，并将其转变成神经冲动，经传入神经传至中枢神经系统，最后至大脑皮质，通过大脑皮质的分析与综合，产生感觉。这种从感受器到达脑的神经通路称为感觉（上行）传导通路。另一方面，大脑皮质发出适当的神经冲动，经脑干和脊髓的运动神经元到达躯体和内脏效应器并引起相应的反应。这种从脑到达效应器的神经通路称为运动（下行）传导通路。

第一节　感觉传导通路

一、本体感觉传导通路

本体感觉又称**深感觉**，是指肌、腱、关节等运动器官在不同状态（运动和静止）下产生的位置觉、运动觉和振动觉。深感觉传导通路还传导皮肤的精细触觉，如辨别两点距离和物体的纹理粗细等。

躯干和四肢的意识性本体感觉和精细触觉传导通路由3级神经元组成（图18-1）。

第1级神经元胞体位于脊神经节，其周围突分布到躯干、四肢的肌、腱、关节和皮肤的精细触觉感受器；其中枢突经后根进入脊髓后索。其中，来自第5胸节以下的中枢突走在后索的内侧部，形成薄束；来自第4胸节以上的中枢突行于后索的外侧部，形成楔束。

第2级神经元胞体在薄束核和楔束核内，两核分别接受薄束和楔束的纤维；并发出第2级纤维在延髓中央灰质的腹侧中线处左右交叉，形成内侧丘系交叉，交叉后的纤维在中线两侧上行称为内侧丘系。

第3级神经元胞体位于背侧丘脑的腹后外侧核，此核接受内侧丘系的纤维；并发出第3级纤维经内囊后肢投射到大脑皮质的中央后回的中、上部和中央旁小叶的后部。

此通路若受损，患者在闭眼时则不能确定相应各关节的位置和运动方向，也不能辨别皮肤的两点间的距离。

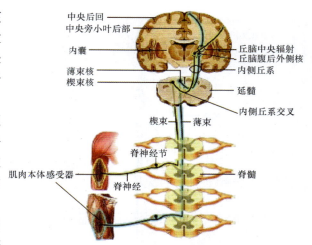

图18-1　躯干和四肢意识性本体感觉和精细触觉传导通路

二、痛温觉、粗略触觉和压觉传导通路

（一）躯干和四肢的痛觉、温度觉、粗略触觉和压觉传导通路

痛觉、温度觉、粗略触觉和压觉传导通路又称浅感觉传导通路由3级神经元组成（图18-2）。

第1级神经元胞体位于脊神经节，其周围突分布到躯干、四肢皮肤的感受器；中枢突经后根进入脊髓，止于同侧的后角。

第2级神经元胞体主要位于同侧脊髓后角固有核，由此发出2级纤维经白质前联合斜越上行，交叉至对侧的外侧索和前索上行，组成脊髓丘脑束。

第3级神经元胞体位于背侧丘脑的腹后外侧核，此核发纤维（丘脑中央辐射）经内囊后肢，投射到大脑皮质的中央后回中、上部和中央旁小叶的后部。

若脊髓丘脑束或脊髓丘脑束以上部分损伤，可出现损伤平面以下对侧痛、温觉的消失。

（二）头面部的痛觉、温度觉、触觉和压觉传导通路

头面部的痛觉、温度觉、触觉和压觉传导通路由3级神经元组成（图18-3）。

第1级神经元胞体位于三叉神经节，其周围突经三叉神经分布于头面部的皮肤以及口、鼻黏膜等处；中枢突经三叉神经根进入脑桥。

第2级神经元胞体痛、温觉在三叉神经脊束核，触觉在三叉神经脑桥核，二核发出第2级纤维交叉至对侧组成上行的三叉丘系。

第3级神经元胞体位于背侧丘脑的腹后内侧核，由此发纤维（丘脑中央辐射）经内囊后肢，投射到中央后回的下部。

若三叉丘系或以上部分损伤，可出现对侧头面部痛、温觉障碍。

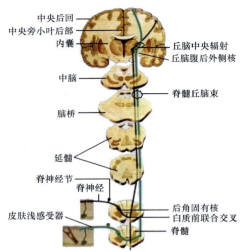

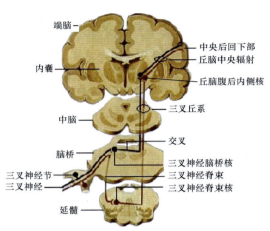

图18-2 躯干和四肢痛温觉、粗略触觉和压觉传导通路　　图18-3 头面部的痛温觉、触觉和压觉传导通路

三、视觉传导通路与瞳孔对光反射通路

（一）视觉传导通路

视觉传导通路由3级神经元组成（图18-4）。

第1级神经元为**双极细胞**，其周围突与视网膜的视锥细胞和视杆细胞形成突触，中枢突与节细胞形成突触。

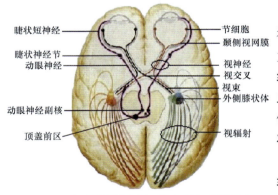

图18-4 视觉传导通路与瞳孔对光反射通路

第2级神经元为**节细胞**，节细胞的轴突组成视神经，经视神经管入颅腔形成视交叉后，延续为视束。在视交叉中，来自两眼视网膜鼻侧半的纤维交叉，来自视网膜颞侧半的纤维不交叉。因此，每侧视束是由同侧视网膜颞侧半的纤维和对侧视网膜鼻侧半的纤维组成，主要终止于外侧膝状体。

第3级神经元的胞体在**外侧膝状体**，它发出纤维组成**视辐射**，经内囊后肢投射到距状沟周围的枕叶皮质。

视觉传导通路中的不同部位损伤，可引起不同的视野缺损：①一侧视神经受损可引起该侧眼视野全盲；②一侧视束或视束上行传导的部位受损均可引起双眼对侧视野同向性偏盲；③视交叉处的交叉纤维受损可引起双眼视野颞侧半偏盲。

（二）瞳孔对光反射通路

光照一侧瞳孔后，可引起两眼的瞳孔缩小的反应称为瞳孔对光反射。光照一侧的反应称为直接对光反射；未照射侧同时也反应称为间接对光反射。

反射的通路如下：视网膜→视神经→视交叉→两侧视束→中脑的顶盖前区（位于中脑

和间脑交界处的细胞群）→双侧的动眼神经副核→动眼神经→睫状神经节换元→瞳孔括约肌→双眼瞳孔缩小。

四、听觉传导通路

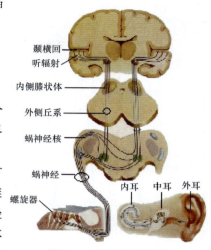

图18-5　听觉传导通路

第1级神经元为蜗螺旋神经节的**双极细胞**，其周围突分布于内耳的螺旋器，中枢突组成蜗神经，在延髓、脑桥交界处入脑，止于第2级神经元胞体所在的蜗神经核（图18-5）。此核发出的纤维大部分在脑桥内横行交叉至对侧，组成斜方体，然后折而上行，形成外侧丘系。小部分不交叉的纤维加入同侧外侧丘系继而上行。外侧丘系主要止于第3级神经元——下丘，下丘再发纤维到第4级神经元——内侧膝状体（外侧丘系中可能有少量纤维直接到内侧膝状体），自此发出纤维组成听辐射，经内囊后肢投射到大脑皮质的听区——颞横回。

由于听觉冲动是双侧传导的，故单侧外侧丘系、听辐射或听区损伤，不会引起明显的听觉障碍。

第二节　运动传导通路

运动传导通路包括锥体系（pyramidal system）和锥体外系（extrapyramidal system）。前者的功能是管理骨骼肌的随意运动，而后者主要是调节随意运动。正常情况下，两者相互协调，共同完成各项复杂而精巧的随意运动。

一、锥体系

锥体系是指大脑皮质至躯体运动效应器的神经联系，由上运动神经元和下运动神经元两极神经元组成。锥体系上运动神经元为大脑皮质中央前回和中央旁小叶前部等区域的锥体细胞，其轴突组成下行纤维束，这些纤维束在下行的过程中要通过延髓锥体，故名为锥体系，其中下行至脊髓的纤维束称**皮质脊髓束**，止于脑干运动神经核的纤维束称**皮质核束**（皮质脑干束）。锥体系下运动神经元为脑干运动神经核和脊髓前角内的神经元，其发出的轴突分别参与脑神经和脊神经的组成。

（一）皮质脊髓束

皮质脊髓束（图18-6）上运动神经元为中央前回中、上部和中央旁小叶前半部的锥体细胞，其轴突组成皮质脊髓束下行，经内囊后肢、中脑、脑桥至延髓锥体，在锥体的下端，大部分纤维左、右交叉形成**锥体交叉**，交叉后的纤维沿脊髓外侧索下行，形成皮质脊髓侧束，沿途逐节止于脊髓各节段的前角运动神经元。小部分未交叉的纤维，在同侧脊髓前索

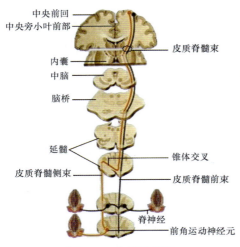

中央前回
中央旁小叶前部
皮质脊髓束
内囊
中脑
脑桥
延髓
锥体交叉
皮质脊髓侧束
皮质脊髓前束
脊神经
前角运动神经元

图18-6　皮质脊髓束

内下行，形成皮质脊髓前束，分别止于同侧和对侧的脊髓前角运动神经元（只到达上胸节），主要支配躯干肌。下运动神经元为脊髓前角运动神经元，其轴突组成脊神经的前根，随脊神经分布于躯干和四肢的骨骼肌。因此，躯干肌受双侧大脑皮质支配，而上下肢肌只受对侧支配，故一侧皮质脊髓束在锥体交叉前受损，主要引起对侧肢体瘫痪，躯干肌运动不受明显影响；在锥体交叉后受损，主要引起同侧肢体瘫痪。

（二）皮质核束

皮质核束上运动神经元为中央前回下部的锥体细胞，由其轴突组成**皮质核束**（图18-7），经内囊膝下行至脑干，大部分纤维止于双侧的脑神经运动核，但面神经核（支配面肌）的下部和舌下神经核（支配舌肌）只接受对侧皮质核束的纤维。下运动神经元为脑干运动神经核内的神经元，其轴突随脑神经分布到头、颈、咽、喉等处的骨骼肌。

一侧上运动神经元（皮质核束）损伤，可出现对侧舌肌瘫痪和眼裂以下的面肌瘫痪。一侧的下运动神经元（神经核或脑神经）损伤，可出现同侧相应的肌瘫痪。如损伤面神经或面神经核可出现同侧的面肌全部瘫痪；损伤舌下神经或舌下神经核可出现同侧舌肌瘫痪。

临床上发现，不同位置的皮质核束的损伤，其表现也不同。故临床上常将上运动神经元损伤引起的瘫痪称**核上瘫**；将下运动神经元损伤引起的瘫痪称**核下瘫**（图18-8）。

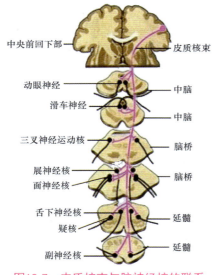

中央前回下部
皮质核束
动眼神经
中脑
滑车神经
中脑
三叉神经运动核
脑桥
展神经核
面神经核
脑桥
舌下神经核
疑核
延髓
副神经核
延髓

图18-7　皮质核束与脑神经核的联系

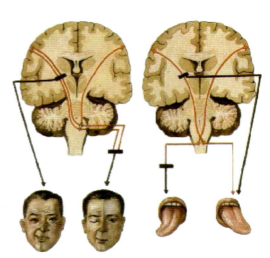

图18-8　核上瘫和核下瘫

上运动神经元损伤（核上瘫）患者可出现：①肌张力增高，故又称痉挛性瘫痪（硬瘫）；②深反射亢进（浅反射减弱或消失）；③肌不萎缩；④出现病理反射（如Babinski征）。

下运动神经元损伤（核下瘫）患者可出现：①肌张力降低，故又称弛缓性瘫痪（软瘫）；②深浅反射都消失；③肌萎缩；④不出现病理反射。

二、锥体外系

锥体外系是指锥体系以外的管理骨骼肌运动的纤维束，包括除锥体系以外与躯体运动有关的各种下行传导通路。其结构十分复杂，包括大脑皮质、纹状体、背侧丘脑、红核、黑质、小脑、脑干网状结构等以及它们的纤维联系。其纤维起自大脑皮质中央前回以外的皮质，在上述组成部位多次换元，最后止于脊髓前角运动神经元或脑神经运动核，通过脊神经或脑神经，支配相应的骨骼肌。锥体外系对脊髓反射的控制常是双侧的，其主要功能是调节肌张力，协调肌群活动。锥体系和锥体外系在运动功能上需要互相依赖、共同完成人体的各种随意运动（图18-9）。

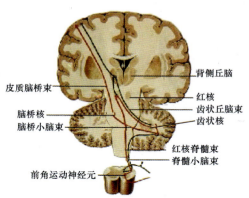

图18-9　锥体外系（皮质-脑桥-小脑系）

（图中标注：皮质脑桥束、脑桥核、脑桥小脑束、前角运动神经元、背侧丘脑、红核、齿状丘脑束、齿状核、红核脊髓束、脊髓小脑束）

思考题

1. 试述浅、深感觉的传导通路。
2. 什么是锥体系？什么是锥体外系？二者有什么区别与联系？
3. 面神经核上、下瘫的原因是什么？如何鉴别？
4. 若针刺左侧小指掌侧面皮肤，其痛觉是怎样传入脑中枢的？
5. 试述将舌尖伸向左侧的传导路径。
6. 试述完成伸膝关节这一动作的传导路径。

第十九章　脊髓与脑的被膜、
血管及脑脊液循环

学习目标

掌握

1. 颈内动脉的行程和分支。
2. 大脑中动脉的分支，中央动脉的特点和分布。
3. 脑脊液的产生与循环途径。

熟悉

1. 大脑前动脉、大脑中动脉和大脑后动脉的行程和分布范围。
2. 椎动脉的行程及其主要分支的名称，基底动脉的行程及其分支与分布。
3. 大脑动脉环的组成和功能。

了解

1. 脑脊液的功能。
2. 大脑静脉的回流概况。
3. 脊髓动脉的来源及分布概况，脊髓静脉的回流概况。

第一节　脊髓与脑的被膜

脊髓和脑的表面包有3层被膜，由外向内依次为硬膜、蛛网膜和软膜。它们对脊髓和脑具有保护、营养和支持作用。

一、脊髓的被膜

脊髓的被膜自外向内依次为硬脊膜、脊髓蛛网膜和软脊膜。

（一）硬脊膜

硬脊膜（spinal dura mater）由一层厚而坚韧的致密结缔组织构成，包裹脊髓。上端附着于枕骨大孔边缘，与硬脑膜相延续；下部在第2骶椎水平逐渐变细，包裹马尾；末端附于尾骨。硬脊膜与椎管内面骨膜之间的狭窄腔隙称**硬膜外隙**（epidural space），内含疏松结缔组织、脂肪、淋巴管和静脉丛等，此间隙略呈负压，有脊神经根穿过。临床将麻醉药物注入此隙，以阻断脊神经根内的神经传导，此麻醉方式称**硬膜外麻醉**（图19-1）。

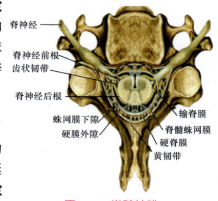

图19-1 脊髓被膜

（二）脊髓蛛网膜

脊髓蛛网膜（spinal arachnoid mater）为半透明的薄膜，位于硬脊膜与软脊膜之间，向上与脑蛛网膜相延续。脊髓蛛网膜与软脊膜间较宽阔的间隙称**蛛网膜下隙**（subarachnoid space），内含清亮的脑脊液。蛛网膜下隙的下部在脊髓下端至第2骶椎之间扩大，称为**终池**（terminal cistern），内有马尾。因此，临床上常在第3、4或第4、5腰椎间进行腰穿，以抽取脑脊液或注入药物而不损伤脊髓。脊髓蛛网膜下隙向上与脑蛛网膜下隙相通。

（三）软脊膜

软脊膜（spinal pia mater）薄而富含血管，紧贴脊髓表面，在脊髓下端移行为终丝。软脊膜在脊髓两侧，脊神经前、后根之间形成**齿状韧带**（denticulate ligament）。该韧带呈齿状，其尖端附于硬脊膜。脊髓借齿状韧带和脊神经根固定于椎管内，并浸泡于脑脊液中，加上硬膜外隙内的脂肪组织和椎内静脉丛的弹性垫的作用，使脊髓不易遭受因外界震荡而造成的损伤。

二、脑的被膜

脑的被膜自外向内依次为硬脑膜、脑蛛网膜和软脑膜。

（一）硬脑膜

硬脑膜（cerebral dura mater）坚硬而有光泽，由内、外两层构成，外层即颅骨内骨膜，内层较外层坚厚，两层之间有丰富的血管和神经。硬脑膜与颅盖骨连接疏松，易于分离，当硬脑膜血管损伤时，可在硬脑膜与颅骨之间形成硬膜外血肿。硬脑膜在颅底处则与颅骨结合紧密，故当颅底骨折时，易将硬脑膜与脑蛛网膜同时撕裂，使脑脊液外漏。如颅前窝骨折时，脑脊液可流入鼻腔，形成鼻漏。硬脑膜在脑神经出颅处移行为神经外膜，在枕骨大孔的边缘与硬脊膜相延续。

1. 硬脑膜内层褶叠形成若干板状突起，深入脑各部裂隙中，能够更好地保护脑部。重要的突起有（图19-2）：

（1）**大脑镰**（cerebral falx）：形如镰刀，为伸入两侧大脑半球之间的部分。前端连于鸡冠，后端连于小脑幕的顶，下缘游离于胼胝体的上方。

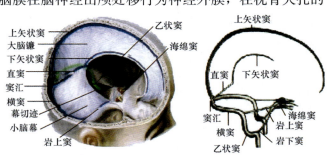

图19-2 硬脑膜及硬脑膜窦

（2）**小脑幕**（tentorium of cerebellum）：位于大脑和小脑之间，形似新月。前缘游离形成小脑幕切迹，后缘附于枕骨横窦沟和颞骨岩部上缘；小脑幕切迹与鞍背间形成一环形孔，内有中脑通过。当幕上颅脑病变引起颅内压增高时，位于小脑幕切迹上方的海马旁回和钩可能被挤压至小脑幕切迹下方，形成小脑幕切迹疝而压迫大脑脚和动眼神经。

2．硬脑膜的内外两层在某些部位分开，内面衬以内皮细胞，构成含静脉血的腔隙，称**硬脑膜窦**。主要的硬脑膜窦有：

（1）**上矢状窦**（superior sagittal sinus）：位于大脑镰上缘，向后流入窦汇。

（2）**下矢状窦**（inferior sagittal sinus）：位于大脑镰下缘，向后流入直窦。

（3）**直窦**（straight sinus）：位于大脑镰与小脑幕的结合处，由大脑大静脉和下矢状窦汇合而成，向后通窦汇。窦汇由左右横窦、上矢状窦及直窦汇合而成。

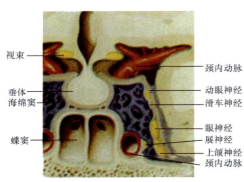

图19-3　海绵窦

（4）**横窦**（transverse sinus）：左右各一，位于小脑幕后外侧缘附着处的枕骨横窦沟处，连接窦汇与乙状窦。

（5）**乙状窦**（sigmoid sinus）：左右各一，位于乙状窦沟内，是横窦的延续，向前下在颈静脉孔处出颅续为颈内静脉。

（6）**海绵窦**（cavernous sinus）：位于颅中窝蝶鞍两侧，为硬脑膜两层间的不规则腔隙，因形似海绵而得名（图19-3）。窦腔内侧壁有颈内动脉和展神经通过，外侧壁内，自上而下有动眼神经、滑车神经、眼神经和上颌神经通过。

岩上窦和**岩下窦**分别位于颞骨岩部的上缘和后缘，将海绵窦的血液分别导入横窦、乙状窦或颈内静脉。硬脑膜窦血流方向如图19-4所示。

硬脑膜窦收集颅内静脉血，并与颅外静脉相通，故头面部的感染有可能经静脉蔓延到硬脑膜窦，引起颅内感染，甚至引起海绵窦炎和形成血栓，继而累及经过海绵窦的神经，出现相应的症状和体征。

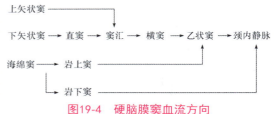

图19-4　硬脑膜窦血流方向

（二）脑蛛网膜

脑蛛网膜（cerebral arachnoid mater）与脊髓蛛网膜相延续，薄而透明，缺乏血管和神经，包绕整个脑。脑蛛网膜下隙在某些部位扩大称**蛛网膜下池**。在小脑与延髓之间有**小脑延髓池**，临床上可在此进行穿刺，抽取脑脊液进行检查。脑蛛网膜在上矢状窦处形成许多绒毛状突起，突入上矢状窦内，称**蛛网膜粒**。脑脊液通过蛛网膜粒渗入上矢状窦，蛛网膜粒是脑脊液回流入静脉的重要途径。

（三）软脑膜

软脑膜（cerebral pia mater）为富有血管和神经的薄膜，紧贴于脑的表面并深入沟裂内，对脑有营养作用。在脑室附近，软脑膜的血管反复分支形成毛细血管丛，并与软脑膜、室管膜上皮一起突入脑室内，形成**脉络丛**，脑脊液由此产生。

第二节　脊髓与脑的血管

一、脊髓的血管

（一）脊髓的动脉

脊髓的动脉有两个来源，即椎动脉和节段性动脉。椎动脉发出**脊髓前动脉**和**脊髓后动脉**。左、右脊髓前动脉在延髓腹侧合成一干，沿前正中裂下行至脊髓圆锥。脊髓后动脉自椎动脉发出后，绕延髓两侧向后走行，沿脊神经后根基部内侧下行，直至脊髓末端。它们在下行的过程中，不断得到节段性动脉（如颈升动脉、肋间后动脉、腰动脉等）分支的补给，以保障脊髓有足够的血液供应（图19-5）。

脊髓前、后动脉之间借环绕脊髓表面的吻合支互相交通，形成动脉冠（图19-5），由动脉冠再发分支进入脊髓内部。脊髓前动脉的分支主要分布于脊髓前角、侧角、灰质连合、后角基部、前索和外侧索。脊髓后动脉的分支则分布于脊髓后角的其余部分和后索。

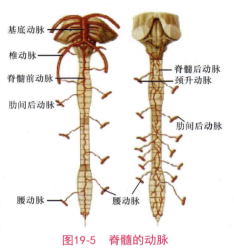

图19-5　脊髓的动脉

（二）脊髓的静脉

脊髓的静脉较动脉多而粗。其收集脊髓内的小静脉，通过前、后根静脉注入硬膜外隙的椎内静脉丛，再经椎外静脉丛回流入心。

二、脑的血管

（一）脑的动脉

脑的动脉主要来自**颈内动脉**和**椎动脉**。以顶枕沟为界，颈内动脉供应大脑半球前2/3和部分间脑；椎动脉供应大脑半球后1/3、间脑后部、小脑和脑干（图19-6）。两条动脉在大脑底部吻合形成大脑动脉环。因此，可将脑的动脉归纳为颈内动脉系和椎–基底动脉系。这两系动脉在大脑的分支可分为皮质支和中央支。前者营养大脑、小脑皮质及其浅层髓质，后者供应基底核、内囊及间脑等。

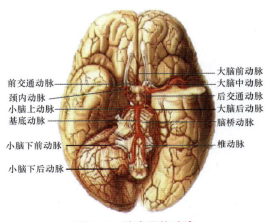

图19-6　脑底面的动脉

1. **颈内动脉**（internal carotid artery）　起自颈总动脉，自颈动脉管进入颅腔，紧贴海绵窦的内侧壁向前上，至前床突的内侧又向上弯转并穿出海绵窦而分为大脑前动脉和大脑中动脉等分支。颈内动脉按其行程可分为4部，即颈部、岩部、海绵窦部和前床突上部。其中，海绵窦部和前床突上部合称为虹吸部，常呈"U"形或"V"形弯曲，是动脉硬化的好发部位。

（1）**大脑前动脉**（anterior cerebral artery）：斜经视交叉，进入大脑纵裂，沿胼胝体沟向后行。皮质支分布于顶枕沟以前的半球内侧面、额叶底部的一部分和额、顶两叶上外侧面的上部。中央支穿入脑实质，供应尾状核、豆状核前部和内囊前肢。此外，在左、右大脑前动脉之间还连有**前交通动脉**（图19-7）。

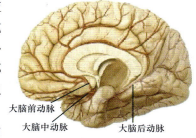

图19-7　大脑半球内侧面的动脉

（2）**大脑中动脉**（middle cerebral artery）：是颈内动脉主干的直接延续，进入外侧沟内向后行，沿途发出皮质支营养大脑半球上外侧面的大部分（图19-8）和岛叶，其中包括躯体运动中枢、躯体感觉中枢和语言中枢。若该动脉发生阻塞，将出现严重的功能障碍。在大脑中动脉的起始处，发出一些细小的中央支（又称豆纹动脉），垂直向上进入脑实质，营养尾状核、豆状核和内囊膝和后肢的前部。这些细小的中央支与主干成直角相连（图19-9），在高血压动脉硬化时容易破裂而导致脑溢血，故有"出血动脉"之称。

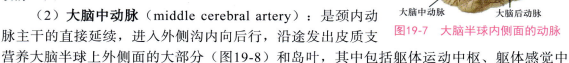

图19-8　大脑半球上外侧面的动脉

（3）**后交通动脉**（posterior conmmunicating artery）：在视束下面行向后，与大脑后动脉吻合，是颈内动脉系与椎-基底动脉的吻合支。

（4）**眼动脉**（ophthalmic artery）：颈内动脉出海绵窦后分出，经视神经管入眶。

2. **椎动脉**（vertebral artery）　起自锁骨下动脉第1段，向上穿过第6到第1颈椎横突孔，经枕骨大孔进入颅腔，在脑桥与延髓交界处，左、右椎动脉汇合成一条**基底动脉**（basilar artery），基底动脉沿脑桥基底沟上行，至脑桥上缘分为左、右大脑后动脉两大终支。

大脑后动脉（posterior cerebral artery）是基底动脉的终支，绕大脑脚向后，沿海马旁回的钩转至颞叶（图19-8）和枕叶内侧面。其皮质支营养颞叶的内侧面和底面及枕叶，中央支营养背侧丘脑和下丘脑等处。

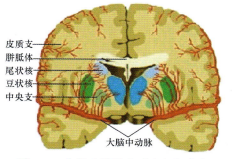

图19-9　大脑动脉的皮质支和中央支

椎动脉在汇合为基底动脉前，发出脊髓前、后动脉和小脑下后动脉，分别营养脊髓、小脑下面后部和延髓。基底动脉沿途发出小脑下前动脉、迷路动脉、脑桥动脉、小脑上动脉，分别营养小脑下面、内耳、脑桥和小脑上面等处。

3. **大脑动脉环**（cerebral arterial circle）　又称**Willis环**，位于脑底的下方，蝶鞍上方，由两侧大脑前动脉起始端、两侧颈内动脉末端、两侧大脑后动脉借前、后交通动脉彼此吻合形成（图19-6）。该环围绕在视交叉、灰结节和乳头体周围，此环使两侧颈内动脉系与椎-基底动脉系相交通。由于环内的血液彼此相通，可对脑血液供应起调节和代偿作用，维持脑的血液供应。

（二）脑的静脉

脑的静脉壁薄且无瓣膜，不与动脉伴行，脑的静脉血可分为深、浅两组，最后均注入硬脑膜窦，汇入颈内静脉（图19-10）。

1. 浅组　引流皮质和皮质下静脉血，主要有大脑上、中、下静脉。三者相互吻合成网，分别注入上矢状窦、横窦和海绵窦。

2. 深组　收纳大脑半球深部髓质、基底核、间脑和脉络丛等处的静脉血，在胼胝体压部的后下方，汇合成一条大脑大静脉，再注入直窦。

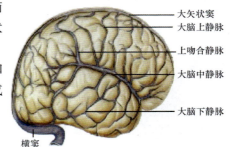

大矢状窦
大脑上静脉
上吻合静脉
大脑中静脉
大脑下静脉
横窦

图19-10　大脑浅静脉

第三节　脑脊液及其循环

脑脊液是一种无色透明液体，流动于脑室、蛛网膜下隙和脊髓中央管内，处于不断产生和回流的相对平衡状态。成人脑脊液总量平均为150 mL，内含多种浓度不等的无机离子、葡萄糖、微量蛋白和少量淋巴细胞，pH为7.4。脑脊液在功能上相当于外周组织中的淋巴，有运输营养物质，带走代谢产物，减缓外力对脑的冲击，调整颅内压力等作用。当脑发生某些疾病时，脑脊液的成分出现变化，可抽取脑脊液进行检验，以助诊断。

由侧脑室脉络丛产生的脑脊液经室间孔流至第三脑室，与第三脑室脉络丛产生的脑脊液一起，经中脑水管流入第四脑室，再汇合第四脑室脉络丛产生的脑脊液一起经第四脑室正中孔和两个外侧孔流入蛛网膜下隙，然后经蛛网膜粒渗透到硬脑膜窦（主要是上矢状窦）内，回流入血液中（图19-11）。若脑脊液在循环途中发生阻塞，可导致脑积水和颅内压升高，使脑组织受压移位，甚至出现脑疝而危及生命。

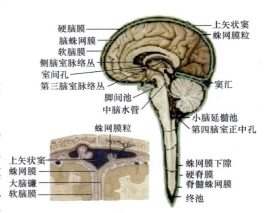

硬脑膜
脑蛛网膜
软脑膜
侧脑室脉络丛
室间孔
第三脑室脉络丛

上矢状窦
蛛网膜粒

窦汇
脚间池
中脑水管
蛛网膜粒

小脑延髓池
第四脑室正中孔

上矢状窦
蛛网膜
大脑镰
软脑膜

蛛网膜下隙
硬脊膜
脊髓蛛网膜
终池

图19-11　脑脊液循环模式图

第四节　脑　屏　障

中枢神经的神经元正常活动时，需要有一个非常稳定的环境。这个环境的轻度变化，如pH、氧、离子浓度等的改变，都能影响神经元的功能活动。而这种稳定性的实现，有赖于脑屏障的存在。

脑屏障包括3个部分，即血–脑屏障、血–脑脊液屏障和脑脊液–脑屏障。

1. **血–脑屏障**（blood-brain barrier）的形态基础　中枢神经系统内毛细血管腔与围绕神经元和神经胶质的细胞外液间，隔有下列结构（图19-12）：毛细血管壁的内皮细胞，连续包裹毛细血管外壁的基膜和胶质细胞突起在管壁外的贴附。

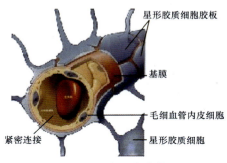

图19-12　脑屏障模式图

（图中标注：星形胶质细胞胶板、基膜、毛细血管内皮细胞、紧密连接、星形胶质细胞）

2. **血–脑脊液屏障**（blood-cerebrospinal fluid barrier）的形态基础　水、气体等可自血液自由进入脑脊液，但像蛋白质样的大分子物质和己糖不能进入脑脊液，脑脊液与脉络丛处的血管之间存在着一种屏障，起屏障作用的是脉络丛上皮间的闭锁小带。

3. **脑脊液–脑屏障**（cerebrospinal fluid-brain barrier）的形态基础　在脑表面和脑脊液之间虽有软脑膜和软膜下的胶质细胞突起，在脑室腔脑脊液与脑组织间隔有室管膜，但脑脊液与脑组织的细胞外液几乎是直接交通的。因此，脑脊液的改变很容易影响神经元的周围环境。

由于有脑屏障的存在，特别是血–脑屏障和血–脑脊液屏障，可防止有害物质进入脑组织，对保护脑、脊髓起着重要的作用。

💥 思考题

1. 试述脑的动脉供应。
2. 大脑中动脉有何特点？主要分布在哪些区域？一旦破裂出血会引起什么症状？
3. 试述脑脊液的产生、回流途径及功能。
4. 试述脑被膜的构成。
5. 患者，女，14岁，突发急性脑膜炎，为明确诊断，需做腰椎穿刺抽取脑脊液检查。
（1）腰椎穿刺的部位应选在何处？依据是什么？
（2）穿刺要经过哪些层次？
（3）侧脑室脉络丛分泌的脑脊液经过哪些途径到达穿刺部位？

第二十章　内分泌系统

🌸 学习目标

掌握
1. 内分泌系统的组成。
2. 垂体、甲状腺、甲状旁腺、肾上腺的位置和形态。
3. 垂体的光镜结构及其所分泌的激素。
4. 甲状腺、甲状旁腺、肾上腺光镜结构及其所分泌的激素。

熟悉　腺垂体分泌激素的种类。

了解　各种激素的功能，APUD系统的概念、组成及分布。

　　内分泌系统（图20-1）由内分泌腺和内分泌组织构成。**内分泌腺**（endocrine gland）是一群特殊化的细胞或一些散在的细胞组成的无导管腺，是结构上独立存在的器官，如甲状腺、甲状旁腺等。**内分泌组织**（endocrine tissue）指分散存在于器官中的具有内分泌功能的细胞团，如胰腺内的胰岛、睾丸内的间质细胞等。它们分泌高效能的物质称为**激素**（hormone），激素直接渗入血液，随血液循环达到其作用的靶细胞，对机体的新陈代谢、生长发育和生殖活动等起到调节作用。

　　人体的内分泌腺或内分泌组织包括垂体、甲状腺、甲状旁腺、肾上腺、胰岛、松果体、胸腺和生殖腺等。

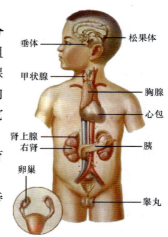

图20-1　内分泌系统概观

第一节　垂　体

　　垂体（hypophysis）位于颅中窝蝶骨体的垂体窝内，借漏斗连于下丘脑。垂体呈椭圆形，灰红色，长约1 cm，宽1～1.5 cm，高约0.5 cm，重0.6～0.7 g，其表面包有结缔组织被膜。垂体由**腺垂体**和**神经垂体**组成，垂体对主要内分泌腺或内分泌细胞团有调控作用，其本身的内分泌活动又直接受下丘脑控制，故垂体在神经系统和内分泌系统的相互作用中居枢纽地位。

一、腺垂体

腺垂体（adenohypophysis）是垂体的主要部分，包括**远侧部**、**中间部**和**结节部**（图20-2），可分泌多种激素，能促进机体的生长发育，并影响其他内分泌腺的功能活动。

（一）远侧部

远侧部（pars distalis）又称**垂体前叶**，此部最大，腺细胞排列成团或索，少数围成小滤泡，细胞间有少量结缔组织和丰富的血窦。在HE染色标本中，根据细胞对染料的亲和性不同，可分为**嗜酸性细胞**、**嗜碱性细胞**和**嫌色细胞**三类（图20-3）。

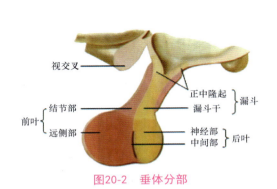

图20-2　垂体分部

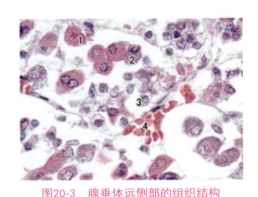

图20-3　腺垂体远侧部的组织结构

1—嗜酸性细胞；2—嗜碱性细胞；3—嫌色细胞；4—血窦

1. 嗜酸性细胞　数量较多，约占腺垂体细胞总数的40%，胞体大（图20-3），胞质内充满粗大的嗜酸性颗粒。根据嗜酸性细胞所分泌的激素不同又分为：

（1）**生长激素细胞**（somatotroph）：数量较多，分泌**生长激素**（growth hormone，GH），能促进机体的生长和代谢。若分泌过盛，在幼年引起巨人症，在成人发生肢端肥大症；若儿童时期生长激素分泌不足，则引起侏儒症。

（2）**催乳激素细胞**（mammotroph）：分泌**催乳激素**（prolactin，PR），能促进乳腺发育和乳汁分泌。

2. 嗜碱性细胞　数量最少（图20-3），约占腺垂体细胞总数的10%，胞质内含有嗜碱性颗粒。嗜碱性细胞分为：

（1）**促甲状腺激素细胞**（thyrotroph）：数量少，分泌**促甲状腺激素**（thyroid stimulating hormone，TSH），能促进甲状腺滤泡上皮细胞的增生及甲状腺激素的合成和释放。

（2）**促肾上腺皮质激素细胞**（corticotroph）：细胞呈不规则形，分泌**促肾上腺皮质激素**（adrenocorticotropic hormone，ACTH），能促进肾上腺皮质束状带细胞分泌糖皮质激素。

（3）**促性腺激素细胞**（gonadotroph）：细胞较大，多为圆形，分泌**卵泡刺激素**（follicle stimulating hormone，FSH）和**黄体生成素**（luteinizing hormone，LH）。卵泡刺激素在女性促进卵泡发育；在男性则刺激生精小管支持细胞合成雄激素结合蛋白，促进精子生成。黄体生成素可促进卵巢排卵和黄体形成，刺激睾丸间质细胞分泌雄激素，故又称**间质细胞刺激素**。

3. **嫌色细胞**（chromophobe cell） 数量最多，约占腺垂体细胞总数的50%，细胞体积小，胞质少，着色浅，细胞轮廓不清（图20-3）。电镜下，有些嫌色细胞含有少量分泌颗粒。因此，嫌色细胞可能是脱颗粒的嗜色细胞，或处于嗜色细胞形成的初级阶段。

（二）结节部

结节部（pars tuberalis）呈薄层套状包围着神经垂体的漏斗（图20-2），有丰富的纵行毛细血管。结节部主要为嫌色细胞，也含有少量嗜酸性细胞和嗜碱性细胞。

（三）中间部

中间部（pars intermedia）为位于远侧部与神经部间的狭窄部分，与神经垂体的神经部合称**垂体后叶**。中间部可见由较小细胞围成的大小不等的滤泡，滤泡腔内含有胶质，滤泡周围有一些散在的嫌色细胞和嗜碱性细胞。

二、神经垂体

神经垂体（neurohypophysis）由下丘脑延伸发育而来，与中间部相贴，由**神经部**和**漏斗**（包括正中隆起和漏斗柄）组成（图20-2），神经垂体无分泌功能，可贮存和释放由下丘脑内的神经内分泌细胞产生的抗利尿激素和催产素，其功能是使血压升高、尿量减少和子宫平滑肌收缩。

神经垂体与下丘脑在结构和功能上有直接联系。神经部主要由无髓神经纤维、神经胶质细胞和毛细血管组成（图20-4）。

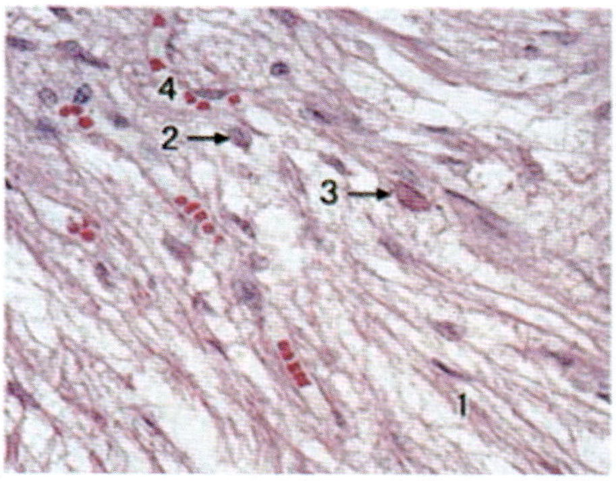

图20-4 神经部的组织结构
1—无髓神经纤维；2—垂体细胞；
3—赫令体；4—毛细血管

视上核和室旁核等处的大型神经内分泌细胞形成的分泌颗粒沿轴突运输至神经部。在轴突沿途或终末的分泌颗粒常聚集成团，呈串珠状膨大，形成大小不等的嗜酸性团块，称**赫令体**（Herring body）。视上核的神经内分泌细胞主要合成**抗利尿素**（antidiuretic hormone，ADH），又称**加压素**（vasopressin，VP），可促进肾远端小管和集合管对水的重吸收，使尿量减少；当超过一定含量时，可使小血管平滑肌收缩，血压升高。室旁核的神经内分泌细胞主要合成**催产素**（oxytocin，OT），该激素可引起妊娠子宫平滑肌收缩，并促进乳腺分泌。轴突内的分泌颗粒以胞吐方式释放，激素进入神经部的窦状毛细血管，经血液循环作用于靶器官。

无髓神经纤维间的神经胶质细胞，称**垂体细胞**（pituicyte），形态多样，有的垂体细胞胞质内常含有脂滴和脂褐素。这种细胞对神经纤维有支持、营养作用，并对激素的释放可能有调节作用。

第二节　甲　状　腺

一、甲状腺的位置与形态结构

甲状腺（thyroid gland）位于颈前部的喉下部、气管上部的两侧和前面，呈棕红色，是人体内最大的内分泌腺。外形略呈"H"形，由左、右两个**甲状腺侧叶**及中间的**甲状腺峡**构成（图20-5）。甲状腺侧叶略呈锥体形，贴于喉下部和气管上部的两侧，上端可达甲状软骨中部，下端可抵第5或第6气管软骨环；甲状腺峡连接左右两侧叶，一般位于第2~4气管软骨环的前方。部分人可从峡部向上伸出一个**锥状叶**，长短不一，长者可达舌骨水平。

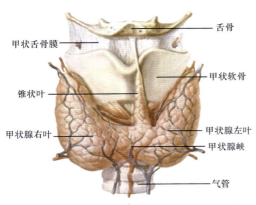

图20-5　甲状腺（前面观）

舌骨
甲状舌骨膜
甲状软骨
锥状叶
甲状腺右叶
甲状腺左叶
甲状腺峡
气管

甲状腺质地柔软，血液供应丰富，吞咽时甲状腺可随喉上、下移动。甲状腺过度肿大时，可压迫喉和气管而导致呼吸困难和吞咽困难。

成人甲状腺重20~40 g，其大小和重量可因性别、年龄、季节及营养状况等的不同而发生改变，一般在青春期前，甲状腺就已经长到成人的大小。女性的甲状腺较男性的偏大，女性在月经期、妊娠期及哺乳期腺体均增大，绝经期后逐渐缩小；老年人腺组织萎缩，结缔组织相对增多，腺体变硬。

二、甲状腺的微细结构

甲状腺被囊的结缔组织深入腺实质内，将实质分成许多不明显的小叶，每个小叶内有多个滤泡。滤泡间有少量结缔组织、丰富的有孔毛细血管，其内有滤泡旁细胞（图20-6）。

（一）滤泡

滤泡（follicle）是由单层排列的**滤泡上皮细胞**（follicular epithelial cell）围成的囊泡状结构，腔内充满透明的胶质（colloid）。滤泡大小不等，呈圆形、椭圆形或不规则形。滤泡上皮细胞的形态和滤泡腔内胶质的量与其功能状态密切相关。一般情况下，滤泡上皮细胞呈立方形。甲状腺功能旺盛时，细胞呈高立方状，滤泡腔内胶质变少；功能

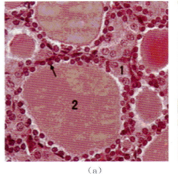
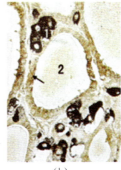

（a）　　　　　　　　（b）

图20-6　甲状腺的组织结构

（a）HE染色；（b）硝酸银染色

↑—滤泡上皮细胞；1—滤泡旁细胞；2—胶质

低下时，滤泡上皮细胞呈扁平状，腔内胶质增加。滤泡腔内的胶质是碘化的甲状腺球蛋白，在切片上呈均质状，嗜酸性（图20-6）。

　　电镜下，滤泡上皮细胞游离面有少量微绒毛和质膜凹陷；侧面有紧密连接，基底部有少量质膜内褶。胞质内有散在的线粒体、发达的粗面内质网及溶酶体。近游离面的胞质内有高尔基复合体、中等电子密度的分泌颗粒和含有胶质的低电子密度的膜包吞饮泡，即胶质小泡（图20-7）。

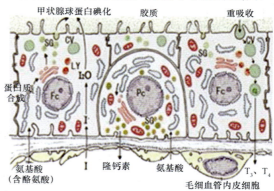

图20-7　滤泡上皮细胞（Fc）和滤泡旁细胞（Pc）超微结构及激素合成与分泌模式图

SG—分泌颗粒；CV—胶质上泡；LY—溶酶体

　　滤泡上皮细胞能合成和分泌**甲状腺激素**，要经过合成、碘化、贮存、重吸收、分解和释放等复杂过程。滤泡上皮细胞由基底面从血中摄取氨基酸，在粗面内质网合成甲状腺球蛋白前体，运至高尔基复合体内加糖并浓缩形成分泌颗粒（含甲状腺球蛋白），通过胞吐排放到滤泡腔。与此同时，滤泡上皮细胞基底面质膜上的碘泵（ATP酶），从血中摄取碘离子，碘离子被氧化后，从细胞游离面进入滤泡腔，与甲状腺球蛋白的酪氨酸残基结合，形成碘化的甲状腺球蛋白，贮存在滤泡腔内。在垂体前叶分泌的促甲状腺激素的作用下，滤泡上皮细胞以胞饮方式将碘化的甲状腺球蛋白重新吸收入胞质内形成胶质小泡，小泡与溶酶体融合，在溶酶体酶的作用下，甲状腺球蛋白被水解，形成大量的**四碘甲状腺原氨酸**（tetraiodothyronine，T_4）和少量的**三碘甲状腺原氨酸**（triiodothyronine，T_3），经细胞基底部释放入毛细血管（图20-7）。

　　T_4和T_3的主要作用是增强机体新陈代谢，增强神经兴奋性，促进生长发育。尤其对胚胎、婴幼儿的中枢神经系统和骨骼发育影响显著。在胎儿和婴幼儿时期，甲状腺功能低下可引起呆小症；在成人则引起新陈代谢率降低、毛发稀少、精神呆滞、发生黏液性水肿等。甲状腺功能亢进时，新陈代谢率增高，可导致突眼性甲状腺肿。

（二）滤泡旁细胞

　　滤泡旁细胞（parafollicular cell）又称**亮细胞**（clear cell），简称**C细胞**，成团积聚在滤泡间，少量镶嵌在滤泡上皮细胞间，其腔面被滤泡上皮覆盖。细胞体积较大，在HE染色切片上，胞质稍淡，银染可见基底部胞质内有嗜银颗粒（图20-6）。滤泡旁细胞分泌**降钙素**（calcitonin），通过促进成骨细胞分泌类骨质和钙盐沉着，抑制骨质内钙的溶解，并抑制胃肠道和肾小管对Ca^{2+}的吸收，使血钙浓度降低。

第三节　甲状旁腺

一、甲状旁腺的位置与形态结构

　　甲状旁腺（parathyroid gland）是呈棕黄色、黄豆大小、扁椭圆体状的小腺体，一般有上、下两对，上一对多位于甲状腺侧叶后面的上、中1/3交界处，下一对常位于甲状腺下动脉附近。甲状旁腺附于甲状腺侧叶后面的甲状腺被囊上（图20-8），有时也可埋于甲状腺组织内，因此，手术时寻找困难。

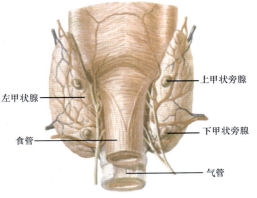

图20-8　甲状腺及甲状旁腺

二、甲状旁腺的微细结构

甲状旁腺表面包有薄层结缔组织被膜，腺细胞呈团索状排列，间质中有丰富的有孔毛细血管网，腺细胞分为主细胞和嗜酸性细胞（图20-9）。

1. **主细胞**（chief cell）　是腺实质的主要细胞成分，

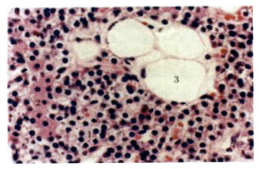

图20-9　甲状旁腺

1—主细胞；2—嗜酸性细胞；3—脂肪细胞

能分泌甲状旁腺素（parathyroid hormone），可增强破骨细胞的破骨功能，溶解骨组织，使钙盐溶解，形成可溶性钙释放入血；并能促进肠及肾小管对Ca^{2+}的吸收，使血钙升高。机体在甲状旁腺素和降钙素协同作用下，维持血钙的稳定。

2. **嗜酸性细胞**（oxyphil cell）　体积稍大于主细胞，可单个或成群存在。嗜酸性细胞随年龄增加而增加，其生理意义及其与主细胞的关系尚不清楚。

第四节　肾　上　腺

一、肾上腺的位置与形态结构

肾上腺（suprarenal gland）是略呈灰黄色的成对内分泌腺，位于腹膜后间隙内，附于肾上端的内上方，与肾共同包在肾筋膜和脂肪囊内。左侧肾上腺近似半月形，右侧呈三角形，左侧比右侧稍大（图20-10）。肾上腺虽然和肾一起包在肾筋膜内，但它有独立的被膜，当肾下垂时不会随之而下降。

二、肾上腺的微细结构

肾上腺表面有结缔组织被膜，少量结缔组织伴随神经和血管深入实质，构成间质。间质内有丰富的毛细血管。肾上腺实质由周围的皮质和中

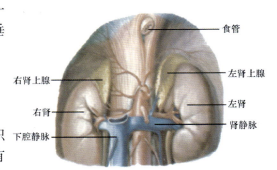

图20-10　肾上腺

央的髓质构成（图20-11）。皮质来自中胚层，腺细胞有类固醇激素细胞的结构特点；髓质来自外胚层，腺细胞有含氮类激素细胞的结构特点（图20-12）。

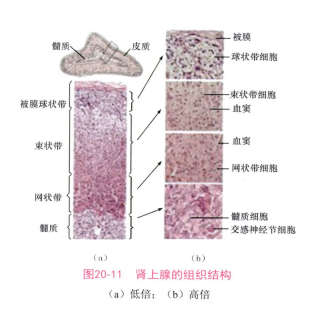

图20-11　肾上腺的组织结构

（a）低倍；（b）高倍

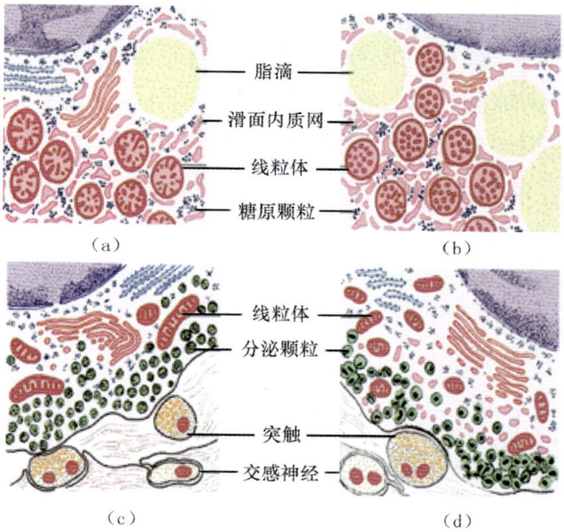

图20-12　肾上腺各部细胞的超微结构模式

（a）球状带细胞；（b）束状带细胞；

（c）肾上腺素细胞；（d）去甲肾上腺素细胞

（一）皮质

皮质（adrenal cortex）占肾上腺体积的80%～90%，位于肾上腺外围部分，根据细胞的形状、排列和功能的不同，由外向内可分为3个带，即**球状带**、**束状带**和**网状带**，各带分别占皮质体积的15%、78%和7%（图20-11）。

1. **球状带**（zone glomerulosa）　位于肾上腺皮质的外层、被膜下方，此带较薄，染色较暗。细胞呈团状排列，胞体较小。胞质内有大量的线粒体、滑面内质网和脂滴，细胞团间有血窦和少量结缔组织（图20-11和图20-12）。

球状带细胞分泌**盐皮质激素**（mineralocorticoid），其主要成分为醛固酮，能促进肾远端小管和集合管重吸收Na^+和排出K^+，从而调节水盐代谢。醛固酮的分泌主要受肾素–血管紧张素系统及血中Na^+、K^+浓度的影响。

2. **束状带**（zone fasiculata）　位于球状带的深层，是皮质中最厚的一层。束状带细胞较大，界限明显。细胞常以1～2行排列成束，由深部向浅部呈放射状排列。细胞索间有丰富的血窦和少量结缔组织。胞质富含脂滴，脂滴在制片中被溶解，故HE染色较浅且呈泡沫状（图20-7）。细胞的超微结构与球状带相似（图20-11和20-12）。

束状带细胞分泌**糖皮质激素**（glucocorticoid），主要为**皮质醇**（cortisol）和**皮质酮**（corticosterone）。其主要作用是促使蛋白质及脂肪分解并转变成糖（即糖异生），调节蛋白质和糖的代谢；其次还有抑制免疫应答和抗炎反应作用。束状带细胞分泌受垂体前叶细胞分泌的促肾上腺皮质激素（ACTH）的调节。

3. **网状带**（zone reticularis）　位于皮质的最深层，细胞排列成索，并互相连接成网。网眼内有丰富的血窦和少量结缔组织。主要分泌雄激素，也可以产生少量雌激素和糖皮质激素。

（二）髓质

肾上腺髓质（adrenal medulla）位于肾上腺中央，由成索状排列的髓质细胞组成。细胞索间有丰富的血窦和少量单个或成簇的交感神经节细胞（图20-11）。

髓质细胞呈多边形，胞质嗜碱性。用铬盐处理后，胞质内可见棕黄色颗粒，故又称**嗜铬细胞**（chromaffin cell）。根据分泌颗粒内所含激素的不同，髓质细胞又分为肾上腺素细胞和**去甲肾上腺素细胞**（图20-12）。前者数量多，约占80%，胞质分泌颗粒内含肾上腺素（adrenaline）。肾上腺素能提高心肌兴奋性，使心率加快，心和骨骼肌的血管扩张并使血糖升高。后者数量较少，胞质内分泌颗粒含去甲肾上腺素（noradrenaline）。去甲肾上腺素可使小血管收缩，血压增高及心、脑和骨骼肌内的血流加速。

第五节　弥散神经内分泌系统

机体内除上述独立的内分泌腺外，其他器官还存在大量散在的内分泌细胞，这些细胞分泌多种激素和激素样物质，在调节机体生理活动中起重要的作用。这些细胞都具有通过摄取胺前体并在细胞内脱羧后合成和分泌胺的特点，统称**摄取胺前体脱羧**（amine precursor uptake and decarboxylation，APUD）细胞。

APUD细胞不仅产生胺，还产生肽。神经系统内的许多神经元也合成和分泌与APUD细胞相同的胺和（或）肽类物质。因此，这些有分泌功能的神经元和APUD细胞统称**弥散神经内分泌系统**（diffuse neuroendocrine system，DNES）。目前已知的DNES细胞有50余种，分为中枢和周围两大部分。中枢部分包括下丘脑–垂体轴的细胞（如视上核、室旁核、弓状核及腺垂体远侧部和中间部的内分泌细胞）和松果体细胞。周围部分包括分布在胃、肠、胰、呼吸道、泌尿生殖管道内的内分泌细胞，以及甲状腺的滤泡旁细胞、甲状旁腺细胞、肾上腺髓质细胞、部分心肌与平滑肌纤维等。

🖋 思考题

1. 简述垂体、甲状腺、甲状旁腺、肾上腺的位置和形态。
2. 简述肾上腺皮质的结构、分泌的激素及其功能。
3. 简述垂体的分部及其微细结构。
4. 简述垂体、甲状腺、甲状旁腺分泌的激素和作用。

第二篇

胚胎学概要

　　胚胎学（embryology）是研究生物个体发生、发育机制与规律的科学。人类起源于受精卵（fertilized ovum）或称合子（zygote），是生物中进化程度最高、结构与功能最复杂的有机体。受精卵经过增殖、分裂和分化等一系列复杂的过程，最终发育为成熟的胎儿。胚胎学（human embryology）的研究内容包括生殖细胞发生、受精、胚胎发育、胚胎与母体的关系及先天畸形等。

　　人胚在母体子宫中的发育历时38周左右（约266天），可分为两个时期：①从受精卵形成到第8周末为胚期（embryonic period），此期受精卵由单个细胞经过迅速而复杂的增殖、分裂和分化，历经胚（embryo）的不同阶段，最终初具人体雏形；②从第9周至出生前为胎期（fetal period），此期内胎儿（fetus）逐渐长大，各器官、系统继续发育分化，部分器官的功能逐渐出现并进一步完善。

第二十一章　人胚早期发育

学习目标

掌握

1. 受精、植入、蜕膜的概念，受精的部位。
2. 胎膜的组成，羊水的临床意义，胎盘的结构及功能。

熟悉

1. 受精的过程，胚泡的形成及植入的过程。
2. 胎儿血液循环途径和出生后的血液循环变化。

了解　三胚层形成及主要分化。

　　人胚早期发育是指自受精至第8周末的发育期，主要内容包括受精、卵裂和胚泡形成、植入和胚层形成、胚层分化和胚体形成、胎膜和胎盘等。

第一节　受　　精

一、生殖细胞

　　生殖细胞（germ cell）即精子和卵子，其经过两次减数分裂，染色体数目减少一半，为单倍体细胞，即仅有23条染色体，其中22条是常染色体，1条是性染色体。

　　1. 精子的获能　精子在附睾内贮存及在男性生殖管道内运行过程中，精液内有一种糖蛋白包裹于精子头部，阻止了顶体酶的释放，因此，射出的精子虽有运动能力，却无受精能力。精子在女性生殖管道内运行过程中，该糖蛋白被子宫和输卵管上皮细胞分泌的酶类降解，获得受精能力，称为精子的**获能**（capacitation）。

　　2. 卵子的成熟　排卵时，自卵巢排出的次级卵母细胞处于第2次减数分裂的中期，进入并停留在输卵管壶腹，等待与精子结合。受精时，受精子穿入的激发，次级卵母细胞快速完成第2次减数分裂，形成一个成熟的卵细胞。若未受精，次级卵母细胞则于排卵后24 h内退化。

二、受　精

成熟获能的精子与卵子结合形成受精卵的过程，称**受精**（fertilization）。受精部位多在输卵管壶腹。

1. 受精的条件　①男、女生殖管道畅通；②有足够数量的精子，若每毫升精液内的精子数低于500万个，受精的可能性几乎为零；③精子的形态正常并获能，畸形精子（小头、双头、双尾等）的数量不能超过40%；④精子有活跃的直线运动能力和爬高运动能力；⑤次级卵母细胞处于第2次减数分裂中期；⑥精子和卵子适时相遇，即精子进入女性生殖管道后，需在24 h内与卵子结合，卵子一般在排卵后12 h内有受精能力，若错过此期，即使两者相遇也不能结合；⑦雌激素、孕激素水平正常。

2. 受精的过程　当获能精子接触放射冠时，顶体释放顶体酶，溶解放射冠与透明带，打开1个只能使1个精子进入次级卵母细胞的通道。精子头部的质膜与次级卵母细胞的质膜融合，随即精子的核和胞质进入次级卵母细胞内（图21-1）。在精卵质膜接触的瞬间，次级卵母细胞活化，释放皮质颗粒，水解透明带的精子受体（ZP$_3$糖蛋白），使透明带的结构及化学成分发生变化，不能再与精子结合，从而阻止了其他精子穿越，保证了单个精子受精。

精子的穿越激发次级卵母细胞完成第2次减数分裂。进入卵内的精子的核和卵细胞的核逐渐膨大，分别称**雄原核**和**雌原核**。两个原核相互靠近，核膜消失，染色体混合，形成二倍体的**受精卵**，又称**合子**。

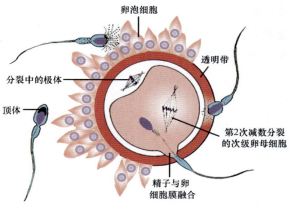

图21-1　受精过程示意图

3. 受精的意义　受精激活了卵内关闭状态的发育信息，使受精卵不断分裂、分化，形成一个新的个体。新个体既有双亲的遗传特征，又有不同于亲代的新性状。受精恢复了染色体数目，决定了新个体的性别，若受精卵核型为46、XX，胚胎为女性；若核型为46、XY，胚胎为男性。

第二节　植入前的发育

一、卵　裂

受精卵一旦形成，在细胞分裂的同时逐步向子宫腔方向运行。由于受精卵外有透明带包裹，细胞在分裂间期无生长过程，因而随着细胞数目的增加，细胞体积逐渐变小。受精卵这种特殊的有丝分裂，称**卵裂**（cleavage）。卵裂产生的子细胞，称**卵裂球**（blastomere）。受精

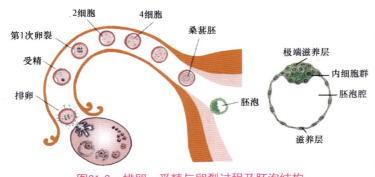

图21-2　排卵、受精与卵裂过程及胚泡结构

后第3天，形成的一个含12～16个卵裂球的实心细胞团，称**桑葚胚**（morula）（图21-2）。

二、胚泡形成

桑葚胚细胞继续分裂，当卵裂球数达100个左右时，细胞间开始出现小的腔隙，小腔最后融合成一个大腔，称**胚泡腔**（blastocyst cavity）。此时，实心的桑葚胚演变为中空的泡状，称**胚泡**（blastocyst）（图21-2）。胚泡壁为一层扁平细胞，与吸收营养有关，称**滋养层**（trophoblast）。腔内的一侧有一细胞团，称**内细胞群**（inner cell mass），内细胞群的细胞即为**胚胎干细胞**（embryonic stem cell，ES cells）。覆盖在内细胞群外面的滋养层，称**极端滋养层**。胚泡于受精后第4天形成并到达子宫腔。胚泡不断增大，第4天末，透明带变薄、消失。胚泡逐渐与子宫内膜相互识别、接触，并开始植入。

第三节　植入和植入后的发育

一、植入

胚泡逐渐埋入子宫内膜的过程，称**植入**（implantation），又称**着床**（imbed）。植入于受精后第5～6天开始，第11～12天完成。

1. 植入过程　透明带消失后，胚泡的极端滋养层与子宫内膜接触，并分泌蛋白酶消化与其接触的内膜，之后胚泡沿着被消化组织的缺口逐渐侵入内膜功能层。胚泡全部植入子宫内膜后，缺口处上皮修复，植入完成（图21-3）。

2. 植入部位　通常在子宫体和底部［图21-4（a）］。若植入近子宫颈处并形成胎盘，称**前置胎盘**。前置胎盘于妊娠晚期易发生胎盘早剥而导致大出血，于分娩时可阻塞产道，导致胎儿娩出困难。胚泡在子宫体腔以外部位植入，称**宫外孕**，常见于输卵管，也可发生于腹膜腔、肠系膜、卵巢等处［图21-4（b）］。宫外孕的胚胎多因营养供应不足而早期死亡，少数植入输卵管的胚胎发育到较大后，引起输卵管破裂，导致母体严重内出血。

3. 植入条件　正常植入需具备以下条件：①雌、孕激素分泌正常；②子宫内环境正常；③胚泡准时进入子宫腔，透明带及时溶解消失；④子宫内膜发育阶段与胚泡发育同步。口服避孕药、宫腔放置节育环等人为地干扰植入，可达到避孕目的。

在胚泡植入子宫内膜的过程中，子宫内膜及胚泡均发生迅速分化与发育。

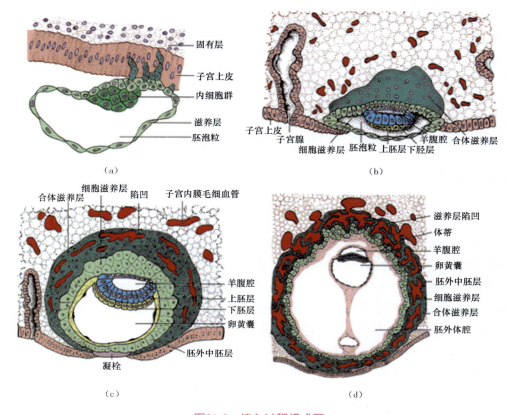

图21-3　植入过程模式图

（a）第7天人胚，胚泡开始与子宫上皮接触；（b）第7.5天人胚，胚泡已部分植入子宫内膜中；

（c）第9天人胚，胚泡已全部植入子宫内膜；（d）第13天人胚，胚泡已全部植入子宫内膜

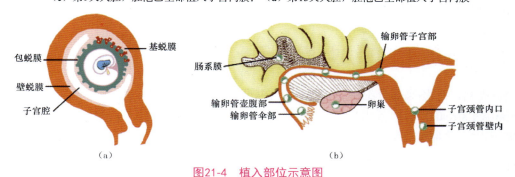

图21-4　植入部位示意图

（a）正常植入；（b）异常植入

二、蜕膜形成

植入后，分泌期子宫内膜进一步增厚，血液供应更加丰富，腺体分泌更旺盛，基质细胞变肥大并含丰富的糖原和脂滴，子宫内膜的这些变化，称**蜕膜反应**。发生了蜕膜反应的子宫内膜，称**蜕膜**（decidua）。因此，子宫内膜的基质细胞改称**蜕膜细胞**（decidual cell）。

依据胚与蜕膜的关系，蜕膜可分3部分：①基蜕膜，位于胚深部的蜕膜；②包蜕膜，覆

盖在胚宫腔侧的蜕膜；③壁蜕膜，子宫其余部分的蜕膜。壁蜕膜与包蜕膜之间为子宫腔〔图21-4（a）〕。

三、二胚层胚盘及相关结构的发生

1．滋养层的分化　植入过程中，与子宫内膜接触的极端滋养层迅速增生，滋养层变厚，并分化为两层。外层细胞互相融合，细胞间界限消失，称**合体滋养层**（syncytiotrophoblast）；内层细胞界限清楚，称**细胞滋养层**（cytotrophoblast）。合体滋养层内出现一些小的腔隙，称**滋养层陷窝**〔图21-3（c）（d）〕，与子宫内膜的小血管相通，其内充满母体血液。滋养层向外生长出许多突起侵入蜕膜，直接与母体血接触并进行物质交换，为胚泡发育提供营养。

2．内细胞群的分化　植入的同时，内细胞群细胞增殖、分化为两层。邻近滋养层的一层柱状细胞，称上胚层（epiblast）；靠近胚泡腔一侧的一层立方形细胞，称**下胚层**（hypoblast）〔图21-3（b）〕。继之，在上胚层细胞与滋养层之间出现一腔隙，称**羊膜腔**（amniotic cavity），上胚层构成了羊膜腔的底。下胚层周边的细胞向腹侧生长、延伸，形成**卵黄囊**（yolk sac），下胚层构成了卵黄囊的顶。上胚层和下胚层紧密相贴，逐渐形成一圆盘状结构，称**胚盘**（embryonic disc），又称二胚层胚盘。胚盘是人体发生的原基。胚盘以外的结构，形成胚的附属成分，对胚盘起营养和保护作用。

卵黄囊及羊膜腔形成的同时，其与细胞滋养层之间出现一些疏松排列的细胞和细胞外基质，称**胚外中胚层**（extraembryonic mesoderm）〔图21-3（c）〕。第2周末，在胚外中胚层内也出现了一些小的腔隙，之后这些小腔隙逐渐融合成一个大的**胚外体腔**（extraembryonic coelom）〔图21-3（d）〕。随着胚外体腔的扩大，仅有少部分胚外中胚层连于胚盘尾端与滋养层之间，该部分胚外中胚层，称**体蒂**（body stalk）〔图21-3（d）〕，其将来为脐带的主要部分。

四、三胚层胚盘及相关结构的形成

第3周初，上胚层部分细胞迅速增生，在胚盘中轴一端汇聚，形成一条细胞索，称**原条**（primitive streak）。原条出现的一端为胚盘尾端，原条向前生长的一端为胚盘头端。原条头端略膨大，称**原结**（primitive node）〔图21-5（a）〕。

原条的细胞继续增殖，并向深部迁移，出现沟状凹陷，称**原沟**（primary groove）〔图21-5（b）〕。原沟底的细胞在上、下胚层间呈翼状扩展迁移，一部分细胞在上、下胚层间形成一新的细胞层，称**中胚层**（mesoderm）

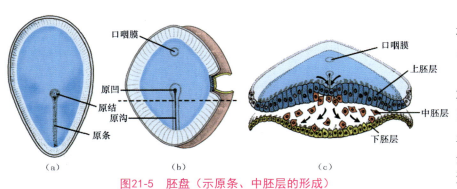

图21-5　胚盘（示原条、中胚层的形成）

（a）第14天；　（b）第16天；　（c）第16天胚盘横断面

［图21-5（c）］，在胚盘边缘与胚外中胚层衔接；一部分细胞迁入下胚层，并逐渐全部替换了下胚层细胞，形成一新的细胞层，称**内胚层**（endoderm）；当内胚层和中胚层形成之后，上胚层改称**外胚层**（ectoderm）。第3周末，三胚层胚盘已形成，胚盘呈椭圆形，头端大，尾端小。

原结细胞增殖、下陷形成**原凹**（primitive pit）［图21-5（b）］。原凹的上胚层细胞向头端迁移，在内、外胚层之间形成一条单独的细胞索，称**脊索**（notochord）（图21-6）。原条和脊索构成了胚盘的中轴，对早期胚胎起支持作用。此后脊索逐渐退化，形成椎间盘的髓核。

在脊索的头端和原条尾端各有一个内、外胚层直接相贴的区域，分别称**口咽膜**（oropharygeal membrane）（图21-5和图21-7）和**泄殖腔膜**（cloacal membrane）［图21-7（a）］。口咽膜前端的中胚层为**生心区**（cardiac primordia）（图21-7），是心发生的原基。

随着胚体发育，脊索向胚盘头端增长迅速，原条生长缓慢，相对缩短，最终消失。若原条细胞残留，胎儿出生后于骶尾部形成源于三个胚层组织的肿瘤，称为**畸胎瘤**。

五、三胚层的分化和胚体形成

（一）外胚层的分化

在脊索的诱导下，脊索背侧的外胚层细胞增厚，形成**神经板**（neural plate）［图21-6（a）］，

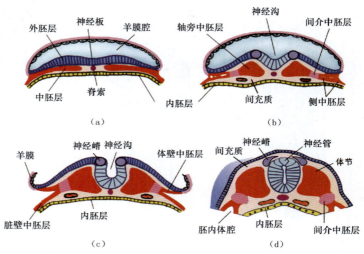

图21-6 中胚层的早期分化及神经管、神经嵴的形成
（a）17天；（b）19天；（c）20天；（d）21天

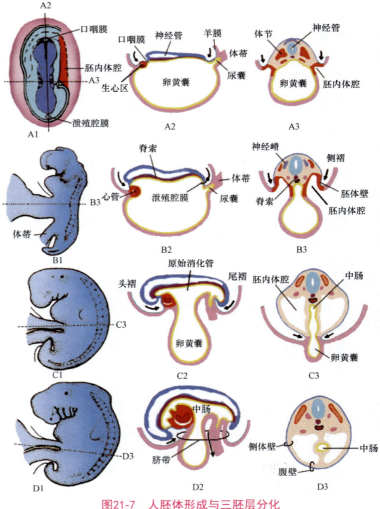

图21-7 人胚体形成与三胚层分化

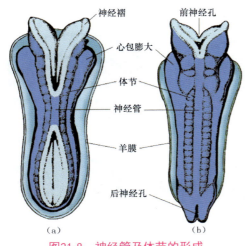

神经褶
前神经孔
心包膨大
体节
神经管
羊膜
后神经孔

(a) (b)

图21-8　神经管及体节的形成

（a）约第22天；（b）约第21天

也称**神经外胚层**（neural ectoderm），是神经系统发生的原基。外胚层其余部分常称**表面外胚层**。

神经板沿胚体长轴生长并下陷形成**神经沟**（neural groove）；神经沟两侧边缘隆起，称**神经褶**（neural fold）；第3周末，神经沟加深，神经褶向中央靠拢并愈合形成**神经管**（neural tube）（图21-6和图21-8）。神经管由胚体中段向两端延伸，在神经管完全闭合前，其头端和尾端未闭合的部分，分别称**前神经孔**（anterior neuropore）和**后神经孔**（posterior neuropore）（图21-8）。约第4周末，神经孔闭合。神经管两侧的表面外胚层在其背侧愈合，将其埋入表面外胚层的深面［图21-6（a）］。神经管是中枢神经系统的原基，其头端发育迅速，为脑的原基；其余部分较细，为脊髓的原基；中央的管腔将演化为脑室和中央管。神经管还发育形成松果体、神经垂体和视网膜等。若前神经孔不闭合，将形成**无脑儿**；后神经孔不闭合，将形成**脊髓脊柱裂**。

未参与封闭神经管的神经褶细胞，在神经管的背外侧形成头、尾走行的两条纵行细胞索，称**神经嵴**（neural crest）（图21-6），是周围神经系统的原基，将分化形成脑神经节、脊神经节、自主神经节及周围神经，并能远距离迁移，形成肾上腺髓质及某些神经内分泌细胞等。

被覆于胚体的表面外胚层，将分化为表皮及其附属结构、釉质、角膜上皮、晶状体、内耳迷路和腺垂体等。

（二）中胚层的分化

第3周初，中胚层位于脊索的两侧。继之，靠近胚体中轴的中胚层细胞增生，在脊索两侧形成两条增厚的细胞带，称**轴旁中胚层**（paraxial mesoderm）；胚体中轴最外侧的薄层细胞，称**侧中胚层**（lateral mesoderm）；二者之间的部分，称**间介中胚层**（intermediate mesoderm）；其余散在的中胚层细胞统称**间充质**（mesenchyme）［图21-6（a）］。

1. **轴旁中胚层**　轴旁中胚层细胞迅速增殖，随即横裂为块状细胞团，称**体节**（somite）。体节左、右成对（图21-6和图21-8），由颈部向尾侧依次形成，每天约形成3对，第5周末，体节全部形成，共42～44对。从胚体表面即能分辨体节，故它是胚胎早期推测胎龄的重要标志之一。体节主要分化为背侧的皮肤真皮、骨骼肌和中轴骨。

2. **间介中胚层**　分化为泌尿生殖系统的主要器官。

3. **侧中胚层**　开始为一薄层，很快出现腔隙，称**胚内体腔**（intraembryonic coelomic cavity），将侧中胚层分为两层。与外胚层相贴者，称**体壁中胚层**（parietal mesoderm）；与内胚层相贴者，称**脏壁中胚层**（visceral mesoderm）（图21-6）。体壁中胚层分化为腹膜壁层以及体壁的骨、肌、结缔组织等；脏壁中胚层包于原始消化管的外侧，分化为腹膜脏层以及消化、呼吸系统器官管壁的平滑肌和结缔组织等。胚内体腔依次分隔形成心包腔、胸膜腔和腹膜腔。

在中胚层分化过程中，散在于内、外胚层间的间充质细胞（图21-6）有向不同方向分化的潜能，将分化成结缔组织、肌组织和心、血管等。

（三）内胚层的分化

胚体形成的同时，内胚层逐渐被卷入胚体内，形成管状结构，称原始消化管（primitive gut）（图21-7），又称原肠（primitive gut）。原始消化管是消化系统与呼吸系统上皮的原基。

（四）胚体形成

早期胚盘为扁平的盘状结构。第4周初，由于体节及神经管生长迅速，胚盘中央部的生长速度远较胚盘边缘快，致使扁平的胚盘向羊膜腔内隆起。在胚盘的周缘出现了明显的卷折，头、尾端的卷折，分别称**头褶**（head fold）和**尾褶**（tail fold），两侧缘的卷折，称**侧褶**（lateral fold）。随着胚的生长，头、尾褶及侧褶逐渐加深，随之胚盘由圆盘状变为圆柱状的胚体。第4周末，胚体（从头至尾）呈"C"字形（图21-7）。

第5～8周，胚体外形开始有明显的变化，至第8周末初具人形，主要器官和系统在此期内形成，故此期称**器官发生期**（organogenetic period）。

第四节　胎膜与胎盘

胎膜与胎盘是胚胎发育过程中的附属结构，对胚胎起保护、营养、呼吸和排泄作用，此外胎盘还有内分泌功能。胎儿娩出后，胎膜和胎盘一并排出，总称**衣胞**（afterbirth）。

一、胎膜

胎膜（fetal membrane）包括绒毛膜、羊膜、卵黄囊、尿囊和脐带（图21-9）。

1. 绒毛膜（chorion）胚泡植入子宫内膜后，以细胞滋养层为中轴，外裹合体滋养层，在胚泡表面形成许多绒毛样的突起，称**绒毛**（villus）。胚外中胚层形成后，胚外中胚层与滋养层紧密相贴形成**绒毛膜板**（chorionic plate）。绒毛膜板及由此发出的绒毛，统称**绒毛膜**（图21-9）。继之，胚外中胚层伸入绒毛内分化为结缔组织和血管，与胚体内的血

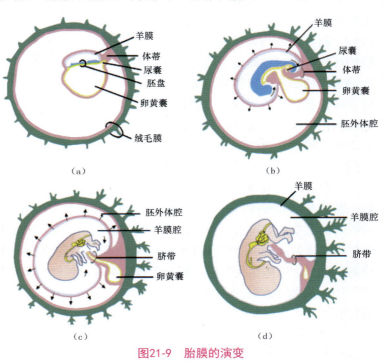

图21-9　胎膜的演变

（a）3周；（b）4周；（c）10周；（d）20周

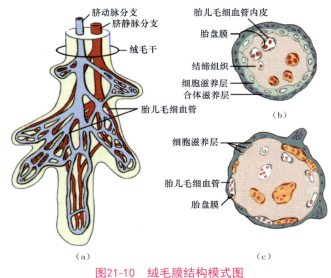

图21-10　绒毛膜结构模式图

（a）纵切面；（b）黄切面早期绒毛；（c）黄切面晚期绒毛

管相通（图21-10）。绒毛末端的细胞滋养层细胞增殖，穿越合体滋养层并插入蜕膜内，形成细胞滋养层壳，使绒毛膜与蜕膜牢固连接。

合体滋养层细胞溶解邻近的蜕膜组织与其内的小血管，形成**绒毛间隙**（图21-11），绒毛间隙内充满母体血液。绒毛浸浴其中，胚胎借绒毛汲取母血中的营养物质并排出代谢产物。

在胚胎早期，绒毛分布均匀。第8周后，基蜕膜侧的绒毛因营养丰富而生长旺盛，从而形成**丛密绒毛膜**（chorion frondosum），与基蜕膜共同构成胎盘。包蜕膜侧的绒毛因营养不良而退化，称**平滑绒毛膜**（chorion leave），平滑绒毛膜和包蜕膜逐渐与壁蜕膜融合，并参与衣胞的构成（图21-11）。

在绒毛膜发育过程中，若绒毛膜中的血管发育不良，则会影响胚胎发育甚至导致胚胎死亡。若绒毛表面的滋养层细胞过度增生，绒毛中轴间质变性水肿，血管消失，胚胎被吸收而消失，整个胎块变成囊泡状，形成葡萄状结构，称为**葡萄胎**。如果滋养层细胞恶变则为绒毛膜上皮癌。

2. **羊膜**（amnion）　为半透明薄膜。羊膜最初附着于胚盘边缘，随着胚体凸入羊膜腔，羊膜腔迅速扩大，逐渐使羊膜与平滑绒毛膜相贴，胚外体腔消失；随着圆柱状胚体的形成，羊膜逐渐在胚体的腹侧汇聚并包裹于体蒂表面，将胎儿封闭于羊膜腔内（图21-9和图21-11）。

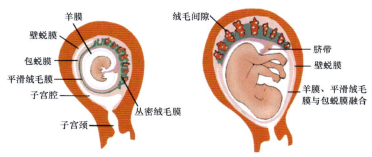

图21-11　胎膜、蜕膜及胎盘的形成与变化示意图

羊膜腔内的液体，称**羊水**（amniotic fluid）。妊娠早期的羊水无色透明，由羊膜上皮细胞不断地分泌和吸收；妊娠中期以后，胎儿开始吞咽羊水，其消化系统和泌尿系统的排泄物及脱落的上皮细胞也进入羊水，使羊水变混浊。羊水可防止胎儿肢体粘连；缓冲外力对胎儿的振动和压迫；分娩时扩张宫颈和冲洗产道。羊膜腔穿刺吸取羊水进行羊水细胞染色体检查或测定羊水中某些生化指标，能早期诊断某些遗传性疾病。足月胎儿的羊水量约1 000 mL，少于500 mL为羊水过少，常见于胎儿无肾或尿道闭锁等；多于2 000 mL为羊水过多，常见于消化管闭锁、无脑儿等。

3. **卵黄囊**　人胚卵黄囊不发达，退化早。卵黄囊顶壁的内胚层随胚盘向腹侧包卷，形成原始消化管；留在胚外的部分被包入脐带后成为卵黄蒂，卵黄蒂于第5周闭锁、退化（图21-7和图21-9）。卵黄囊壁外的胚外中胚层密集排列形成的细胞团，称**血岛**，是人体造血干细胞的原基。卵黄囊尾侧的部分内胚层细胞，分化为**原始生殖细胞**，并由此迁移至生殖腺嵴。

4. **尿囊**（allantois） 是卵黄囊尾侧的内胚层向体蒂内长入的一个盲管（图21-7和图21-9）。尿囊根部参与形成膀胱顶部，其余部分称**脐尿管**，卷入脐带内并退化，体内部分闭锁为脐正中韧带。尿囊壁的胚外中胚层所形成的尿囊动脉和尿囊静脉，演化为脐动脉和脐静脉。

5. **脐带**（umbilical cord） 为胚体与胎盘间相连接的条索状结构，是胎儿与胎盘间物质运输的通道。早期脐带由羊膜包绕体蒂、脐尿管及卵黄蒂等构成（图21-9和图21-11），以后上述结构相继闭锁，其内仅有2条脐动脉和1条脐静脉以及黏液组织。

胎儿出生时，脐带长约55 cm。脐带过短可影响胎儿娩出或分娩时引起胎盘早期剥离而出血过多。脐带过长可能缠绕胎儿颈部或其他部位，影响胎儿发育甚至导致胎儿死亡。

二、胎盘

胎盘（placenta）是进行物质交换、营养、代谢、分泌激素和屏障外来微生物或毒素侵入以及保证胎儿正常发育的重要器官。

（一）胎盘的结构

1. 胎盘的大体结构 足月胎盘重约500 g，直径15～20 cm，中央略厚，边缘略薄。胎盘包括胎儿面和母体面。胎儿面光滑，表面覆盖羊膜，脐带附着于中央或稍偏，少数附于边缘，透过羊膜可见呈放射状走行的脐血管的分支。母体面粗糙，可见由不规则浅沟分隔的**胎盘小叶**（cotyledon）（图21-12）。

2. 胎盘的微细结构 胎盘由胎儿的丛密绒毛膜与母体的基蜕膜组成。胎儿面被覆羊膜，深面为绒毛膜板；母体面为基蜕膜构成的基板；中间为绒毛和绒毛间隙，间隙中充满着母体血。绒毛膜板发出40～60个**绒毛干**（图21-10和图21-13），每个绒毛干又分出数个分支。从基蜕膜上发出若干小隔，称**胎盘隔**，伸入绒毛间隙，将其分隔为15～30个胎盘小叶。每个小叶中含有1～4个绒毛干及其分支。胎盘隔的远端游离，不与绒毛膜板接触，因而胎盘小叶之间的分隔不完全，母体血可以在胎盘小叶间流动。子宫动脉和子宫静脉穿过蜕膜开口于绒毛间隙（图21-13）。

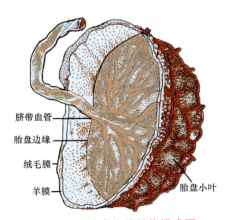

图21-12 胎盘大体结构模式图

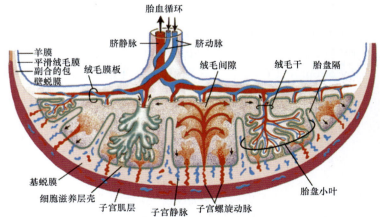

图21-13 胎盘的结构与血循环模式图

3. 胎盘的血液循环 胎盘内有母体和胎儿两套血液循环，两者的血液在各自的封闭管道内循环，互不混合，但可进行物质交换。母体动脉血由子宫螺旋动脉注入绒毛间隙，在此与绒毛内毛细血管的胎儿血进行物质交换后，由子宫静脉回流母体。胎儿的静脉血经脐动脉进入绒毛毛细血管，与绒毛间隙中的母体血进行物质交换后，成为动脉血，汇集入脐静脉回流到胎儿体内（图21-13）。

4. 胎盘屏障　胎儿血与母体血在胎盘内进行物质交换所通过的结构，称**胎盘屏障**（placental barrier），又称**胎盘膜**（placental membrane）。胎盘屏障由合体滋养层、细胞滋养层及其基膜、绒毛内结缔组织、毛细血管基膜以及内皮构成（图21-14）。妊娠晚期，由于细胞滋养层在许多部位消失，合体滋养层在某些部位变薄，母血与胎血间仅隔以薄层的合体滋养层、绒毛毛细血管内皮以及二者的基膜，更

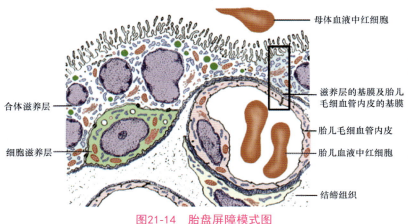

图21-14　胎盘屏障模式图

有利于物质交换。合体滋养层在某些部位较厚，是合成与分泌雌激素的主要部位。

（二）胎盘的功能

胎盘有进行物质交换、屏障外来微生物和分泌激素等重要功能。

1. 物质交换　选择性物质交换是胎盘的主要功能。胎儿通过胎盘从母血中获得营养和O_2，并排出代谢产物和CO_2。但某些药物、病毒和激素可以透过胎盘屏障进入胎儿体内，影响胎儿发育，故孕妇用药需慎重。

2. 内分泌功能　胎盘形成后逐步取代黄体，对妊娠的维持起重要作用。胎盘的合体滋养层能分泌多种激素，主要有：①**绒毛膜促性腺激素**（human chorionic gonadotropin，HCG），促进黄体的生长发育，维持妊娠；抑制母体对胎儿、胎盘的免疫排斥作用。HCG在受精后第2周末即出现于母体血中，在第9～11周达高峰，以后逐渐减少直到分娩。由于该激素在妊娠早期可以从孕妇尿中检出，故常作为早孕诊断的指标之一。②**人胎盘催乳素**（human placental lactogen，HPL），既能促进母体乳腺的生长发育，又能促进胎儿的代谢和生长发育。③**孕激素**（human placental progesterone，HPP）和**雌激素**（human chorionic thyrotropin，HCT），于妊娠第4个月开始分泌，逐渐替代黄体的功能，以继续维持妊娠。

第五节　胎儿的血液循环及出生后的变化

胎儿的血液供应来自胎盘。其肺泡毛细血管床近2/3关闭，肺尚未建立呼吸功能，因此，胎儿的血液循环有不同于成体的独特之处。胎儿出生后，由于呼吸及肺循环的建立，血流途径会发生重大改变。

一、胎儿血液循环

胎儿脐静脉内流的是动脉血，富含氧和营养物质，在流入肝脏时，近2/3的血液经静脉导管直接注入下腔静脉，近1/3的血液经肝血窦注入下腔静脉。下腔静脉还收集由下肢和盆、腹腔器官来的静脉血，因此下腔静脉的血液为混合血，下腔静脉进入右心房，其大部分血液通过卵圆孔进入左心房，然后进入左心室。左心室的血液大部分经主动脉及三大分支分布到头、颈部和上肢，以充分供应胎儿头部发育所需的氧和营养；小部分血液则流入降主动脉。

从胎儿头、颈部及上肢回流到上腔静脉的血液，经右心房流入右心室，再进入肺动脉。因胎儿肺处于不张状态，故肺动脉血仅少量入肺，近90%以上血液经动脉导管注入降主动脉。降主动脉的血液除了供应盆、腹腔器官和下肢外，还经两条脐动脉将血液送至胎盘，在胎盘内与母体血液进行气体和物质交换后，再经脐静脉送往胎儿体内（图21-15）。

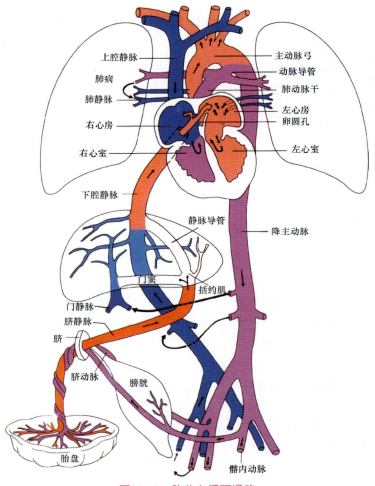

图21-15　胎儿血循环通路

二、胎儿出生后血液循环的变化

胎儿出生后，由于新生儿肺开始呼吸活动和胎盘血液循环中断，胎儿血液循环发生一系列重大改变（图21-16）。

1．脐动脉、脐静脉及静脉导管关闭　分别形成脐外侧韧带、肝圆韧带和静脉韧带。

2．动脉导管闭锁　由于肺的呼吸，流经肺动脉的血液大部分入肺，动脉导管于出生后收缩，以后管腔逐渐由内膜组织完全封闭，管壁平滑肌收缩呈关闭状态，出生2～3个月后，其动脉内膜增生封闭，成为动脉韧带。

3．卵圆孔关闭　胎儿出生后，由于肺循环的建立，使左心房压力高于右心房，第一房间隔与第二房间隔相贴，卵圆孔功能性关闭。到1岁左右，第一房间隔和第二房间隔的结缔组织增生使卵圆孔达到结构上的关闭。

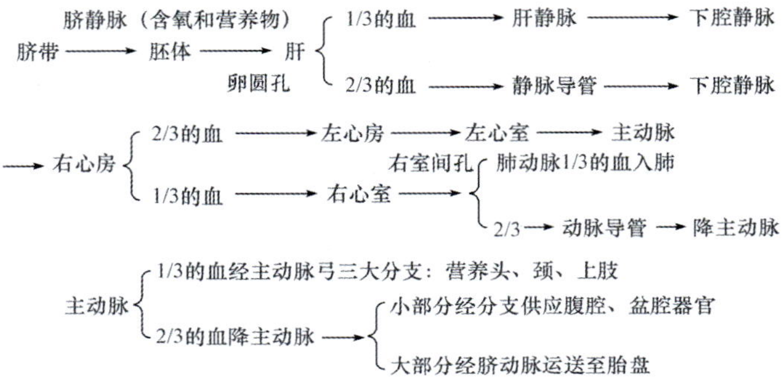

脐带 → 胚体 → 肝
├ 脐静脉（含氧和营养物）1/3的血 → 肝静脉 → 下腔静脉
└ 卵圆孔 2/3的血 → 静脉导管 → 下腔静脉

→ 右心房
├ 2/3的血 → 左心房 → 左心室 → 主动脉
└ 1/3的血 → 右心室
    ├ 右室间孔 肺动脉1/3的血入肺
    └ 2/3 → 动脉导管 → 降主动脉

主动脉
├ 1/3的血经主动脉弓三大分支：营养头、颈、上肢
└ 2/3的血降主动脉
    ├ 小部分经分支供应腹腔、盆腔器官
    └ 大部分经脐动脉运送至胎盘

图21-16　胎儿血液循环

第六节　双胎、多胎与联胎

一、双胎

双胎（twins）又称孪生，双胎的发生率占新生儿的1%，其又分为以下两种：

1. **双卵双胎**　又称假孪生，是卵巢一次排出2个卵，分别受精后发育为胎儿，占双胎的大多数。它们性别相同或不同，相貌和生理特性的差异如同一般的同胞兄妹。

2. **单卵双胎**　又称真孪生，一个受精卵发育为2个胚胎，此种孪生儿的遗传基因完全相同，是一种天然克隆。两个个体间可以互相进行组织和器官移植而不引起免疫排斥反应。单卵孪生的发生可有以下情况：①形成2个卵裂球，由两个卵裂球各自发育成一个胎儿；②形成2个内细胞群，2个内细胞群各自发育成一个胎儿；③形成2个原条与脊索，诱导形成2个神经管，发育为2个胎儿（图21-17）。

二、多胎

一次分娩出生两个以上的新生儿，称**多胎**（multiple birth）。多胎形成的原因与孪生相同，有单卵多胎、多卵多胎及混合多胎等3种类型。4胎以上十分罕见。多胎不易存活。

三、联胎

联胎发生于真孪生。当一个胚盘出现2个原条并分别发育为2个胚胎时，2个原条或内细胞群若靠得较近，胚体形成时发生局部联接，称

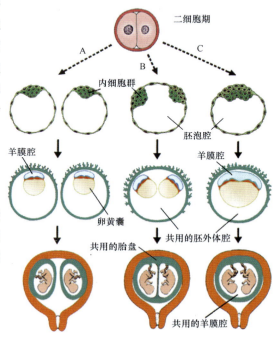

图21-17　单卵双胎的形成示意图

联胎（conjoined twins）。联胎有对称型和不对称型两类。对称型指两个胚胎大小相同，可有头联体双胎、臀联体双胎、胸腹联体双胎等。不对称型联胎是双胎一大一小，小者常发育不全，形成寄生胎或胎中胎。

第七节　先 天 畸 形

先天畸形（congenital malformation）是由胚胎发育紊乱所致的出生时即可见的形态结构异常。若器官内部的结构异常或生化代谢异常，则在出生后一段时间或相当长时间内才显现。故将形态结构、功能、代谢和行为等方面的先天性异常，统称出生缺陷。

一、先天畸形的分类

先天畸形通常分为以下几种类型。

1．整胎发育畸形　多由严重遗传缺陷引起，大都在胚胎早期死亡或流产。

2．胚胎局部发育畸形　由胚胎局部发育紊乱引起，畸形多在两个器官以上，如并肢畸形等。

3．器官局部畸形　由某一器官不发生或发育不全所致，如双侧或单侧肺发育不全、室间隔缺损等。

4．组织分化不良性畸形　出生时不易发现，如骨发育不全、巨结肠等。

5．发育过度畸形　某器官或器官的一部分增生过度所致，如多指（趾）畸形等。

6．吸收不全性畸形　在胚胎发育过程中，有些结构全部或部分被吸收，若吸收不全则出现畸形，如不通肛、蹼状指（趾）等。

7．超数和异位发生性畸形　因器官原基超数发生或发生于异常部位而引起。如多乳腺、异位乳腺和双肾盂双输尿管等。

8．发育滞留性畸形　器官发育中途停止，器官呈中间状态，如双角子宫、隐睾等。

9．联体畸形　即联胎。

二、先天畸形的原因

先天畸形的发生同胚胎发育紊乱有关。在整个胚胎发育过程中，都有可能因为遗传因素的调控或者环境因素的刺激而导致发育异常。多数的先天畸形是遗传因素和环境因素相互作用的结果。

1．遗传因素　包括基因突变和染色体畸变。如果这些遗传改变累及了生殖细胞，由此引起的畸形就会遗传给后代。以染色体畸变引起的较多。

2．环境因素　能引起出生缺陷的环境因素，统称致畸因子（teratogen）。影响胚胎发育的环境因素包括母体周围环境、母体内环境和胚胎周围的微环境。环境致畸因子主要有5类：①生物性致畸因子，如风疹病毒、单纯疱疹病毒及梅毒螺旋体等；②物理性致畸因子，如各种射线、机械性压迫和损伤等；③致畸性药物，如多数抗癌药物、某些抗生素、抗惊厥药物和激素均有不同程度的致畸作用；④致畸性化学物质，在工业"三废"、食品添加剂和防腐剂中，含有一些有致畸作用的化学物质；⑤其他致畸因子，如大量吸烟、酗酒、缺氧和严重营养不良等均有致畸作用。

三、致畸敏感期

胚胎发育的第3～8周是人体外形及其内部许多器官、系统原基发生的重要时期，此期对致畸因子（如某些药物、病毒及微生物等）的影响极其敏感，易发生先天性畸形，称**致畸敏感期**（sensitive period），孕妇在此期应特别注意避免与致畸因子接触。胚2周以内，受致畸因素损伤后多致早期流产或胚胎死亡、吸收；若能存活，则说明胚未受损或已由未受损细胞代偿而不会产生畸形，临床上，常把受精后的前两周，称"安全期"。如损伤发生在后期，则造成畸形较轻。由于各器官的发育时期不同，因此致畸敏感期也不尽相同（图21-18）。

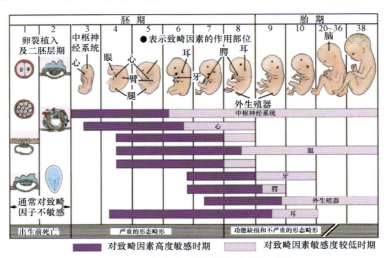

图21-18　人体主要器官的致畸易感期

思考题

1. 何为受精？受精需要哪些条件？受精有什么意义？
2. 胚胎干细胞是指胚泡中的哪部分结构？简述胚泡的主要分化和发育。
3. 简述外胚层的主要发育。
4. 简述胎盘的功能。

第三篇

人体结构学在临床护理中的应用

第二十二章　皮肤表面结构知识的应用

📖 **学习目标**

掌握　皮下注射法与皮内注射法。
熟悉　护理上常用的体表标志。

第一节　常用体表标志

人体体表标志在临床疾病的检查和治疗中应用十分广泛，且在临床护理实践中，如果对体表标志定位不准确，则往往会延误对患者的治疗，甚至错过抢救时机。

一、头颈部体表定位与临床应用

1. **眶上切迹**（眶上孔）　一般位于眶上缘中内1/3交界处，内有眶上神经和血管通过（图22-1），压迫有明显痛感。临床上按压此处用来检查昏迷程度。

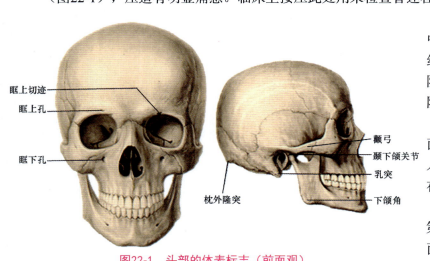

图22-1　头部的体表标志（前面观）

2. **眶下孔**　位于眶下缘中点下方约1 cm处，有眶下神经通过，按压有凹陷感。在拔除上颌1～4牙时，可在此进行阻滞麻醉。

3. **切牙孔**　两中切牙腭面之间，顺着牙龈斜插可进入。在拔除上颌1～4牙时，可在此进行阻滞麻醉。

4. **上颌结节**　位于上颌第三磨牙的上后内方，颊内侧面与牙龈之间。在拔除上颌4～8牙时，可在此进行阻滞麻醉。

5. **腭大孔**　紧靠上颌第三磨牙的腭面内上方。在拔除上颌4～8牙时，可在此进行阻滞麻醉。

6．**下颌角**　下颌支后缘与下颌骨下缘相交处。在下颌角上2横指（为在操作中方便应用，用示指或中指宽度作为"横指宽"，以横指宽为定位测量的标准。通过观测统计，1横指宽度平均约为1.8 cm）画一水平线，下颌支后缘前1横指画一平行后缘的斜线，两线相交处即为下颌孔的体表投影，其内侧面为下颌孔，有下牙槽神经通过。在拔除下颌1～8牙时，可经过下颌第二磨牙斜水平插入对侧下颌孔进行阻滞麻醉。

7．**翼点**　位于颧弓中点上方约2横指处为翼点，内面有脑膜中动脉前支通过，此处受暴力打击时，易发生骨折，可形成硬膜外血肿。颧弓下缘与下颌切迹间的半月形中点为咬肌神经封闭及上、下颌神经阻滞麻醉的进针点。

8．**乳突**　位于耳后骨隆起处，其根部前内方有面神经从茎乳孔穿出，其后颅底内面有乙状窦。中耳炎时此处有压痛。在行乳突根治术时，应防止伤及面神经和乙状窦。

9．**枕外隆突**　枕骨外面正中最凸的隆起，其内面是窦汇，下方有枕骨血管通过。临床若在此手术开颅，要防止大出血。头部外伤用包扎的帽状绷带压在其下方可防止绷带滑脱。

10．**颞下颌关节**　位于耳屏前方，张口时此处变凹。可判断颞下颌关节是否脱位，若脱位可手指包纱布，先将下颌体向下再向后推，然后将下颌头纳回下颌窝内。

11．**喉结**　由甲状软骨上端向前突出形成。在溺水等呼吸道阻塞的情况下，可在甲状软骨和环状软骨之间凹陷处行环甲膜穿刺术紧急抢救患者。临床上行气管切开术时，在喉结最高点下方平放3横指，示指在上，环指在下，从中指下缘切至环指下缘，此切口位于2～3气管环。

12．**胸锁乳突肌**　头转向一侧可观察到。在环甲膜水平高度上，胸锁乳突肌前缘可触及颈总动脉搏动。其后缘的中点有颈丛皮支穿出，是颈部皮肤浸润麻醉的阻滞点。在左侧胸锁乳突肌后缘与锁骨上缘相交处，若触及肿大的淋巴结，可为胃癌、食管癌的诊断提供依据。

13．**第七颈椎**　颈前屈，从侧面看为颈背部最高的隆起，是计数椎骨的标志之一。

二、胸部体表定位与临床应用

1．**锁骨上窝**　锁骨上方凹陷处，在斜角肌间隙有锁骨下动脉和臂丛通过，在前斜角肌与胸锁乳突肌锁骨头之间有锁骨下静脉通过（图22-2和图22-3）。临床可在此行锁骨下静脉穿刺插管术或在锁骨中点上方行臂丛阻滞麻醉。

2．**颈静脉切迹**　位于胸骨柄上方凹陷处，其上方有颈前静脉于胸骨上间隙内吻合形成颈静脉弓。临床上在行颈前区手术如气

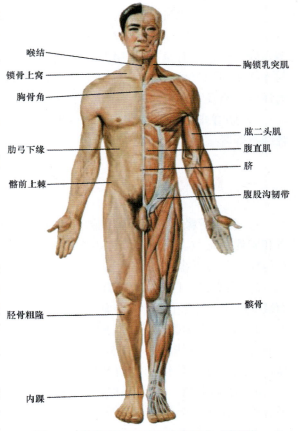

图22-2　胸腹部及四肢的体表标志（前面）

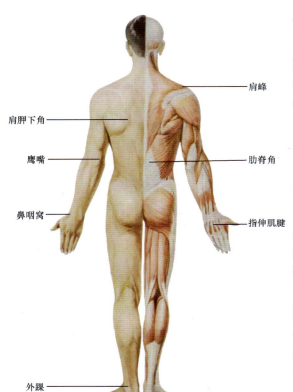

肩峰

肩胛下角

鹰嘴

鼻咽窝

肋脊角

指伸肌腱

外踝

图22-3　胸腹部及四肢的体表标志（后面）

管切开时，要注意保护颈静脉弓。

3．**胸骨角**　胸骨柄与体的连接处微向前突形成胸骨角。两侧平对第2肋，是计数肋骨和肋间隙顺序的主要标志。此平面还标志着支气管分叉、心房上缘、上下纵隔分界和胸导管由右转向左行及相当于第4、5胸椎间的椎间盘水平。

4．**剑突**　胸骨体下方突出部分，下端游离。可作为肝脏测量的标志。临床上在进行心包穿刺时，从左剑肋角区，斜30°～40°向上后进针，扎入心包前下窦，抽取心包积液。在其上方2～3横指处，可行胸外心按压，以紧急抢救患者。

5．**肋间隙**　左侧第5肋间隙为心尖搏动、第一心音听诊处，左侧第2肋间隙可进行第二心音听诊。对心脏骤停患者进行紧急抢救穿刺时，沿胸骨左侧第4肋间隙垂直进针，行心内注射，多注入右心室。在第8肋间隙与腋后线相交处，常用于胸腔穿刺和胸腔闭式引流。

6．**肩胛下角**　为肩胛骨脊柱缘与腋缘的会合处。通常平对第7肋或第7肋间隙，是背部计数肋或肋间隙的重要标志。两侧肩胛骨下角的连线平对第7胸椎棘突。肩胛下角下部1～2横指处，为听诊三角所在区，是进行开胸手术的最佳入路及背部听诊呼吸音清楚的部位。

7．**肋脊角**　为第12肋与脊柱的夹角。临床上常在此行肾囊封闭。当有肾炎、肾结核、肾结石等肾病时，触压或叩击肾区，可引起不同程度的疼痛。

三、腹部体表定位与临床应用

1．**肋弓下缘**　为腹部体表的上界（图22-2和图22-3），常用于腹部九分区法、肝脾的测量和胆囊的定位。胆囊底的体表投影位于右锁骨中线与右肋弓交点处，胆囊发炎时，该处可有压痛。肋弓下缘1～2 cm处也是常用的胆囊、脾等手术的切口。

2．**腹直肌**　白线、经腹直肌的旁正中线、腹直肌外缘为腹部手术中常用的切口。白线坚韧而缺少血管，经此手术切口出血量少，而腹直肌外缘与右肋弓相交处也可进行胆囊的定位点。

3．**脐**　位于腹部正中。此处易发生脐疝，腹腔镜手术常经脐上或脐下缘建立气腹。脐与右髂前上棘连线的中外1/3交点处是McBurney点，为阑尾根部投影，阑尾炎时该处有压痛，经此点可做手术切口或行腹腔穿刺。

4．**髂前上棘**　取平卧位，经脐画水平线与正中线相交，以脐为起点向外下侧画一角平分线，在此平分线上向外下侧连续两次移放4横指，最后拇指指腹触之坚硬处即为髂前上棘。此法常用于髂前上棘不明显的肥胖者。临床上常在此后3横指髂结节的骨面平坦处做骨髓穿刺。在脐与左髂前上棘连线的中外1/3处常行腹腔穿刺。两侧髂嵴最高点连线常对L₃~L₄棘突间隙，临床可依此行椎管内麻醉。

5．耻骨联合　在脐与耻骨联合连线中点上1 cm，偏左或右1.5 cm处，可行腹腔穿刺。当因膀胱病变、前列腺肥大等各种原因引起尿潴留时，可在耻骨联合上方水平行膀胱穿刺术。

6．腹股沟韧带　连于髂前上棘与耻骨结节之间。临床在进行腹股沟疝修补术时可用此来加强腹股沟管壁。在腹股沟韧带中内1/3直向下约1横指搏动处为股动脉，外侧为股神经，内侧为股静脉，临床可用于股动脉压迫止血、股静脉穿刺及股神经麻醉定位。

7．腹股沟管外环　先在阴茎根部向上平3横指，最上指缘画一水平线，然后在阴茎根部向外呈45°角放3横指，最外侧指缘与水平线相交处即为腹股沟外环体表投影点。部分人位置较低，可在阴茎根部向上平放2横指，阴茎根部向外呈45°角放2横指，上缘与外缘相交处也为外环体表投影点。男性有精索通过，女性有子宫圆韧带通过，在临床腹股沟疝手术中应用广泛。

8．骶管裂孔　在尾骨尖向上平移约3横指凹陷处，临床上常在此进行骶管阻滞麻醉。

四、四肢部体表定位与临床应用

1．喙突　为三角肌前缘与锁骨外侧交界的锁骨下窝内的骨隆起（图22-2和图22-3），上臂后伸时较明显，前屈时消失。

2．肩峰　为肩胛冈的外侧端，是肩部的最高点。肩峰的前外侧突出部是肱骨大结节。正常时，喙突、肩峰和肱骨大结节三者成等腰三角形，当肩关节脱位时，三者关系发生变化。

3．肱二头肌　为屈肘关节时上臂隆起的肌肉。其内侧沟有肱动脉、正中神经和尺神经通过，临床在此手术时应避免损伤上述结构。

4．鹰嘴　为屈肘时，肘关节后方最凸的骨隆起。临床常用于骨折牵引。

5．肱骨内、外上髁　屈肘时在肘关节后鹰嘴上方触摸的两骨隆起。伸肘时，鹰嘴、肱骨内、外上髁处于同一水平线上；屈肘呈直角时，三者成等腰三角形。当肘关节脱位或骨折时，三者关系将发生变化。

6．指伸肌腱　当手掌和手指伸直时，在手背皮下清晰可见。第2~5指到手指后移行为指背腱膜。当手外伤指伸肌腱或指背腱膜断裂缝合后，要用过伸石膏固定。

7．鼻咽窝　手背外侧部的浅窝。当拇指充分背伸并外展时，界限明显，其桡侧界为拇长展肌腱和拇短伸肌腱，尺侧界为拇长伸肌腱，窝底为手舟骨和大多角骨，窝内有桡动脉走行，可触及搏动。当手舟骨骨折时，鼻烟窝可因肿胀消失，窝底可有压痛。此处也是切开拇伸肌腱鞘和结扎桡动脉的理想途径。

8．股骨大转子　当人体直立时，臀部外上1/4凹陷处可触及。临床用其结合Nelaton线或Kaplan点可为髋关节脱位或股骨颈骨折的诊断提供参考。

9．髌骨　在髌骨上缘画一水平线，再沿腓骨小头前缘上方画一垂直线，两线交点处行股骨髁上牵引钻孔。当膝关节腔积液时，可在髌骨两侧缘中点，行关节腔穿刺抽液检查。

10．收肌结节　先在髌骨上缘画一水平线向内侧延伸，再在髌骨内缘斜45°放3横指（示、中、环指，示指在内，环指在外。右收肌结节用右手测，左收肌结节用左手测），示指内缘和水平线相交点即为收肌结节。其上方是收肌腱裂孔，有股动脉、股静脉和隐神经通过。

11.　**胫骨粗隆**　髌骨下缘约3横指处的骨隆起。临床上常在其上缘后外方2.0～2.5 cm处定一点，然后在此点向下2～3 cm处钻孔进行胫骨结节牵引。

12.　**腓骨头**　为髌骨下缘与外缘相交处向外3横指再向下1横指左右处的骨隆起。在其下方腓骨颈处，腓总神经在此分为腓浅和腓深神经。此处外伤时，易损伤腓总神经，导致"马蹄内翻足"。

13.　**内、外踝**　内踝前1横指左右处是大隐静脉，临床上常在此行大隐静脉切开插管术；在外踝下1个半横指处定一点，在此点平行后移1横指处，或外踝下垂直向下2横指处行跟骨牵引钻孔。

第二节　皮肤注射法

一、皮下注射法

皮下注射法（hypodermic injection，H）是将少量药液或生物制剂注入皮下组织的方法。常用于：①注入少量药物，不宜口服给药而需迅速发生药效时；②预防接种；③局部麻醉用药。

（一）注射部位

皮下注射一般选择上臂三角肌下缘中区，亦可选择前臂外侧、腹壁等处。

（二）应用解剖基础

皮下组织即浅筋膜，由位于皮肤和深筋膜之间的疏松结缔组织和脂肪组织构成。皮下组织疏松，吸收快，含有丰富的小血管和淋巴管，无大血管和神经干，便于注射。

皮下注射（图22-4）时针头依次经皮肤表皮层和真皮层到达皮下组织。

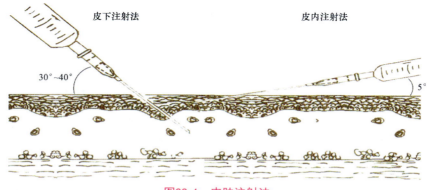

图22-4　皮肤注射法

（三）操作要点

患者多取坐位，亦可取仰卧位。术者用左手绷紧注射部位的皮肤，右手持注射器，针头斜面向上，使针与皮肤呈30°～40°夹角，斜行刺入皮下组织，进针深度一般为针柄的1/2～2/3。皮下注射应注意以下几点：①因皮内含有较丰富的神经末梢，为减少疼痛，进针和拔针时动作应迅速；②因浅筋膜中含有较大的静脉，为防止药液直接入血，故进针后应回抽活塞，无回血后方可注入药物；③注射不要过浅，以免将药液注入皮内。

二、皮内注射法

皮内注射法（intradermic injection，ID）是将少量药液或生物制剂注射入表皮与真皮之间的方法。常用于：①进行药物过敏试验，以观察有无过敏反应（最常用）；②预防接种；③局部麻醉的起始步骤。

（一）注射部位

做药敏试验时常选择前臂掌侧下段中部；预防接种时常选择上臂三角肌下缘；局部麻醉时选择麻醉点。

（二）应用解剖基础

皮内注射时针头需穿过表皮层，而表皮层由外及里又可分为角质层、透明层、颗粒层、棘层和基底层5层，表皮层内无血管，但有丰富的感觉神经末梢，故皮内注射会产生剧烈疼痛。

（三）操作要点

选前臂掌侧下段，一手绷紧皮肤，一手持注射器，针头斜面向上，与皮肤呈5°角刺入皮肤，待针头斜面完全进入皮内后放平注射器，用绷紧皮肤的手的拇指固定针栓，注入药液0.1 mL，使局部隆起形成一个小皮丘（图22-4）。若需做参照试验，则用另一注射器，在另一前臂的相应部位注射入0.1 mL生理盐水。

皮内注射应注意以下几点：①做药敏试验前，应详细询问患者有无过敏史，如患者对需要注射药物有过敏史，则不可做皮试，并及时与医生联系，更换其他药物；②进针角度以针尖斜面全部进入皮内为宜；③做药敏试验前，备好急救药品，以防发生意外；④给患者做过药敏试验后，嘱其勿揉擦局部及离开，等待15～20分钟后观察结果。同时告知家属或患者，若有不适及时通知护理人员，以便及时处理；⑤药敏试验结果为阳性时，告知家属或患者不能再用该种药物，并记录在病历上。

思考题

1. 常用麻醉的穿刺点有哪些？应如何定位？

2. 某患者因上呼吸道感染需注射头孢菌素，注射前需要进行过敏试验，应选择何种注射法？如何进行？

第二十三章 头部结构知识的应用

学习目标

掌握

1．头皮静脉穿刺的常用部位和方法。

2．头部外伤性出血的压迫止血法。

熟悉

1．泪道的组成和泪道冲洗术的操作方法。

2．耳的解剖结构及功能。

3．角膜反射和瞳孔对光反射的检查方法。

了解 前后囟穿刺术的操作方法。

第一节 额、顶、枕部软组织

额、顶、枕部软组织由浅入深分为五层，即皮肤、浅筋膜、帽状腱膜及额肌和枕肌、腱膜下结缔组织、颅骨外膜。浅部三层结合紧密，称头皮；深部二层结合疏松，易分离。

1．**皮肤** 此区的皮肤有三个较显著的特点：厚而致密，血管丰富，有大量的毛囊、汗腺和皮脂腺。

2．**浅筋膜** 是血管神经最丰富的层次，视为该区血管神经的通道，由致密结缔组织和团状的脂肪组织相互交织而成且分布明确。致密结缔组织形成许多垂直的结缔组织小梁，紧密连于表浅的皮肤和深面的帽状腱膜，三者形成一个独特的整体结构即头皮。同时，相互间又形成无数小格。在小格内充满脂肪团，内含丰富的血管神经。

3．**帽状腱膜** 是最坚韧的层次，腱膜厚而致密，前连额肌，后连枕肌，两侧延续为颞浅筋膜。其是构成和运动头皮及开大眼裂的主要动力层次结构。其前后纵向张力较大而横向张力较小，因此，在处理不同方位的切开或损伤时，应区别对待。

4．**腱膜下结缔组织** 又称为腱膜下间隙，为最薄弱层次，由疏松结缔组织构成，移动性大，为头皮的活动提供了良好的条件。疏松结缔组织范围广易剥离，且含导血管并与颅顶骨内的板障静脉及颅腔内的静脉窦相通，故称此层次为危险间隙。

5．**颅骨外膜** 为最薄层次，致密坚韧，与骨间有少量的结缔组织连结，相互间结合疏松易剥离，在骨缝处结合紧密，并与硬脑膜外层即颅顶骨内膜相延续。由骨外膜内发出细小的血管进入并营养颅顶骨外板，但成骨能力较弱，对骨的发育、生长影响不大。

上述五层结构各有特点，区分明显，帽状腱膜是核心和重点。各层间相互结合且形式不一，构成的头皮是此区的关键。翻开头皮层后，腱膜下结缔组织随之破坏，在骨表面仅留有骨外膜，实际需处理的仅是一个复合层即头皮。

第二节　泪道冲洗术

泪道冲洗术是通过将液体注入泪道疏通其不同部位阻塞的操作技术，既可作为诊断技术，又可作为治疗方法。

一、应用解剖基础

泪道包括泪点、泪小管、泪囊和鼻泪管（图23-1）。泪点上下各一，位于睑缘内眦端的乳头状隆起上。上泪点较下泪点位置稍内。泪点变位常引起泪溢症。泪小管为连接泪点与泪囊之间的小管，分为上泪小管和下泪小管。每一泪小管的外侧部先与睑缘成垂直方向，然后近乎直角转向内，两泪小管汇合成泪总管，而后开口于泪囊上部。泪囊为一膜性囊，位于眼眶内侧壁前下方的泪囊窝内。泪囊上端闭合成一盲端，在内眦上方3～5 mm处，下端移

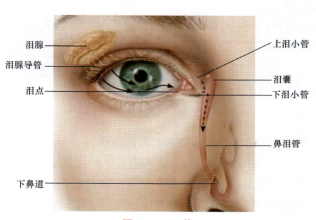

图23-1　泪道

行为鼻泪管。泪囊长约1.2 cm，宽0.4～0.7 cm。眼轮匝肌的肌纤维包绕泪囊和泪小管，可收缩和扩张泪囊，促使泪液排出。鼻泪管为连接泪囊下端的膜性管，上部包埋在骨性鼻腔中，下部逐渐变细进入鼻外侧壁黏膜内，开口于下鼻道的外侧壁。由于鼻黏膜与鼻泪管黏膜相延续，故鼻腔炎症可向上蔓延至鼻泪管。

二、操作要点

患者取坐位或卧位，面对术者。在内眦部将针头垂直插入泪点，深1.5～2.0 mm，然后转动90°使针尖朝向鼻侧，即针头的长轴平行于睑缘。使针尖沿泪小管缓慢前进，若无阻力可推进5～6 cm。向管内推注液体时，用力应均匀、适当。冲洗时若阻力较大，有逆流或从另一泪小管流出，表示泪道阻塞。泪道的不同部位阻塞液体逆流的方向也不同。进针时注意深度以免损伤黏膜。

第三节　耳的应用解剖

人耳是听觉和位觉（平衡觉）的感觉器官，由外耳、中耳和内耳三部分组成。外耳和中耳的功能是传导声波，内耳具有感受声波和头部位置变动刺激的感受器。

一、外耳的应用解剖

外耳包括耳郭、外耳道（图23-2）。

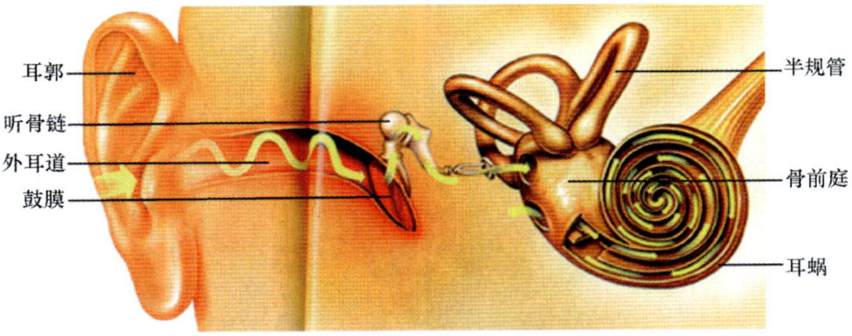

耳郭
听骨链
外耳道
鼓膜
半规管
骨前庭
耳蜗

图23-2　耳的应用解剖

1．**耳郭**　皮下组织少，血液供应差，损伤后易感染。皮肤与软骨膜连接较紧，耳郭软骨与外耳道软骨部相连，因而在外耳道发生炎症时压迫或牵拉耳郭可产生剧痛。耳屏与耳轮脚之间无软骨连接，称为耳屏前切迹，中耳手术循此做耳内切口可不伤及软骨。耳垂内无软骨，仅含结缔组织和脂肪，有丰富的神经血管，是临床常用的采血部位，且易致冻伤。

2．**外耳道**　成人外耳道长2.0～2.5 cm。外耳道外侧1/3为软骨部，内侧2/3为骨性，呈“S”状弯曲，由于外耳道软骨部可被牵动，故将耳郭向后上方牵拉，即可使外耳道变直，从而可观察到鼓膜。在婴儿时期，因颞骨尚未骨化，其外耳道几乎全由软骨支持，短而直，鼓膜近于水平位，检查时须牵拉耳郭向后下方。外耳道的前方为颞下颌关节，发生外耳道炎症时，张口及咀嚼可引起疼痛。

3．**鼓膜**　介于鼓室与外耳道之间，呈向内凹陷的浅漏斗状，与外耳道底成45°～50°角。鼓膜分为紧张部和松弛部两部分，鼓膜上1/8～1/6的三角形区为松弛部，下7/8～5/6为紧张部，此部前下方有一个三角形的反光区，称光锥，中耳的一些疾患可引起光锥改变或消失。

耳郭有收集声波的作用，外耳道是外界声波传入中耳的通道。

二、中耳的应用解剖

中耳包括鼓室、咽鼓管、鼓窦和乳突4个部分。

1．**鼓室**　为位于鼓膜和内耳外侧壁之间的含气腔，以鼓膜紧张部上下缘为界分为上鼓室、中鼓室、下鼓室；鼓室有6个壁：内、外、前、后、顶、底。

2．**咽鼓管**　为沟通鼓室与鼻咽的管道，成人全长约35 mm。成人咽鼓管与水平面约成40°角。成人鼓室口较咽口高2.0～2.5 cm，小儿咽鼓管接近水平，管腔短，内径宽，故咽部感染易传入鼓室。在吞咽时借肌肉运动咽鼓管开放，使鼓室与外界气压保持平衡，以维持中耳功能。

3. **鼓窦** 为鼓室与乳突的通道，鼓室后上的含气腔。

4. **乳突** 为颞骨内的气房，分为气化型、板障型、硬化型和混合型。正常人以气化型最为常见。

三、内耳的应用解剖

内耳又名迷路，由半规管、前庭和耳蜗等结构组成。半规管和前庭内有感受头部位置变动的位觉（平衡觉）感受器，前者引起旋转感觉，后者引起位置感觉和变速感觉。前庭及半规管过敏的人，在直线变速及旋转变速运动时，传入冲动引起中枢有关部位过强的反应，导致头晕、恶心、呕吐、出汗等，这就是通常说的晕车、晕船。在耳蜗内有听觉感受器（螺旋器），接受声波的刺激产生听觉。

第四节　头皮静脉穿刺术

头皮静脉穿刺术是指通过头皮静脉进行静脉注射的操作技术。头皮静脉分布于颅外软组织内，数目多，表浅易见，常用于小儿静脉穿刺，也可用于成人。

一、应用解剖基础

头皮静脉广泛分布于额部及颞区，相互交通呈网状。静脉管壁被头皮内纤维隔固定，不易滑动，而且头皮静脉没有静脉瓣，正、逆方向都能穿刺，只要操作方便即可。

头皮中的主要静脉有（图23-3）：①滑车上静脉：为起自冠状缝处的小静脉，沿额部浅层下行，与眶上静脉末端汇合，构成内眦静脉；②眶上静脉：自额结节处起始斜向内下走行，在内眦处构成内眦静脉；③颞浅静脉：起始于颅顶及颞区软组织，在颞筋膜的浅面、颧弓根稍上方汇合成前后两支。前支与眶上静脉相交通，后支与枕静脉、耳后静脉吻合，而且有交通支与颅顶导静脉相连。前后支于颧弓根处汇合成颞浅静脉，下行至腮腺内注入面后静脉。

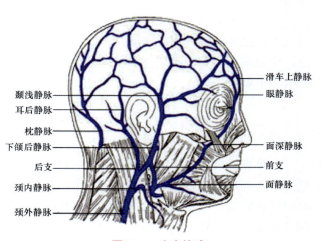

图23-3　头皮静脉

（图中标注：滑车上静脉、眼静脉、颞浅静脉、耳后静脉、枕静脉、下颌后静脉、后支、颈内静脉、颈外静脉、面深静脉、前支、面静脉）

二、操作要点

1. 部位选取　婴幼儿多选用滑车上静脉和眶上静脉，其次选用颞浅静脉。
2. 穿刺层次　针头穿刺依次经过头部皮肤、皮下组织和静脉壁。因年龄不同，静脉壁的厚度、弹性及硬度有所不同。

3．进针技术与失误防范　穿刺时固定好皮肤和静脉，针尖斜面向上，与皮肤角度为15°～30°，沿静脉近心方向潜行然后刺入静脉，见回血后再顺静脉进针少许，将针头放平并固定，进行抽血或注入药物。由于头皮静脉被固定在皮下组织的纤维隔内，管壁回缩能力差，故穿刺完毕后要压迫局部，以免出血形成皮下血肿。

第五节　鼻腔滴药法

鼻腔滴药法可收缩或湿润鼻腔黏膜，达到通气、引流和消炎的目的，常用于感冒、慢性单纯性鼻炎、过敏性鼻炎、急慢性鼻窦炎、鼻出血及鼻腔鼻窦术后的护理。

一、应用解剖基础

鼻腔是由骨和软骨及其表面被覆的黏膜和皮肤构成。鼻腔内衬黏膜并被鼻中隔分为两半，向前通外界处称鼻孔，向后通鼻咽处称鼻后孔。鼻腔外侧壁自上而下可见上、中、下三个鼻甲突向鼻腔，上鼻甲与中鼻甲之间称上鼻道，中鼻甲与下鼻甲之间为中鼻道，下鼻甲下方为下鼻道。上鼻甲的后上方与蝶骨体之间的凹陷为蝶筛隐窝。

鼻旁窦有4对，左右相对分布，包括额窦、筛窦、蝶窦和上颌窦，有温暖、湿润空气及对发音产生共鸣的作用。额窦开口于中鼻道；筛窦分为前、中、后三对，前筛窦开口于中鼻道，中筛窦开口于中鼻道，后筛窦开口于上鼻道；蝶窦分别开口于左、右蝶筛隐窝；上颌窦开口于中鼻道。

二、操作要点

先将鼻涕轻轻擤出，感冒或鼻炎患者取仰卧位于床上，头向后仰，悬于床沿下，使鼻部低于口和咽部的位置；鼻窦炎患者可取侧卧垂头位，颠顶部靠在床面，去枕，头自然下垂，鼻部轻微转向上肩方向。取滴管置于前鼻孔上方约2 cm处。将药液滴入鼻腔内，避免滴管头触及鼻部污染药液。滴完药后要保持滴药时的姿势静卧1～2 min，使药物充分发挥作用。然后慢慢坐起，以免头悬时间过长而头晕。

第六节　颞浅动脉和面动脉压迫止血法

压迫止血是当发生各种原因引起的外伤性大出血时能简便、迅速、有效止血的急救措施。当头面部出血时，常采用颞浅动脉和面动脉压迫止血法进行紧急止血。

一、应用解剖基础

颞浅动脉是颈外动脉的终支之一，在外耳门前方上行，越颧弓根至颞部皮下，分支分布于腮腺和额、颞、顶部软组织。在活体外耳门前上方颧弓根部可触及颞浅动脉搏动。

面动脉的起始约平下颌角，向前经下颌下腺深面，于咬肌止点前缘绕过下颌骨下缘至面部，沿口角及鼻翼外侧，可以迂曲上行到内眦，易名内眦动脉。面动脉分支分布于下颌下腺、面部和腭扁桃体等。面动脉在咬肌前缘绕下颌骨下缘处位置表浅，在活体可触及动脉搏动。

二、操作要点

当一侧颞部或颅顶因外伤导致出血时，可用示指或拇指按压耳屏前方，将颞浅动脉压迫至颧弓根上进行止血（图23-4）。

当一侧面部因外伤导致出血时，可用示指或拇指在同侧咬肌前缘与下颌骨下缘交点处，将面动脉压迫至下颌骨进行止血。

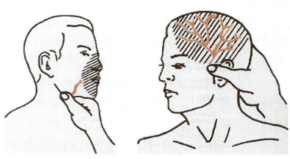

图23-4　面动脉与颞浅动脉压迫止血法

第七节　前、后囟穿刺术

新生儿在疾病诊治过程中常需经静脉采集血液以供检查，因在四肢、头皮及颈部的浅静脉穿刺不易成功，故常在失败后改用前囟或后囟穿刺取血。前、后囟穿刺术是以穿刺部位命名的技术，即将针穿入硬脑膜静脉窦内。经囟穿刺取血方法简便，成功率高，适用于前、后囟未闭合的婴幼儿。

一、应用解剖基础

硬脑膜静脉窦为两层硬脑膜形成的腔隙，内衬有内皮，其中流动着静脉血液。前、后囟穿刺术所穿入的硬脑膜静脉窦为上矢状窦。上矢状窦在大脑镰上缘，颅顶骨矢状沟内，前方起自盲孔，向后终于窦汇。

囟是新生儿颅盖各骨间尚未骨化的膜性结构，主要有前囟和后囟（图23-5）。前囟位于额骨与矢状缝前端之间，呈菱形，出生后第3个月其直径为26 mm，面积为137 mm^2，男性略大于女性。出生以后逐渐变小，通常在1~2岁闭合。后囟位于

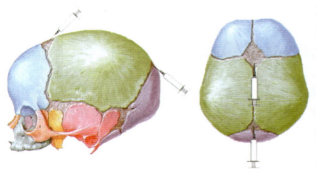

图23-5　前后囟穿刺术

人字缝与矢状缝相交处，其形态有多种，其中三角形约占46.9%，还有点状（将要闭合）、人字形及椭圆形。后囟多在出生后2~3个月闭合。前、后囟处从皮肤到上矢状窦的软组织厚度分别为4.0~4.5 mm和4.5~5.0 mm。

二、操作要点

前囟的穿刺点选择在前囟的后角正中，后囟的穿刺点选择在后囟正中。前囟穿刺取仰卧位，后囟穿刺取俯卧位，术者站在患儿头侧，助手右手托着颈部，左手固定头部，使上矢状窦与操作台面垂直。

可执笔式持注射器刺入。前囟穿刺时，在穿刺点针与头皮间成45°角进针，针尖指向眉间。后囟穿刺时，在穿刺点刺向颅顶方向，针与头皮角度成35°~40°。穿刺深度4~5 mm，不超过10 mm。穿刺针穿经皮肤、浅筋膜、帽状腱膜及囟的膜性结构达上矢状窦。

新生儿后囟穿刺易于成功。稍大的婴幼儿应选前囟穿刺。前囟处上矢状窦较细，穿刺难度较大。穿刺时，进针方向应沿头颅正中矢状方向，不可偏向两侧，以免损伤脑组织。要边进针边回抽，有落空感后立即停止进针。针头不宜过粗，囟硬脑膜缺乏弹性，拔针后针眼不会立即自行闭合，应行局部压迫片刻，以减少漏血。

第八节　上颌窦穿刺术

上颌窦穿刺术是门诊常用的诊断及治疗手段，根据脓液的性质，可以确定诊断及估计病变的性质，多数患者可达到治愈的目的。适用于：①怀疑有上颌窦内病变，阐明X线片的发现，可做试验性穿刺；②急性或亚急性上颌窦炎，帮助脓液吸收可反复穿刺及冲洗上颌窦；③慢性上颌窦炎可反复穿刺冲洗并注抗生素于上颌窦内；④怀疑上颌窦内有良性或恶性肿物时可做上颌窦穿刺及碘油造影；⑤诊断为上颌窦恶性肿瘤的患者，可做上颌窦穿刺或经鼻内镜活检或冲洗液做瘤细胞检查。

一、应用解剖基础

上颌窦位于上颌体内，成人上颌窦高3.3 cm、宽2.3 cm、长3.4 cm，容积平均为14.67 mL，呈三角锥体形，有5个壁。前壁为上颌体前面的尖牙窝，骨质较薄；后壁与翼腭窝毗邻；上壁即眶下壁；底壁即上颌骨的牙槽突，常低于鼻腔下壁。因上颌第2前磨牙、第1和第2磨牙根部与窦底壁邻近，只有一层薄的骨质相隔，有时牙根可突入窦内，此时牙根仅以黏膜与窦腔相隔，故牙与上颌窦的炎症或肿瘤均可互相累及；内侧壁即鼻腔的外侧壁，由中鼻道和大部分下鼻道构成。上颌窦开口于中鼻道的半月裂孔，其直径约3 mm。上颌窦因开口位置高，分泌物不易排除，窦腔积液则引起上颌窦炎。

二、操作要点

1. 用1%麻黄素棉片收缩下鼻甲和中鼻道黏膜，再用1%～2%丁卡因棉片置入下鼻道外侧壁。

2. 在前鼻镜窥视下，将上颌窦穿刺针（带有针芯）尖端引入下鼻道，针尖斜面朝向外侧壁，距下鼻甲前端1～1.5 cm的下鼻甲附着处稍下方刺入上颌窦，针尖的方向对着同侧耳郭上缘，用力钻动以穿透骨壁进入鼻窦内，此时有"落空感"。一般穿刺左侧上颌窦时，右手固定患者头部，左手拇指、示指和中指持针，掌心顶住针的尾端（图23-6）。

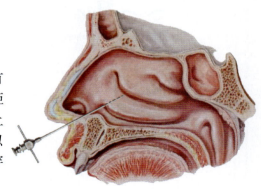

图23-6 进针示意图（侧面）

3. 拔出针芯，接上注射器回抽检查有无空气和脓液，以明确针尖是否存在鼻窦内。抽出的脓液送细菌培养加药物敏感试验。在证实针尖在鼻窦内后，撤下注射器，用一橡皮管连接于穿刺针和注射器间，再徐徐注入温生理盐水冲洗，如此反复冲洗，直至脓液冲净为止。必要时可注入抗炎药液。

4. 退出穿刺针，穿刺部位放置棉球以避免少许血液流出。每周可冲洗2～4次，直至无脓液冲出为止。

三、注意事项

（1）进针部位准确，方向正确，一旦有"落空感"立即停止进针。
（2）未确定针尖在窦腔内时，切忌注入空气。
（3）冲洗时阻力较大，应适时调整针头，如无改善，应停止冲洗。
（4）冲洗时注意观察患者的眼球及面颊部，如有异常，应停止冲洗。
（5）若怀疑发生气栓，应急置患者头低位和左侧卧位，并给予吸氧及其他急救措施。
（6）7岁以下儿童，因上颌窦发育尚未完全，不宜采用此法。

第九节 角膜反射

角膜反射是指一侧角膜受到刺激时，可引起双侧眼轮匝肌收缩而出现迅速闭眼的现象。其中受刺激侧闭眼称为直接角膜反射，无刺激侧闭眼称为间接角膜反射。角膜反射是临床判断意识障碍程度的重要指标之一，也可根据直接或间接角膜反射是否障碍诊断相应神经病变。

一、应用解剖基础

角膜位于眼球前方，无色透明，不含血管，但有丰富的感觉神经末梢，为三叉神经感觉

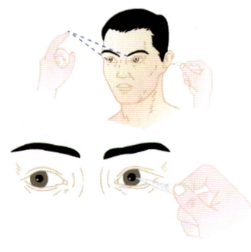

图23-7 角膜反射

支——眼神经的分支，感觉异常灵敏。角膜反射的详细传导路径为：角膜感觉神经末梢（感受器）→{睫状长神经→鼻睫神经→眼神经→三叉神经节→三叉神经}（传入神经）→{三叉神经脑桥核→面神经核}（中枢）→{面神经→面神经颞支}（传出神经）→眼轮匝肌（效应器）。

二、操作要点

检查者站在患者一侧，嘱患者向另一侧注视。将消毒后的棉签用镊子拉出一缕，将其尖端从患者视野外移近并轻触患者角膜，观察患者双眼反应；用同样方法检查对侧角膜并做好记录（图23-7）。

若一侧角膜直接角膜反射消失，间接角膜反射正常，提示同侧面神经病变；若一侧角膜直接与间接角膜反射皆消失，提示患者同侧三叉神经病变；若两侧角膜反射均消失，提示患者深度昏迷。

第十节 瞳孔对光反射

瞳孔对光反射是利用光线照射瞳孔以判断对光反射通路是否正常的检查方法，分为直接对光反射和间接对光反射（图23-8）。正常人眼受到光线刺激后瞳孔立即缩小，移开光源后瞳孔迅速复原，称为直接对光反射；光线照射一侧眼球时，对侧眼球瞳孔立即缩小，移开光线后瞳孔扩大，称为间接对光反射。

一、应用解剖基础

瞳孔为虹膜中间可收缩的小圆孔，是光线进入眼球的通道。瞳孔大小受瞳孔括约肌和瞳孔开大肌的控制，瞳孔括约肌受动眼神经副交感纤维支配，而瞳孔开大肌受交感神经支配。对光反射的详细传导路径为（图23-8）：一侧眼球视网膜（感受器）→{同侧视神经→视交叉→双侧视束}（传入神经）→{双侧外侧膝状体→双侧上丘臂→双侧顶盖前区→双侧动眼神经副核}（中枢）→双侧动眼神经（传出神经）→双侧瞳孔括

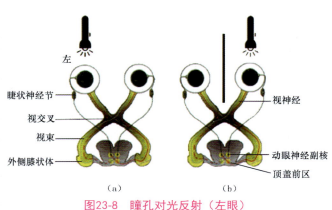

左

睫状神经节
视交叉
视束
外侧膝状体

视神经
动眼神经副核
顶盖前区

（a）　　　　（b）

图23-8 瞳孔对光反射（左眼）

（a）直接对光反射；（b）间接对光反射

约肌（效应器）。因对光反射中枢接受的是双侧视神经的传入，故正常人直接与间接对光反射均为阳性。

二、操作要点

选取光线较暗的房间作为检查室，患者适应环境后检查者用手电筒照射患者一侧眼球，观察同侧眼球瞳孔变化，此为直接对光反射；然后用手或纸板将双眼隔开，照射一侧眼球，观察对侧眼球瞳孔变化，此为间接对光反射。用同样方法检查对侧直接与间接对光反射，并做好记录。

瞳孔对光反射具有重要临床意义：一侧视神经受损时，信息传入中断，光照患侧眼的瞳孔，两侧瞳孔均不反应；但光照健侧眼的瞳孔，则两眼对光反射均存在（此即患侧眼的瞳孔直接对光反射消失，间接对光反射存在）；一侧动眼神经受损时，由于信息传出中断，无论光照哪一侧眼，患侧眼的瞳孔对光反射都消失（患侧眼的瞳孔直接及间接对光反射消失），但健侧眼的瞳孔直接和间接对光反射存在。

思考题

1. 小儿静脉输液常选取哪些部位？
2. 某车祸伤者，头皮撕裂出血不止，入院时已经昏迷，怀疑颅脑损伤，为判断昏迷程度和是否有脑疝形成，应做哪些体格检查和急救处理？

第二十四章　颈部结构知识的应用

第一节　颈外静脉穿刺术

颈外静脉穿刺术是指利用穿刺针刺入颈外静脉以进行采血或输液的护理技术。常用于：①需要取血的婴幼儿，外周静脉不清楚或过细无法取血者；②长期静脉内滴注高浓度或有刺激性药物者；③行高浓度静脉营养疗法者。

一、应用解剖基础

颈外静脉是颈部最大的浅静脉，主要收集颅外大部分静脉血和部分在面部深层的静脉血。颈外静脉由前后两根组成，前根为面后静脉的后支，后根由枕静脉与耳后静脉汇合而成，两根在平下颌角处汇合，沿胸锁乳突肌表面斜向后下，至该肌后缘、锁骨中点上方2.5 cm处穿颈部固有筋膜注入锁骨下静脉或静脉角。

由于颈外静脉仅被皮肤、浅筋膜及颈阔肌覆盖，位置表浅，管径较大，故在患儿常被选作穿刺抽血的静脉，尤其在患儿啼哭时或压迫该静脉近心端时，静脉怒张明显，更易穿刺。颈部皮肤移动性大，不易固定，通常颈外静脉不作为穿刺输液的血管，但用硅胶管在此插管输液者日渐增多，扩大了其应用范围。

二、操作要点

患儿仰卧，头下垂位，两臂贴近身旁，自肩部以下用被单包裹，将头部移出台沿外，肩部垫以软枕。助手立于患儿右侧台旁，用两前臂从患儿身旁约束身躯，两手分别按其面颊及枕部（切勿蒙住其口鼻），使头颈转向穿刺对侧90°，并后仰45°，使颈外静脉充分显露（图24-1）。

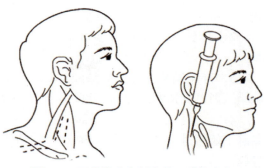

图24-1 颈外静脉穿刺定位及进针方向

术者位于患儿头端，常规皮肤消毒后，用左示指在锁骨附近压迫颈外静脉近心端使其充盈（或待患儿啼哭静脉怒张），右手持注射器在颈静脉显露部位的上1/3与中1/3交界处刺入，并沿皮下徐徐推进，直抵静脉显露部位，有回血时，固定针头取血至需要量。在针头前进时，应保持针头斜面向上，针柄紧贴颈部皮肤。用消毒棉球压迫进针部位拔针，继续压迫2～3 min，同时抱起患儿，使之取坐或立位。

第二节 颈内静脉穿刺置管术

颈内静脉穿刺置管术是在穿刺的基础上插管进行全胃肠外高能营养、中心静脉压测定、建立体外循环的重要方法之一，已广泛运用于临床。对四肢及头皮静脉塌陷或硬化而难以穿刺成功者，也可选取该途径。

一、应用解剖基础

颈内静脉是颈部最粗大的静脉主干，在颅底的颈静脉孔处续于乙状窦，伴随颈内动脉下降，初在该动脉之背侧，后达其外侧，向下与颈总动脉（偏内）、迷走神经（偏后）共同位于颈动脉鞘内。该静脉在胸锁关节后方与锁骨下静脉汇合成头臂静脉。以乳突尖和下颌角连线中点至胸锁关节中点的连线作为颈内静脉的体表投影。颈内静脉末端

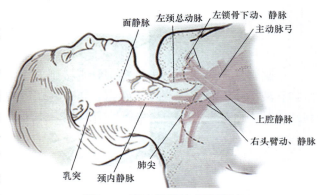

图24-2 颈内静脉的应用解剖

膨大，其内有一对静脉瓣，可防止头臂静脉中的血液逆流（图24-2）。

二、操作要点

1. 部位选取 右侧颈内静脉较粗且与头臂静脉、上腔静脉几乎成一直线，插管较易成功，故选右颈内静脉作为穿刺部位为宜。从理论上讲，颈内静脉各段均可穿刺，但其上段与颈总动脉、颈内动脉距离较近，且有部分重叠，尤其颈动脉窦在该段位置变化较大，故不宜穿刺；下段位置较深，穿刺有一定难度；中段位置较表浅，操作视野暴露充分，穿刺时可避

开一些重要的毗邻器官，操作较安全，可选此段穿刺。

2．体位参考　患者多取仰卧位，肩部垫枕使之仰头，头偏向左侧（因多选右侧穿刺），操作者站于患者头端。

3．穿刺结构　穿刺针穿经皮肤、浅筋膜、胸锁乳突肌（下段进针不通过此肌）、颈动脉鞘，即可到达颈内静脉。颈动脉鞘比较坚韧，与血管壁紧密相连。

4．进针技术　在选定的部位处，针头对准胸锁关节后下方，与皮肤成30°～45°角，在局麻下缓慢进针，防止穿透静脉后壁。要求边进针边抽吸，有落空感并回血表示已进入颈内静脉，再向下进针较安全可靠。进针插管深度应考虑到个体的体型。一般自穿刺点到胸锁关节的距离加上头臂静脉及上腔静脉的长度，右侧为13.3～14.3 cm，左侧为15.8～16.8 cm。

三、注意事项

（1）颈内静脉是上腔静脉系的主要属支之一，离心较近，当有心房舒张时管腔压力较低，故穿刺插管时要防止空气进入形成气栓。

（2）穿刺时，穿刺针进入方向不可过于偏外，因静脉角处有右淋巴导管（右侧）或胸导管（左侧）进入，以免损伤。

（3）穿刺针不可向后过深，以免损伤静脉后外侧的胸膜顶造成气胸。

（4）选右侧颈内静脉比左侧安全幅度大，且易于成功，因右侧颈内静脉与有头臂静脉、上腔静脉几乎呈垂直位，插管插入颈内静脉后可继续向下垂直推进也无失误的可能。

第三节　小脑延髓池穿刺术

小脑延髓池穿刺术是指将穿刺针直接刺入小脑延髓池以抽取脑脊液检查。常用于：①需作脑脊液检查而腰池穿刺处有感染、腰脊柱畸形或脊髓蛛网膜下腔有堵塞者；②需与腰池穿刺液作对比检查者；③当脊椎管腔有阻塞，需注入药物治疗者；④下行性脊髓造影检查者。

一、应用解剖基础

小脑延髓池位于小脑腹侧与延髓背侧面之间，寰枕后膜的前上方，为脑蛛网膜下隙在小脑与延髓之间的扩大部分，向下与脊髓蛛网膜下隙相通，向前通过正中孔和外侧孔通第四脑室，两侧有小脑下后动脉及椎动脉通过。小脑延髓池内容脑脊液，主要由第四脑室经正中孔和外侧孔汇集，其正常内压为0。

二、操作要点

术前剃去患者枕颈部毛发并做好解释工作，以取得良好的配合；给予镇静剂，如地西泮10 mg或苯巴比妥0.1 g；常规消毒，用1%普鲁卡因局部浸润。穿刺一般采取侧卧位，头部下方垫一枕，使头、颈、胸部在一条直线上；也可采取坐位，头前屈，倚于手术桌上。下颌尽量回收，靠近胸部，以增大枕骨大孔后缘与寰椎间隙，利于穿刺。穿刺点的选取有两种方法（图24-3）：两乳突尖连线中点或枕外隆突至第2颈椎棘突连线的中点。

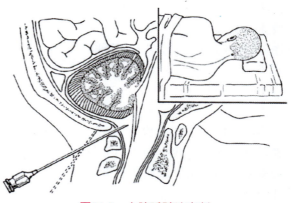

图24-3　小脑延髓池穿刺

局部麻醉后，用20号腰椎穿刺针，针尖斜面宜短，在4 cm处做一标记，左手拇指固定于第2颈椎棘突，右手持针，严格循中线缓缓刺入，针刺指向眉间。针尖刺过寰枕筋膜和硬脑膜时，常有明显的落空感，将针芯拔出有脑脊液流出，即证实已进入小脑延髓池。若无脑脊液流出，可能因深度不够，小心地再将针刺入1～2 mm，若仍无脑脊液流出，可用注射器轻轻抽吸。每深入1～2 mm抽吸1次，至有脑脊液抽出为止。

若穿刺针遇枕骨大孔后缘骨质受阻，可将针稍退后1～2 cm，将针尖向下稍移动，缓缓刺入。穿刺深度因患者年龄、胖瘦而异。成年人4～7 cm，小儿一般为3～4 cm。可在穿入4 cm后，每进针1～2 mm即拔出针芯，观察有无脑脊液流出，直至穿刺成功为止，此法较为安全。

脑脊液流出后，立即接上测压管测压并记录脑脊液压力数，即脑脊液的初压。移去测压管，收集脑脊液2～5 mL，分送常规、生化、细胞学检查，必要时送细菌学及血清学检验。然后再接上测压管，测定脑脊液的终压。

手术结束，重新插入针芯，再一并拔出穿刺针，盖上消毒纱布后用胶布固定。嘱患者去枕平卧4～6 h，以免出现穿刺后头痛等症状。

三、注意事项

小脑延髓池穿刺的主要危险是穿刺过深损伤延髓和损伤血管出血。为防止发生意外，保证穿刺成功，应注意以下几点：

（1）患者保持安静，体位应正确稳固。

（2）穿刺方向应严格循中线，不可偏向一侧。

（3）掌握好穿刺深度，缓缓刺入，一定要平稳准确无误。达一定深度后，可分次进针，针尖穿过寰枕筋膜后即较固定，如仍松动则说明尚未到达寰枕筋膜，可继续进针。

（4）如穿刺针有血液流出或抽出，则说明穿刺偏向侧方，应拔出重新穿刺。

第四节　环甲膜穿刺术

环甲膜穿刺术是经由气管环状软骨与甲状软骨间隙处穿刺进入气管，以畅通呼吸道或向气道内注入药物的一种疗法，是临床上对于有呼吸道梗阻、严重呼吸困难的患者采用的急救方法之一。它可为气管切开术赢得时间，是现场急救的重要环节。环甲膜穿刺术具有简便、快捷、有效等优点，常用于：①注射表面麻醉药，为喉、气管内其他操作做准备；②气管内注射治疗药物；③导引支气管留置给药管；④缓解喉梗阻；⑤湿化痰液。

一、应用解剖基础

广义的环甲膜为弹性圆锥，为连于环状软骨和甲状软骨之间的有弹性的纤维结缔组织膜，其前部正中线上增厚的部分称为环甲正中韧带（即狭义的环甲膜），位置表浅，其前方为皮肤及皮下组织，两侧有来自甲状腺上动脉发出的环甲动脉及伴行的迷走神经发出的喉上神经外支，后方为喉腔的声门下腔部。环甲膜位置表浅，无重要的血管、神经或其他特殊组织结构，为环甲膜穿刺术的理想部位。

二、操作要点

患者平卧或取斜坡卧位，头后仰。环甲膜前的皮肤常规消毒，术者用左手示指和拇指固定环甲膜处的皮肤，右手持7～9号注射针头或用作通气的粗针头，垂直刺入环甲膜，到达喉腔时有落空感，回抽注射器有空气抽出（图24-4）。固定注射器于垂直位置，注入1%丁卡因溶液1 mL，然后迅速拔出注射器，再按照穿刺目的进行其他操作。穿刺点用消毒干棉球压迫片刻。若经针头导入支气管留置给药管，则在针头退出后，用纱布包裹并固定。

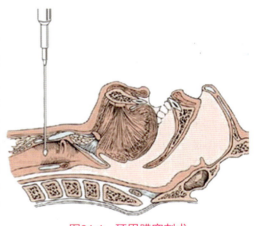

图24-4　环甲膜穿刺术

三、注意事项

（1）穿刺时进针不要过深，避免损伤喉后壁黏膜。
（2）必须回抽有空气，确定针尖在喉腔内才能注射药物。
（3）注入药物应以等渗盐水配制，pH要适宜，以减少对气管黏膜的刺激。

第五节　气管切开术

气管切开术是切开气管颈段前壁，置入气管套管以解除窒息，保持呼吸道通畅的急救手术。紧急气管切开术多用于喉梗阻、昏迷、脑水肿等各种原因引起的呼吸道阻塞而导致窒息，或经气管内插管无效的患者。

一、应用解剖基础

气管由14～17个半环状的气管软骨环及其间的环状韧带组成。上端于第6颈椎下缘水平接环状软骨，下端在胸骨角水平分叉为左、右主支气管。气管全程以胸骨颈静脉切迹平面分为颈、胸两段。气管颈段的前面，由浅入深依次为皮肤、浅筋膜、颈筋膜浅层、胸骨上间隙（此间隙内有横行的颈静脉弓）、舌骨下肌群及气管前筋膜。

颈前部的皮肤较薄，移动度大，皮纹呈横向，手术时常做横切口，不仅有利于愈合，又可使瘢痕不明显。沿前正中线两侧下行有颈前静脉，该静脉行至胸锁乳突肌下份前缘，穿入胸骨上间隙，转向外侧汇入颈外静脉。左、有颈前静脉间有吻合支称颈静脉弓，该弓在胸骨上间隙内横行于颈静脉切迹上方。

在第2～4气管软骨环的前方为甲状腺峡部，峡部下方有由两侧甲状腺下静脉吻合成的网状静脉丛。有时也可存在甲状腺最下动脉，该动脉出现率约为10%。甲状腺峡部有时阙如。气管的两侧为甲状腺侧叶，后方为食管，两者之间侧沟内有喉返神经，后外侧为颈动脉鞘。

二、操作要点

患者取仰卧头正中位，肩后垫枕，使头尽量后仰。常规消毒麻醉（图24-5）。手术切口有横形和纵形两种选择。施行横切口时，在环状软骨下方2～3 cm处，做一长约2～3 cm切口；施行纵切口时，自甲状软骨下缘沿颈正中线至胸骨颈静脉切迹。

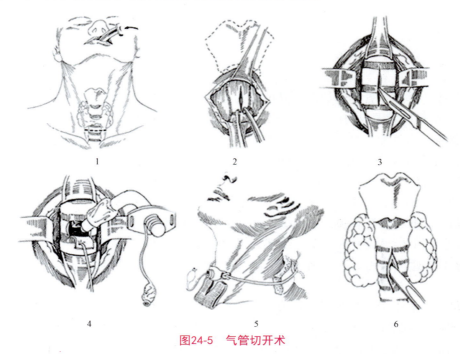

图24-5 气管切开术

切开皮肤、浅筋膜后，将颈前静脉牵开或切断结扎。可见颈白线，切开并分离两侧的舌骨下肌群，显露甲状腺峡部，向上钩拉，暴露气管。沿正中线切开第3～5气管软骨环，插入气管套管并固定。

三、注意事项

（1）术前将垫枕妥善地放置在肩背部而不是在项部，注意不要使垫枕位置移动，头应后仰并保持不偏不斜的正中位置。

（2）手术切口不宜过高或过低，应在第2气管软骨环以下，绝不能切断环状软骨和第1气管软骨环，以免术后喉狭窄。

（3）操作切勿偏离中线，两侧拉钩力量要均匀对称。避免在浅筋膜层作过多地分离，切口不宜缝合过紧，防止切口周围皮下气肿。

第六节　气管插管术

气管插管术是将特制的气管导管，经口腔或鼻腔插入到患者的气管内，从而建立人工通道的方法。由于气管插管术便于人工呼吸或加压给氧，清除呼吸道分泌物，减少气管阻力，维持呼吸道通畅，因此对呼吸衰竭、呼吸肌麻痹及呼吸道阻塞患者的抢救有其积极、重要的作用。临床常用于：①各种原因所致的呼吸衰竭，需心肺复苏以及气管内麻醉者；②加压给氧；③防止呕吐物分泌物流入气管及随时吸除分泌物；④气道堵塞的抢救；⑤复苏术中及抢救新生儿窒息等。

一、应用解剖基础

1. **口腔**　是消化管的起始部，其前壁为上、下唇，侧壁为颊，上壁为腭，下壁为口腔底。口腔向前经口唇围成的口裂通向外界，向后经咽峡与咽相通。

2. **鼻腔**　由骨和软骨及其表面被覆的黏膜和皮肤构成。鼻腔内衬黏膜并被鼻中隔分为两半，向前通外界处称鼻孔，向后通鼻咽处称鼻后孔。每侧鼻腔又分为鼻前庭和固有鼻腔，两者以鼻阈为界。

3. **咽**　是消化管上端扩大的部分，为消化管与呼吸道的共同通道。咽呈上宽下窄、前后略扁的漏斗形肌性管道，长约12 cm，其内腔称咽腔。咽位于第1～6颈椎前方，上端起于颅底，下端约在第6颈椎下缘或环状软骨的高度续于食管。咽的前壁不完整，自上向下分别有通向鼻腔、口腔和喉腔的开口。咽的两侧壁与颈部大血管和甲状腺侧叶等相毗邻。

4. **喉**　主要由喉软骨和喉肌构成，它既是呼吸的管道，又是发音的器官。上界是会厌上缘，下界为环状软骨下缘。借喉口通喉咽，以环状软骨气管韧带连接气管。成年人的喉在第3～6颈椎前方。喉的前方有皮肤、颈筋膜、舌骨下肌群等自浅入深成层排列，后方为咽，两侧有颈血管、神经和甲状腺侧叶。

二、操作要点

1. 途径与方法选择　气管插管术可分为明视插管术和盲探插管术，根据路径可分为经口插管术和经鼻插管术（图24-6）。操作时，应估计插管的难易程度以决定插管的途径和方法。

2. 操作方法

（1）**经口腔明视插管术**：①将患者头部后仰，加大经口腔和经喉头轴线的角度，便于显露声门。②喉镜应由口腔的右边放入（在舌右缘和颊部之间），当喉镜移向口腔中部时，舌头便自动被推向左侧，不致阻碍插管的视线和操作（不要将舌头压在镜片下）。

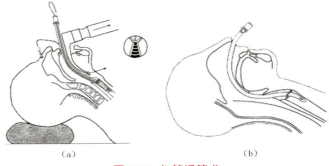

图24-6　气管插管术
（a）经口腔明视插管术；（b）经鼻腔明视插管术

③首先看到悬雍垂，然后将镜片提起前进，直到看见会厌。④挑起会厌以显露声门。若用直镜片，可伸至会厌的声门侧后再将镜柄向前上方提起，即可显露；若采用弯镜片，则将镜片置于会厌舌根交界处（会厌谷），用力向前上方提起，使舌骨会厌韧带紧张，会厌翘起紧贴喉镜片，声门才能得以显露。⑤显露声门后，如果两条并列的浅色声带（声襞）已然分开且不活动，即可进行插管。若清醒插管时声带仍敏感，应予以表面麻醉。⑥插管时以右手持管，用拇指、示指及中指如持笔式持住管的中、上段，由右侧方进入口腔，直到导管已接近喉头才将管端移至喉镜片处，同时双目经过镜片与管壁间的狭窄间隙监视导管前进方向，准确灵巧地将导管尖插入声门。插入气管内深度成人以不超过4～5 cm为度。⑦当借助于管芯插管时，在导管尖端入声门后，可令助手小心将其拔出，同时操作者必须向声门方向顶住导管，以免将导管拔出。管芯拔出后，立即顺势将导管插入气管内。⑧导管插入气管经前述方法确认，且两肺呼吸音都好后再予以固定。

（2）**经鼻腔明视插管术**：①选一较大鼻孔以1%地卡因作鼻腔内表面麻醉，并滴入3%麻黄素，使鼻腔黏膜麻醉和血管收缩，减少患者痛苦，增加鼻腔容积，并可减少出血。②用较口腔插管为细的气管导管，插入时不应顺鼻外形即与躯干平行的方向，而应取腹背方向进入，导管进入口咽部后开始用喉镜显露声门。③用喉镜显露声门的方法及要领与经口明视插管相同。④显露声门后，左手稳固地握住镜柄，同时右手将导管继续向声门方向推进。当导管达会厌上方时，可利用插管钳经口腔夹住导管的前端，将导管送入声门。成功后导管可直接用胶布固定在患者的鼻面部。

（3）**经口腔盲探插管术**：可应用食道气道双腔通气导管。经口插入食道后，将该套囊充气以防返流或气体被压入胃内。衔接经咽部通气的导管进行通气或供摒。适用于紧急心肺复苏和野战外科，供不熟练于气管内插管的一般医务人员使用。

（4）**经鼻腔盲探插管术**：①右手持管插入，在插管过程中边前进边侧耳倾听呼出气流的强弱，同时左手推（或转）动患者枕部，以改变头部位置达到呼出气流最强的位置。②于呼气（声门张开）时将导管迅速推进，若进入声门则感到推进阻力减小，管内呼出气流亦极其明显，有时患者有咳嗽反射，接上麻醉机可见呼吸囊随患者呼吸而伸缩。③若导管向前推进受阻，导管可能偏向喉头两侧，需将颈部微向前屈再行试插。④若导管虽能推进，但呼出气流消失，为插入食道的表现，应立即将导管退至鼻咽部，将头部稍仰使导管尖端向上翘起，或可对准声门利于插入。⑤经反复插管仍然滑入食道者，可先保留一导管于食道内，然后经另一鼻孔再进行插管，往往可获成功。⑥有时经某一侧鼻腔插管失效，可改由另一侧鼻腔或可顺利插入。

三、注意事项

（1）插管后应用听诊器听两肺呼吸音是否对称，以免导管插入过深。

（2）应用顶端带活叶的喉镜片，当放置会下时，可由镜柄处将顶端翘起，易于显露声门。利用附有导向装置的气管导管，可在插入过程中调节导管前端位置，提高插管成功率。

（3）经口腔不能显露喉头致插管困难者，可改为经鼻腔盲探插管。

🏃 思考题

某小儿患者，因误吞弹珠导致呼吸困难，脸色青紫，应进行哪些急救处理？处理后患儿呼吸稳定，为防止感染需静脉注射抗生素，但患儿因体胖体表静脉不清楚，应如何进行注射？

第二十五章　胸部结构知识的应用

学习目标

掌握
1. 人工呼吸分类及操作要点。
2. 胸外心按压术的方法和注意事项。
熟悉　胸膜腔穿刺术的适应证和操作步骤。
了解　心包穿刺和心内注射的操作步骤。

第一节　人工呼吸术

人工呼吸术是当患者呼吸受到抑制或停止，心仍在跳动或停止时采取的急救措施。此时，以借助外力来推动膈肌或胸廓的呼吸运动，使肺中的气体得以有节律的进入和排出，以便给予足够的氧气并排出二氧化碳，进而为自主呼吸的恢复创造条件，力争挽救生命。常用于：①溺水或电击后呼吸停止；②药物中毒，如吗啡及巴比妥类中毒；③外伤性呼吸停止，如颈椎骨折脱位，压迫脊髓者；④呼吸肌麻痹，如急性感染多发性神经炎、脊髓灰质炎，严重的周期性麻痹等；⑤颅内压增高，发生小脑扁桃体疝或晚期颞叶钩回疝有呼吸停止者；⑥麻醉期中麻醉过深，抑制呼吸中枢，或手术刺激强烈发生反射性呼吸暂停，或在使用肌肉松弛药之后。

人工呼吸的方法甚多，但以口对口呼吸及人工加压呼吸效果最好，故在呼吸停止，尤其是循环骤停的抢救中，应首先选用。

一、操作要点

施术前应迅速检查，消除患者口腔内的异物、黏液及呕吐物等，以保持气道畅通。具体操作步骤如下（图25-1）：

（1）使患者仰卧，术者一手托

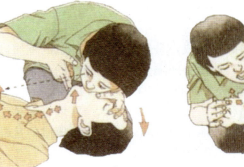

图25-1　口对口人工呼吸

起患者的下颌并尽量使其头部后仰。

（2）用托下颌的拇指翻开患者的口唇使其张开，以利吹气。

（3）于患者嘴上盖一纱布或手绢（或不用），另一手捏紧患者的鼻孔以免漏气。

（4）术者深吸一口气后，将口紧贴患者的口吹气，直至其上胸部升起为止。

（5）吹气停止后，术者头稍向一侧偏转，并松开捏患者鼻孔的手。由于胸廓及肺弹性回缩作用，自然出现呼吸动作，患者肺内的气体则自行排出。

（6）按以上步骤反复进行，每分钟吹气14～20次。

二、注意事项

（1）术中应注意患者呼吸道是否通畅。

（2）人工呼吸的频率，对儿童、婴儿患者可酌情增加。

（3）吹气的压力应均匀，吹气量不可过多，以500～1 000 mL为宜。用力不可过猛过大，否则气体在气道内形成涡流，增加气道的阻力，影响有效通气量；或因压力过大，有使肺泡破裂的危险，以及将气吹入胃内发生胃胀气。

（4）吹气时间忌过短亦不宜过长，以占一次呼吸的三分之一为宜。

（5）如遇牙关紧闭者，可行口对鼻吹气，方法同上，但不可捏鼻而且宜将其口唇紧闭。

第二节　胸外心按压术

胸外心按压术是通过有节奏地将停搏的心挤压于胸骨和脊柱之间，以模拟心的自主收缩，从而在短期内维持重要器官血液供应的操作方法。适用于因各种创伤、电击、溺水、窒息、心疾病或药物过敏等引起的心搏骤停。

一、应用解剖基础

胸廓由12块胸椎、12对肋骨和1块胸骨连接而成。胸椎与对应序数肋骨以肋椎关节相连；除第11和第12肋外，肋骨均直接或间接与胸骨以肋软骨相连，故胸廓具有一定的弹性和活动度。胸廓内容纳有肺和纵隔，而心即位于胸骨与胸椎之间的中纵隔内，故压迫胸骨可间接挤压心脏。

心主要由心肌构成，是连接动脉和静脉的枢纽以及心血管系统的"动力泵"，且具有内分泌功能。心内部被心间隔分为互不相通的左、右两半，每半又各分为心房和心室，故心有4个腔，即左心房、左心室、右心房和右心室。同侧心房和心室借房室口相通。心房接受静脉，心室发出动脉。在房室口和动脉口处均有瓣膜，它们颇似泵的阀门，可顺流而开启，逆流而关闭，保证血液定向流动。心节律性地搏动是维持血液在血管内循环的动力，也是维持气体与物质运输的源动力。

二、操作要点

患者仰卧于硬板床或地上（若为软床，应在背部加垫硬木板）（图25-2）。术者以一掌根部放于患者胸骨体中下1/3交界处，将另一手掌压于其上，前臂与患者胸骨垂直，以上身前倾之力向脊柱方向做有节奏的带冲击性的按压。每次按压使胸骨向下压陷程度视胸廓大小而定，成人一般为3～4 cm左右，儿童为1.5～2.5 cm。随即放松，以利于心脏舒张。放松时，术

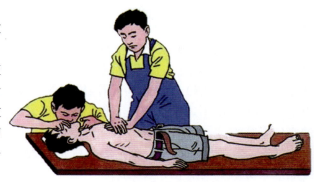

图25-2　胸外心按压术

者的手不要离开胸骨接触面，以免移位。按压频率成人为70～80次/分，小儿为80～100次/分，直至心跳恢复。同时配合人工呼吸，心按压与人工呼吸的比例为30：2。

三、注意事项

（1）按压位置要正确，偏低易引起肝破裂，偏高影响效果，偏向两侧易致肋骨骨折、气胸、心包积血等。

（2）按压用力要适宜，以能扪及股动脉搏动或瞳孔缩小为抢救成功的标志。

（3）在本操作的同时，应行人工呼吸。

第三节　心包穿刺术

心包穿刺术是借助穿刺针直接刺入心包腔的诊疗技术。常用于：①引流心包腔内积液，降低心包腔内压，是急性心包压塞症的急救措施；②通过穿刺抽取心包积液，做生化测定，涂片寻找细菌和病理细胞、做结核杆菌或其他细菌培养，以鉴别诊断各种性质的心包疾病；③通过心包穿刺，注射抗生素等药物进行治疗。

一、应用解剖基础

心包是包裹心和出入心的大血管根部的圆锥形纤维浆膜囊，分内、外两层，外层为纤维心包，内层是浆膜心包。纤维心包由坚韧的纤维性结缔组织构成，上方包裹出入心的升主动脉、肺动脉干、上腔静脉和肺静脉的根部，并与这些大血管的外膜相延续，下方与膈中心腱相贴。浆膜心包位于心包囊的内层，又分脏、壁两层。壁层衬贴于纤维性心包的内面，与纤维心包紧密相贴。脏层包于心肌的表面，称心外膜。脏、壁两层在出入心的大血管的根部互相移行，两层之间的潜在的腔隙称心包腔，内含少量浆液，起润滑作用。

二、操作要点

1．部位选取　常用穿刺部位有两个。

（1）心前区穿刺点：于左侧第5肋间隙，心浊音界左缘向内1～2 cm处，沿第6肋上缘向内向后指向脊柱进针（图25-3中A）。此部位操作技术较胸骨下穿刺点的难度小，但不适于化脓性心包炎或渗出液体较少的心包炎穿刺。

（2）胸骨下穿刺点：取左侧肋弓角作为胸骨下穿刺点，穿刺针与腹壁角度为30°～45°（图25-3中B），针刺向上、后、内，达心包腔底部；针头边进边吸，直至吸出液体时即停止前进。

2．体位参考　多取坐位或半卧位。

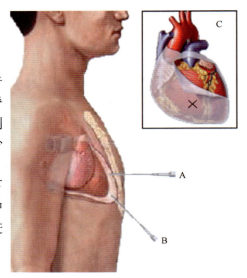

图25-3　心包穿刺术与心内注射术

3．穿刺结构

（1）心前区穿刺点：皮肤、浅筋膜、深筋膜和胸大肌、肋间外韧带、肋间内肌、胸内筋膜；纤维性心包及壁层心包，进入心包腔。进针深度成人为2～3 cm。

（2）胸骨下穿刺点：皮肤、浅筋膜、深筋膜和腹直肌、膈肌、膈胸膜、纤维性心包及壁层心包，进入心包腔。进针深度成人为3～5 cm。

4．进针技术与失误防范

（1）掌握好穿刺方向及进针深度。

（2）进针速度要慢，当有进入心包腔的感觉后即回抽有无液体，若未见液体，针头亦无心搏动感，尚可缓缓边进边抽。若针头有心搏动感，应立即将针头稍后退，换另一方向抽取，避免损伤心及心的血管。

（3）抽液速度宜缓慢，首次抽液量以100 mL左右为宜，以后每次抽液300～500 mL，避免抽液过多导致心急性扩张。助手应注意随时夹闭胶管，防止空气进入心包腔。

（4）术中密切观察患者的脉搏、面色、心律、心率变化，如有虚脱等情况，应立即停止穿刺，将患者置于平卧位，并给予适当处理。

（5）术后静卧，24 h内严密观察脉搏、呼吸及血医情况。心电图或心电示波监护下进行心包穿刺。此方法较为安全。用一根两端带银夹的导线，连接在胸导联和穿刺针上，接好地线，检查机器确无漏电。穿刺中严密观察心电图变化，一旦出现ST段抬高或室性心律失常，表示针尖刺到心，应立即退针。穿刺部位、层次等同上。

第四节　心内注射术

心内注射术是将注射针经胸前壁直接刺入心室腔以注入药物以抢救心搏骤停患者的复苏技术。主要用于心停搏患者，尤其是未建立静脉通道的患者。

一、应用解剖基础

心是一个中空的肌性纤维性器官，形似倒置的、前后稍扁的圆锥体，周围裹以心包，斜位于胸腔中纵隔内。心约2/3位于正中线的左侧，1/3位于正中线的右侧，前方对向胸骨体和第2~6肋软骨；后方平对第5~8胸椎；两侧与胸膜腔和肺相邻；上方连出入心的大血管；下方邻膈。心的长轴自右肩斜向左肋下区，与身体正中线成45°角。心底部被出入心的大血管根部和心包返折缘所固定，心室部分则较活动。

心前壁大部分主要由右心房和右心室构成，一小部由左心耳和左心室构成。该面大部分心包被胸膜和肺遮盖；小部分隔心包与胸骨体下部和左侧第4~6肋软骨邻近，且右心室前壁血管较少，故在左侧第4肋间隙胸骨左侧缘旁处进行心内注射，一般不会伤及胸膜和肺（图25-3中A）。

二、操作要点

常规消毒注射部位皮肤，于心前区胸骨左缘第4或第5肋间隙2 cm处，沿肋骨上缘垂直直刺入右心室；或由第4或第5肋间隙心浊音界稍内侧刺入左心室，一般刺入4~5 cm深，抽得回血后，即注入药液；或于剑突下偏左肋弓下约1 cm，穿入皮下组织后经肋骨下缘，与腹壁皮肤成15°~35°角，针尖朝心底部直接刺入心室腔，抽得回血后，即可注入药液（图25-3中A、B）。注射完毕后立即拔出针头，继续进行胸外按压等复苏操作。

三、注意事项

（1）穿刺针头要细长，质地要硬韧。

（2）穿刺部位要准确，否则易引起气胸或损伤冠状血管。

（3）注射时必须回抽见血通畅后，才能注入药液，切忌注射药液于心肌内，以免引起心律失常或心肌坏死。

第五节　胸膜腔穿刺术

胸膜腔穿刺术是指对有胸膜腔积液（或气胸）的患者，为了诊断和治疗疾病的需要而通过胸膜腔穿刺抽取积液或气体的一种技术，是胸外科最常采用的诊断和治疗技术之一。胸腔穿刺术适用于：①有胸腔积液者，为明确其积液的性质或抽出胸腔积液以便了解肺部情况；②通过抽气、抽液、胸腔减压治疗单侧或双侧气胸、血胸或血气胸；③缓解由于大量胸腔积液所致的呼吸困难；④向胸腔内注射抗肿瘤或促进胸膜粘连的药物；⑤某些早期胸腔感染或脓胸经反复抽液，注入抗生素可以治愈。

一、应用解剖基础

胸膜腔是胸膜的脏壁两层在肺根处相互转折移行所形成的一个密闭的潜在的腔隙，由紧贴于肺表面的胸膜脏层和紧贴于胸廓内壁的胸膜壁层所构成，左右各一，互不相通，腔内没有气体，仅有少量浆液，可减少呼吸时的摩擦，腔内为负压，有利于肺的扩张，有利于静脉血与淋巴液回流。

在正常情况下，胸膜腔内含有微量润滑液体，其产生与吸收经常处于动态平衡。当有病理原因使其产生增加和（或）吸收减少时，就会出现胸腔积液。气体进入胸膜腔即可导致气胸。

二、操作要点

1．穿刺点的选择与定位　若是胸腔抽气，多选在锁骨中线第2肋间；若是胸腔抽液，则多选在肩胛后线、腋后线或腋中线第7～8肋间。若为包裹积液或少量积液穿刺，则要依据胸透或超声定位。

2．麻醉和体位　麻醉皮肤消毒，铺单后，用1%～2%的利多卡因或普鲁卡因，先在穿刺点处做一皮丘，然后将麻药向胸壁深层浸润至壁层胸膜，待注射器回抽出气体或液体证实已进入胸腔后拔出麻醉针头。体位一般为坐位，患者反向坐于靠背椅上，双手臂平置于椅背上缘，头伏于前臂。重症患者可在病床上取斜坡卧位，病侧手上举，枕于头下，或伸过头顶，以张大肋间。

3．手术步骤　用18号针头将皮肤穿一孔，然后换为胸腔穿刺针从皮肤穿刺孔进入，针头应沿着肋间隙的下部，下一肋骨的上缘进入胸腔。这样既可避免损伤肋间血管，又可作为进入胸膜腔的标志，避免进针过深而伤及肺组织。针头刺入胸膜腔时若有落空感，表明针头已进入胸腔（图25-4）。

当术者调整好针头位置，可以顺利抽出气体或液体后，即由助手用血管钳在皮肤表面处将穿刺针固定，避免针头移位。穿刺针通过10 cm长的乳胶管与一个30 mL或50 mL的注射针管连接。待注射针管抽满时，由助手用另一把血管钳夹闭乳胶管，取下注射针管排除气体或液体，如此可以避免空气进入胸腔。然后注射针管再连接乳胶管继续抽吸。抽液完毕，拔出穿刺针，盖以无菌纱布，用胶布固定。嘱患者卧床休息。

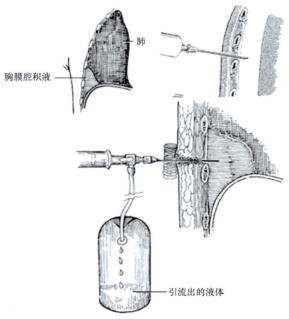

肺

胸膜腔积液

引流出的液体

图25-4　胸膜腔穿刺

三、注意事项

（1）在穿刺过程中，应严密观察患者的呼吸及脉搏状况，个别患者有晕针或晕厥时应立即停止操作，并对患者进行相应的处理。

（2）穿刺针应沿肋骨上缘垂直进针，不可斜向上方，以免损伤肋骨下缘处的神经和血管。穿刺针进入胸腔不宜过深，以免损伤肺组织，一般以针头进入胸腔0.5～1.0 cm为宜。在抽吸过程中，若患者突然咳嗽，应将针头迅速退到胸壁内，待患者咳嗽停止后再进针抽吸。

（3）每次穿刺原则上以抽尽为宜，但对大量胸腔积液，第一次抽液一般不超过1 000 mL，以后每次抽液不超过1 500 mL。若因气胸或积液使肺脏长期受压，抽吸时速度不要过快，以免复张性肺水肿发生，当患者主诉胸闷难受时则应立即停止操作。

（4）需要向胸腔内注入药物时，抽液后接上备好盛有药液的注射器，将药液注入。

思考题

患者陈某，女，51岁，农民，起床蹲位排便后突发胸闷、心悸、黑蒙，呼之不应，入院5 min后发现心脏骤停，呼吸停止。对此，心肺复苏应如何进行？若要进行心内注射，应如何进针？

第二十六章　腹部结构知识的应用

第一节　腹膜腔穿刺术

腹膜腔穿刺术是借助穿刺针直接从腹前壁刺入腹膜腔的一项诊疗技术。其目的是：①明确腹膜腔积液的性质，找出病因，协助诊断；②适量地抽出腹水，以减轻患者腹腔内的压力，缓解腹胀、胸闷、气急，呼吸困难等症状，减少静脉回流阻力，改善血液循环；③向腹膜腔内注入药物；④注入一定量的空气（人工气腹）以增加腹压，使膈肌上升，间接压迫两肺，减小肺活动度，促进肺空洞的愈合，在肺结核空洞大出血时，人工气腹可作为一项止血措施。

一、应用解剖基础

腹膜腔为脏腹膜与壁腹膜互相延续、移行，共同围成的不规则的潜在性腔隙。男性的腹膜腔不与外界相通；女性腹膜腔可经输卵管、子宫腔和阴道与外界相通，故女性容易引起腹膜腔感染。腹膜中血管丰富，具有吸收和渗出的功能。腹膜对于腹腔内液体和毒素的吸收能力，上腹部最强，盆腔较差。因此，当腹膜腔有感染时，常采取半卧位，以使脓液积聚在盆腔内，从而减少毒素吸收，减轻中毒症状。当腹膜腔有炎症时（如结核性腹膜炎），腹膜渗出大量液体，称为腹水。

二、操作要点

1. 部位选取　穿刺点可选择以下三处。

（1）下腹部正中旁穿刺点：脐与耻骨联合上缘间连线的中点上方1 cm（或连线的中去段）偏左或右1~2 cm，此处无重要器官，穿刺较安全。

（2）左下腹部穿刺点：脐与左髂前上棘连线的中、外段交界处，此处可避免损伤腹壁下动脉，肠管较游离不易损伤。

（3）侧卧位穿刺点：脐平面与腋前线或腋中线交点处。此处穿刺多适于腹膜腔内少量积液的诊断性穿刺。

2．体位参考　根据病情需要可取坐位、半卧位、平卧位，并尽量使患者舒服，以便能够耐受较长的操作时间。对疑为腹腔内出血或腹水量少者行实验性穿刺，取侧卧位为宜。

3．穿刺层次　不同穿刺点穿刺层次的差别主要在肌层（图26-1）。

（1）下腹部正中旁穿刺点层次为皮肤、浅筋膜、腹白线或腹直肌内缘（若旁开2 cm，也有可能涉及腹直肌鞘前层、腹直肌）、腹横筋膜、腹膜外脂肪、壁腹膜，进入腹膜腔。

（2）左下腹部穿刺点层次为皮肤、浅筋膜、腹外斜肌、腹内斜肌、腹横肌、腹横筋膜、腹膜外脂肪、壁腹膜，进入腹膜腔。

（3）侧卧位穿刺点层次同左下腹部穿刺点层次。

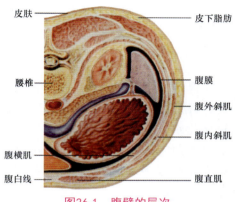

图26-1　腹壁的层次

4．手术步骤　嘱患者排尿，以免穿刺中刺伤膀胱。取卧位或斜坡卧位。若放腹水，背部先垫好腹带。常规消毒皮肤，术者戴无菌手套，铺洞巾，用1～2%普鲁卡因逐层麻醉至腹膜壁层（深达腹膜），当针尖有落空感并回抽有腹水时拔出针头。

作为诊断性抽液时，用17～18号长针头连接注射器，直接由穿刺点自上向下斜行进入，抵抗感突然消失时，表示已进入腹腔。抽液后拔出穿刺针，揉压针孔，局部涂以碘酒，盖上无菌纱布，用胶布固定。

腹腔放液减压时，用胸腔穿刺的长针外连一长的消毒胶皮管，用血管夹住橡皮管，从穿刺针自上向下斜行徐徐进入，进入腹腔后腹水自然流出，在接乳胶管放液于容器内。放液不宜过多、过快，一般每次不超过3 000 mL，放液完毕后拔出穿刺针，用力按压局部，消毒后盖上无菌纱布，用纱布固定，绷紧绷带。

腹腔内积液不多，腹腔穿刺不成功，为明确诊断，可行诊断性腹腔灌洗，采用与诊断性腹腔穿刺相同的方法。

三、注意事项

（1）对诊断性穿刺及腹膜腔内药物注射，选好穿刺点后，穿刺针垂直刺入即可。但对腹水量多者的放液，穿刺针自穿刺点斜行方向刺入皮下，然后再使穿刺针与腹壁呈垂直方向刺入腹膜腔，以防腹水自穿刺点滑出。

（2）定位要准确，左下腹穿刺点不可偏内，避开腹壁下血管，但又不可过于偏外，以免伤及旋髂深血管。

（3）进针速度不宜过快，以免刺破漂浮在腹水中的乙状结肠、空肠和回肠，术前嘱患者排尿，避免损伤膀胱。进针深度视患者具体情况而定。

（4）放腹水速度不宜过快，量不宜过大。初次放腹水者，一般不要超过5 000 mL（但有腹水浓缩回输设备时不限此量），并在2 h以上的时间内缓慢放出，放液中逐渐紧缩已置于腹部的多头腹带。

（5）注意观察患者的面色、呼吸、脉搏及血压变化，必要时停止放液并及时给予处理。

（6）术后嘱患者卧床休息24 h，以免引起穿刺伤口腹水外渗。

第二节　胃十二指肠插管术

胃十二指肠插管术是指将消毒胃管经鼻或口腔插入胃或十二指肠以进行胃液检查、鼻饲、胃肠减压、胃肠给药等的诊疗技术（图26-2）。主要适用于：①急性胃扩张；②上消化道穿孔或胃肠道有梗阻者；③急腹症有明显胀气者或较大的腹部手术前等；④昏迷患者或不能经口进食者，如口腔疾患、口腔和咽喉手术后的患者；⑤不能张口的患者，如破伤风患者；⑥早产儿和病情危重的患者以及拒绝进食的患者；⑦服毒自杀或误食中毒需洗胃患者。

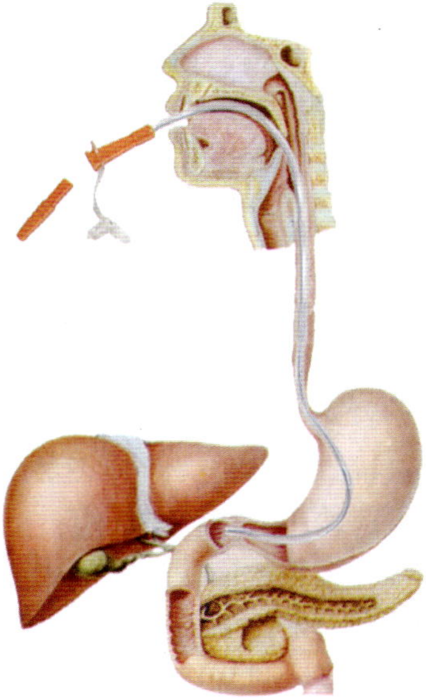

一、操作要点

（1）患者取坐位或卧位，胸前铺胸巾，手拿弯盘盛接唾液及呕吐物。

（2）胃管前端涂以液体石蜡。用左手垫无菌纱布持胃管，右手持镊子夹住胃管前段，沿一侧鼻孔缓缓插入，到咽喉部时（14～16 cm）嘱患者做吞咽动作，同时将胃管送下，如有唾液可随时吐出。

图26-2　胃二十指肠插管术

（3）当胃管进入第一到第二标记之间（45～55 cm）时，若患者出现恶心，应暂停片刻，嘱患者深呼吸，随后迅速将胃管插入。

（4）胃管进入胃中后，开口端接注射器，先回抽，见有胃液抽出，提示插管成功。

（5）最后将胃管开口端反折，用纱布包好，夹子夹紧用别针周定于患者枕旁。

（6）拔管法。

①置弯盘于患者额下，胃管开口端用夹子夹紧放入弯盘内，轻轻揭去固定的胶布。

②用纱布包裹近鼻孔处的胃管，边拔边用纱布擦胃管，拔到咽喉处迅速抽出，以免液体滴入气管。拔出后，将胃管盘起来放在弯盘中。

③清洁患者口鼻面部。

二、注意事项

（1）插管时动作要轻，勿损伤食道黏膜。应熟练掌握插管的深度与方法。

（2）插管过程中如出现呛咳、呼吸困难、发绀等情况，提示误入气管。宜立即拔出，休息片刻后再插。

（3）插入后用下列方法检查胃管是否在胃内。

①将胃管末端接注射器，若能抽出胃液，证明胃管在胃内。

②用注射器从胃管注入10 mL空气，同时用听诊器在胃部能听到气过水音，表明胃管在胃内。

③将胃管开口端置于水面下，患者呼气时若有气泡逸出说明插入气管内。

第三节　肝脏穿刺术

肝脏穿刺术是借助穿刺针直接刺入肝脏的一种诊疗技术，可分为肝脓肿穿刺术和肝活组织穿刺术。前者适用于抽出脓液以治疗肝脓肿及辅助病因诊断；后者适用于通过临床、实验室或其他辅助检查，仍无法确诊的肝脏疾患。另外，临床推广应用的经皮肝穿刺胆管造影术及置管引流术，也属肝脏穿刺术的范畴，本节侧重介绍前两种穿刺术。

一、应用解剖基础

肝脏为人体最大的腺体，重约1 500 g，质软而脆，易破裂出血。肝大部位于右季肋区和腹上区，小部分可达左季肋区。肝的上面基本与膈穹隆一致。肝右叶上面与右肋膈隐窝和右肺下叶借膈肌相邻。活体肝的位置多不固定，可随呼吸、内脏活动及体位改变而出现差异。正常呼吸时，其活动度为2～3 cm，这是肝脏穿刺时训练屏息呼吸、避免损伤肝脏的重要原因。

肝表面的浆膜下为富有弹力纤维的结缔组织被膜，该结缔组织在肝门处增多，伴随血管、胆管进入肝实质，将肝实质分为许多肝小叶。肝小叶呈不规则的棱柱体，长约2 mm，宽约1 mm，每个肝小叶的中轴都贯穿着一条中央静脉。在肝小叶的横切面上，可见以中央静脉为中心，肝细胞呈放射状排列形成的肝细胞索。肝细胞索是单行肝细胞排列成的板状结构，称肝板。肝细胞排列不整齐，凹凸不平，相邻肝板彼此吻合成网状。肝细胞是多角形的上皮细胞，肝细胞在形态和结构变化，往往反映出肝脏的功能状态，因此，肝活组织穿刺（针取）术，有助于某些肝脏疾患的诊断。

肝内管道系统在肝内血管和肝管的铸型腐蚀标本上，可见肝内管道密集，几乎呈海绵状，可分为肝门血管系（包括门静脉系、肝动脉系）、肝静脉系、肝管系。其中门静脉系和肝静脉系在肝内的分支和属支较粗。因此，肝脏穿刺术有大出血的危险。

二、操作要点

1. 部位选取

（1）肝脓肿穿刺准确叩出肝浊音界，取右腋前线第8、9肋间隙或以肝区压痛最明显处为穿刺点。术前结合超声检查，明确脓肿位置、范围，以协助确定穿刺部位、方向及进针深度。

（2）肝活组织穿刺一般取右腋前线第8肋间隙或腋中线第9肋间隙为穿刺点。肝肿大超过肋缘下5 cm以上者，亦可自有肋缘下穿刺。

2．体位参考　取仰卧位，躯体右侧靠近床沿，右上肢屈肘置于枕后。

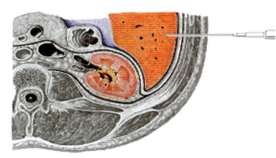

图26-3　肝穿刺

3．穿刺结构　两种穿刺层次基本相同，由浅入深有9层（图26-3），即皮肤、浅筋膜、深筋膜及腹外斜肌、肋间组织、胸内筋膜、壁胸膜、肋膈隐窝、膈、膈下间隙，最后进入肝实质。

4．进针技术与失误防范

（1）术前向患者解释穿刺目的，要求反复训练屏息方法（深吸气后于呼气末屏气片刻），以便配合操作。

（2）一定要在患者屏息状态下进针和拔针，切忌针头在肝内转换方向、搅动，仅可前后移动，改变深度，以免撕裂肝组织导致大出血。肝脓肿穿刺深度一般不超过8 cm，肝活组织穿刺深度一般以不超过6 cm为妥。

（3）术中防止空气进入。

（4）术后密切观察患者有无腹痛或内出血征象，必要时紧急输血，并请外科会诊。

思考题

　　患者，女，84岁，慢性阻塞性肺疾病并肺部感染，需行肠内营养加强支持。试述如何进行操作和护理。

第二十七章　盆部及会阴部结构知识的应用

🎀 学习目标

掌握
1. 导尿术的操作流程及注意事项。
2. 灌肠术的操作要点和流程。
熟悉　膀胱穿刺术的基本操作步骤。
了解　输卵管通液术的一般步骤。

第一节　导　尿　术

导尿术是用无菌导尿管自尿道插入膀胱引出尿液的方法。适用于：①各种原因引起的尿潴留；②膀胱容量、残余尿量测定或尿道长度测定；③尿动力学检查、膀胱测压、膀胱尿道造影检查；④膀胱药物灌注；⑤无菌法尿标本收集及尿细菌培养标本的收集；⑥膀胱注水测漏试验，了解有无膀胱破裂存在；⑦危重患者尿量监测；⑧大型手术前导尿，方便术中尿量观察及防止术中膀胱过度充盈而误伤。

一、应用解剖基础

男性尿道细长，长16～22 cm，管径平均为5～7 mm，起自膀胱的尿道内口，止于尿道外口，可分为阴茎部（海绵体部）、球部、膜部和前列腺部。临床上把前列腺部和膜部称后尿道，阴茎部称为前尿道。尿道有三个狭部和膨大部，前者分别位于外口、膜部和内口，后者位于舟状窝、球部和前列腺部。尿道全程有两个弯曲，呈"S"形，第一个弯曲在尿道膜部，称为耻骨下弯，其角度为93°，第二个弯曲部位在耻骨前弯。当阴茎向前提向腹壁时，耻骨前弯即消失，但耻骨下弯不能人为拉直，故放入器械时，应顺此弯曲轻柔地插入，不可粗暴以免受伤。男性尿道兼有排尿和排精功能。

女性尿道粗而短，长3～5 cm，富于扩张性，尿道口在阴蒂下方，呈矢状裂，起于尿道内口，经阴道前方，开口于阴道前庭。女性尿道在会阴穿过尿生殖膈时，有尿道阴道括约肌环绕，该肌为横纹肌，受意志控制。老年妇女由于会阴肌肉松弛，尿道口回缩，插导尿管时应正确辨认。

二、操作要点

在治疗室以无菌操作打开导尿包，备齐用品，携至患者处，向患者说明目的以取得合作，并适当遮挡患者。能自理者，嘱其清洗外阴，不能起床者，协助其清洗外阴。患者取仰卧位，术者立于患者右侧，将盖被扇形折叠盖于患者胸腹部。脱近侧裤腿，盖于对侧腿上，近侧下肢用大毛巾遮盖，嘱患者两腿屈膝自然分开，暴露外阴。

将治疗巾（或一次性尿布）垫于臀下，弯盘放于床尾。开消毒包，备消毒液，左手戴无菌手套，将已备好的清洗消毒用物置于患者两腿之间，右手持止血钳夹0.1%新洁尔灭棉球清洗外阴，其原则为由上至下、由内向外。

女性患者，清洗完毕，另换止血钳，左手拇、示指分开大阴唇，以尿道口为中心，按尿道口、前庭、两侧大小阴唇的顺序各清洗一棉球，最后一棉球消毒尿道口至会阴、肛门，每一个棉球只用一次，污棉球及用过的钳子置于床尾弯盘内。打开导尿包，备0.1%新洁尔灭溶液、无菌石蜡油。戴无菌手套，铺洞巾，润滑导尿管前端，以左手拇、示指分开大阴唇，右手持止血钳夹消毒棉球再次消毒尿道口。另换一止血钳持导尿管轻轻插入尿道4～6 cm，见尿后再插入1～2 cm。

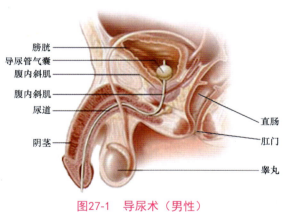

图27-1　导尿术（男性）

标注：膀胱、导尿管气囊、腹内斜肌、腹内斜肌、尿道、阴茎、直肠、肛门、睾丸

男性患者用消毒液棉球清洗阴茎两次。左手持无菌纱布包住阴茎，后推包皮，充分暴露尿道口及冠状沟，严格消毒尿道口、龟头，螺旋形向上至冠状沟，共3次，最后消毒阴茎背侧及阴囊5次，每个棉球限用一次。在阴茎及阴囊之间垫无菌纱布1块。打开导尿包，备0.1%新洁尔灭溶液、无菌石蜡油。戴无菌手套，铺洞巾。滑润导尿管18～20 cm。暴露尿道口，再次消毒，提起阴茎使之与腹壁成60°角。另换止血钳持导尿管轻轻插入尿道18～20 cm左右，见尿后再插入1～2 cm（图27-1）。

若需做尿培养，用无菌标本瓶或试管接取，盖好瓶盖，置合适处。导尿完毕后，用纱布包裹导尿管，拔出，放入治疗碗内。擦净外阴，脱去手套，撤去洞巾，清理用物，协助患者穿裤，整理床单位，测量尿量并记录，标本送验。

三、注意事项

（1）严格执行无菌操作，导尿管误插入阴道或脱出时，应更换无菌导尿管重插。

（2）选择光滑和粗细适宜的导尿管。插入及拔出导尿管动作务必轻柔，切忌粗暴，以免损伤尿道黏膜。

（3）长期留置尿管患者，应加强尿道口护理，定期更换尿管，并适当应用抗菌素预防尿路感染。

第二节　膀胱穿刺术

膀胱穿刺术是在无菌操作下经皮穿刺，抽取患者膀胱内尿液以进行细菌培养或导尿的操作方法。此方法适用于：①急性尿潴留患者；②经穿刺采取膀胱尿液作检验及细菌培养；③小儿、年老体弱者。

一、应用解剖基础

1. 尿道应用解剖　见导尿术。
2. 膀胱应用解剖　膀胱为锥体形囊状肌性器官，位于小骨盆腔的前部。成年人膀胱位于骨盆内（图27-2）。空虚时膀胱呈锥体形，上缘大概与耻骨联合上缘平齐；充盈时形状变为卵圆形，顶部可高出耻骨联合上缘，此时腹膜返折处亦随之上移，膀胱前外侧壁则直接邻贴

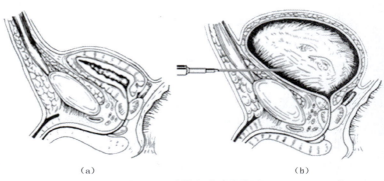

（a）　　　　　　　　　　　　　（b）

图27-2　耻骨上膀胱穿刺术

（a）膀胱空虚时；（b）膀胱充盈时

腹前壁。临床上常利用这种解剖关系，在耻骨联合上缘之上进行膀胱穿刺或做手术切口，避免伤及腹膜。膀胱为一贮存尿液的器官，成人膀胱的容量为300～500 mL。

二、操作要点

1. 穿刺部位　耻骨联合上缘中点以上1～2 cm处。
2. 操作步骤　术前嘱患者憋尿，并做普鲁卡因试验。常规消毒穿刺部位皮肤，戴手套，铺洞巾，以布巾钳固定，行局部麻醉。穿刺针栓部接无菌橡皮管，并用止血钳夹紧橡皮管，左手拇、示指固定穿刺部位，右手持穿刺针垂直刺入膀胱腔，见尿后再进针1～2 cm，然后在橡皮管末端套上50 mL注射器，松开止血钳，开始抽吸，满50 mL后夹管，将尿液注入量杯，如此反复操作。膀胱过度膨胀者，每次抽出尿液不得超过1 000 mL，以免膀胱内压降低而导致出血或休克的发生。必要时留标本送验。抽毕用碘酒消毒穿刺点，盖以纱布，用胶布固定，帮助患者卧床休息。

三、注意事项

（1）穿刺留尿标本前3天停用抗生素。
（2）不宜饮水太多或用利尿剂，以免稀释尿液而影响结果，最好选择患者清晨第一次隔夜尿。

（3）穿刺前嘱患者憋足尿量，有利于穿刺的成功。

（4）腹膜炎、大量腹水、妊娠晚期患者一般不做此项检查。

第三节　阴道后穹穿刺术

阴道后穹穿刺术是通过阴道后穹穿刺抽取直肠子宫陷凹内的炎性渗出液、血液或脓液等，以达到治疗或诊断的目的。后穹隆穿刺术适用于：①怀疑盆腔内有液体、积血或积脓时，可做穿刺抽液检查，以了解积液性质及有无癌细胞；②盆腔脓肿的穿刺引流及局部注射药物；③宫外孕破裂后，可在后穹隆抽出腹腔血液明确诊断。

一、应用解剖基础

阴道是由黏膜、肌层和外膜构成的肌性管状器官。前壁较短，长约6 cm，后壁较长，约7 cm，通常前后壁相贴。阴道下端以阴道口开口于阴道前庭；上端较宽阔，包绕子宫颈阴道部，二者之间形成环状凹陷，即阴道穹。阴道穹可分为前穹（部）、后穹（部）及两侧穹（部）。后穹较深，与直肠子宫陷凹间仅以阴道后壁和一层腹膜相隔。取坐位时，直肠子宫陷凹是腹膜腔的最低处，腹膜腔内的炎性渗出液、血液、脓液等常积存于该陷凹内。阴道位于盆腔中央，子宫的下方，大部分在尿生殖膈以上，小部分在尿生殖区内。

二、操作要点

1. 部位选取　阴道后穹中央部（图27-3）。

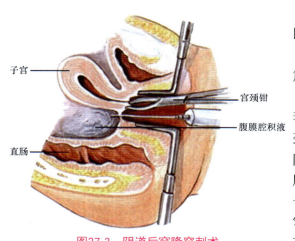

子宫

宫颈钳

腹膜腔积液

直肠

图27-3　阴道后穹隆穿刺术

2. 体位参考　患者取膀胱截石位或半卧位。

3. 穿刺层次　穿刺针经阴道后壁、盆膈筋膜、腹膜进入直肠子宫陷凹。

4. 操作步骤　患者排空小便，常规消毒外阴、阴道，窥器暴露子宫颈。术者用宫颈钳钳夹宫颈后唇向前上方牵拉，暴露后穹隆，用2.5%碘酊棉球重新消毒后穹隆，乙醇脱碘，干棉球拭干。用10 mL空注射器接17号或18号长针头，检查针头有无堵塞，在后穹隆中央或稍偏病侧，距离阴道宫颈交界处下方约1 cm处平行刺入，当针穿过阴道壁，有落空感后，立即抽吸注射器，必要时适当改变方向或深浅度，若无液体抽出，可边退针边抽吸。

第四节　灌肠术与直肠镜检查术

灌肠术是将一定容量的液体经肛门逆行灌入大肠，有促使排便、解除便秘、减轻腹胀、清洁肠道的作用；采用结肠透析或借助肠道黏膜的吸收作用也可治疗某些疾病。根据不同的诊疗目的，导管插入的深度也不同，一般插入部位是直肠或乙状结肠。直肠镜检查是观察直肠内有无病变的最有效方法，一般插至直肠，也可进入乙状结肠。

一、应用解剖基础

大肠是消化管的下段，在右髂窝内起自回肠，下端终于肛门，全长1.5 m，可分为盲肠、结肠、直肠和肛管四部分。

盲肠是大肠的起始段，长6～8 cm，内侧接回肠，向上续于升结肠。回、盲肠交界处有回盲瓣。结肠呈方框形围绕在小肠周围，可分为升结肠、横结肠、降结肠和乙状结肠四部分。直肠在第3骶椎处上续乙状结肠，向下穿过盆膈延续为肛管，全长约12 cm。直肠在矢状面上有两个弯曲：骶曲和会阴曲。直肠盆部的下份管腔显著增大，称直肠壶腹（图27-4）。直肠腔内面黏膜形成2～3个半月形横襞。直肠下端为肛管，成人长3～4 cm，上接直肠盆部，向前下方绕尾骨尖的前方开口于肛门。直肠的环形平滑肌在肛管上3/4处增厚，形成肛门内括约肌，其外周有肛门外括约肌，属于横纹肌，有随意括约肛门的作用。

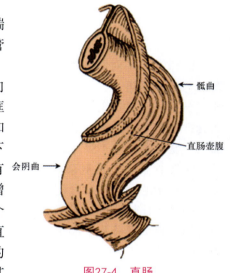

图27-4　直肠

大肠的主要生理功能是吸收水分、无机盐和葡萄糖，另一功能是形成、贮存和排出粪便。

二、操作要点

1．体位参考　灌肠术可采取左侧卧位，用重力作用将液体灌入肠内。结肠灌洗应取右侧卧位，有利于全程结肠内容物的清除。直肠镜检查一般取左侧卧位。

2．插管深度　一般清洁灌肠插管插入肛门10～12 cm，保留灌肠时应插入15～20 cm，至直肠以上部位。做治疗灌肠时，根据病变部位不同，插入深度可达30 cm以上。直肠镜检查根据检查目的可插入3～20 cm。

3．手术步骤　术前嘱患者排尿。取侧卧位，脱裤至膝部，将臀部靠近床沿，将尿垫垫于臀下，弯盘置于臀旁。灌肠术可先用0.1%肥皂水500 mL灌入，刺激肠蠕动，将溶液排出后再用等渗盐水灌洗，反复多次，直至排出无粪渣的清洁液为止。直肠镜检查应沿直肠弯曲缓慢插入直肠。插管时勿用强力，以免损伤直肠黏膜，特别是直肠横襞。若遇阻力，可稍停片刻，待肛门括约肌松弛或将插管稍后退改变方向再继续插入。最后整理床单位，清理用物，肛管按消毒原则处理，做好记录。

第五节　输卵管通液术

输卵管通液术是利用酚红液、亚甲蓝液或生理盐水自宫颈口注入宫腔，以明确输卵管是否通畅。输卵管通液术适用于：①各种原发或继发不孕症；②不孕症手术后，预防粘连形成，测定手术效果；③疏通输卵管轻度粘连。

一、应用解剖基础

输卵管为一对细长而弯曲的管，位于子宫阔韧带的上缘，内侧与宫角相连通，外端游离，与卵巢接近，全长为8～15 cm。根据其构造和功能，由前向后依次分为五部分：漏斗部——中央有输卵管腹腔口，边缘薄呈伞状；膨大部或称蛋白分泌部——是最长最弯曲的部分；峡部——为膨大部后方的输卵管缩细部分；子宫部——扩大成囊状，壁较厚；阴道部——变细弯曲成"S"形，后端开口于泄殖腔的左侧。

输卵管具有极其复杂而精细的生理功能，对拾卵、精子获能、卵子受精、受精卵输送及早期胚胎的生存和发育起着重要作用。输卵管的通畅是受孕必不可少的主要条件之一，输卵管的管腔比较狭窄，最窄部分的管腔直径只有1～2 mm。当发生输卵管炎或盆腔炎时，输卵管的最狭窄部分及伞端很容易发生粘连或完全闭锁。这样，精子和卵子就不能在管腔内相遇，因而造成不孕。

二、操作要点

（1）排空膀胱，取膀胱截石位，消毒外阴及阴道，铺消毒手术巾。

（2）双合诊检查子宫大小、方位、质地、活动度、形态及与周围脏器的关系，两侧附件有无异常。

（3）安放窥器，暴露宫颈，消毒阴道及宫颈，用宫颈钳钳夹前唇，向外牵拉，使子宫呈水平位。以子宫探针顺子宫方向轻轻探达宫底，测其深度并证实屈度及大小，检查是否相符，遇有阻力不可强探，可改变方向寻找无阻力且变异的宫腔位置。明确腔内有无内壁不平感或粘连、肿瘤压迫所致探针受阻感（图27-5）。

（4）检查通液装置是否完善无漏液。将子宫通液导管按探针检测方向插入颈管，固定于事先选择的深度，用组织钳钳夹宫颈前唇向外牵拉子宫颈，同时向内推进通液导管锥形头，使二者紧密套合。以装有20 mL溶液的注射器缓推注入液体，若20 mL液体顺利注入，无阻力，宫颈外无漏液，患者也无明显不适，表示输卵管通畅。通液时，听诊器在下腹两侧可听到液体自输卵管伞端冒出之声音。若遇阻力，稍加压力，患者稍有腹部不适即可顺利注入，宫颈外口无漏液，说明原有的粘连已分离或痉挛解除。若感阻力大，液体自宫颈外口溢出，腹部酸胀难忍，多为输卵管完全不通。

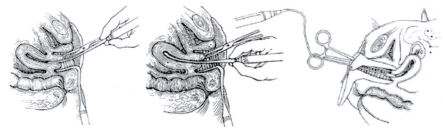

图27-5　输卵管通液术

三、注意事项

（1）通液不可在月经刚刚干净或宫腔仍有血性分泌物时进行。

（2）通液总量不得超过20 mL。

（3）所通液体中可加亚甲蓝。

（4）宫颈外口连接处需套紧，以防漏液。

思考题

1．男性在导尿过程中需要注意哪些要点？

2．灌肠过程中应如何避免损伤直肠横襞？

第二十八章　脊柱区结构知识的应用

学习目标

了解
1. 腰椎穿刺术和硬膜外隙穿刺术的解剖基础。
2. 骶管穿刺麻醉术的定位方法。
3. 肾囊封闭和肾穿刺术的操作流程。

第一节　腰椎穿刺术和硬膜外隙穿刺术

腰椎穿刺术是指将穿刺针刺入蛛网膜下隙以抽取脑脊液或注入药物，是神经科临床常用的检查方法之一。常用于：①了解脑脊液的性质，诊断中枢神经系统肿瘤、外伤、感染和脑血管病；②注入麻醉药，实施蛛网膜下腔神经根阻滞麻醉；③向蛛网膜下腔注入抗癌药或抗生素，起抗肿瘤、抗感染的作用；④测定颅内压力。硬膜外隙穿刺术是穿刺进入硬膜外隙以注射局麻药行椎管内麻醉，其操作步骤同腰椎穿刺术。

一、应用解剖基础

脑和脊髓的表面包有三层被膜，由外向内依次为硬膜、蛛网膜和软膜，它们有支持、保护脑和脊髓的作用。

蛛网膜与软脊膜之间有较宽阔的间隙称蛛网膜下隙，两层膜之间有许多结缔组织小梁相连，间隙内充满脑脊液。脑脊液是填充于脑室系统、蛛网膜下隙和脊髓中央管内的无色透明液体，功能上相当于外周组织中的淋巴，对中枢神经系统起缓冲、保护、运输代谢产物和调节颅内压等作用。脊髓蛛网膜下隙向上与脑蛛网膜下隙通过枕骨大孔相通，故颅内感染等疾病可抽取椎管内脑脊液进行检查。

硬脊膜与椎管内面的骨膜之间的间隙称硬膜外隙，内含疏松结缔组织、脂肪、淋巴管和静脉丛等，此间隙略呈负压，有脊神经根通过。临床上进行硬膜外麻醉时，将药物注入此间隙，以阻滞脊神经根内的神经传导。

二、操作要点

1. 体位参考　患者采取侧卧位，屈颈、屈髋、屈膝，双手抱膝，尽量使腰椎呈弓形后突，目的是使椎间隙增宽（图28-1）。

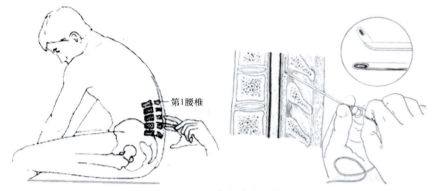

第1腰椎

图28-1　硬膜外隙穿刺术

2. 部位定位与选择　术者以双侧髂嵴最高处做一连线，其与脊柱中线的相交点为L_4的棘突标志点，其与头端L_3棘突的中点为L_3～L_4的椎间隙，可用手触及，此处为常规腰穿的穿刺点，亦可选取L_4～L_5椎间隙。

3. 进针深度　成人进针深度为4～6 cm，儿童为2～4 cm。

4. 手术步骤

（1）用安尔碘等消毒液局部皮肤消毒，术者戴无菌手套，以穿刺点为中心铺上洞巾，于穿刺点行皮内和皮下局部浸润麻醉。

（2）核实穿刺点正确无误后，一手固定穿刺点的局部皮肤，另一手持穿刺针于穿刺点中心刺入皮下，穿刺方向与床面平行（即垂直于脊柱方向）。

（3）缓慢进针，突破黄韧带时会有第一次"落空感"，表明已进入硬膜外隙，硬膜外麻醉即在此处。继续穿刺，突破硬脊膜时会有第二次"落空感"，这提示穿刺针已进入蛛网膜下隙。拔出针芯，接上压力表，可见脑脊液流入压力表的连接管中。嘱患者放松，可见压力表上压力值随呼吸有轻微波动，这表明腰穿成功。此时的压力值为腰穿的初始压。根据需要可拔开压力表的连接管，按临床需要留取一定量的脑脊液，随后再接上压力表，测定腰穿的终末压，取掉压力表，插上针芯，拔出穿刺针。手术结束后，重新插入针芯，再一并拔出穿刺针，盖上消毒纱布后用胶布固定。嘱患者去枕平卧4～6 h，避免出现腰穿后头痛等症状。

（4）穿刺时，若拔出针芯后无脑脊液流出或穿刺针遇到骨头，可插入针芯将针退回皮下，校正方向后再次穿刺。

三、注意事项

（1）穿刺过程中注意观察患者的呼吸、脉搏、面色等情况，以防脑疝形成。

（2）针头刺入皮下组织后要缓慢进针，避免用力过猛损伤马尾神经或血管，以致产生下肢疼痛或使脑脊液中混入血液影响结果的判断。

（3）鞘内注药时，应先放出等量的脑脊液，然后再注入药物。

（4）穿刺针要细，脑脊液采取量要少于10 mL，以免引起腰穿后疼痛。

第二节　骶管穿刺麻醉术

骶管穿刺麻醉术是指将穿刺针通过骶管裂孔刺入骶管并将麻醉药物注入硬膜外隙的麻醉方法。骶管穿刺麻醉术常用于：①会阴部手术的麻醉及手术后镇痛；②会阴部疼痛治疗。

一、应用解剖基础

骶骨由5块骶椎融合而成，呈三角形，底在上，尖向下，前面中部有四条横线，是椎体融合的痕迹。横线两端有4对骶前孔。背面粗糙隆突，正中线上有骶正中嵴，嵴外侧有4对骶后孔。各骶椎椎孔相连纵行贯穿整个骶骨所成的管道称为骶管，它上通椎管，骶管向下开口形成骶管裂孔，裂孔两侧有向下突出的骶角，体表较易触及，常作为骶管麻醉的标志。骶骨外侧部上宽下窄，上份有耳状面与髂骨的耳状面构成骶髂关节，耳状面后方骨面凹凸不平。

二、操作要点

1. 体位参考　可取侧卧位和俯卧位。侧卧位时，髋膝关节尽量屈曲，膝盖靠向胸腹部。俯卧位时，在髋关节下垫一厚枕，使骶部突出。

2. 部位定位与选择　穿刺点体表定位先以示指摸到尾骨尖，用拇指尖从尾骨沿中线向上摸，可触到骶骨末端呈V形或U形的凹陷，此凹陷即骶管裂孔。于骶管裂孔两侧可触到豆大结节即为骶角。骶管裂孔中心与髂后上棘连线呈一等边三角形，可作为寻找骶管裂孔的参考。

3. 手术方法　皮肤消毒，铺上洞巾，先用2%利多卡因在骶管裂孔中心做一皮丘，再用脊麻针与皮肤成70°～80°角穿刺（图28-2），当穿透骶尾韧带时可有落空感，此时将针体放平，几乎与骶骨轴线一致，继续进针1～2 cm即可。连接注射器进行抽吸并做阻力试验，若抽出脑脊液则表明穿刺失败；抽吸有回血也不应注药，以免出现局麻药毒性反应。当确定刺入骶管后，注入试验剂量的利多卡因3～5 mL，5 min后如无蛛网膜下隙阻滞现象和入血现象，即可将准备的局麻药液全部注入。如需留置硬膜外导管进行手术后镇痛，可使用硬膜外穿刺针穿刺，置入硬膜外导管。

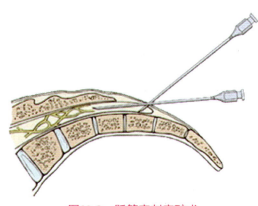

图28-2　骶管穿刺麻醉术

三、注意事项

（1）骶管穿刺时，针尖不得超过第2骶椎即髂后上棘联线，以防误入蛛网膜下隙。

（2）因骶管裂孔解剖变异较多，畸形或闭锁约占10%，因此穿刺困难或失败的概率较大。骶管裂孔辨认不清时，可选用腰麻或腰部硬膜外神经阻滞。

第三节 肾囊封闭和肾穿刺术

肾囊封闭和肾穿刺术是指利用穿刺针穿刺进入肾脂肪囊或肾实质以注射药物或采集肾组织标本的操作方法。肾囊封闭术可利用局部麻醉作用减少局部病变对中枢的刺激并改善局部营养，而肾穿刺可获得新鲜肾组织，利用组织形态学、免疫病理学、超微病理学或近年发展的其他现代先进技术（如分子生物学等）检查，有助于肾脏疾病的诊断、治疗和判断预后。

一、应用解剖基础

肾实质可分位于表层的肾皮质和深层的肾髓质。肾皮质厚1～1.5 cm，新鲜标本为红褐色，富含血管并可见许多红色点状细小颗粒，由肾小体与肾小管组成。肾髓质色淡红，约占肾实质厚度的2/3。可见15～20个呈圆锥形、底朝皮质、尖向肾窦、光泽致密、有许多颜色较深放射状条纹的肾锥体。

肾皮质表面有三层被膜，由内向外依次为纤维囊、脂肪囊和肾筋膜。其中，脂肪囊又名肾床，是位于纤维囊外周、包裹肾脏的脂肪层。肾的边缘部脂肪丰富，并经肾门进入肾窦。肾囊封闭术即是将药液注入肾脂肪囊内。

二、操作要点

术前先做普鲁卡因实验，患者取侧卧位，腰下垫一软枕，上侧腿屈曲，下侧腿伸直，两手置于头顶，取第1腰椎棘突水平，距背中线6.6～7.0 cm、第12肋下0.5～1.0 cm处为穿刺点，铺无菌洞巾，常规消毒皮肤，戴无菌手套，局麻成功后，用封闭针垂直刺入穿刺点（图28-3），进针3～7 cm，当有筋膜突破感时，表示已进入肾囊，此时针柄应随呼吸上下摆（吸上呼下），无液体流出，且因肾囊内为负压，若在针柄加水可吸入，即确认在肾囊内。用0.25%盐酸普鲁卡因1～1.5 mL/kg单侧注入，隔日另一侧进行肾

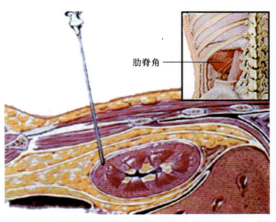

肋脊角

图28-3 肾囊封闭和肾穿刺术

囊封闭，一般共需2次。

若需活检，应配合无菌B超穿刺探头成像，当肾脏下极移到穿刺最佳的位置时，令患者屏气，立即快速将穿刺针刺入肾脏内2～3 cm，拔出穿刺针，嘱患者正常呼吸。检查是否取到肾组织，并测量其长度。取出的标本分为三部分，以送光镜、电镜及免疫荧光检查。穿刺完毕局部压迫10～15 min，以腹带加压包扎，继续俯卧2～4 h，之后可换仰卧位，卧床24 h，密切观察脉搏、血压、排尿情况。

三、注意事项

（1）严格掌握适应证和禁忌证。

（2）严格无菌操作，防止局部发生感染。

（3）注射过程中密切观察患者，若出现面色苍白、出冷汗、恶心等症状应立即停止并妥善处理。

思考题

腰椎穿刺时如何确定穿刺针所经过的层次结构？

第二十九章　上肢结构知识的应用

第一节　三角肌注射术

三角肌注射术是指将药物通过三角肌注入体内的一种肌内注射法。肩关节的外侧、前部、后部有肥厚的三角肌包绕。该区易暴露，操作方便，是最常用的肌肉注射部位之一。

一、应用解剖基础

三角肌大致呈底朝上的三角形，起自于锁骨外1/3、肩峰、肩胛冈及肩胛筋膜，从前、外、后三方包绕肩关节并止于肱骨中段外侧的三角肌粗隆。三角肌前外侧部有胸肩峰动脉的三角肌支分布，后部有旋肩胛动脉的分支分布，旋肱后动脉向后经四边孔至三角肌分布于三角肌的大部，为三角肌的主要动脉。腋神经从臂丛后束发出，与旋肱后动脉伴行至三角肌。三角肌是外展上肢的重要肌肉。

将三角肌长宽各三等分，分别作水平线和垂直线将其分为九个区域。安全区肌肉较厚，没有大血管及神经通过；相对安全区有腋神经的分支通过，但分支较细，加之肌肉较厚，因此相对安全；危险区因有桡神经通过，和肌肉较薄的空白区均不宜作为注射部位（图29-1）。

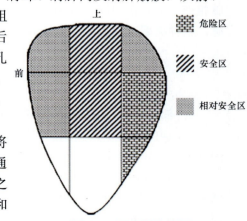

图29-1　三角肌的分区

二、操作要点

患者可取坐位或卧位，注射时上肢应下垂，使三角肌呈松弛状态。注射点的选择应避开三角肌的前缘和后缘，在中部较宜，这样可免于伤及血管神经。考虑到肌肉的厚度，应选择三角肌上1/3到中1/3区域，穿刺以深3 cm左右、针尖微向上倾斜为宜，依次经过皮肤、浅筋膜、深筋膜至三角肌内。

三、注意事项

（1）三角肌不发达者不宜行肌肉注射，以免刺至骨面，造成折针，必要时可提捏起三角肌斜刺进针。

（2）在三角肌区注射时，针尖勿向前内斜刺，以免伤及腋窝内的血管及臂丛神经。

（3）在三角肌后区注射时，针头切勿向后下偏斜，以免损伤桡神经。

第二节 上肢浅静脉穿刺术

一、应用解剖基础

上肢常用作穿刺的浅静脉主要有手背浅静脉和前臂浅静脉。手背浅静脉较为发达，相互吻合成手背静脉网，其桡侧汇集向上延续为头静脉，并向上绕过前臂桡侧缘至前臂掌侧面，在肘窝稍下方发出肘正中静脉后，沿肱二头肌外侧沟上升，于三角胸大肌间沟穿入深部，汇入腋静脉或锁骨下静脉；其尺侧汇集成贵要静脉，沿前臂尺侧上升，在肘窝下方转向前面，接收肘正中静脉后，经肱二头肌内侧沟上行至臂中部，穿深筋膜汇入肱静脉。

肘正中静脉在肘部连接于头静脉与贵要静脉之间，其连接形式变异甚多。前臂正中静脉起自手掌静脉丛，沿前臂前面上升，沿途接受一些属支，并通过交通支与头静脉及贵要静脉相连。前臂正中静脉末端注入肘正中静脉，有的末端分为两支，分别注入贵要静脉和头静脉，这种类型通常无肘正中静脉。

二、操作要点

1. 部位选取 根据年龄及病情可选择不同部位的静脉，常选用手背静脉和肘正中静脉。

2. 穿刺层次 虽选用的静脉部位不同，但穿刺的层次基本相同，即皮肤、皮下组织和静脉壁。因年龄不同，静脉壁的厚度、弹性及硬度有所不同。

3. 穿刺方法 通常在欲穿刺部位的近心端扎以束带，以使静脉充盈，便于穿刺，静脉充盈不良者可嘱其反复握拳。穿刺时固定好皮肤和静脉，针尖斜面向上，与皮肤角度为15°～30°，在静脉表面或旁侧刺入皮下，再沿静脉近心方向潜行然后刺入静脉，见回血后再顺静脉进针少许，将针头放平并固定，进行抽血或注入药物。

三、注意事项

（1）穿刺时要固定好静脉，尤其是老年患者，其血管弹性较差，易于滑动，不可用力过猛，以免穿透静脉。

（2）对需长期静脉给药者，穿刺部位应先从小静脉开始，逐渐向上选择穿刺部位，以增加血管的使用次数。

（3）如果为一次性抽血检查，则可选择易穿刺的肘正中静脉。

（4）穿刺部位应尽可能避开关节，以利于针头固定。

第三节　上肢动脉指压止血术

上肢动脉指压止血术是指通过手指按压上肢表浅动脉以达到临时止血目的的压迫止血法。可用于指压止血的上肢动脉有肱动脉、尺动脉和桡动脉。

一、应用解剖基础

腋动脉是上肢的主要动脉干，肱动脉是腋动脉的直接延续，沿肱二头肌内侧下行至肘窝，平桡骨颈高度分为桡动脉和尺动脉。肱动脉位置比较表浅，能触及其搏动。

尺动脉在尺侧腕屈肌与指浅屈肌之间下行，经豌豆骨桡侧至手掌，与桡动脉掌浅支吻合成掌浅弓。桡动脉先经肱桡肌与旋前圆肌之间，继而在肱桡肌腱与桡侧腕屈肌腱之间下行，绕桡骨茎突至手背，穿第1掌骨间隙到手掌，与尺动脉掌深支吻合构成掌深弓。桡动脉下段仅被皮肤和筋膜遮盖，是临床触摸脉搏的部位。

二、操作要点

1．指压肱动脉　适用于一侧肘关节以下部位的外伤大出血。术者用一只手的拇指压迫伤侧上臂中段内侧，将肱动脉压向肱骨以阻断肱动脉血流，另一只手固定伤员手臂（图29-2）。

2．指压桡、尺动脉　适用于手部大出血。术者用两手的拇指

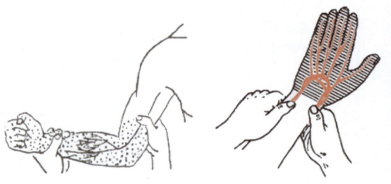

图29-2　上肢动脉压迫止血法

和示指分别压迫伤侧手腕两侧的桡动脉和尺动脉，阻断血流。因为桡动脉和尺动脉在手掌部有广泛吻合支，所以必须同时压迫双侧。

第四节　上肢注射性神经损伤

上肢注射性神经损伤是指在药物注射过程中所产生的上肢神经损伤，肌肉注射和静脉注射均可引起。常因操作者不遵循操作常规，或不熟悉局部的解剖关系，在肌肉注射时将刺激性较强的药物直接注入神经干或其周围，或在静脉注射时药物漏至血管外神经干周围，造成神经组织不同程度的损伤和功能障碍，严重者可致残。

一、应用解剖基础

1. 桡神经损伤　三角肌中、下1/3区的后部肌层较薄，桡神经在该区的深面由内上向外下走行，在此区肌肉注射或预防疫苗注射过深均可造成桡神经损伤。在肘窝外侧部，桡神经经肱肌和肱桡肌之间进入前臂的外侧，位置表浅，曲池穴封闭或在此区注射药物外漏均可损伤桡神经干或深支。

2. 正中神经损伤　正中神经在肱二头肌内侧沟下行至肘部，进入旋前圆肌之前位于肘窝正中，位置表浅，肘正中静脉常斜跨其浅层。在肘正中静脉、前臂正中静脉末端或贵要静脉肘窝段注射时，药物外漏可致正中神经损伤。在腕部，正中神经位于桡侧腕曲肌肌腱和掌长肌肌腱之间，恰好在正中线上，位置表浅，内关穴封闭可致其损伤。由于正中神经在两个肌腱之间向远侧经腕横韧带的近侧入腕管，腕掌侧静脉注射时，药物外漏可进入腕管，使其内结构肿胀，管腔狭窄，造成腕管综合征。

3. 臂丛神经损伤　臂丛主要位于锁骨深面的上、下方，各根、干、股、束及分支集中，上肢手术时常做臂丛麻醉，若将药物直接注入神经干通常也可损伤一条神经束或其分支。

二、注意事项

注射性神经损伤属医源性神经损伤，是完全可以避免和预防的。医护人员应该在操作过程中注意以下几点：①增强责任感，认真对待每一次操作；②加强护理技能基本功训练，严格遵守护理操作规范；③熟悉常用肌肉注射和静脉注射部位的局部解剖关系。

第五节　臂丛神经损伤

一、应用解剖基础

臂丛由第5～8颈神经前支及第1胸神经前支共5条神经根组成，分根、干、股、束、支5个部分，有腋神经、肌皮神经、正中神经、桡神经、尺神经5大分支。

二、临床应用要点

引起臂丛损伤的最常见病因及病理机制是牵拉性损伤。成人臂丛损伤大多数（约80%）继发于交通事故，也见于肩颈部枪弹、弹片炸伤等火器性贯通伤或盲管伤，以及刀刺伤、玻璃切割伤、药物性损伤及手术误伤等。

根据臂丛损伤的机制与损伤部位可分为开放性臂丛损伤和闭合（牵拉）性臂丛损伤等，若为开放性损伤、手术伤及药物性损伤，应早期探查；若为闭合性牵拉伤，应确定损伤部位、范围和程度，定期观察恢复情况，3个月无明显功能恢复者应行手术探查，根据情况行神经松解、缝合或移植术（图29-3）。

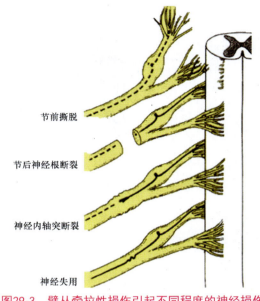

节前撕脱

节后神经根断裂

神经内轴突断裂

神经失用

图29-3 臂丛牵拉性损伤引起不同程度的神经损伤

第六节 桡神经损伤

一、应用解剖基础

桡神经是臂丛后束发出的最粗大神经。在腋窝内位于腋动脉后方，并伴肱深动脉向下外行。经肱三头肌与肱骨后面的桡神经沟之间，旋向下外行，在肱骨外上髁上方穿过外侧肌间隔至肱桡肌与肱肌之间，在肱骨外上髁前方分为浅、深两终支。

二、临床应用要点

桡神经在肱骨中下1/3贴近骨质，其损伤常见于肱骨骨折、手术过程中损伤，以及骨痂生长过多或桡骨头脱臼压迫桡神经。

桡神经损伤后主要表现为：①运动障碍：上臂桡神经损伤时，各伸肌属广泛瘫痪，故出现腕下垂（垂腕症），拇指及各手指下垂，不能伸掌指关节，前臂有旋前畸形，不能旋后，拇指内收畸形；②感觉障碍：桡神经损伤后，手背桡侧半、桡侧两个半指、上臂及前臂后部感觉障碍（图29-4）。

桡神经损伤的处理应根据伤情采用神经减压、松解或缝合术，若缺损多则行神经移植术。

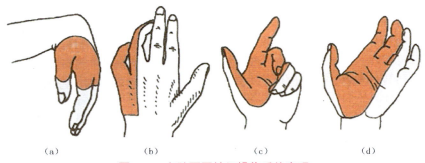

（a） （b） （c） （d）

图29-4　上肢不同神经操作后的表现

（a）桡神经；（b）尺神经；（c）正中神经；（d）正中神经合并尺神经

第七节　尺神经损伤

一、应用解剖基础

尺神经发自臂丛内侧束，在腋动、静脉之间出腋窝后，沿肱动脉内侧、肱二头肌内侧沟下行至臂中分，穿内侧肌间隔至肱骨内上髁后方的尺神经沟，继而向下穿过尺侧腕屈肌起端又转至前臂前内侧，在尺侧腕屈肌和指深屈肌间、尺动脉内侧下行，至桡腕关节上方发出手背支，主干在豌豆骨桡侧，经屈肌支持带浅面分浅、深两支，经掌腱膜深面腕管浅面进入手掌。

二、临床应用要点

尺神经损伤以挤压伤最常见，多由直接暴力致伤。神经损伤往往严重，常伴有神经缺损。牵拉伤如肘部肱骨髁上骨折、前臂尺桡骨双骨折、腕掌骨骨折都可直接牵拉尺神经致伤。

尺神经损伤后主要表现为：①运动障碍：爪形手畸形，掌指关节过伸，指间关节屈曲，状似鹰爪；②感觉障碍：伤侧手的尺侧、小指全部、无名指尺侧感觉均消失（图29-4）。

尺神经损伤的处理原则与桡神经相同。

🏃 思考题

1．三角肌注射时如何确定注射部位？

2．上肢的静脉输液常选用哪些血管？

第三十章　下肢结构知识的应用

学习目标

掌握
1. 臀大肌注射术的定位及操作方法。
2. 下肢浅静脉穿刺的选择及操作方法。
熟悉　下肢动脉压迫止血法。
了解
1. 股动脉、股静脉穿刺的基本步骤。
2. 坐骨神经封闭的原理。

第一节　臀大肌注射术

臀大肌注射术是临床上常用的肌肉注射技术。凡不宜口服的药物或患者不能口服时，可采用肌肉注射法给药。肌肉内含有丰富的毛细血管，药液注射后能迅速吸收入血并产生疗效。

一、应用解剖基础

臀大肌是臀肌中最大且表浅的肌肉，近似四方形，几乎占据整个臀部皮下。该肌以广泛的短腱起于髂前上棘至尾骨尖之间的深部结构，肌纤维向外下止于髂胫束和股骨的臀肌粗隆。小儿此肌不发达，较薄。

臀部的血管、神经较多，均位于臀大肌的深面，经梨状肌上孔或梨状肌下孔出入盆腔。主要有（图30-1）：①臀上动脉、静脉及神经通过梨状肌上孔出盆腔，主要分布于臀中肌、臀小肌等处，它们出梨状肌上孔的体表投影在髂后上棘至大转子尖连线上、中1/3段交界处；②臀下动脉、静脉及臀下神经通过梨状肌下孔

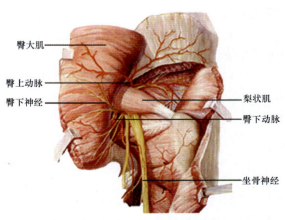

图30-1　臀大肌深面的血管和神经

出盆腔，三者相互伴行，分布于臀大肌等处，各主干穿出梨状肌下孔处的体表投影在髂后上棘至坐骨结节连线的中点处；③阴部内动脉、阴部内静脉和阴部神经相伴行，经梨状肌下孔出盆腔，再经坐骨小孔至会阴部；④坐骨神经起自于骶丛，经梨状肌下孔穿出至臀部，位于臀大肌中部深面，约在坐骨结节与股骨大转子连线的中点处下降至股后部。

臀区皮肤较厚，浅筋膜含有大量脂肪组织，故该区皮下组织较厚，中年女性此处皮下脂肪厚为2～4 cm。

二、操作要点

1．部位选取　臀大肌注射区的定位方法有两种：①十字法：从臀裂顶点向外画一水平横线，再通过髂嵴最高点向下作一垂线，将臀部分为四区，外上1/4区为注射的最佳部位；②连线法：在髂前上棘至骶尾关节处作一连线，将此线分为三等分，其外上1/3为注射区（图30-2）。

2．体位参考　患者多取侧卧位，下侧腿微弯曲，上侧腿自然伸直；或取俯卧位，足尖相对，足跟分开；亦可取坐位。

3．穿经结构　注射针穿经皮肤、浅筋膜、臀肌筋膜至臀大肌。

4．操作方法　选准注射部位，术者左手绷紧注射区皮肤，右手持注射器，使针头与皮肤垂直，快速刺入2.5～3 cm即达臀大肌。

三、注意事项

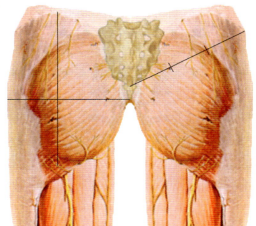

图30-2　臀大肌注射法的定位

（1）选准注射部位，防止损伤大神经及血管，用十字法选区时，因臀外上1/4区的内下角临近臀下血管、神经及坐骨神经，进针时针尖勿向下倾斜。

（2）因臀大肌发达，应在肌肉松弛的情况下快速垂直进针，防止折针。

（3）注意进针深度。注射的深度因人而异，注射过浅或针尖达不到肌肉时，易引起皮下硬结及疼痛。

（4）婴儿臀区较小，肌肉不发达，不宜于臀肌注射。小儿开始行走后臀肌逐渐发达，方可用于注射。

（5）防止药液直接入血，进针后应回抽活塞，无回血后方可注射。

第二节　下肢浅静脉穿刺术

下肢浅静脉穿刺术中，常用作穿刺的浅静脉主要有足背静脉和大隐静脉的起始段。足背浅静脉多构成静脉弓或网，其外侧端延续为小隐静脉，经外踝后方转至跟腱的后面上行，于腘窝下方注入腘静脉；其内侧端延续为大隐静脉，经内踝前方约1 cm处沿小腿内侧上升，约于腹股沟韧带中点下方3～4 cm处穿卵圆窝注入股静脉。

足背静脉是穿刺最常选用的部位，而对于肥胖、脱水、休克的患儿，往往静脉显露不明显，增加了穿刺的难度，大隐静脉可作为穿刺的良好选择。

下肢浅静脉穿刺方法同上肢浅静脉穿刺术，但因下肢静脉瓣膜较多，因此在穿刺时应尽可能避开瓣膜以免损伤。

第三节　股动脉、股静脉穿刺术

股动脉、股静脉穿刺术主要适用于周围静脉穿刺困难需紧急采血、输血或输液的患者，另外也常用于肝、肾、肺、心血管等的造影以及血管病变的介入放射学治疗等。

一、应用解剖基础

股动脉是髂外动脉的直接延续，通过股三角（图30-3），其内侧是股静脉，外侧是股神经。在腹股沟韧带处位置最表浅，搏动最强，且操作简单，拔管后易于压迫止血，是理想的穿刺点。

股静脉是下肢的主要静脉干，其上段位于股三角内。股三角的上界为腹股沟韧带，外侧界为缝匠肌的内侧缘，内侧界为长收肌的内侧缘，前壁为阔筋膜，后壁凹陷，由髂腰肌与耻骨肌及其筋膜所组成。

二、操作要点

1. 部位选取　股动脉穿刺应选取腹股沟韧带中点稍下方股三角内股动脉搏动最明显处，而股静脉穿刺点应选取髂前上棘与耻骨结节连线的中、内段交界点下方2～3 cm处，距股动脉搏动处内侧0.5～1.0 cm。

2. 体位参考　患者取仰卧位，膝关节微屈，臀部稍垫高，髋关节伸直并稍外展外旋。

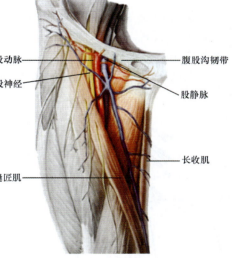

图30-3　股三角及其内容

（图中标注：股动脉、股神经、缝匠肌、腹股沟韧带、股静脉、长收肌）

3. 穿刺方法　①股动脉穿刺：局部常规消毒、铺洞巾，术者立于穿刺侧，以左手示指在腹股沟韧带下方中点稍下扪及股动脉搏动最明显处，并予以固定，右手持注射器，穿刺针垂直刺入或与皮肤呈30°～40°角刺入，深度为2～5 cm。要注意刺入的方向和深度，以免穿入股静脉或穿透股动脉。穿刺时，应边穿刺边回抽，若无回血，可慢慢回退针头，稍改变进针方向及深度。若抽得回血，即用左手固定针头，右手抽动活塞，以保证顺利抽血。术后以无菌棉球压近穿刺点处，嘱患者伸直大腿，继续压迫至局部无出血为止。

如欲行股静脉穿刺取血，可于股动脉穿刺点稍内侧进针，方法与股动脉穿刺相同，但术后压迫时间略短。

三、注意事项

（1）局部必须无感染并严格消毒。
（2）避免反复多次穿刺，以免形成血肿。
（3）若为婴幼患儿，助手固定肢体时勿用力过猛，以防损伤组织。

第四节　坐骨神经封闭术

坐骨神经封闭术是指通过局麻药物对坐骨神经干进行阻滞以达到镇痛或麻醉的目的。常用于：①坐骨神经痛、梨状肌损伤综合征的治疗与鉴别诊断；②高浓度局麻药行坐骨神经阻滞麻醉，可用于下肢手术麻醉。

一、应用解剖基础

坐骨神经（图30-4）起自骶丛，是全身最粗大、最长的神经，经梨状肌下孔出盆腔后，于臀大肌深面，在坐骨结节与大转子之间下行至股后区，继而在股二头肌长头深面下行，直至腘窝上方分为胫神经和腓总神经。

坐骨神经干的表面投影：自坐骨结节和大转子之间连线的中点，向下至股骨内、外侧髁之间中点连线，此线上2/3段为其投影。当产生坐骨神经痛时，常在此连线上出现压痛，可行坐骨神经封闭术。

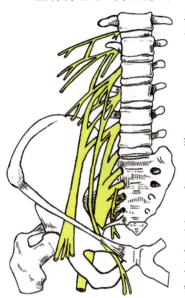

图30-4　骶丛及坐骨神经

二、操作要点

1. 部位选取　于髂后上棘和股骨大转子连线中点作一垂线，在此连线中点下方5 cm处为穿刺点。

2. 体位参考　患者取俯卧位或侧卧位，患肢在上屈髋屈膝，健侧在下伸直。

3. 操作方法　常规皮肤消毒后，用7号12 cm长针头，垂直穿过皮肤缓慢进针。穿过臀大肌、梨状肌深5～7 cm，出现向下肢放射性异感后，稍稍退针少许，测量针头深度。如用神经刺激定位器则诱发下肢明显异感。确定穿刺针到位后，旋转针头回吸无血液后注药。治疗后应卧床休息15 min，离床活动时应注意防护，以免因下肢无力而致伤。

三、注意事项

（1）坐骨神经解剖部位较深，且个体差异较大，穿刺过程中忌粗暴以免损伤神经、血管或组织。

（2）一旦出现向下肢放射性异感，应即刻停止进针，且应少许退针后再注药，以防刺激神经引发水肿变性。

（3）穿刺部位较深，应严格无菌操作和术后处理，预防继发感染。

第五节　骨髓穿刺术

骨髓穿刺术是通过穿刺针抽取骨髓以进行病原体培养或病检的一种较常用的诊断技术。可用于细胞学、细菌学及寄生虫学等方面的诊断性检查，也可协助诊断造血系统疾病。常用于：①各类血液病的诊断（血友病等禁忌）；②败血症；③某些传染病或寄生虫病需行骨髓细菌或原虫培养者；④恶性肿瘤疑骨髓转移者。

一、应用解剖基础

骨髓是柔软的富含血管的造血组织，隶属于结缔组织。骨髓可分为红骨髓和黄骨髓两种。在胚胎和婴幼儿时期，所有骨髓均有造血功能，由于含有丰富的血液，肉眼观呈红色，故名为红骨髓。约从6岁起，长骨骨髓腔内的骨髓逐渐为脂肪组织所代替，变为黄红色且失去造血功能，叫作黄骨髓。因此成人的红骨髓仅存于骨松质的网眼内。临床上常在胸骨等处做骨髓穿刺，抽取红骨髓，观察骨髓细胞的变化，作为再障性贫血或白血病等的辅助诊断。微生物感染或肿瘤也可转移至骨髓。

二、操作要点

1. 穿刺部位　成人常选取髂前上棘、髂后上棘、胸骨或腰椎棘突等处。前两种穿刺较为安全，易于操作。胸骨较薄，其后为心脏及大血管，穿刺有一定的危险性。但由于胸骨骨髓丰富，当其他部位穿刺失败后，仍需做胸骨穿刺，但应严防穿透胸骨发生意外。2岁以内的小儿可选取胫骨。

2. 体位参考　髂前上棘与胸骨穿刺可选平卧位，髂后上棘或腰椎棘突穿刺可选侧卧位。

3. 穿刺方法　骨髓穿刺要严格按操作规程进行。首先选择好穿刺部位，患者要选择适当体位，于穿刺点进行局麻，按无菌操作技术进行。用特殊穿刺针，缓缓钻刺骨质；当针进入骨髓腔后就有阻力消失感。抽取骨髓液量0.1~0.2 mL，随即迅速做细胞计数与涂片。如需做骨髓细菌培养，可再抽取1~2 mL。穿刺处应以无菌纱布盖好固定。为避免发生意外，穿刺前应做麻药的皮肤试验。有出血倾向患者做骨髓穿刺时要慎重。

第六节　下肢动脉指压止血术

一、应用解剖基础

　　股动脉是下肢的动脉主干，是髂外动脉的延续，在股三角内下行，在腘窝上方移行为腘动脉。在腹股沟韧带稍下方，股动脉位置表浅，活体上可触及其搏动，当下肢出血时，可在该处将股动脉压向耻骨下支进行压迫止血。

　　胫后动脉起自于腘动脉，沿小腿后面浅、深屈肌之间下行，经内踝后方转至足底，此处位置表浅。

　　足背动脉是胫前动脉的直接延续，位置表浅，在踝关节前方、内、外踝连线中点、姆长伸肌腱的外侧可触及其搏动，足部出血时可在该处向深部压迫足背动脉进行止血。

二、操作要点

　　1. 指压股动脉　　适用于一侧大腿及其以下外伤出血。术者用双手在腹股沟韧带稍下方将股动脉压向耻骨下支进行压迫止血。

　　2. 指压胫后动脉和足背动脉　　适用于足部大出血。术者用两手的拇指和示指分别压迫伤侧内踝后方的胫后动脉和踝关节前方的足背动脉（图30-5），以阻断足部血流，达到止血的目的。

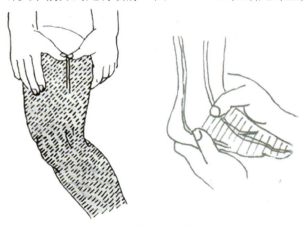

图30-5　下肢动脉指压止血术

第七节　腓总神经损伤

　　腓总神经是坐骨神经的分支，由于腓总神经在腓骨颈部位置表浅并贴于骨的表面，周围软组织少，移动性差，故易在该处受损。常见原因有夹板、石膏压伤；手术误伤；腓骨头骨折合并损伤；膝关节韧带损伤合并损伤等。

腓总神经损伤后可表现为小腿前外侧伸肌麻痹，出现足背屈、外翻功能障碍，呈足下垂畸形，伸拇、伸趾功能丧失，呈屈曲状态，以及出现小腿前外侧和足背前、内侧感觉障碍。

由于腓总神经损伤位置浅表，神经均可触及，应尽早手术探查。功能难以恢复者，晚期行肌腱移位或踝关节融合矫正足下垂畸形。可以使用提足矫形器，避免在行走过程中足尖下垂而导致的异常步态。

思考题

1．臀大肌注射过程中须注意的要点有哪些？
2．足背静脉与大隐静脉穿刺的适应证主要有哪些？与上肢静脉穿刺有何区别？

参考文献 Reference ●●●

[1] 窦肇华，吴建清. 人体解剖学与组织胚胎学 [M]. 北京：人民卫生出版社，2009.

[2] 杨壮来，牟兆新. 人体结构学 [M]. 北京：人民卫生出版社，2011.

[3] 杨壮来. 人体解剖学 [M]. 北京：人民军医出版社，2012.

[4] 田菊峡. 正常人体结构 [M]. 北京：高等教育出版社，2009.

[5] 刘桂萍. 护理应用解剖学 [M]. 北京：人民卫生出版社，2010.

[6] 柏树令. 系统解剖学 [M]. 北京：人民卫生出版社，2008.

[7] 王金茂，冯京生. 组织胚胎学 [M]. 5版. 南京：江苏科学技术出版社，2002.

[8] 王滨. 正常人体结构 [M]. 北京：高等教育出版社，2005.

[9] 鲍建瑛. 正常人体基础 [M]. 上海：复旦大学出版社，2008.

[10] 柏树令，应大君. 系统解剖学 [M]. 北京：人民卫生出版社，2013.

[11] 邹仲之，李继承. 组织学与胚胎学 [M]. 北京：人民卫生出版社，2013.

[12] 刘桂萍. 护理应用解剖学 [M]. 北京：人民卫生出版社，2010.

[13] 邢贵庆. 解剖学及组织胚胎学 [M]. 北京：人民卫生出版社，2004.

[14] （美）Frank H.Netter. 奈特人体解剖彩色图谱 [M]. 3版. 王怀经，译. 北京：人民卫生出版社，2005.

[15] 程田志. 人体解剖学 [M]. 西安：第四军医大学出版社，2011.

[16] （德）R.Putz，R.Pabst. 人体解剖学图谱 [M]. 21版. 北京：北京大学医学出版社，2005.

[17] （加）Anne M.R.Agur，（美）Arthur F.Dalley. Grant解剖学图谱 [M]. 12版. 左焕琛，译. 上海：上海科学技术出版社，2011.

[18] 徐国成. 局部解剖学彩色图谱 [M]. 沈阳：辽宁科学技术出版社，2012.

[19] 郭光文，王序. 人体解剖彩色图谱 [M]. 北京：人民卫生出版社，2008.

[20] 吴先国. 人体解剖学 [M]. 4版. 北京：人民卫生出版社，2000.

[21] 杨壮来，王滨. 人体解剖学 [M]. 北京：人民军医出版社，2012.

[22] 林乃祥. 护理应用解剖学 [M]. 北京：人民卫生出版社，2007.

[23] 刘文庆. 人体解剖学 [M]. 北京：人民卫生出版社，2008.

[24] 高英茂. 组织学与胚胎学 [M]. 北京：人民卫生出版社，2005.

[25] 刘贤钊. 组织学与胚胎学 [M]. 北京：人民卫生出版社，2004.

[26] 苗乃周，王兰. 组织学与胚胎学 [M]. 西安：世界图书出版公司，2009.

[27] 徐国成，韩秋生，侍继忠，等. 组织学与胚胎学彩色图谱 [M]. 北京：人民军医出版社，2009.